DIANE ACKERMAN

LE LIVRE DES SENS

Traduit de l'américain
par

ALEXANDRE KALDA

BERNARD GRASSET
PARIS

L'édition originale de cet ouvrage a été publiée par Random House, Inc., New York et Toronto, sous le titre :

A NATURAL HISTORY OF THE SENSES

Le mystère initial que comporte tout voyage est le suivant : comment, pour commencer, le voyageur a-t-il atteint son point de départ ? Comment suis-je arrivée à cette fenêtre, à ces murs, à cette cheminée, à cette pièce même ? Comment se fait-il que je me trouve sous ce plafond et sur ce plancher ? Voilà de quoi se lancer dans les conjonctures, les arguments pour et contre, la recherche, la supposition, la dialectique ! Je n'arrive guère à m'en souvenir. A la différence de Livingstone abordant l'Afrique la plus noire, je ne dispose pas de cartes, de mappemonde ou de planisphère, de relevé de montagnes ou de lacs, de sextant ou d'horizon artificiel. Si j'ai jamais eu une boussole, elle a disparu depuis longtemps. Cependant, ma présence ici doit pouvoir s'expliquer en termes de raison. Un pas m'a dirigée vers ce point plutôt que vers aucun autre point du globe habitable. Il faut que je réfléchisse ; il faut que je le découvre.

LOUISE BOGAN,
Journey Around My Room
(« Voyage autour de ma chambre »)

Un esprit qui s'est élargi pour saisir une idée nouvelle ne revient jamais à sa dimension originelle.

OLIVER WENDELL HOLMES

Introduction

DANS TOUS LES SENS

Quel régal pour les sens que ce monde ! Voici l'été : le parfum et le bruissement du vent qui entre par la fenêtre peuvent nous tirer doucement du lit. Les rideaux de tulle se moirent dans le soleil, semblent frémir de lumière. Et puis, voici l'hiver : on a peut-être entendu, à l'aube, le bruit d'un petit cardinal se jetant contre son reflet dans la vitre de la fenêtre et, encore endormi, on a cependant compris de quoi il s'agissait. On a secoué la tête de désespoir, on s'est levé, on est allé dans le bureau pour dessiner la silhouette d'un hibou, à moins que ce ne soit d'un autre prédateur, sur une feuille de papier que l'on a collée à la fenêtre avant de gagner la cuisine pour se préparer un grand café : amertume légère et arôme puissant.

Nous pouvons, pour un temps, neutraliser l'un de nos sens, ou plusieurs – par exemple, en flottant dans de l'eau à la température du corps –, mais cela ne fait qu'exalter les autres. Il n'existe aucun moyen de comprendre le monde sans le détecter d'abord grâce aux radars de nos sens. Nous pouvons prolonger ceux-ci à l'aide du microscope, du stéthoscope, du robot, du satellite, d'un appareil acoustique, de lunettes, mais nous ne pouvons connaître ce qui s'étend au-delà. Nos sens délimitent notre conscience. Explorateurs-nés et limiers de l'inconnu, nous passons notre temps à arpenter ce périmètre battu par les vents. Nous prenons des drogues ; nous allons au cirque ; nous errons dans les jungles ; nous écoutons des musiques bruyantes ; nous achetons des parfums exotiques ; nous payons des sommes astronomiques pour découvrir des nouveautés culinaires et, au besoin, acceptons de risquer notre vie pour goûter quelque chose de nouveau. Ainsi, au Japon, les chefs proposent-ils un poisson, le *fougou*, dont la chair, si elle n'est pas préparée avec le plus grand soin, est un véritable poison. Les chefs les plus distingués laissent tout juste assez de poison pour que les lèvres de l'hôte en soient picotées, lui donnant à sentir qu'il est en train de frôler la mort. Il arrive d'ailleurs qu'on la frôle de trop près. Et chaque année voit mourir, au milieu du repas, des amateurs de fougou.

La façon dont nos sens nous ravissent varie énormément d'une culture à l'autre. (Chez les Massaïs, les femmes, qui s'enduisent les cheveux d'excréments, trouveraient bizarre le désir, fréquent chez les Américaines, de se parfumer l'haleine avec de la menthe.) Mais la façon dont nous utilisons nos sens, elle, est partout la même. Le plus surprenant, dans leur pouvoir, n'est pas de couvrir la distance ou les civilisations, mais d'embrasser le temps. Nos sens nous relient intimement au passé, créent des liens impossibles même à la plupart de nos idées les plus chères. Par exemple, quand je lis les poèmes de Properce, qui décrivit longuement les réactions sexuelles de son amie Hostia, qu'il aimait courtiser sur les bords de l'Arno, je m'étonne que le badinage amoureux ait si peu changé depuis l'an 20 avant notre ère. L'amour non plus n'a pas changé : Properce soupire et fait des serments comme on l'a toujours fait. Plus remarquable : le corps d'Hostia est exactement le même que celui d'une femme qui vit aujourd'hui à Saint Louis. Les millénaires n'y font rien. Tous ses petits « endroits » étranges et délicats sont aussi séduisants et réagissent aussi bien que ceux d'une femme moderne. Il se peut qu'Hostia ait interprété ses sensations d'une manière différente, mais les renseignements envoyés à ses sens, ou par eux, étaient identiques.

Si nous allions en Afrique, là où l'on a exhumé les ossements de Lucy, notre petite mère à tous, à l'endroit où elle tomba il y a des millénaires, et que nous regardions de l'autre côté de la vallée, nous verrions se dresser au loin les montagnes qu'elle connut. Il se peut d'ailleurs qu'elles aient été la dernière chose qu'elle vit avant de mourir. Bien des traits du monde physique qui fut le sien ont changé. Les constellations ne sont plus exactement à la même place, le paysage et le climat ne sont plus exactement les mêmes, mais la ligne des montagnes est à peu près la même que de son vivant. Elle devait les voir comme nous les voyons aujourd'hui. Sautons maintenant par-dessus les âges pour nous retrouver en 1940, à Rio de Janeiro, dans l'élégante demeure du compositeur brésilien Heitor Villa-Lobos. Tout ensemble généreuse et austère, sa musique épouse d'abord les formes rigoureuses chères à l'Europe, puis explose en les sons mugissants, pantelants, remuants, gazouillants de la jungle amazonienne. Villa-Lobos s'asseyait à son piano, dans son salon qui donnait sur les montagnes entourant Rio. Il ouvrait les fenêtres, choisissait le panorama de sa journée, dessinait la silhouette des montagnes sur son papier à musique, puis utilisait cette esquisse comme ligne mélodique. Deux millions d'années séparent les deux observateurs, l'un en Afrique, l'autre au Brésil — le regard, dans les deux cas, interprétant la ligne des montagnes — et néanmoins le processus est identique.

Les sens ne font pas que *donner un sens* à la vie en des actes subtils ou vigoureux. Ils arrachent à la réalité des morceaux tout vibrants qu'ils rassemblent en un dessin significatif. Ils se saisissent d'échantillons contingents. Grâce à eux, l'arbre remplace la forêt. Ils négocient, se mettent d'accord sur une version raisonnable, font de petites transactions délicates. Rayonnante, la vie se déverse à profusion sur toute chose. Les sens pourvoient le cerveau en parcelles de renseignements, éléments microscopiques d'un puzzle. Quand assez d'éléments sont mis bout à bout, le cerveau dit *vache. Je vois une vache*. Et cela peut se produire avant que tout l'animal ne soit visible ; le « dessin » d'une vache, tel que l'exécutent les sens, peut n'être qu'une ébauche, ou ne représenter que la moitié de l'animal, ou les deux yeux, les oreilles, le nez. Dans le plat pays du Sud-Ouest, un grain de poussière se prolonge au sommet en une ligne minuscule. *Cowboy*, dit le cerveau : une personne a tourné la tête, révélant la forme d'un chapeau. Parfois, les renseignements ne sont que de deuxième, ou de troisième main. Nous parlons alors de *raisonnement*, comme s'il s'agissait d'une épice mentale.

Sur le pont d'un navire, un marin tient des fanions de sémaphore collés contre lui. Il les élève soudain, les balance tous les deux vers la droite comme pour décrocher quelque chose, puis se tourne, s'accroupit et agite les fanions au-dessus de sa tête. Le marin est l'émetteur sensoriel. Ceux qui le voient et lisent son message sont les récepteurs. Les fanions sont toujours les mêmes, mais il les agite différemment selon le message qu'il transmet, et le répertoire de ses mouvements couvre de multiples éventualités. Prenons une autre image : une femme, au télégraphe, envoie un message en morse. Points et traits sont les impulsions nerveuses dont une subtile combinaison traduit le message en clair.

Lorsque nous nous décrivons comme êtres « sensibles » (du latin *sentire*, « sentir », lui-même de l'indo-européen *sent-* , « se diriger vers », « aller » et donc aller mentalement), nous voulons dire que nous sommes conscients ou, d'une manière plus littérale et plus générale, que nous sommes dotés de perceptions sensorielles. « Vous avez perdu la tête[1] ! », s'écrie quelqu'un dans un accès de fureur incrédule. L'image d'une personne sortie de son corps et courant le monde comme un désir sans attache paraît impossible. Il n'y a que les fantômes que l'on représente ainsi — privés de sens — et les anges. *Libérés* de leurs sens, disons-nous plutôt, si nous voulons parler d'un état positif — celui de la sérénité transcendantale que prônent les religions d'Asie, par exemple. Notre condition mortelle et définie par les sens est à la fois notre privilège et la source de nos effrois. Pour vivre, nous sommes tenus en laisse par les sens. Ils nous rendent plus vastes et, cependant, nous limitent, nous restreignent — mais si merveilleusement. L'amour aussi est une merveilleuse servitude.

Il nous faut revenir à la sensation de l'étoffe de la vie. Dans l'Amérique du vingtième siècle, notre expérience tend, pour une grande part, à nous éloigner de cette étoffe, à nous faire disparaître dans une routine simple et rigide, solennelle et puritaine, axée sur le travail et pour laquelle rien n'est plus inconvenant qu'un élan sensuel. L'un des plus grands sensualistes de tous les temps — il ne s'agit ni de Cléopâtre, ni de Marilyn Monroe, ni de Proust, ni d'aucun hédoniste célèbre — fut une femme dont plusieurs sens étaient oblitérés. Aveugle,

1. « *Are you out of your senses!* » Littéralement, « Vous êtes hors de vos sens ! » ou « Vous êtes in-sensé ! » *(N.d.T.)*

sourde, muette, Helen Keller se servait de ses deux autres sens avec une telle perfection qu'en posant les mains sur un poste de radio pour « écouter » de la musique, elle pouvait distinguer les cornets à piston des cordes. Elle « écoutait » son ami Mark Twain lui raconter les pittoresques histoires de la vie au fil du Mississippi. Elle écrivit beaucoup sur les immensités des arômes, des goûts, des touchers, des sensations de la vie qu'elle explora avec toute la volupté d'une courtisane. En dépit de son handicap physique, elle était plus vigoureuse et plus vivante que nombre de ses contemporains.

Il nous plaît de penser que nous sommes des créatures exquisément évoluées avec nos costumes et nos cravates, ou notre lingerie : tant de millénaires et de détours mentaux nous séparent des cavernes. Mais ce n'est pas quelque chose dont nos corps soient convaincus. Sans doute avons-nous le luxe de nous trouver au sommet de la chaîne alimentaire, mais nous avons encore des décharges d'adrénaline lorsque nous rencontrons des prédateurs réels ou imaginaires. Nous ressuscitons même nos terreurs primitives en allant voir des films d'épouvante. Nous marquons et délimitons encore nos territoires, ne serait-ce, parfois, qu'avec le bruit de nos radios. Nous manœuvrons encore pour obtenir le pouvoir, ou une situation. Nous créons encore des œuvres d'art pour stimuler nos sens, voire pour ajouter des sensations au monde qui en déborde et nous livrer ainsi complètement au spectacle de la vie. L'amour, la convoitise, la loyauté, la passion nous poignent encore. Et notre pouls indique encore comment nous percevons le monde dans le jaillissement de toute sa beauté et de toute son horreur. Il n'y a pas d'autre moyen. Pour commencer de comprendre la fièvre rutilante qu'est un état de conscience, nous devons tenter de comprendre les sens — comment ils se sont développés, comment nous pouvons les prolonger, quelles sont leurs limites, auxquels d'entre eux nous avons attaché des tabous, et ce qu'ils peuvent nous apprendre sur ce monde ensorcelant où nous avons le privilège de vivre.

Pour comprendre, il nous faut nous servir de notre tête, c'est-à-dire du mental. Les gens pensent souvent que le mental se situe dans la tête, mais de récentes découvertes en physiologie tendent à établir que le *mental* ne se trouve pas vraiment dans le cerveau, qu'il voyage à travers tout le corps en empruntant des caravanes d'hormones et d'enzymes et qu'il œuvre au déchiffrement des multiples merveilles que nous rangeons sous les noms de toucher, goût, odorat, ouïe, vue. J'aimerais explorer dans ce livre l'origine et l'évolution des sens, voir en quoi ils varient d'une culture à l'autre, décrire leur registre et leur réputation, le folklore et la science qu'ils ont suscités, les idiomes sensoriels que nous utilisons pour parler du monde, me pencher, enfin, sur certains sujets particuliers dont j'espère qu'ils enchanteront d'autres sensualistes autant que moi, et inciter des esprits moins extravagants à s'arrêter du moins un instant et à s'émerveiller. Il va de soi qu'un tel livre ne peut que déboucher sur la célébration.

L'ODORAT

L'odorat est un puissant magicien qui nous fait traverser des millions de kilomètres ainsi que les années que nous avons vécues. Les odeurs de fruits me ramènent chez moi, dans le Sud, à mes gambades enfantines dans le verger planté de pêchers. D'autres odeurs, instantanées et fugitives, me dilatent joyeusement le cœur, ou le contractent sous l'effet d'un chagrin ressuscité. De même que je pense à des odeurs, de même mon nez est-il empli d'arômes qui, peu à peu, éveillent le souvenir d'étés disparus et de champs enfuis avec leurs épis mûrs.

HELEN KELLER

LE SENS MUET

Rien qui se rappelle à la mémoire comme une odeur. Inattendu, passager, fugitif, un parfum peut toutefois réveiller le souvenir d'un été que l'on a passé, enfant, au bord d'un lac dans les Poconos, alors que les buissons d'airelles sauvages regorgeaient de fruits succulents, que le sexe opposé était aussi mystérieux qu'un voyage dans l'espace ; un autre, des heures passionnées sur une plage au clair de lune en Floride, tandis que les céréus[1] qui fleurissent la nuit baignaient l'air d'épais ruisseaux crémeux de senteur et que d'énormes sphinx les visitaient dans le lourd vrombissement de leurs ailes ; un troisième, un dîner en famille, rôti braisé, gâteau de nouilles, patates douces, pendant un mois d'août enfiévré par les myrtes dans une ville du Middle West, quand père et mère étaient encore en vie. Les odeurs explosent doucement dans la mémoire, telles des mines dormantes sous l'ivraie que multiplient les années et l'aventure de la vie. Heurtez le fil de détente d'une odeur, et tout d'un coup les souvenirs éclatent. Une vision complexe s'élance de l'herbe folle amoncelée.

Toutes les civilisations ont toujours été obsédées par les odeurs, et il est des gens qui s'aspergent de Niagaras de parfums. Si la route de la soie a ouvert l'Orient au monde occidental, celle de l'odorat a ouvert le cœur de la Nature. Nos premiers ancêtres se promenaient parmi les fruits de la terre, l'odorat aiguisé, la narine en alerte. Ils suivaient les saisons au gré des parfums et se sentaient chez eux dans leurs celliers

1. Cactées en forme de colonnes dont les très grandes fleurs, d'un blanc d'ivoire, s'ouvrent la nuit. (*N.d.T.*)

débordants de richesses. Nous pouvons détecter plus de dix mille odeurs différentes. Elles sont en fait si nombreuses que notre mémoire nous trahirait si nous tentions de noter tout ce qu'elles représentent. Dans *Le Chien des Baskerville*, Sherlock Holmes identifie une femme grâce à l'odeur de son papier à lettres. Pour lui, il y a soixante-quinze parfums qu'un criminologiste doit absolument pouvoir distinguer. Faible estimation, à n'en pas douter. Après tout, quiconque a un nez d'enquêteur devrait être à même de repérer les coupables à leurs vêtements de tweed, leur encre de Chine, leur talc, leurs chaussures italiennes et les autres articles, innombrables et odoriférants, de leur panoplie. Sans parler des odeurs qui rayonnent, anonymes, et que nous déchiffrons à notre insu même. Le cerveau est un bon machiniste et poursuit son travail tandis qu'en scène nous interprétons notre rôle. La plupart d'entre nous jureront que c'est impossible, mais il n'empêche : des études montrent qu'enfants et adultes n'ont besoin que de le sentir pour déterminer si un vêtement a été porté par un homme ou une femme.

Si notre odorat peut être extrêmement précis, il est néanmoins à peu près impossible de décrire une odeur à quelqu'un qui ne l'a jamais sentie. Celle de papier couché d'un livre neuf, par exemple, ou celle des premières feuilles, humides de dissolvant, qui sortent d'une polycopieuse, ou bien celle d'un cadavre, ou encore les subtiles différences de parfums exhalés par des fleurs comme la mélisse, le cornouiller ou le lilas. L'odorat est le sens muet. Il est sans mots. Cette absence de vocabulaire nous lie la langue. Et nous tâtonnons pour trouver des définitions dans un océan de plaisir et d'exaltation inarticulés. Nous ne voyons que lorsque la lumière est suffisante, ne goûtons que lorsque nous portons les choses à notre bouche, ne touchons que lorsque nous établissons un contact physique avec quelque chose ou quelqu'un, n'entendons les sons que lorsqu'ils sont assez forts. Mais nous sentons constamment, et à chaque respiration. Bouchez-vous les yeux, et vous ne verrez plus. Bouchez-vous les oreilles, et vous n'entendrez plus. Mais si vous vous bouchez le nez et que vous tentiez de ne plus sentir, vous mourrez. Etymologiquement parlant, le souffle n'est ni neutre ni doux : c'est de *l'air cuit*. Nous avons un fourneau dans nos cellules, et, lorsque nous respirons, nous faisons passer le monde par notre corps, où il infuse doucement, puis nous lui rendons sa liberté, légèrement modifié du fait qu'il nous a connus.

UNE CARTE DE L'ODORAT

Le souffle est double, sauf deux fois dans notre vie — au commencement et à la fin. A la naissance, nous inhalons pour la première fois et nous exhalons pour la dernière en mourant. Entre ces deux moments, tout au long du tourbillon de la vie, chaque souffle fait passer l'air par nos centres olfactifs. Par jour, nous respirons environ 23 040 fois et remuons quelque chose comme 12 m^3 d'air. Une respiration nous demande cinq secondes — deux pour inhaler, et trois pour exhaler —, et, pendant ce temps, des molécules d'odeur affluent à travers notre système. En inhalant et en exhalant, nous sentons des odeurs. Les odeurs nous recouvrent, tournoient autour de nous, pénètrent dans notre corps, ou émanent de nous. Nous vivons constamment dans leur remous. Mais lorsque nous essayons d'en décrire une, les mots nous manquent comme nous échappent leurs inventions. Les mots sont de petites formes dans le somptueux chaos du monde. Ils enferment les idées, affûtent les pensées, peignent nos perceptions à l'aquarelle. *De sang-froid*, de Truman Capote, relate le cas de deux meurtriers associés dans un crime particulièrement crapuleux. Tentant d'expliquer les choses, un spécialiste de psychologie criminelle remarque que ni l'un ni l'autre n'aurait pu commettre le crime tout seul, et qu'à eux deux ils constituaient une troisième personne, celle-là capable de tuer. Je pense que les métaphores sont un exemple sans doute plus innocent, mais tout aussi convaincant de ce que les chimistes appellent hypergolique. Vous pouvez prendre deux substances et les additionner, il en résultera quelque chose de tout différent (le sel de table), parfois même d'explosif (la nitroglycérine). Le charme du langage parlé est du même ordre, bien que ce soit une création humaine. Il peut lui arriver de capter des émotions et des sensations là où il n'y en a pas. Malheureusement, les liens physiologiques entre l'odorat et les centres cérébraux du langage sont faibles, à la différence des liens entre l'odorat et les centres de la mémoire : ils tracent une route rapide à travers l'espace et le temps. De même, pour nos autres sens et le langage. Lorsque nous voyons quelque chose, nous pouvons en parler avec une profusion de détails, dans une cascade d'images. Nous pouvons en arpenter la surface à la manière d'une fourmi, en relever tous les traits, en éprouver le grain, le décrire avec des adjectifs visuels tels que rouge, bleu, brillant, gros, etc. Mais qui peut répertorier les caractéristiques d'une odeur ? Lorsque nous employons des mots comme enfumé, sulfureux, floral, fruité, doux, nous évoquons les odeurs en des termes faits pour d'autres choses (la fumée, le soufre, les fleurs, les fruits, le sucre). Les odeurs nous sont plus proches et plus chères que n'importe quoi, mais nous ne pouvons nous rappeler leurs noms. A la place, nous avons tendance à décrire l'effet qu'elles produisent sur nous. Une odeur est dégoûtante, enivrante, soulève le cœur, est agréable, exquise, revigorante, hypnotique, ou révoltante.

Ma mère me raconta un jour une randonnée qu'elle avait faite en voiture avec mon père à travers les orangeraies de l'Indian River en Floride, alors que les arbres, en pleine floraison, saturaient l'air de leur parfum. Le plaisir l'avait laissée confondue. « Ça sentait quoi ? lui demandai-je. — Oh, c'était délicieux. Un parfum délicieux et enivrant. — Mais comme quoi ? insistai-je. Comme les oranges ? » En ce cas, je pouvais lui acheter une eau de Cologne à base de néroli (essence de fleur d'oranger), de bergamote (tirée de l'écorce d'orange) et d'autres ingrédients mineurs — recette du dix-huitième siècle, datant de l'époque où Mme du Barry la mit en vogue (bien que l'on utilise probablement le néroli comme parfum depuis le temps des Sabines). « Oh, non, dit-elle avec assurance. Pas du tout comme les oranges. C'était un parfum délicieux. Vraiment exquis. — Décris-le-moi. » Mais elle éleva les mains dans un geste de désespoir.

A vous, maintenant. Décrivez l'odeur de votre amant, ou de votre maîtresse, de votre enfant, de votre père, ou de votre mère. Ou bien seulement l'un des clichés aromatiques que, les yeux bandés, la plupart des gens pourraient reconnaître : une boutique de chaussures, une boulangerie, une église, une boucherie, une bibliothèque. Mais pouvez-vous décrire l'odeur de votre chaise préférée, de votre grenier, ou de votre voiture? Dans *The Place in Flowers Where Pollen Rests*[1], le romancier Paul West écrit que le sang a la même odeur que la poussière. La comparaison a de quoi retenir l'attention et, comme toutes celles qui se rapportent à l'odorat, procède d'une manière détournée. Autre témoin à l'attachante subjectivité, l'écrivain Witold Gombrowicz qui, dans le premier tome de son journal, se rappelle un petit déjeuner à l'Ermitage « avec A. et sa femme... et que — pardon — la nourriture sentait les W.C. de grand luxe ». Je suppose qu'il fait allusion aux rognons grillés, qu'il n'aimait pas, même s'il s'agissait de rognons coûteux et distingués! Pour établir une carte de l'odorat, il faudrait des cartographes sensuels, capables de suggérer des mots nouveaux, chacun aussi précis qu'un relevé de terrain ou que l'assignation des points cardinaux. Il devrait y avoir un mot pour définir ce que sent le sommet de la tête d'un nourrisson (mélange de talc et de fraîcheur) que la vie n'a pas encore pollué, non plus qu'aucun régime alimentaire. Les pingouins sentent carrément le pingouin, odeur si particulière et unique qu'un seul adjectif devrait suffire à la capturer. *Pinguid*, en anglais, signifie huileux et ne ferait donc pas l'affaire. *Pingouineux* évoque l'idée d'une chaîne de montagnes. *De pingouin* est l'expression convenue. Mais elle engorge le style et met une étiquette sans rien définir. S'il existe des mots pour les tons de pastel — lavande, mauve, rose indien, prune et lilas —, qui saura nommer les nuances et les teintes d'une odeur? On dirait que nous sommes hypnotisés en masse et que l'on nous demande un oubli sélectif. Il se peut aussi que l'une des raisons pour lesquelles les odeurs nous émeuvent si profondément est que nous ne savons les nommer. Dans un monde dicible et luxuriant, où les merveilles s'offrent spontanément à la dissection verbale, nous avons souvent les odeurs sur le bout de la langue — mais pas davantage —, ce qui leur donne une espèce de distance magique, un mystère, un pouvoir innommé, un caractère sacré.

1. En cours de traduction aux Editions Rivages.

VIOLETTES ET NEURONES

Le parfum des violettes fait penser à du sucre brûlé que l'on tremperait dans du citron et du velours. C'est la définition que je pourrais suggérer, faisant ce que nous faisons toujours et décrivant une odeur en me servant d'une autre, ou en recourant à un autre sens que l'odorat. Dans une lettre célèbre, Napoléon demandait à Joséphine de ne pas se laver pendant les deux semaines qu'il passerait loin d'elle. Ainsi pourrait-il profiter de tous ses arômes naturels. Mais Napoléon et Joséphine adoraient aussi les violettes. Elle se parfumait souvent à la violette. C'était sa signature. Lorsqu'elle mourut en 1814, Napoléon planta des violettes sur sa tombe, où il revint en pèlerinage avant son exil à Sainte-Hélène. Il cueillit alors quelques violettes et les enferma dans un médaillon qu'il porta à son cou jusqu'à la fin de sa vie. Les rues de Londres, au dix-neuvième siècle, étaient pleines de jeunes pauvresses qui vendaient de petits bouquets de violettes et de lavande. Et dans la symphonie *Londres* de Ralph Vaughan Williams, on trouve une traduction orchestrale du cri de ces fleuristes. Les violettes résistent, et ont toujours résisté, à l'art du parfumeur. On peut extraire de la violette un parfum de qualité, mais au prix d'immenses difficultés et de beaucoup d'argent. Il faut être très riche pour s'en offrir. Mais il y a toujours eu des impératrices, des dandies, des gens qui lancent la mode ou jettent l'argent par les fenêtres pour alimenter l'industrie du parfum. Ce qui, pour beaucoup, rend écœurant leur parfum, c'est que les violettes ne suscitent en nous aucune réaction durable. Comme l'écrit Shakespeare, elles sont

> *Précoces, mais impermanentes, sucrées, mais éphémères,*
> *Parfum et provision d'un seul instant.*

Les violettes contiennent de l'ionone, qui court-circuite l'odorat. La fleur continue d'exhaler son parfum, mais nous perdons le pouvoir de le sentir. Attendez une minute, ou deux, et le parfum montera de nouveau. Puis, de nouveau s'évanouira, et ainsi de suite. Comment Joséphine, femme à la sensualité généreuse encore que parfois énigmatique, choisit-elle comme signature un parfum qui, un instant, agresse violemment le nez pour le laisser vierge l'instant d'après, avant de se déchainer de nouveau ? Nul parfum n'est plus volage. Apparaissant, disparaissant, apparaissant, disparaissant, il joue à cache-cache avec nos sens. Aucun moyen d'en être saturé. Les Athéniens en étaient à ce point entichés qu'ils choisirent la violette comme fleur officielle et symbole de leur cité. Les femmes de l'ère victorienne aimaient à parfumer leur haleine en suçant des cachous, des pastilles à la violette, surtout quand elles avaient bu. Tout en écrivant ces lignes, je déguste un rouleau de pastilles à la violette Choward — délicieuse confiserie, parfum qui rafraîchit. Et le suintement douceâtre, le goût âcre et moisi des violettes m'ont presque submergée. D'autre part, en Amazonie, j'ai fait infuser un pot de *Casca preciosa*, parente parfumée des sassafras, dont l'écorce macérée parfuma bientôt mon visage, mes cheveux, mes vêtements, ma chambre et mon âme de chaudes violettes exquisément subtiles. Si, depuis des siècles, les violettes nous transportent, nous obsèdent, nous repoussent et nous troublent, pourquoi ne pouvons-nous guère en décrire le parfum que de manière indirecte ? Sentons-nous donc indirectement ? Pas du tout.

L'odorat est le plus direct de nos sens. Si je porte une violette à mon nez et la respire, les molécules de parfum passent dans les fosses nasales, derrière l'arête du nez, où les absorbe le récepteur muqueux de cellules dotées de poils microscopiques appelés cils. Cinq millions de ces cellules envoient des signaux au bulbe olfactif du cerveau, ou zone de l'odorat. Uniques en leur genre, ces cellules n'appartiennent qu'au nez. Si un neurone du cerveau est détruit, c'est pour toujours. Si des neurones des yeux ou des oreilles s'abîment, les organes auxquels ils correspondent seront irréparablement abîmés. Mais les neurones du nez se restaurent spontanément au bout d'une trentaine de jours. Et à la différence des autres neurones, ils dépassent complètement et ondoient dans l'air respiré comme des anémones de mer sur un récif de corail.

Situées à l'extrémité supérieure des deux narines, les régions olfactives sont de couleur jaune, généreusement humides et emplies de substances graisseuses. Nous savons que l'hérédité gouverne la taille d'un être, la forme de son visage, la couleur de ses cheveux. L'hérédité détermine aussi la nuance de jaune de la région olfactive. Plus le jaune est foncé, plus l'odorat est fin et précis. Celui-ci est pauvre chez les albinos. Les animaux peuvent sentir avec une grandeur béatifique : ils possèdent des zones olfactives d'un jaune sombre. Les nôtres sont jaune pâle, au lieu qu'elles sont d'un brun-rouge chez le renard et d'un brun-vert intense chez le chat. Selon un savant, les hommes à la peau sombre seraient dotés de régions olfactives plus sombres et devraient par conséquent avoir un odorat plus sensible. Lorsque le bulbe olfactif détecte quelque chose — au moment où nous mangeons, faisons l'amour, éprouvons une émotion devant quelqu'un, nous promenons dans un parc —, il le signale au cortex cérébral et envoie directement un message au système du limbe, section mystérieuse, ancienne et intensément émotive de notre cerveau en laquelle nous éprouvons le désir sexuel et les autres sensations et formons nos inventions. Contrairement aux autres sens, l'odorat n'a pas besoin d'interprète. L'effet est immédiat. Ni le langage, ni la pensée, ni aucune traduction ne l'édulcorent. Une odeur peut nous engloutir sous des flots de nostalgie parce qu'elle déclenche des images et des émotions puissantes avant que nous n'ayons eu le temps de les mettre au point. Ce que l'on voit, ce que l'on entend peut rapidement s'évanouir dans le compost de souvenirs à court terme. Mais comme Edwin T. Morris le signale dans *Fragrance*, « il n'y a à peu près pas de mémoire à court terme en ce qui concerne les odeurs ». Mémoire à long terme, donc. En outre, les odeurs permettent d'apprendre mieux et de mieux retenir. « Quand on mettait des enfants en contact avec des données olfactives en même temps qu'on leur fournissait une liste de mots, remarqua Morris, ils mémorisaient cette liste beaucoup plus facilement et beaucoup mieux que lorsqu'un tel matériel ne leur était pas conjointement proposé. » Lorsque nous offrons un parfum à quelqu'un, nous lui offrons de la mémoire liquide. Kipling avait raison : « Pour faire vibrer les cordes du cœur, les odeurs sont plus sûres que ce que l'on voit, ou que ce que l'on entend. »

LA FORME DE L'ODEUR

Toutes les odeurs se rangent en quelques catégories fondamentales, à peu près comme les couleurs primaires : de menthe (la menthe poivrée), florales (les roses), éthérées (les poires), musquées (le musc), résineuses (le camphre), fétides (les œufs pourris) et aigres (le vinaigre). C'est pourquoi les fabricants de parfums ont si peu de mal à concocter des bouquets, ou à se tenir sur le seuil du fruité ou du musqué. Plus besoin de substances naturelles. On peut créer des parfums en laboratoire au niveau moléculaire. L'un des premiers à être entièrement synthétique (un aldéhyde[1]) fut le N° 5 de Chanel, qui, lancé en 1922, est demeuré un classique de la sensualité féminine. Il a donné lieu à des commentaires demeurés célèbres. Lorsqu'un journaliste demanda à Marilyn Monroe ce qu'elle mettait pour se coucher, elle répondit avec coquetterie : « Le 5 de Chanel. » Sa note la plus haute – celle que l'on sent tout de suite – est l'aldéhyde. Puis, le nez détecte la note du milieu : jasmin, rose, muguet, orris et ylang-ylang. Et finalement, la note de base qui porte le parfum et le fait perdurer : vétiver, santal, cèdre, vanille, ambre, civette et musc. Les notes de base sont presque toujours d'origine animale, les animaux étant les anciens émissaires de l'odorat qui nous transportent à travers bois et savanes.

Depuis des siècles, on torture les bêtes ou on les tue pour recueillir quatre sécrétions glandulaires : l'ambre gris (fluide huileux sécrété par les cachalots qui protège leur estomac contre l'épine dorsale tranchante de la seiche et de la bouche tout aussi tranchante de l'encornet dont elle se nourrit), le castoreum (que l'on trouve dans les sacs abdominaux des castors du Canada et de Russie et dont ils se servent pour marquer les limites de leurs territoires), la civette (sécrétion mielleuse émise par la région génitale d'une civette nocturne et

1. Les aldéhydes forment une vaste classe de molécules organiques dont la plupart sont d'origine naturelle ; ainsi le rhum et le vin sont-ils parfumés par les aldéhydes du bois des barriques.

carnivore) et le musc (sécrétion rouge qui fait penser à de la gelée et provient de l'intestin d'un cerf de l'Asie orientale). Comment a-t-on découvert que les poches anales de certains animaux sont aromatiques ? La bestialité étant courante parmi les bergers dans certaines de ces régions, on peut y voir une réponse possible à cette question, et l'on aurait tort de la dédaigner. Le musc animal est très près de la testostérone ; nous pouvons donc le sentir même en une infime proportion : guère plus de 0, 000 000 000 000 01 gramme. Par chance, les chimistes ont désormais mis au point vingt sortes de musc, parce que, d'une part, les animaux étaient menacés et que, de l'autre, les substances naturelles ne permettent pas d'assurer une régularité parfaite de l'odeur. Une question se pose d'emblée : pourquoi les sécrétions des glandes odorantes du daim, du sanglier, des chats et d'autres animaux suscitent-elles le désir sexuel chez les humains ? La réponse semble être la suivante : elles affectent la même forme chimique qu'un stéride, et, lorsque nous les sentons, nous pouvons y réagir comme si c'étaient des phéromones humaines. Au vrai, lors d'une expérience menée à l'International Flavours and Fragrances, les femmes qui avaient respiré du musc eurent des cycles menstruels plus courts, une ovulation plus fréquente et constatèrent qu'il leur était plus facile de concevoir un enfant. Le parfum compte-t-il ? Tout n'est-il pas affaire de conditionnement ? Pas nécessairement. Les odeurs peuvent-elles nous influencer biologiquement ? Absolument. Le musc entraîne un changement hormonal chez la femme qui le respire. Quant à savoir pourquoi les arômes floraux nous excitent, disons que les fleurs sont douées d'une grande vigueur sexuelle. Le parfum d'une fleur fait savoir au monde que cette fleur est fertile, disponible et désirable et que le nectar suinte de ses organes sexuels. Ce parfum éveille en nous la mémoire fantomale de la fertilité, de la vigueur, de la force de vie, de tout l'optimisme, toute l'attente, tout l'épanouissement passionné de la jeunesse. A peine le sentons-nous que, sans tenir compte de notre âge, nous sommes jeunes et nubiles dans un monde enfiévré de désir.

La lumière du soleil enlève aux choses un peu de leur odeur. Quiconque a étendu sur une corde à linge des draps qui sentaient le renfermé vous le dira. Ce qui reste peut néanmoins sentir encore le moisi et n'avoir rien d'engageant. Huit molécules d'une substance quelconque suffisent pour exciter une terminaison nerveuse. Mais il faut que quarante terminaisons nerveuses soient stimulées avant que nous ne *sentions* quelque chose. Il est des choses sans odeur. Seules, les substances assez volatiles pour vaporiser dans l'air des particules microscopiques en ont une. Bien des choses avec lesquelles nous sommes en contact quotidien — comme la pierre, le verre, l'acier, l'ivoire — n'émettent rien lorsqu'elles demeurent à la température d'une pièce. C'est pourquoi nous ne les sentons pas. Si vous faites cuire du chou, le chou devient plus volatile (certaines de ses particules s'évaporent dans l'air) et il sent tout à coup plus fort. L'apesanteur fait perdre aux astronautes dans l'espace l'odorat et le sens du goût. En l'absence de gravitation, les molécules ne peuvent être volatiles, en sorte qu'un petit nombre seulement pénètre assez profondément dans le nez pour être enregistrées comme odeurs. Ce qui pose un problème aux diététiciens chargés de l'alimentation spatiale. Le goût de la nourriture dépend pour beaucoup de son odeur. Certains chimistes sont allés jusqu'à prétendre que le vin n'est qu'un liquide sans saveur, mais intensément parfumé. Et de dire que, pour celui qui souffre d'un rhume de cerveau, le vin a le même goût que l'eau. Avant que l'on ne puisse goûter quelque chose, cette chose doit être dissoute dans un liquide (par exemple, un bonbon doit fondre dans la salive) ; et pour que l'on puisse sentir quelque chose, l'air doit être le support de cette chose. Nous ne goûtons que quatre saveurs : douce, aigre, amère et salée. Il en ressort que tout le reste, même si nous le rangeons dans la catégorie des saveurs, relève en réalité des odeurs. En revanche, il est nombre d'aliments que nous nous imaginons pouvoir sentir et que nous ne faisons que goûter. Le sucre n'est pas volatile. Nous ne le sentons donc pas, même si nous le savourons fortement. Si nous voulons savourer quelque chose de délicieux, rêver sur une bouchée exquise, nous exhalons, ce qui amène l'air dans notre bouche en lui faisant franchir les récepteurs olfactifs et, par voie de conséquence, nous permet de mieux sentir.

Mais comment le cerveau s'y prend-il pour reconnaître

autant d'odeurs et en dresser l'inventaire? Une théorie — la théorie « stéréochimique » de J.E. Amoore — recense les liaisons entre les formes géométriques des molécules et les sensations olfactives qu'elles suscitent. Lorsqu'une molécule de la forme requise se présente, elle va se loger dans la niche de son neurone et, de là, envoie un signal au cerveau. Les odeurs musquées ont des molécules en forme de disques qui s'adaptent sur le neurone, à un endroit elliptique en forme de bol. La molécule des odeurs de menthe est en forme de coin et s'adapte à un endroit en forme de V. La molécule des odeurs camphrées est sphérique et s'adapte à un emplacement elliptique, mais elle est plus petite que celle du musc. Les odeurs florales ont une molécule en forme de disque, dotée d'une queue et qui s'adapte à un emplacement en forme de pipe. Les odeurs putrides ont une charge négative qui s'adapte à un emplacement chargé positivement. Inversement, les odeurs piquantes ont une charge positive qui s'adapte à un emplacement chargé négativement. Certaines odeurs s'adaptent à deux sortes d'emplacements à la fois, ce qui résulte en un effet de mélange, ou de bouquet. Amoore présenta sa théorie en 1949, mais Lucrèce, le poète aux vastes conceptions, l'avait déjà proposée en 60 avant notre ère dans sa citadelle de la connaissance et de la pensée qu'est *De la nature des choses*. Une métaphore du genre « serrure-et-clef » semble de plus en plus expliquer maintes facettes de la nature, comme si le monde était un salon aux multiples portes verrouillées. Ou peut-être une serrure et une clef forment-elles une image familière, l'un des quelques moyens dont les êtres humains se servent pour rendre compréhensible le monde environnant (le langage et les mathématiques en sont deux autres). Comme Abram Maslow le dit un jour : si le seul outil d'un homme est une clef, il s'imaginera que tout problème est une serrure.

Certaines odeurs sont fabuleuses diluées, tout à fait répugnantes dans le cas contraire. L'odeur fécale de la civette soulèverait le cœur, mais en petites doses transmue un parfum en un aphrodisiaque. Même une petite quantité de certaines odeurs — le camphre, l'éther, l'huile de clous de girofle, par exemple — est encore trop : le nez s'engourdit, devient à peu près incapable de plus rien sentir. Certaines substances dégagent la même odeur que d'autres, dont elles semblent pourtant éloignées, dans l'équivalent nasal de la douleur qui s'y rattache (les amandes amères sentent le cyanure; les œufs pourris, le soufre). Bien des gens normaux sont comme aveugles aux odeurs faibles et fugitives. Lorsque nous pensons à ce que les êtres humains éprouvent normalement, nous avons tendance à manquer d'imagination. L'une des surprises que nous réserve l'odorat est l'étendue des réponses sur la courbe de ce que nous appelons normalité.

PLEINS FEUX

Une grande partie de la vie n'est pour nous qu'un décor. Mais il appartient à l'art de faire la lumière sur les ombres et de ressusciter la vie. De nombreux écrivains ont tiré les plus grands effets de leur intimité avec les odeurs : Proust évoquant son thé et sa petite madeleine; Colette, les fleurs qui la ramenaient dans les jardins de son enfance, auprès de sa mère, Sido; Virginia Woolf, la parade des odeurs de la ville; Joyce, les souvenirs de l'urine de bébé, de la toile cirée, de la sainteté et du péché; Kipling, l'acacia trempé de pluie, qui lui rappelait son foyer et les complexes odeurs de la caserne (« une bouffée d'air... et c'est toute l'Arabie »); Dostoïevski, « la puanteur de Pétersbourg ». Il y a aussi Coleridge qui, dans ses cahiers, se souvenait que, « de loin, un tas de fumier sent le musc, et un chien mort les vieilles fleurs » ; Flaubert racontant en rapsode comment il respirait les pantoufles et les mitaines de sa bien-aimée, qu'il conservait dans un tiroir de son bureau; Thoreau se promenant au clair de lune, à travers champs, dans l'odeur sèche du blé, celle de moisissure qu'exhalaient les buissons de myrtilles, tandis que les baies du myrte sentaient « la petite confiserie » ; Baudelaire s'immergeant dans le royaume de l'odorat jusqu'à ce que son « âme s'envolât sur les ailes d'un parfum comme l'âme d'autres hommes s'envole sur les ailes de la musique » ; Milton décrivant les odeurs qui plaisent aux narines de Dieu et celles que préfère Satan, imbattable dans l'art de détecter une charogne

(« Du carnage, la proie innombrable... arôme de vivantes carcasses ») ; Robert Herrick respirant, fétichiste et intime, le corps de son amour dont « les seins, les lèvres, les mains, les cuisses, les jambes... sont tous riches d'arômes », puisque « toutes les épices de l'Orient s'y mêlent » ; Walt Whitman chantant la sueur dont le parfum est « plus délicat que la prière » ; François Mauriac narrant, dans *La Robe prétexte*, l'histoire d'une adolescence revécue grâce à ses odeurs ; Chaucer faisant, le premier, mention, dans *Le Conte du meunier*, de déodorants pour la bouche ; Shakespeare nous offrant des comparaisons miraculeusement exquises sur les fleurs (il dit à la violette : « Douce voleuse, où as-tu pris ta douceur, sinon à l'haleine de mon amour ? ») ; Czeslaw Milosz se rappelant une armoire à linge « emplie du tumulte muet des souvenirs ». Sans parler de Joris-Karl Huysmans obsédé par les hallucinations nasales, le parfum des liqueurs et la sueur des femmes dont regorge *A rebours*, son roman hédoniste et luxuriant, d'un caractère décadent presque impensable. Il présente l'un de ses personnages comme « une femme déséquilibrée, hystérique, qui aime avoir le bout des seins macéré dans des senteurs et qui connaît une véritable extase, et toute-puissante, lorsqu'on lui titille la tête avec un peigne ou que, caressée par un amant, elle peut respirer une odeur de suie, ou l'humidité d'un immeuble sous la pluie, ou la poussière sous un orage d'été ».

Le poème le plus imbibé de parfums de tous les temps est le Cantique des Cantiques qui, tout en évitant de parler du corps ou même des odeurs naturelles, bâtit une voluptueuse histoire d'amour autour d'onguents et de parfums. Sur les terres arides où se déroule l'histoire, l'eau étant rare, les gens se parfumaient souvent et généreusement. En attendant la date de leur mariage, qui approche, les fiancés conversent amoureusement en vers, rivalisant de doux compliments aussi ornés qu'inventifs. Dînant avec elle, il apparaît comme un « monceau de myrrhe », ou « un bouquet de troènes dans les vignes d'En-gedi » ; ou bien il est lisse et musclé comme « une jeune gazelle ». Pour lui, sa virginité à elle est un jardin secret, une source silencieuse, une fontaine scellée. Elle a des lèvres humides comme un rayon de miel. « Le miel et le lait sourdent sous ta langue, et le parfum de tes atours est pareil au parfum du

Liban. » Il lui dit que, la nuit de leurs noces, il entrera dans son jardin et il recense tous les fruits et toutes les épices qu'il est sûr d'y trouver : l'encens, la myrrhe, le safran, le troène, les grenades, l'aloès, la cannelle, le calamus et d'autres trésors. Elle tissera autour de lui toute une étoffe d'amour et lui emplira les sens jusqu'à les faire déborder d'une prodigalité océanique. Cet hommage amoureux la touche tellement et le désir l'affole tant qu'elle lui répond qu'elle lui ouvrira en grand les portes de son jardin. « Eveille-toi, ô vent du Nord. Et toi, ô vent du Sud, viens souffler sur mon jardin, que les épices s'en échappent. Que mon bien-aimé vienne en mon jardin et en déguste les fruits. »

Dans un roman macabre contemporain, *Le Parfum*, de Patrick Süskind, le héros, qui vit à Paris au dix-huitième siècle, est, depuis sa naissance, dépourvu de la moindre odeur personnelle, mais son odorat se développe de façon prodigieuse. « Bientôt, il ne sent plus seulement le bois, mais diverses espèces de bois : l'érable, le chêne, le pin, l'orme, le poirier, le bois jeune ou vieux, pourrissant, décomposé, moussu, et jusqu'aux bûches, aux copeaux, aux échardes, toutes choses qui, pour lui, deviennent des objets distincts beaucoup mieux que ne le permet le sens de la vue. » Quand il boit son verre de lait quotidien, il peut sentir l'humeur de la vache que l'on a traite; en promenade, il identifie sans mal l'origine de n'importe quelle fumée. Mais son manque d'odeur humaine effraie les gens, qui le traitent durement, en sorte que son caractère se pervertit. Il finit par créer pour lui-même des odeurs personnelles qui, sans qu'on les trouve vraiment naturelles, le font paraître plus normal, et dont le raffinement comprend comme « une odeur d'effacement, tout un attirail de modestes odeurs de tous les jours, celle, surie et fromagère, de l'espèce humaine y étant toujours présente ». Avec le temps, il se mue en un parfumeur assassin qui cherche à distiller l'essence embaumée de certaines personnes comme si elles étaient des fleurs.

Nombre d'écrivains ont parlé des odeurs et de leur pouvoir d'éveiller tout un vol de souvenir. Dans *Du côté de chez Swann*, Proust, ce grand chercheur d'arômes dans les vastes étendues du luxe et de la mémoire, décrit un bref tourbillon dans sa journée.

> Je faisais quelques pas du prie-Dieu aux fauteuils en velours frappé, toujours revêtus d'un appuie-tête au crochet ; et le feu cuisant comme une pâte les appétissantes odeurs dont l'air de la chambre était tout grumeleux et qu'avait déjà fait travailler et « lever » la fraîcheur humide et ensoleillée du matin, il les feuilletait, les dorait, les godait, les boursouflait, en faisant un invisible et palpable gâteau provincial, un immense « chausson » où, à peine goûtés, les arômes plus croustillants, plus fins, plus réputés, mais plus secs aussi du placard, de la commode, du papier à ramages, je revenais toujours avec une convoitise inavouée m'engluer dans l'odeur médiane, poisseuse, fade, indigeste et fruitée du couvre-lit à fleurs.

Tout au long de sa vie d'adulte, Charles Dickens affirma qu'il lui suffisait de respirer une bouffée du genre de colle dont il se servait pour étiqueter les bouteilles pour que lui revînt, avec une force insupportable, toute l'angoisse de ses jeunes années, quand son père, ruiné, avait dû se résoudre à l'abandonner dans un magasin infernal où l'on préparait ces bouteilles. Au dixième siècle, au Japon, une dame de la cour aux dons éclatants, Dame Murasaki Shikibu, écrivait le premier roman digne de ce nom, *L'Histoire de Genji*, une histoire d'amour sur fond historique et social, où l'on voit des alchimistes préparer des parfums d'après l'aura et la destinée des gens. Pour juger du talent des écrivains, et plus particulièrement des poètes, rien de tel que de lire leurs descriptions des odeurs. S'ils sont incapables de décrire l'odeur de sainteté d'une église, comment compter sur eux pour dépeindre les environs du cœur?

LE PALAIS D'HIVER DES MONARQUES

Nous avons tous nos souvenirs de senteurs. L'un de ceux qui ont laissé en moi l'empreinte la plus vive se rapporte à une odeur qui était un parfum tout autant qu'une vapeur. C'était Noël. Je longeais la côte californienne avec les membres du Projet Monarque du Muséum de Los Angeles, localisant et suivant en leur migration d'hiver des foules de ces papillons appelés monarques. Ils préfèrent hiverner dans le riche parfum des bois d'eucalyptus. La première fois que je pénétrai dans l'un de ces bois, et chaque fois par la suite, je fus tout à coup envahie de tendres souvenirs : frictions mentholées et rhumes de mon enfance. Tout d'abord, nous touchâmes les cimes des arbres, où les papillons voletaient en girandoles d'or et en capturâmes un groupe à l'aide de filets télescopiques. Puis, nous nous assîmes par terre. Le sol était recouvert, comme d'un épais tapis, par une plante aqueuse d'Afrique du Sud, plante succulente et l'une des très rares à supporter les lourdes huiles dont dégouttent les arbres. Ces huiles éloignent aussi les insectes rampants. Et n'eût été, de temps à autre, la rainette du Pacifique dont le coassement rappelait le furetage d'une clef dans la serrure d'un coffre-fort, ou le geai bleu qui s'évertuait follement à se nourrir de papillons (dont les ailes contiennent un poison du type de la digitaline), les forêts ensoleillées étaient la sérénité même. Elles semblaient appartenir à un autre monde, et le calme les faisait paraître immenses. En raison de la vapeur de l'eucalyptus, je ne respirais pas seulement le parfum, je le sentais dans mon nez et dans ma gorge. Pour tout bruit, une porte grinçait parfois en s'ouvrant, ou bien un peu d'écorce se détachait des eucalyptus et tombait doucement sur le sol où elle s'enroulait bientôt comme un papyrus. Où que mon regard se posât, on aurait dit qu'un scribe des temps anciens avait laissé traîner des proclamations. Mais pour mon odorat, cependant, nous étions en Illinois dans les années 50. C'était un jour de classe. J'étais au fond de mon lit, à l'abri, dorlotée par ma mère, qui me massait avec du Vicks VapoRub. Ce parfum et ce souvenir ajoutèrent à la sérénité des heures que je passai, tranquillement assise dans la forêt, à manipuler les exquis papillons, délicates créatures pleines de vie et de beauté qui, non prédatrices, vivent seulement de nectar, ainsi que les dieux d'antan. Le souvenir était d'autant plus doux qu'il s'étagea dans mes sens. Si, au début, des images de mon enfance s'éveillèrent tandis que j'étiquetais les papillons, cet étiquetage, par la suite, devint en soi un souvenir suscité par le parfum et, plus encore, se substitua au souvenir originel. Un jour que je marchais dans Manhattan, je m'arrêtai chez un fleuriste, comme je le fais toujours quand je suis en voyage, afin de choisir quelques fleurs pour ma chambre d'hôtel. Deux bacs contenaient des branches d'eucalyptus à feuilles rondes qui faisaient penser à des dollars d'argent. Elles étaient encore fraîches, d'un vert bleuâtre, et leur surface avait quelque chose de crayeux. Certaines s'étaient cassées et laissaient échapper dans l'air leur épaisse et piquante vapeur. Malgré le bruit de la circulation dans la Troisième Avenue et des marteaux piqueurs du City Works Department, malgré la poussière qui volait dans les rues et le ciel grumeleux et gris, je fus sur-le-champ transportée dans un bois d'eucalyptus d'une beauté singulière près de Santa Barbara. Une nuée de papillons volait le long d'une rivière à sec. J'étais paisiblement assise sur le sol, tirant encore un monarque or et noir de mon filet, l'étiquetant soigneusement et lui rendant sa liberté, puis le regardant un moment pour m'assurer qu'il s'envolait en toute sécurité avec son étiquette collée comme une petite épaulette sur l'une de ses ailes. La paix de cet instant déferla sur moi comme une vague qui se brise et m'inonda les sens. Un jeune Vietnamien qui arrangeait son étalage me regarda intensément, et je m'aperçus que mes yeux s'étaient soudain embués. L'incident ne pouvait avoir duré plus de quelques secondes, mais les souvenirs de parfums combinés avaient doté l'eucalyptus d'un pouvoir quasi sauvage pour m'émouvoir. Le même après-midi, je me rendis dans une de mes boutiques préférées. Elle est située dans le Village, et l'on y compose spécialement à votre intention une huile de bain à base d'huile d'amande douce. Ou l'on y prépare des shampooings et des lotions corporelles, toujours à base d'ingrédients parfumés. J'ai, accroché à ma douche, un filet bleu du genre de ceux avec lesquels les Françaises font leurs courses. J'y garde toute une série de potions pour me laver, et l'eucalyptus est l'une des plus calmantes. Comment se fait-il que le hasard — faisant respirer à Dickens quelques molécules de colle, ou m'offrant de l'eucalyptus — puisse nous ramener si bien en arrière, dans un monde que nous ne saurions atteindre autrement?

EN NOUS, DES OCÉANS

Conduire en été dans la campagne au coucher du soleil entraîne une cavalcade d'odeurs : engrais, herbe fauchée, chèvrefeuille, menthe verte, balle du blé, échalote, chicorée, goudron de la route macadamisée. Au début de notre évolution, nous ne voyagions pas pour le plaisir, seulement pour nous nourrir, et l'odorat tenait un rôle essentiel. Nombre de formes de vie marine doivent attendre que la nourriture se cogne à elles, ou s'égare dans leur étreinte tentaculaire. Mais nous, guidés par l'odorat, devînmes des nomades pouvant aller à la recherche de la nourriture, la chasser, voire même choisir ce qui nous plaisait le plus. Dans une ancienne version, plus pisciforme, de notre humanité, nous nous servions également de notre odorat pour trouver un mâle, ou détecter l'arrivée d'un barracuda. Inévaluable appareil de contrôle grâce auquel nous empêchions un poison d'entrer dans notre bouche et dans le délicat système en circuit fermé de notre corps, l'odorat fut le premier de nos sens, et il fonctionna si bien que la petite protubérance de tissu olfactif au sommet du cordon nerveux se mua en cerveau. A l'origine, nos hémisphères cérébraux étaient des bourgeons sur nos tiges olfactives. Nous *pensons* parce que nous *sentions*.

Comme tant d'autres de nos fonctions corporelles, notre sens de l'odorat nous renvoie à cette époque lointaine de l'évolution, quand nous prospérions dans les océans. Avant que nous ne soyons à même de la sentir, une odeur doit se dissoudre dans une solution aqueuse, que nos membranes muqueuses puissent absorber. Il y a quelques années, faisant de la plongée en scaphandre autonome, je m'avisai pour la première fois des deux choses suivantes : nous portons en nous les océans ; nos veines reflètent le mouvement des marées. Je suis un être humain, et une femme : mes ovaires contiennent des œufs qui ne diffèrent pas de la laitance. Et en pénétrant dans la lisse et mouvante matrice de l'océan dont nos ancêtres naquirent il y a des millions d'années, je me sentis si émue que je pleurai sous l'eau, mêlant le sel de mes larmes au sel de l'océan. Troublée par mes pensées, je regardai autour de moi pour me repérer par rapport au bateau et je n'y parvins pas. Tant pis : j'étais partout chez moi.

Ce moment de mysticisme me boucha les sinus, et je refis péniblement surface. La douleur dura jusqu'à que j'enlève mon masque, me mouche à fond et me remette de mes émotions. Mais je n'ai jamais depuis lors oublié cette impression d'appartenance. Notre sang est en grande partie de l'eau salée, nous avons encore besoin d'une solution saline (d'eau salée) pour nous baigner les yeux ou mettre des verres de contact. Et au fil des âges, on a dit que le vagin de la femme sent la marée. En fait, Sandor Ferenczi, un disciple de Freud, est allé jusqu'à déclarer dans *Thalassa : A Theory of Genitality* (« Thalassa : une théorie de la génitalité ») que les hommes ne font l'amour aux femmes que parce que la matrice a une odeur de saumure de hareng et que les hommes s'efforcent de regagner l'océan primordial. C'est à coup sûr l'une des théories les plus remarquables sur le sujet — mais qui n'explique pas pourquoi les femmes ont des rapports avec les hommes. Un chercheur affirme que ce caractère poisson est dû non pas à quelque chose d'inhérent au vagin, mais plutôt au manque d'hygiène après le coït, ou à une vaginite, ou à du vieux sperme. « Si vous déposez du liquide séminal dans un vagin, il ressort avec une odeur de poisson », prétend-il. Ce qui, sur le plan étymologique, ne manque pas de force persuasive, quand on se rappelle que, dans de nombreuses langues d'Europe, les prostituées sont désignées, en argot, de noms qui dérivent de la racine indo-européenne *pou*, se gâter, pourrir. En français, putain ; en irlandais, *old put* ; en italien, *putta* ; *puta* en espagnol et en portugais. Des mots voisins — comme putride, pus, suppurer et *putorius* (de la famille des mouffettes). Le mot *sconse* (la fourrure de la mouffette) vient de l'algonquin, où il désigne le putois. Et dans l'Angleterre des seizième et dix-septième siècles, le terme servait à dénigrer les prostituées. Nous ne faisons pas que devoir notre odorat et notre sens du goût à l'océan ; nous sentons nous-mêmes l'océan et nous en avons le goût.

LA SUEUR : NOTIONS ET NATIONS

Les humains dégagent en général une forte odeur corporelle, et l'anthropologue Louis S.B. Leakey pense que nos ancêtres ont pu avoir une odeur encore plus forte, telle que les animaux prédateurs la trouvaient repoussante et l'évitaient. J'ai passé naguère quelque temps au Texas pour étudier les chauves-souris. J'en installai une de grande taille, originaire d'Indonésie, dans mes cheveux, pour voir si elle s'y empêtrerait comme le veulent les contes de bonne femme. Loin que ce fût le cas, elle se mit à tousser doucement du fait des senteurs mêlées de mon savon, de mon eau de Cologne, du sel de ma peau, de ses huiles et d'autres odeurs humaines. Quand je la remis dans sa cage, elle se nettoya pendant plusieurs minutes à la manière d'un chat. De toute évidence, elle se sentait souillée par le contact humain. De nombreuses plantes — ainsi le romarin et la sauge — ont mis au point des odeurs qui repoussent les prédateurs. Pourquoi pas les animaux ? Quand une stratégie a fait ses preuves, il est rare que la Nature perde son temps à en chercher une autre. Certes, il est des humains qui sentent plus fort que d'autres. Selon la sagesse populaire, les brunes ne sentent pas comme les rousses, lesquelles ne sentent pas comme les blondes. Nombreuses sont les preuves de caractère anecdotique qui établissent que chaque race a son odeur — en fonction de la nourriture, des coutumes, du système pileux, ou de l'absence de poils. Il est donc difficile de ne pas en tenir compte, même si le sujet effraie la plupart des scientifiques, qui ne tiennent guère à passer pour racistes — et cela se comprend[1]. On a fait peu de recherches dans le domaine des odeurs nationales et raciales. Quoi qu'il en soit, une culture ne

1. Il y a quelques années, les auteurs d'un article paru dans *Science* découvrirent que le pénis de certains Noirs est plus grand que celui des Blancs — c'est-à-dire que le pénis au repos semble plus grand, parce que le gène qui transporte l'anémie à hématies falciformes tend à mettre le pénis mou en semi-érection. On me dit que les auteurs de cette étude avaient longtemps hésité avant de publier leur découverte et qu'ils ne l'avaient fait qu'avec de vives appréhensions.

sent pas meilleur, ou moins bon qu'une autre. Les odeurs sont simplement différentes, mais peut-être est-ce pourquoi le mot « infect[1] » apparaît si souvent dans les flots des insultes racistes. Les Asiatiques n'ont pas autant de glandes apocrines à la base de leurs follicules pileux que les Occidentaux, si bien qu'ils trouvent souvent que les Européens sentent fort. Une violente odeur corporelle est si rare chez les hommes, au Japon, qu'il fut un temps où elle suffisait à les faire réformer. C'est également la raison pour laquelle, dans la vie asiatique, on parfume l'air et les pièces beaucoup plus que l'on ne se parfume soi-même. Les odeurs piquantes sont absorbées par les graisses. Si vous placez un oignon ou un cantaloup dans le réfrigérateur à côté d'une plaque de beurre, le beurre absorbera l'odeur. Les cheveux aussi contiennent des graisses, ce qui explique pourquoi ils tachent les oreillers et les têtières. Ils absorbent également les odeurs, comme celle de la fumée, ou de l'eau de Cologne. Le système pileux des Blancs et des Noirs fait que ces deux races transpirent beaucoup plus que les Asiatiques. Mais les eaux de Cologne mijotent comme des cierges dans leur huile et leur chaleur.

Les odeurs corporelles proviennent des glandes apocrines qui, petites à notre naissance, se développent considérablement lors de la puberté. Nombreuses, elles sont éparpillées dans les régions des aisselles, du visage, de la poitrine, des organes génitaux et de l'anus. Certains chercheurs en concluent que, pour une grande part, le plaisir que nous éprouvons à nous embrasser tient en réalité au plaisir de nous sentir et de nous caresser mutuellement le visage, là où rayonne l'odeur personnelle. Parmi de vastes tribus de nombreux pays — Bornéo, sur le fleuve Gambie en Afrique occidentale, en Birmanie, en Sibérie, en Inde —, le mot pour « embrasser » signifie « sentir ». Un baiser est en fait une manière de sentir longuement son aimé, un parent, un ami. Les membres d'une tribu de la Nouvelle-Guinée se disent au revoir en plaçant une main sous l'aisselle les uns des autres, puis, l'ayant ôtée, en s'en caressant le corps, en sorte qu'ils se recouvrent de l'odeur

1. En anglais, le mot *stinking*, rendu ici par infect, pour conserver la nuance olfactive de l'original, est d'un usage très fréquent et signifie « qui pue », ou bien « minable », ou encore « vache », ou correspond au français « sale », comme dans « sale type ». (*N.d.T.*)

de l'ami ; dans d'autres cultures, on se renifle réciproquement, ou l'on se frotte réciproquement le nez en signe de salutation.

LA PERSONNALITÉ DE L'ODEUR

Les non-végétariens ne sentent pas comme les végétariens, les enfants ne sentent pas comme les adultes, les fumeurs ne sentent pas comme les non-fumeurs ; l'odeur d'autres individus est différente du fait de facteurs héréditaires, de leur état de santé, de leurs occupations, de leur régime alimentaire, des médicaments qu'ils prennent, de leurs émotions, voire de leurs humeurs. Comme l'observe Roy Bedichek dans *The Sense of Smell* (« L'odorat ») : « L'odeur corporelle de sa proie excite le prédateur au point de le faire saliver, de tendre ses moindres fibres et de mettre tous ses sens en alerte. Au même moment, la peur et la haine se combinent dans les narines de la proie avec l'odeur corporelle du prédateur[1]. Ainsi, aux niveaux inférieurs de la vie animale, une odeur particulière correspond et s'identifie à une humeur particulière. » Chacun possède une odeur aussi personnelle que les empreintes digitales. Un chien peut aisément la reconnaître, ainsi que son possesseur, même entre deux jumeaux parfaits. Helen Keller affirmait qu'il lui suffisait de sentir les gens pour déchiffrer leurs occupations : « L'odeur du bois, du fer, de la peinture et des médicaments imprègnent les vêtements de ceux qui les portent pour travailler... Lorsque quelqu'un passe rapidement d'un endroit à un autre, je sens d'où il vient à son odeur : la cuisine, le jardin, la chambre des malades. »

Rien de plus capiteux, pour les aficionados des sens, que l'arôme musqué d'un corps aimé humide de sueur. Mais la plupart d'entre nous ne trouvent pas que les odeurs corporelles naturelles soient particulièrement attirantes. A l'époque élisabéthaine, les amants échangeaient des « pommes d'amour ». La femme gardait sous son aisselle une pomme pelée jusqu'à

1. Les écrivains ont parlé de l'odeur de la peur. Et des chercheurs travaillant sur des rats ont constaté que les rats dégagent une odeur particulière quand ils sont inquiets. Les autres rats détectent cette odeur et y réagissent physiquement de façon analgésique, en sorte qu'ils sont prêts à subir la douleur.

ce que celle-ci fût gorgée de sueur, et la donnait ensuite à respirer à son amant. Aujourd'hui, des industries se consacrent entièrement à supprimer nos odeurs naturelles et à y substituer des odeurs artificielles. Pourquoi préférons-nous que notre haleine embaume la menthe plutôt que de sentir la bactérie pourrissante, notre odeur « naturelle »? Certes, une mauvaise odeur peut indiquer une maladie. Nous pouvons ne pas être attirés par une personne qui a une odeur malsaine, et un excès de bactéries pourrissantes pourrait nous persuader que nous sommes en compagnie, par exemple, d'un cholérique, d'un malade susceptible de nous contaminer. Mais le plus souvent, nous ne préférons une odeur à une autre qu'en raison du culot des vendeurs de Madison Avenue et de notre jobardise. La paranoïa des parfums rapporte. L'avidité des créateurs de parfums nous a terrorisés en nous faisant croire que nos odeurs naturelles sont offensantes et que nous avons besoin de lotions et de potions pour les travestir.

Qu'entendons-nous au juste par mauvaise odeur? Et qu'elle est la pire odeur au monde? Les réponses dépendent de la civilisation, de l'âge et des goûts personnels. Pour les Occidentaux, les odeurs fécales sont répugnantes, mais les Massaïs aiment à se mettre de la bouse de vache sur la tête, ce qui donne à leurs cheveux un éclat d'un brun orangé et une odeur puissante. Les enfants aiment presque toutes les odeurs jusqu'à l'âge où on leur apprend autre chose. Lorsque le naturaliste et directeur de zoo qu'est Gerald Durrell voulut attraper des chauves-souris frugivores pour son zoo de Jersey, il se rendit dans l'île de Rodriguez, à l'est de Madagascar, et en guise d'appât mit dans son filet un fruit du jacquier — fruit énorme et brun aux allures de hérisson — dont la pulpe empestait la tombe et l'égout ; une vraie odeur de charnier. Ce qui me paraît assez atroce. Et pour voir si la description est juste, j'ai inscrit « Rodriguez à la saison des fruits du jacquier » sur la longue liste des endroits à odeur où je voudrais aller un jour.

Pour ancien et incontrôlablement naturel qu'il soit, on considère en général qu'un pet est chose repoussante et discourtoise, et même qu'il sent le diable. Dans un chapitre exceptionnellement divertissant du Manuel de Merck, chapitre consacré aux maladies des fonctions digestives, on trouve sous la rubrique

« Flatulence » une description des origines possibles des gaz, de leurs traitements, signes et symptômes divers, ainsi que cette observation :

> Chez les personnes atteintes de flatulence, le nombre et la fréquence des vents peuvent atteindre des proportions surprenantes. Une étude détaillée signalait un patient chez qui cette fréquence pouvait atteindre, par jour, 141 passages de gaz, dont 70 couvrant une période de quatre heures. Ce symptôme, qui peut entraîner de grands troubles psychologiques, a été décrit, officieusement et non sans humour, selon ses caractéristiques les plus marquantes : 1) le « coulissé » (du type ascenseur bondé) qui s'échappe lentement et sans bruit, et s'accompagne parfois d'effets dévastateurs ; 2) le type sphincter ouvert, ou « pooh », dont on dit qu'il se produit à une température plus élevée et qu'il est plus odorant ; 3) le type staccato, ou roulement de tambour, qu'on lâche gaiement dans le privé.
>
> Alors que l'on se pose tant de questions sur la pollution de l'air et la dégradation de la qualité de l'air, personne n'a encore consacré d'études sérieuses à ce sujet. Cependant, il n'y a pas de hasard pour ceux qui travaillent près d'un feu, et l'on sait que les jeunes ne détestent pas expulser des gaz au-dessus de la flamme d'une allumette. Il est rare que ce symptôme, habituellement source de gêne, devienne source de profit, comme dans le cas de ce Français connu sous le nom de Pétomane qui fit carrière par le derrière en se produisant sur la scène du Moulin Rouge.

Dans un fascinant essai sur les mauvaises odeurs, les parfums et la société en France, *Le Miasme et la Jonquille*, Alain Corbin décrit les égouts à ciel ouvert au temps de la Révolution, à Paris, et relève l'importance du rôle que les parfums ont joué dans l'Histoire en matière de fumigation. Il existe différentes sortes de fumigation — pour des raisons de santé (en particulier lors des épidémies de peste) ; contre les insectes ; et même d'ordre moral et religieux. Dans les châteaux du Moyen Age, le sol était jonché de paille, de lavande et de thym, supposés écarter le typhus. On utilisait souvent les parfums dans les opérations de magie et d'alchimie destinées à créer des charmes. Si, aujourd'hui, la publicité pour les parfums peut sembler extravagante, que l'on considère les annonces du seizième siècle. Dans *Les Secrets de Maistre Alexys le Pied-*

montois, livre consacré aux cosmétiques, l'auteur promet que son eau de toilette ne fera pas que rendre les femmes séduisantes pour une soirée, mais belles « pour toujours ». « Pour toujours », voilà, du sérieux. Mais le consommateur éventuel serait renversé en lisant les détails. Une recette diabolique. « Prenez un jeune corbeau dans son nid, faites-lui manger des œufs durs pendant quarante jours, puis tuez-le. Distillez avec feuilles de myrte, talc et huile d'amande. » Superbe ! Mis à part la puanteur et le désir irrésistible de citer Poe, vous serez certainement une beauté ravageuse pour toujours sur la brèche.

LES PHÉROMONES

Les phéromones sont les bêtes de somme du désir (du grec, *pherein* porter, et *horman* exciter). Les animaux ont non seulement, comme nous, des odeurs distinctives, mais aussi des phéromones puissamment efficaces qui provoquent l'ovulation chez d'autres animaux, ainsi que la parade amoureuse, et établissent une hiérarchie de l'influence et du pouvoir. Ils laissent derrière eux des traces odorantes et font parfois preuve d'ingéniosité à ce sujet. Les mulots et les petits primates que sont les galagos arrosent la plante de leurs pattes avec leur urine, dont ils marquent aussi le sol au cours de leurs patrouilles sur leur territoire. Les antilopes se servent de leurs glandes odoriférantes faciales pour marquer les arbres. Les chats ont de telles glandes sur les joues, qu'on peut les voir les frotter contre quelqu'un ou contre un pied de table qu'ils affectionnent. Quand vous cajolez un chat, et s'il vous aime, il se léchera pour sentir votre odeur. Il élira sans doute votre fauteuil préféré pour s'y faire les griffes et s'y pelotonner, non pas seulement à cause des coussins, mais parce que votre odeur y est demeurée. Le putois et le blaireau traînent l'anus pour marquer le sol. Jane Goodall rapporte dans *The Innocent Killers* (« Les tueurs innocents ») que les chiens sauvages, mâles et femelles, laissent leur odeur, l'un après l'autre, exactement sur les mêmes brins d'herbe afin d'avertir ceux que la chose intéresserait qu'ils forment un couple. Lorsque mon amie va se promener avec Jackie, son berger allemand, Jackie renifle trottoirs, pierres, arbres et sait bientôt quel chien a passé par là, son âge, son sexe, son humeur, son état de santé. Pour Jackie, cela revient à lire les petites annonces dans le journal du matin. L'allée révèle à son flair ses traces invisibles que ne peut détecter sa maîtresse. Jackie ajoutera sa propre odeur à la couche d'arômes qui baigne une touffe d'herbe, et le chien suivant pourra lire parmi les hiéroglyphes parfumés du voisinage un message de ce style : *Jackie, 17 heures, jeune femelle traitée aux hormones pour problème de vessie, bien nourrie, bonne humeur, cherche compagnon.*

L'immédiateté ne suffit pas toujours aux messages. Il faut qu'ils durent et que leur signal soit constant, tel un phare guidant les animaux parmi les brisants de l'incertitude. La plupart des odeurs rayonneront un temps, là où un clin d'œil peut s'évanouir avant d'être vu, une flexion musculaire sous-entendre trop de choses, une voix alarmer, paraître menaçante. Pour l'animal-proie, l'odeur du prédateur sera un avertissement ; pour le prédateur, l'odeur de sa proie, un attrait. Il est bien entendu des animaux dont l'odeur qu'ils dégagent est une forme de défense. Les mouffettes tachetées se campent sur leurs pattes de devant et envoient un jet d'un liquide atrocement puant sur leurs agresseurs éventuels. Chez les insectes, l'odeur sert à tous les types de communication : guide pour trouver un endroit où faire leur nid, ou bien déposer leurs œufs, cri de ralliement, sonnerie de trompettes annonçant la royauté, signal d'alarme prévenant d'une embuscade, itinéraire pour rentrer chez soi. Dans la forêt, sous la pluie, on peut voir de longues caravanes de fourmis allant à la queue leu leu selon les traces d'odeur laissées pour elles par les éclaireuses. Elles peuvent sembler se bousculer dans une fièvre industrieuse et aveugle, mais elles demeurent en contact les unes avec les autres et se parlent de choses capitales pour leur vie. Un papillon mâle de la famille des danaïdes va de fleur en fleur, concoctant un cocktail de parfums dans un sac qu'il porte sur chaque patte arrière, et ce jusqu'à ce qu'il ait obtenu le parfum adéquat pour attirer une femelle[1]. Les oiseaux

1. Les papillons émettent souvent un arôme destiné à attirer un partenaire. Ils peuvent sentir la rose, l'églantine, l'héliotrope, ou d'autres fleurs.

chantent pour annoncer leur présence, pour marquer leur territoire, impressionner un partenaire, se vanter de leur rang – en dernière analyse, le but est le plus souvent l'accouplement. Les mammifères aiment mieux recourir aux odeurs quand ils le peuvent, dévidant des chansons d'odeurs aussi complexes, aussi uniques que les chants d'oiseaux et qui, comme eux, empruntent la voie des airs. Les bébés kangourous, les chiots et de nombreux autres mammifères naissent aveugles et, pour trouver le sein maternel, se repèrent à l'odeur. Une mère phoque ira pêcher, reviendra sur une plage grouillante de petits et reconnaîtra le sien en partie à l'odeur. Une mère chauve-souris pénétrant dans une caverne transformée en crèche où, par millions, mères et bébés sont suspendus aux murs ou volètent dans l'air, peut retrouver son petit en l'appelant et en reniflant sa piste. Alors que je me trouvais dans un ranch du Nouveau-Mexique, je vis souvent un veau qui portait, accrochée à l'échine, la peau d'un autre veau. Il tétait avec bonheur. Une vache reconnaît son veau à l'odeur, qui éveille son instinct maternel : quand il y avait un veau mort-né, le propriétaire du ranch donnait sa peau à un orphelin et, par là même, lui attribuait son odeur.

Les animaux ne pourraient vivre longtemps sans phéromones, car ils seraient alors incapables de marquer leur territoire, ou de choisir des partenaires réceptifs et fertiles. Cela dit, existe-t-il des phéromones humaines ? Et peut-on les mettre en bouteilles ? Certaines femmes qui font la mode à Manhattan se mettent un parfum appelé Phéromone, qui va chercher dans les trois cents dollars le flacon de 30 ml. Sans doute est-ce assez cher. Mais quel prix fixer aux aphrodisiaques ? Se fondant sur des découvertes dans le domaine des stimulants sexuels émis par les animaux, le parfum promet, par voie de conséquence, de rendre provocante l'odeur de la femme et de transformer les hommes vigoureux en esclaves du désir – en zombies amoureux. Etrangement, le fabricant n'a pas précisé quelles phéromones entrent dans la composition de ce parfum. Les phéromones humaines n'ont pas encore été identifiées par les chercheurs, alors que, par exemple, celles des cochons l'ont été. La vision d'une foule de jeunes femmes parfumées aux phéromones de cochon et déambulant dans les rues relève pour le moins de l'étrange, même à Manhattan. Que l'on me permette de proposer ici une vilaine recette. Lâchez un troupeau de truies dans Park Avenue. Mélangez bien avec une cohue de femmes aspergées d'eau de Cologne Phéromone. Si ça se gâte, appelez la police.

Si nous n'avons pas encore isolé les phéromones humaines, nous pouvons sûrement nous servir de nos sécrétions à la manière des animaux, mettre nos effluves en bouteilles à différents moments du mois. Ce n'est pas ce que pense le biologiste Avery Gilbert. Il s'agirait plutôt de psychologie en flacon. Ainsi déclarait-il ceci dans *Gentleman's Quarterly* : « Imaginez que vous avez une bouteille remplie des fluides émis par les glandes génitales femelles pendant la copulation. Vous mettez cette bouteille sur le bureau d'un type. Même s'il reconnaît l'odeur, il sera *embarrassé*. Parce que c'est déplacé, hors de propos. Et c'est là toute la différence. Et si les hommes croient vraiment qu'un tel composant excitera les femmes, ce sont des naïfs. Je ne crois pas qu'il y ait rien de chimique qui puisse le faire. Mais l'odeur que les hommes dégagent peut n'avoir aucune importance. C'est le signe de la disposition d'esprit, la perception de la confiance en soi. Tout cela est sous-entendu dans cette affaire. Et ça marche sans doute. Et sans doute aussi est-ce pourquoi les gens se parfument avec ce truc. »

George Preti, l'un des collègues de Gilbert, organisa une expérience au cours de laquelle on fit régulièrement respirer à dix femmes la sueur d'autres femmes. Au bout de trois mois, les dix femmes commencèrent d'avoir leurs règles en même temps que celles dont elles respiraient la sueur. Parallèlement, on barbouilla les membres d'un groupe de contrôle non de sueur, mais d'alcool. Et là, aucun changement dans les cycles. Il est clair qu'il y a dans la sueur une phéromone qui entraîne la synchronisation menstruelle. C'est pourquoi les femmes d'un même dortoir, ou des amies intimes ont si souvent leurs règles au même moment. Phénomène connu sous le nom d'effet McClintock (la psychologue Martha McClintock étant la première à l'avoir observé). Il semble qu'il existe d'autres effets encore. Ainsi, quand un homme a une aventure suivie avec une femme, les poils de son visage poussent plus vite qu'avant. Les femmes qui vivent à l'écart des hommes (dans un pensionnat, par exemple) deviennent pubères plus tard que celles qui vivent entourées d'hommes. Les mères reconnaissent l'odeur de leurs nouveau-nés, et inversement. Certains médecins administrent des bouffées de l'odeur maternelle en même temps que l'anesthésique lorsqu'ils doivent opérer des enfants. Les bébés peuvent sentir leur mère entrer dans une pièce, même s'ils sont incapables de la voir. Dans *Peter Pan*, de J.M. Barrie, les enfants peuvent même sentir l'odeur du danger quand ils dorment. Les mères dont les enfants sont en âge d'aller à l'école peuvent distinguer les T-shirts portés par ceux-ci. L'observation ne vaut pas pour les pères ; ils ne reconnaissent pas l'odeur de leurs nourrissons. Mais les hommes peuvent déterminer si un T-shirt a été porté par un homme ou une femme. Les phéromones ont un effet sur les gens. Mais dans quelle mesure ? Suscitent-elles en nous des réactions puissantes comme chez les phalènes ou les castors ? Ou figurent-elles dans la cascade de notre conscience sensorielle sans plus de signification que les signaux visuels ou auditifs ordinaires ? Si je vois un bel homme aux yeux bleus, ai-je ce que, pour classer l'affaire, un chercheur a appelé une « visuelmone » ? Ou est-ce simplement que les yeux bleus m'excitent parce qu'ils sont culturellement plus attirants, à telle époque et dans tel contexte de ma vie ? Les yeux bleus nous rappellent un peu les nouveau-nés de race blanche et nous donnent envie de protéger. Mais dans certaines cultures africaines, on les trouverait glacés et sans charme, voire diaboliques.

La science-fiction nous a souvent effrayés en nous représentant les humains comme des automates que mèneraient des forces inconnues, et dont l'esprit serait un sélecteur de stations. Et si les phéromones annulaient parfois secrètement notre pouvoir de choisir et de décider ? L'idée ne laisse pas d'inquiéter. Nous n'aimons pas perdre contrôle, si ce n'est délibérément – quand nous faisons l'amour, nous affilions à un parti, nous lançons dans une mystique religieuse, ou prenons des drogues –, et c'est parce que nous nous imaginons alors avoir en fait un plus grand contrôle que d'habitude sur une certaine partie de nous-mêmes, ou bien que nous reprendrons rapidement la direction des événements. Complexe, quelquefois amusante, l'évolution ressemble tant à une aventure que ses caprices et ses obligations me font rarement peur. Certes, notre apparent besoin de violence ne me réjouit guère, mais j'aime l'idée que nous puissions avoir des conversations élaborées, fussent-elles subtiles, au moyen des phéromones. Le libre arbitre n'est peut-être pas si libre que ça, mais il est certainement la marque d'une grande volonté, ce qui ne l'empêche pas d'être très souple. Des improvisateurs patentés comme les êtres humains savent broder sur n'importe quel thème, ou à peu près. S'il est une chose en quoi nous excellons vraiment, c'est l'art de repousser les limites, d'inventer des stratégies, de trouver des chemins pour contourner les vérités les plus grossières, de nous colleter avec la vie — qui nous le rend bien et nous secoue, mais cela ne nous arrête jamais.

LE NEZ

Quand, en rampant gauchement hors de l'océan, nous atteignîmes la terre ferme et ses arbres, le sens de l'odorat perdit un peu de son urgence. Plus tard, nous nous redressâmes et commençâmes de regarder autour de nous et de grimper. Quel monde s'offrit alors à nos yeux ! Il s'étendait comme un champ de lupins du Texas. Nous pouvions voir dans toutes les directions et sur des kilomètres. Les ennemis devinrent visibles, la nourriture devint visible, les partenaires probables devinrent visibles, les traces devinrent visibles. L'ombre d'un lion se glissant au loin parmi l'herbe fut un signal plus utile qu'aucune odeur. L'ouïe et la vue devinrent plus importantes pour notre survie. Les singes ne sentent pas aussi bien que les chiens. L'odorat de la plupart des oiseaux n'est pas très développé, bien qu'il y ait des exceptions — les vautours du Nouveau Monde repèrent la charogne à son odeur, et les oiseaux de mer recourent souvent à l'odorat pour leur navigation. Mais les animaux chez qui ce sens est le plus aigu se déplacent généralement à quatre pattes, la tête près du sol où se trouvent, humides, lourdes et parfumées, les molécules d'odeur. Cela vaut non seulement pour la plupart des quadrupèdes, mais également pour les serpents et les insectes, ainsi que pour les éléphants (dont la trompe pend à presque toucher le sol). Les cochons peuvent sentir les truffes enfouies sous vingt centimètres de terre. Les écureuils retrouvent des noix qu'ils avaient enterrées des mois auparavant. Les limiers peuvent percevoir l'odeur d'un homme dans une pièce que celui-ci a quittée depuis des heures et suivre à la trace les quelques molécules qui, filtrées par la semelle de ses chaussures, retombent sur le sol quand il marche, même si le terrain est inégal et même s'il fait nuit et que la tempête fait rage. Les poissons ont besoin de grandes capacités olfactives. Les saumons peuvent sentir à distance les eaux où ils sont nés et vers lesquelles ils doivent nager pour frayer. Un papillon mâle peut retrouver à l'odeur un papillon femelle qui se trouve à des kilomètres de lui. Pauvres de nous ! Nous sommes longilignes, nous sommes grands, nous nous tenons droit, mais notre odorat s'est affaibli au fil des âges. Quand on nous dit que les êtres humains disposent de cinq millions de cellules olfactives, il nous semble que c'est beaucoup. Mais un chien de berger en a 220 millions, et peut donc sentir quarante-quatre fois mieux que nous. Que sent-il que nous ne sentons pas ? Imaginez le monde stéréophonique d'arômes que nous traversons sans casque d'écoute, à la manière des somnambules. Néanmoins, étant donné la petitesse de nos organes olfactifs, nous avons un odorat remarquable. Du fait que notre nez fait saillie, les odeurs ont tout un chemin à parcourir avant que nous ne nous avisions de ce qu'il a détecté. C'est pourquoi nous fronçons le nez et reniflons — pour amener les molécules d'odeur plus près des récepteurs olfactifs malencontreusement disséminés tout au fond du nez.

ÉTERNUEMENTS

Il est peu de plaisirs aussi forts que le simple et rustique plaisir d'éternuer. Le corps tout entier frissonne, envahi par un véritable orgasme. Mais seuls, les êtres humains ouvrent la bouche pour éternuer. Les chats, les chiens, les chevaux et presque tous les autres animaux éternuent par le nez uniquement, en courbant légèrement le cou au passage de l'air. En revanche, les êtres humains tremblent dans l'expectative, comme soulevés par une tempête. Ils aspirent goulûment l'air, contractent les côtes et l'estomac comme un soufflet et, de toutes leurs forces, envoient l'air dans leur nez, où il s'arrête brusquement et fait exploser toute la région, avant, parfois, de provoquer quelques dégâts sous la forme de ce qui sort et par le nez et par la bouche. Cela ne tirerait guère à conséquence si nos poumons recrachaient l'air doucement. Mais des chercheurs de l'Université de Rochester ont constaté qu'au cours d'un éternuement l'air est expulsé à une vitesse qui atteint quatre-vingt-cinq pour cent de celle du son : assez vite pour purger le corps de ses bactéries et autres détritus — ce qui est le but de tout éternuement. Le nez humain présente un virage en épingle à cheveux à l'arrière du passage nasal, en sorte que tout le processus respiratoire est plus pénible et qu'il est plus difficile d'inhaler des molécules d'odeur. Il n'y a pas de chemin direct que puisse suivre l'air, quand nous éternuons. Il nous faut ouvrir la bouche. Si nous fermons la bouche en éternuant, l'air, en cherchant une sortie, gronde autour des cavités et des passages dans notre tête et peut nous faire mal aux oreilles. De nombreuses théories s'efforcent d'expliquer pourquoi le nez humain est si piètrement conçu. En dernière analyse, la faute en revient sans doute à l'évolution de notre cerveau et à l'exiguïté de l'espace crânien, ainsi qu'à l'établissement de la vision stéréoscopique. Bedichek pense que le dessin du nez n'était pas si mauvais, jusqu'au moment où « nous essaimâmes dans ces régions congestionnées que nous nommons des villes. C'est alors que le nez dut soudain tenir un rôle pour lequel il n'avait jamais été fait, à savoir le filtrage de la poussière et du sable, cependant qu'il était soumis aux intolérables odeurs de saleté municipale et, finalement, aux fumées de l'énorme laboratoire chimique que la ville moderne est devenue ». Abraham Cowley, le poète du dix-septième siècle, y fait allusion de manière rhétorique :

Quel être doué de raison et d'odorat
Refuserait de vivre parmi les roses et le jasmin,
Préférant que l'asphyxient
La crasse et la fumée?

Un chatouillis suffit. Ou bien le soleil. Certains, comme moi, héritent d'une bizarrerie génétique qui les fait éternuer quand ils affrontent une lumière brillante. Si je sens que je vais éternuer, je n'ai qu'à regarder le soleil pour provoquer l'explosion — apocalypse sur le mode mineur.

L'ART DU CAMOUFLAGE

Nous sommes en avril. Mais il a neigé pendant des semaines sur Ithaca. C'est du moins ce que me dit ma voisine. J'étais alors à Manhattan, dont le climat est maritime. Je découvre de petites traces muettes de biches qui mènent droit à la porte et aux grandes fenêtres, foncent à travers la pièce d'eau gelée, étincelante de givre, puis serpentent parmi les congères jusqu'à des pommiers et des fruits pris par la glace. Les biches ont donc appris à marcher sur l'eau, à brouter les merveilles odoriférantes ensevelies sous la surface du monde et à se déplacer le mieux possible en une saison que les balles et la glace leur rendent peu propice. M'ont-elles cherchée, leur reflet jouant dans la vitre, là où je m'arrêtais d'habitude? Et que va-t-il se passer, plus tard dans la saison, si la pièce d'eau leur joue des tours, s'effondre sous leurs sabots et se referme sur elles et que je ne les entende pas crier sous l'eau? Si je me suis trop éloignée? Mon besoin du langage des villes m'a fait oublier la manière dont les biches se glissent dans l'enclos avec leur gros cœur palpitant et leurs rêves fragiles. Je n'étais pas là pour suivre la mélancolie horizontale de leurs yeux, ni la vacillante poésie de leurs sabots.

Je les vois souvent brouter dans l'enclos, mais quand je me faufile hors de chez moi pour les regarder de plus près, elles sentent ma forte odeur humaine, regagnent légèrement la clôture, qu'elles franchissent d'un bond pour retrouver leur chaos verdoyant. Je projette de me déguiser cet été en conifère ou en champignon. Un numéro récent de *Field and Stream* me dit comment m'y prendre. Pour tromper chevreuils et lapins, choisissez quelque chose qui contient peu de tanin (comme le bouleau jaune, le pin, les champignons, la ciguë, la pyrole, ou un conifère aromatique). Faites sécher pendant une semaine ou deux. Hachez. Remplissez de votre hachis la moitié d'un bocal. Ajoutez de la vodka pure. Filtrez avec un filtre Melitta. Mettez dans un atomiseur. Vaporisez généreusement le liquide sur vous pour recouvrir votre odeur humaine. Laissez vos pensées se faire champignons.

ROSES

Je tiens dans ma main une rose lavande appelée Face d'ange. Vingt-cinq rosiers sont plantés autour de la maison. Pendant les premières années, les biches qui fréquentent mon enclos s'y glissaient à l'aube pour manger tous les boutons et les succulentes jeunes pousses. Une fois, elles broutèrent les buissons jusqu'au pied, ne laissant que de petits rameaux qui faisaient penser au velours d'andouillers naissants. J'ai l'habitude de ces maraudes dans le jardin. Le premier été de la vigne, je regardai deux ceps verdoyer, puis donner des fruits violets dont le riche parfum captivait les sens. Jour après jour, je regardais, attendant le moment parfait, imaginant le plaisir que j'aurais à faire rouler les grains dans ma bouche, leur fraîcheur désaltérante et leur douceur. Un jour, la brillance pourpre du raisin devint iridescence vigoureuse, et je sus que, le lendemain matin, la cueillette pourrait commencer. Mais je n'étais pas la seule à le savoir. A mon réveil, je découvris que le moindre grain avait été vidé de son contenu. Les peaux jonchaient le sol comme autant de petits prépuces violets. Des ratons laveurs étaient passés par là. Depuis lors, la scène se reproduisit à chaque automne, en dépit des cages, sonnailles, fils de fer barbelés et autres moyens de dissuasion. Et à dire le vrai, j'ai renoncé au raisin et aux ratons laveurs. Les roses, si je puis dire, me posent un problème plus épineux.

Aimant les biches autant que les roses, je décidai d'utiliser l'odeur comme arme – après tout, c'est ce que font les plantes – et vaporisai un mélange de tabac et de naphte autour de mes rosiers. Avec succès. Mais l'air en fut souillé, devint caustique. A moins que vous n'aimiez follement l'odeur des joueurs de base-ball dans leurs quartiers d'hiver, les bouches pleines de chewing-gum et les poches bourrées de naphtaline. J'ai une autre idée pour cette année : la lavande. Les biches en détestent la forte senteur qui râpe les narines. J'en ai commandé des douzaines de buissons que je planterai autour des rosiers et des hémérocalles. J'espère qu'ils dresseront une clôture olfactive pour les biches qui s'approcheront. Nous partagerons cependant les profits. Je leur ai laissé les luxuriants framboisiers, dont je n'essaie plus de faire la récolte, et les pommiers. Les ratons laveurs ont la vigne, les lapins les fraises sauvages. Mais les roses sont sacro-saintes, car elles m'inondent de senteurs exquises. Le parfum le plus cher du monde, et l'un des classiques les plus confirmés, Joy, combine deux notes florales : le jasmin et une profusion de roses.

Les roses ont tourmenté, séduit, enivré plus qu'aucune autre fleur. Depuis l'Antiquité, elles captivent les maîtresses de maison, les amants, les passionnés de la flore, les hédonistes. A Damas et en Perse, on enterrait dans les jardins des pots de boutons de rose que l'on utilisait, pour les circonstances exceptionnelles, dans la préparation de plats : les fleurs s'ouvraient théâtralement autour des mets. Dans *La Belle et la Bête*, le film de Jean Cocteau, tout le drame et toute la magie tiennent à ce qu'un homme cueille une rose pour sa fille, la seule chose qu'elle désire dans un océan de richesses. Les Européens cultivèrent jadis une rose vigoureuse, produit de diverses greffes ; voyante et même criarde, elle dégageait un parfum qui pouvait embaumer une statue. Mais dans les années 1800, ils commencèrent d'importer de Chine d'élégantes roses thé, qui sentaient la feuille thé fraîche que l'on écrase, ainsi que des rosiers hybrides, délicats comme le givre, toujours en fleur, dont les couleurs allaient du jaune vif au rouge. En cultivant ces hybrides chinois avec les rosiers d'Europe et en les entourant d'autant de soins que des chevaux de course, ils obtinrent des roses d'un subtil raffinement, prises au charme apparemment sans fin d'un déploiement de teintes, de formes et de parfums. Ils les appelèrent roses thé hybrides. Depuis lors, on en a cultivé plus de vingt mille variétés, et leur parfum s'est presque évanoui à un moment du fait de trop nombreux croisements. Le parfum des roses semble avoir tendance à disparaître : de deux roses à l'arôme intense, peut en naître une autre aux pétales parfaits, mais moins odorante. Grâce au ciel, on penche plutôt, aujourd'hui, pour les roses parfumées. La rose thé hybride la plus populaire du monde est nommée Paix, étonnant pastel versicolore aux nuances crépusculaires qui crient à midi et se taisent au coucher du soleil, recueillant au fil du jour tous les esprits de la lumière. Ses boutons ont la forme d'œufs et, en s'ouvrant, deviennent comme de grands jabots jaune pâle, des collerettes au bord translucide souvent teinté de rose. Quant à l'arôme, il fait penser à du cuir sucré trempé dans du miel. De toutes mes roses, Paix est celle qui paraît avoir une teinte presque humaine et comme des états d'âme humains, variant avec l'humidité et la lumière de chaque jour. Rose expérimentale, elle reçut son nom le 2 mai 1945 (le jour de la chute de Berlin) à la Pacific Rose Society, à Pasadena, parce que « cette nouvelle rose, la plus grande de notre époque, doit porter le nom du plus grand désir du monde — la paix ». On a donné à de nombreuses roses le nom de présidents des Etats-Unis. Celle de Lincoln est rouge sang, celle de John Kennedy d'un blanc immaculé. D'autres portent spirituellement le nom de stars de cinéma ou de célébrités que l'on a voulu honorer. La Dolly Parton est un flamboiement âcre, aux fleurs d'une taille stupéfiante. Bien que les roses symbolisent l'amour et la beauté, il est difficile de décrire leurs couleurs, leur texture, leur forme et leur arôme. La Sutter's Gold, une de mes préférées parmi les roses thé hybrides, donne des fleurs plates et chiffonnées aux pétales jaunes teintés d'abricot, et de rose pâle ou vif, et son parfum rappelle l'odeur de plumes mouillées. Les *Polyanta floribunda*, qui sont tout à fait modernes, offrent leurs cascades de fleurs tout au long de l'été. La Fée sent à peine, mais explose sans fin en délicates fleurs roses du printemps à l'hiver, même si la neige commence de tomber légèrement. L'antiquité des roses était déjà reconnue lorsque Théophraste, le botaniste grec, parla de la rose aux cent pétales en 270 avant notre ère. On a pu dater des roses fossilisées : elles auraient quarante millions d'années. La rose égyptienne était ce que nous appelons maintenant la rose pommée, célèbre pour ses nombreux pétales. Lorsque Cléopâtre accueillit Marc-Antoine dans sa chambre, le sol en était jonché comme d'un tapis de cinquante centimètres d'épaisseur. Firent-ils l'amour par terre, dans cet étang de doux pétales vibrants et parfumés ? Ou se couchèrent-ils sur le lit changé en un radeau flottant sur un océan de fragrances ?

Cléopâtre connaissait son invité. Peu de peuples ont été plus obsédés que les anciens Romains par les roses. On en répandait lors des cérémonies publiques et des banquets. L'eau de rose jaillissait des fontaines impériales et coulait dans les bains publics ; dans les amphithéâtres, la foule s'asseyait sous des vélums parfumés à la rose ; on rembourrait les coussins de pétales de rose ; on portait des guirlandes de roses dans les cheveux ; on mangeait des gâteaux à la rose ; médicaments, potions amoureuses, aphrodisiaques contenaient de la rose. Aucune bacchanale, l'orgie officielle des Romains, n'était complète sans une débauche de roses. On institua un jour de fête, Rosalia, pour satisfaire en grande pompe la passion pour cette fleur. Pour un banquet, Néron fit installer des conduits d'argent sous les plats de manière qu'entre deux mets les invités puissent s'étourdir de parfum. Ils pouvaient admirer un plafond peint représentant les cieux et qui s'ouvrait pour déverser une pluie ininterrompue de parfum et de fleurs. Pour un autre banquet, il dépensa en roses l'équivalent de 160 000 dollars. Et l'un de ses invités mourut étouffé sous une averse de pétales.

Les cultures islamiques virent en la rose un symbole plus spirituel : selon le mystique du treizième siècle Younous Emré, la rose soupire « Allah ! Allah ! » à chaque fois qu'on la respire. Grand amoureux des parfums, Mahomet dit un jour que l'essence des violettes l'emportait sur celle de toutes les autres fleurs comme lui-même l'emportait sur tous les autres hommes. C'est néanmoins de l'eau de rose que l'on mettait dans le mortier à l'usage de ses temples. Les roses se mélangent exceptionnellement bien avec l'eau, dans les sorbets et la pâtisserie, en sorte que la fleur est devenue un ingrédient délicat dans la cuisine musulmane en même temps que l'on s'en sert, et beaucoup, pour se parfumer. Les lois de l'hospitalité veulent encore que l'invité d'une maison musulmane soit aspergé d'eau de rose dès son arrivée.

A l'origine, les rosaires consistaient en 165 pétales de rose séchés et soigneusement roulés (on utilisait du noir de fumée pour les préserver, ce qui leur donnait une couleur sombre), et la rose était le symbole de la Vierge. Lorsque les croisés revinrent en Europe, gorgés des douceurs exotiques qu'ils avaient découvertes chez les infidèles, ils rapportèrent de l'essence de rose, ainsi que du santal, des sachets de senteur, de riches épices et des parfums entêtants, sans parler du souvenir des harems où, langoureuses et sensuelles, les femmes attendent le bon plaisir de l'homme. Les huiles parfumées que rapportèrent les chevaliers furent aussitôt à la mode. Elles suggéraient l'idée des plaisirs immoraux de l'Orient, aussi attirants, aussi irrésistibles qu'interdits. Des plaisirs qui fouettaient les sens aussi fort qu'une rose.

L'ANGE DÉCHU

Les odeurs éperonnent la mémoire. Elles réveillent aussi nos sens somnolents, nous choient et cèdent à nos caprices, nous aident à nous définir, font bouillir le chaudron de notre séduction, nous mettent en garde contre le danger, nous induisent en la tentation, attisent notre ferveur religieuse, nous accompagnent aux cieux, nous marient à la mode, nous baignent dans le luxe. Toutefois, l'odorat est devenu avec le temps le moins nécessaire de nos sens, « l'ange déchu », pour reprendre l'image vigoureuse d'Helen Keller. Certains chercheurs tiennent que nous percevons, par l'odorat, à peu près les mêmes choses que les animaux inférieurs. Dans une pièce où sont réunis des gens d'affaires, les odeurs suffiraient pour nous renseigner sur l'importance de ceux-ci, l'assurance de ceux-là, leur réceptivité sexuelle, leurs conflits. La seule différence réside en ce que nous ne répondons pas. Conscients des odeurs, nous n'y réagissons pourtant pas de manière automatique, comme le font la plupart des animaux.

Je pris un matin le train de Philadelphie pour me rendre au Monell Chemical Senses Center, près du campus de l'Université de Drexel. Tout en hauteur, le bâtiment abrite des centaines de chercheurs qui étudient la chimie, la psychologie, les propriétés curatives et les bizarreries de l'odorat. Parmi les études sur la phéromone qui ont défrayé la chronique, il en est beaucoup qui se sont faites à Monell, ou dans des instituts analogues. Pour une expérience, et par salles entières, on paya des maîtresses de maison pour renifler d'anonymes dessous de bras ; pour une autre étude, financée par le fabricant d'un aérosol pour l'hygiène féminine, la scène fut encore plus étrange. Parmi les sujets étudiés à Monell : comment reconnaissons-nous les odeurs ; que se passe-t-il quand quelqu'un perd l'odorat ; comment l'odorat varie-t-il avec l'âge ; comment venir à bout de la vermine par les odeurs ; comment utiliser les odeurs corporelles pour diagnostiquer une maladie (par exemple, la sueur des schizophrènes ne sent pas comme celle des gens normaux) ; comment les odeurs corporelles influencent-elles notre comportement social et sexuel ? Grâce à l'une des expériences les plus fascinantes de notre époque sur l'odorat, les chercheurs de Monell ont découvert que les souris peuvent distinguer des différences génétiques chez des partenaires éventuels en recourant à leur seul odorat ; elles lisent les détails du système immunitaire des autres animaux. Si vous voulez avoir la descendance la plus vigoureuse, le mieux est de vous accoupler avec quelqu'un dont la vigueur diffère de la vôtre, de manière à créer les défenses maximales contre toute intrusion de bactéries, de virus, etc. Et à cette fin, le mieux est de créer un système d'immunité aux compétences universelles. La Nature y réussit par le métissage. *Bien mélanger* est la devise de la vie. Les hommes de Monell sont parvenus à créer des souris qui diffèrent les unes des autres par un seul gène, et ils observent leurs préférences en matière d'associations. Toutes choisissent des partenaires dont le système immunitaire est susceptible de se combiner avec le leur pour produire les portées les plus hardies. En outre, leur choix n'est pas dicté par la perception de leur propre odeur, mais se fonde sur le souvenir de l'odeur parentale. Rien de tout cela, bien entendu, n'est raisonné. Les souris s'accouplent selon leur impulsion. Elles ne sont pas conscientes des décrets subliminaux.

Se pourrait-il que les êtres humains fassent de même sans s'en apercevoir ? Nous n'avons pas besoin d'odeurs pour marquer nos territoires, pour établir des hiérarchies, pour reconnaître les gens et, en particulier, pour savoir quand une femelle est en chaleur. Un simple examen de notre obsession des parfums et de leur effet psychologique montre cependant que l'odorat est un vieux cheval de bataille de l'évolution que nous pansons et nourrissons à l'envi et dont nous ne pouvons nous passer. Nous n'avons pas besoin qu'il survive, mais nous le chérissons plus que de raison. Peut-être faut-il y voir une nostalgie de l'époque où nous faisions étroitement partie de la Nature. L'évolution ayant progressivement éliminé notre sens de l'odorat, les chimistes ont tout fait pour le restaurer. Ce n'est pas non plus quelque chose que nous traitions par-dessus la jambe. Nous nous inondons de senteurs, nous nous vautrons dans les parfums. Et nous parfumons non seulement nos corps et nos maisons, mais presque tous les objets qui entrent dans notre vie, depuis nos voitures jusqu'à notre papier hygiénique. Les vendeurs de voitures d'occasion se servent d'une bombe « voiture neuve », grâce à quoi, c'est garanti, l'acheteur se sent en confiance devant la plus vieille des guimbardes. Il arrive que les agents immobiliers vaporisent, pour leur part, des arômes rappelant la cuisson d'un gâteau dans la cuisine d'une maison avant de faire visiter celle-ci. Dans les *shopping-malls*[1], un parfum de pizza glissé dans les climatiseurs est censé attirer les promeneurs du côté des restaurants. Vêtements, serre-tête, marqueurs, jouets, tout empeste le parfum. On peut même acheter des disques qui, au lieu de musique, diffusent un arôme. Comme l'ont prouvé de nombreuses expériences, si vous proposez deux boîtes d'une cire identique, mais dont l'une sent bon, c'est cette dernière, vous jurera-t-on, qui est la plus efficace. L'odeur joue un rôle capital dans notre évaluation des choses comme des gens. Même les produits soi-disant inodores sont en réalité parfumés, généralement avec un musc léger, de façon à masquer les odeurs chimiques de leurs ingrédients. En fait, le revenu de l'industrie des parfums ne provient

1. Aux Etats-Unis, rues piétonnières bordées de boutiques. *(N.d.T.)*

que pour 20 % de la fabrication de nos parfums ; et le reste, de la composition des senteurs destinées aux objets de notre vie. Comme l'ont constaté de nombreuses firmes, la nationalité a, là aussi, son mot à dire. Les Allemands aiment le pin, les Français les fleurs, les Japonais les odeurs plus délicates, les Américains des senteurs plus fortes, et les Sud-Américains encore plus capiteuses. Au Venezuéla, les produits pour nettoyer le sol contiennent dix fois plus d'odeur de pin que ceux des Etats-Unis. Ce que la plupart des pays ont en partage, c'est le besoin de recouvrir sols et murs d'odeurs agréables, surtout celles de forêts de pins ou de citrons, et de nicher ainsi dans les arômes.

Près de Gramercy Park, dans une petite boutique de la Troisième Avenue, comme dans beaucoup d'endroits du même genre, on vend mille délices pour les sens. Vous y trouvez de la porcelaine de Port Meiron décorée de dessins botaniques détaillés dans les couleurs les plus vives. La papeterie et le papier d'emballage sont faits à la main : l'œil y distingue les fibres ligneuses et les imperfections. Dans certains cas, le grain en est rugueux et barbouillé de teintes diverses. Le nez mène l'enquête. De petites billes d'huile de bain prétendent sentir la pluie de printemps, ou Nantucket. Mais quelle odeur a donc la pluie de printemps ? C'est une odeur connue de chacun. Cependant, même le sensualiste le plus acharné saurait-il faire la différence entre la pluie de printemps et celle, par exemple, de l'été ou de l'automne ? Faisant appel à l'imagination, cette huile évoque d'abord l'image d'une pluie printanière. Puis, vous respirez sa douce essence minérale et peut-être pensez-vous à ces lichens coiffés de rouge que l'on appelle « soldats britanniques » et que vous aviez découverts à dix ans dans le Berkshire. Ou peut-être vous rappelez-vous l'odeur de la pluie sur la tente kaki et entendez-vous les milliers de doigts battre la toile. Gramercy Park est comme un petit tourbillon temporel venu de ce lointain passé. Un rayon du magasin est entièrement consacré aux atmosphères. Un emballage conseille de placer tel anneau d'aluminium sur une ampoule électrique pour parfumer la maison. *Parfum d'ambiance*. Teintez l'air de senteurs, parfumez ce qui pénètre dans vos narines, baignez dans la douceur en passant d'une pièce à l'autre, dansez pour activer les arômes.

Nous semblons incapables de vivre dans la Nature sans nous recouvrir de ses odeurs, sans les prendre comme talismans, sans imaginer que nous possédons leur férocité, leur magnétisme, ou leur saveur. D'une part, nous vivons dans des endroits où règnent l'ordre et l'hygiène, et si la Nature a l'audace d'y entrer — sous la forme d'un rat des champs, d'une mouche ou d'un termite sur la clôture, ou d'un écureuil dans la cave, ou d'une chauve-souris au grenier —, nous la traquons comme des chasseurs sanguinaires. Mais d'autre part, nous tenons à la faire entrer chez nous. Nous touchons le mur, et la lumière du jour emplit une pièce ; nous tournons un cadran, et c'est l'été ; nous nous entourons sans nécessité d'une incroyable caravane d'odeurs du dehors — le pin, le citron, les fleurs. Il se peut que nous n'ayons pas besoin de sentir pour vivre, mais si nous ne le faisons pas, nous voilà perdus et comme déconnectés.

L'ANOSMIE

Par une nuit pluvieuse de 1976, un mathématicien sortit faire un tour après dîner. Tout le monde le tenait non seulement pour un gourmet, mais pour un prodige, car il était capable de goûter un plat et d'en nommer tous les ingrédients avec une ahurissante précision. Un écrivain en parla même comme d'un diapason parfait. A peine hors de chez lui, il fut renversé par une fourgonnette qui roulait lentement. Sa tête heurta le trottoir. A sa sortie de l'hôpital, le lendemain, il découvrit avec horreur qu'il avait perdu l'odorat.

Ses papilles gustatives fonctionnant encore, il pouvait détecter la qualité salée, amère, aigre ou sucrée des aliments. Mais tout l'entêtant délice de la vie avait disparu. Sept ans plus tard, il était toujours incapable de sentir et souffrait de dépression. Il poursuivit en justice le conducteur de la fourgonnette et gagna son procès. On comprit tout d'abord que sa vie s'était irrémédiablement appauvrie et, en second lieu, que, sans odorat, elle était même en danger. Au cours de ces sept années, il n'avait pu détecter l'odeur de fumée quand un incendie s'était déclaré dans son immeuble ; il avait été empoisonné par des aliments dont il n'avait pu sentir qu'ils étaient pourris ; il ne pouvait pas s'apercevoir des fuites de gaz. Pis que tout, peut-être, il ne pouvait plus demander aux parfums et aux odeurs de lui octroyer ces souvenirs et ces associations qui font battre le cœur. « Je me sens vide, déclara-t-il à un journaliste. J'ai l'impression d'être dans les limbes. » Il n'y avait même pas de nom usuel pour qualifier son cauchemar. Ceux qui n'entendent pas sont sourds, et aveugles ceux qui ne voient pas. Mais quel mot employer pour ceux qui ne sentent pas ? Quoi de plus pénible et déroutant que d'être affligé d'une absence innommée ? « Anosmie » — c'est ainsi que l'appellent les hommes de science en se servant de la combinaison d'un mot latin et d'un mot grec : sans + odorat. Mais nul terme courant n'existe pour créer l'impression d'une collectivité, le sentiment d'une quasi-normalité.

Dans *Newsweek* du 21 mars 1988, Judith R. Birnberg raconte en termes profondément émouvants comment elle a perdu l'odorat. Elle ne peut distinguer que la texture et la température de ses aliments. « Je suis l'une des deux millions de handicapés qui, aux Etats-Unis, souffrent d'anosmie, cette incapacité de sentir et de goûter (physiologiquement, les deux choses sont liées)... Il nous paraît si naturel de reconnaître le riche arôme du café ou le doux parfum des oranges que, lorsque ces sens disparaissent, c'est presque comme si l'on avait oublié de respirer. » Juste avant de perdre l'odorat, Mrs. Birnberg avait passé un an à éternuer. La cause ? Une allergie inconnue. « L'anosmie se déclara sans crier gare... Pendant les trois dernières années, il y a eu de brèves périodes de répit — quelques minutes, parfois quelques heures —, où je pouvais soudain percevoir les odeurs, ce qui, je le savais, signifiait que je pouvais également savourer ce que je mangeais. Mais par quoi commencer ? Une fois, un morceau de banane me fit pleurer. En quelques occasions, un répit me fut accordé à l'heure du dîner. Mon mari et moi, nous nous précipitâmes vers notre restaurant préféré. Deux ou trois fois, je pus goûter, bouchée après bouchée, le miracle de tout un repas. Mais le plus souvent, mon sens du goût s'était de nouveau évanoui alors que nous n'avions même pas encore garé la voiture. »

Bien qu'il existe des centres où l'on traite les affections du goût et de l'odorat (Monell est sans doute le plus célèbre), on ne peut pas grand'chose contre l'anosmie. « J'ai tout essayé, analyses sanguines, cultures des sinus, tests anti-allergiques, piqûres hypodermiques anti-allergiques, long traitement par le zinc, séances hebdomadaires d'irrigation des sinus, biopsie, piqûres de cortisone dans le nez, quatre types d'opération des sinus. Mon cas a été présenté à des comités médicaux... Je suis passée par toute la procédure médicale. Consensus : anosmie due à une allergie et à une infection. Il peut y avoir d'autres causes. Il y a des gens qui naissent comme ça. Ou bien le nerf olfactif est sectionné à la suite d'un choc. L'anosmie peut également se produire avec l'âge, résulter d'une tumeur au cerveau ou d'une exposition à des produits chimiques toxiques. Quoi qu'il en soit, nous courons un risque dès qu'il s'agit de détecter un incendie, une fuite de gaz ou de la nourriture avariée. » Finalement, elle sauta courageusement le pas et permit à un médecin de lui administrer de la prednisone, un stéroïde anti-inflammatoire afin de réduire la tumescence près des nerfs olfactifs. « Dès le second jour, j'inspirai profondément, et l'odorat me revint pour un bref moment... Le quatrième jour, à déjeuner, en mangeant de la salade, je me rendis compte que je pouvais tout goûter. Ce fut comme dans *Le Magicien d'Oz*, quand le monde passe du blanc et noir au technicolor. Je savourai la salade : un pois chiche, un petit morceau de chou, une graine de tournesol. Le cinquième jour, j'éclatai en sanglots — non pas tant parce que, désormais, je pouvais de nouveau goûter et sentir que parce qu'il m'était évident que le cauchemar était terminé. »

Au petit déjeuner, le lendemain matin, elle capta l'odeur de son mari et s'écroula en larmes dans ses bras. « Je me mis à le renifler. Je ne pouvais pas m'arrêter. Son parfum était quelque chose de familier qui me transportait de bonheur. Je l'avais perdu depuis si longtemps et je le redécouvrais maintenant. J'avais toujours pensé que, si je devais choisir entre les deux, je sacrifierais l'odorat et conserverais le goût. Mais je compris alors tout ce qui m'avait manqué. Il nous semble si naturel que toute chose ait une odeur que nous ne nous en rendons même plus compte. Mais tout a une odeur, justement, les gens, l'air, ma maison, ma peau... A présent, je respirais, enivrée, toutes les odeurs, bonnes et mauvaises. » Plaisir qui, malheureusement, ne dura que quelques mois. Lorsqu'elle commença de réduire la dose de prednisone, comme l'exigeait sa sécurité (entre autres choses, la prednisone peut causer des enflures et enrayer le système immunitaire), son pouvoir olfactif régressa de nouveau. Deux opérations suivirent. Elle a décidé de reprendre de la prednisone et rêve au jour magique où l'odorat lui reviendra aussi mystérieusement qu'il disparut jadis.

Tous ceux qui sont privés d'odorat ne souffrent sans doute pas de manière aussi aiguë. Et tous les déséquilibres olfactifs ne relèvent pas d'une perte de l'odorat. Le handicap peut revêtir des formes étranges. Les hommes de Monell ont traité de nombreux cas souffrant d'« odeurs persistantes ». Certains se promènent avec, en permanence, un goût amer dans la bouche. D'autres ont un odorat déformé, ou distordu. Tendez-leur une rose ; pour eux, c'est de l'ordure. Offrez-leur un steak ; il sent le soufre. Notre odorat est à son apogée lors de la maturité et faiblit avec l'âge. La maladie d'Alzheimer fait souvent perdre l'odorat en même temps que la mémoire (les deux sont étroitement liés). Il se peut qu'un jour le test *Scratch-and-Sniff*, qui permet de détecter les allergies, aide à diagnostiquer la maladie avec précision.

Des recherches effectuées par Robert Henkin, du Centre pour les désordres sensoriels, de l'Université de Georgetown, indiquent que le quart des personnes affectées de troubles olfactifs ont constaté une disparition de l'élan sexuel. Quel est le rapport de l'odorat avec l'érotisme ? Il est indéniable, surtout chez les femmes. Je suis certaine que, les yeux bandés, il me serait facile de reconnaître tout homme que j'ai connu intimement. J'étais autrefois en contact avec un homme charmant, séduisant, raffiné. Mais en l'embrassant, je fus mise en déroute par une légère odeur de céréale qui venait de ses joues. Ce n'était pas de l'eau de Cologne, ou une savonnette. C'était simplement, subtilement son odeur naturelle. Et je fus frappée de voir qu'elle me dérangeait viscéralement. Les hommes réagissent rarement d'une manière aussi précise à l'odeur naturelle de leurs partenaires. Mais les femmes le font si souvent que c'en est devenu un cliché de roman. Quand son amant est au loin, ou que son mari meurt, une femme angoissée va prendre dans l'armoire une chemise ou un peignoir qu'il a portés, y presse son visage et se sent submergée de tendresse pour lui. Il est peu d'hommes qui font part de telles habitudes, mais il n'est pas surprenant que les femmes soient davantage en harmonie avec les odeurs. Elles marquent plus de points que les hommes dans la sensibilité aux odeurs, et l'âge n'a rien à y voir. Les scientifiques ont longtemps pensé que cela était dû aux hormones femelles ; il était prouvé, en effet, que les femmes enceintes ont un odorat plus développé, mais cela se situait sur un plan purement anecdotique et il s'avéra qu'avant la puberté les jeunes filles ont un plus grand pouvoir olfactif que les garçons du même âge. Quant aux femmes enceintes, elles ne sont pas plus douées que les autres. Simplement, les femmes ont en général un odorat plus développé. Peut-être faut-il y voir un vestige de l'aube de notre évolution, de cette époque où nous en avions besoin pour la parade d'amour, l'accouplement et la maternité. Ou bien il se peut que les femmes, passant traditionnellement plus de temps à s'occuper de la nourriture et des enfants, aient toujours eu à renifler les odeurs pour détecter le moindre désordre. Parce que les femelles ont souvent été à l'origine du cérémonial de l'accouplement, l'odorat a été leur arme, leur charme et leur fil d'Ariane.

LES PRODIGES DE L'ODORAT

De même qu'il y a des gens dont l'odorat est distordu, défectueux, ou nul, il en est, à l'autre extrémité du spectre olfactif, dont l'odorat relève du prodige. Comme nous l'avons déjà dit, l'exemple le plus célèbre nous en est sans doute donné par Helen Keller. « L'odorat, écrit-elle, me permet de prévoir quand il y aura un orage bien des heures avant que rien ne l'ait annoncé. Tout d'abord, je constate que mes narines palpitent dans cette expectative. Il s'y produit un léger frisson, une concentration. A mesure que l'orage se rapproche, mes narines se dilatent, pour mieux recevoir le flux des odeurs de la terre qui semblent se multiplier et se répandre jusqu'au moment où je sens la pluie sur mes joues. Quand la tempête s'éloigne, les odeurs s'estompent, deviennent de plus en plus faibles et disparaissent derrière la ligne de l'horizon. » D'autres personnes ont également pu sentir des changements de temps. Et les animaux sont, bien entendu, de grands météorologistes (les vaches, par exemple, se couchent avant l'orage). Suant, s'embrumant, ahanant, la terre respire comme une grande bête obscure. Lorsque la pression barométrique est élevée, la terre retient son souffle, et des vapeurs se logent dans la bourre molle et les anfractuosités du sol pour s'en échapper lorsque la pression baisse et que la terre exhale. Ceux qui, comme Helen Keller, ont un odorat très subtil, sentent les vapeurs s'élever du sol et savent ainsi qu'il va pleuvoir ou neiger. C'est peut-être aussi l'une des raisons pour lesquelles les animaux de ferme pressentent les tremblements de terre : ils sentent les ions s'échapper de la terre.

Si l'on s'habille pour un dîner par une soirée d'orage, point n'est besoin de se parfumer autant que d'habitude, les parfums étant plus forts avant qu'il ne pleuve. L'humidité intensifie l'odorat, et la basse pression fait qu'un fluide aussi volatile que le parfum se répand encore plus vite que d'habitude. Après tout, un parfum est composé, pour 98 %, d'eau et d'alcool et, pour 2 % seulement, de molécules de graisse et d'arôme. Quand la pression est basse, les molécules s'évaporent plus rapidement et peuvent se transporter, depuis le corps jusqu'aux recoins les plus éloignés d'une pièce, à une vitesse considérable. Cela vaut également, même par temps ensoleillé, dans des villes comme Mexico, Denver ou Genève, qui sont sur des hauteurs. La pression y est toujours faible en raison de l'altitude. Quel moment et quel endroit choisir alors pour envahir un restaurant de votre nouveau parfum ? L'idéal serait l'El Tovar Lodge, à plus de deux mille mètres, sur la crête vertigineuse du Grand Canyon, quand un orage se prépare.

Helen Keller avait un don miraculeux pour déchiffrer l'odorant palimpseste de la vie dont, pour la plupart d'entre nous, toutes les « couches » sont floues. Elle reconnaissait « une vieille maison de campagne à ses couches superposées d'odeurs laissées par une succession de familles, de plantes, de parfums, de tentures ». Comment un être aveugle et sourd de naissance pouvait si bien comprendre l'étoffe et l'apparence de la vie, sans parler de la façon dont s'expriment nos particularités dans les objets que nous aimons, est un grand mystère. Elle découvrit que les bébés n'ont pas encore d'odeur personnelle, de ces odeurs uniques qu'elle pouvait identifier chez les adultes. Sa sensualité s'exprimait dans l'odorat — et expliquait une ancienne attirance : « Les exhalaisons masculines sont généralement plus fortes, plus colorées, plus largement différenciées que celles des femmes. Dans l'odeur des jeunes hommes, il y a quelque chose d'élémental, qui rappelle, par exemple, le feu, l'orage, l'eau de mer. Ça vibre d'entrain et de désir. Ça suggère toutes les choses fortes et belles et joyeuses et ça donne un sentiment de bonheur physique. »

UN NEZ CÉLÈBRE

Les personnes dotées de l'odorat le plus vif finissent souvent par travailler dans la parfumerie. Il en est même qui, si elles ont aussi de l'audace et de l'imagination, créent de grands parfums. Parmi un océan de fleurs, de racines, de sécrétions animales, d'herbes, d'huiles et d'odeurs artificielles, elles doivent pouvoir se rappeler les milliers d'ingrédients à la disposition d'un parfumeur et les recettes alchimiques pour les combiner. Il leur faut en outre posséder le sens de l'équilibre d'un architecte et la ruse d'un bookmaker. De nos jours, on peut recréer en laboratoire des essences naturelles, ce qui n'est pas plus mal, étant donné le peu de fiabilité d'extraits naturels de fleurs comme le lilas, le muguet, ou la violette. Cela dit, il peut être nécessaire de mélanger cinq cents ingrédients pour obtenir une huile de rose vraiment convaincante. Dans la 57e Rue, du côté de la Dixième Avenue, à New York, l'International Flavors and Fragrances Inc. abrite les meilleurs nez, professionnellement parlant, du monde. Dans le milieu, où le sigle IFF suffit, on en parle comme de La Mecque pour toute compagnie en quête de senteurs. Bien qu'y soient créés à peu près tous les parfums coûteux qui, lancés avec faste, apparaissent de saison en saison dans les grands magasins, et nombre d'odeurs qui nous séduisent dans tant de choses, depuis la soupe en boîte jusqu'à la litière pour chat, le travail se fait dans l'anonymat. C'est pourtant là que furent mises au point l'odeur d'une pub très réussie pour un magazine de golf (pelez une balle de golf en papier, et l'odeur de l'herbe fraîchement tondue vous monte aux narines), l'odeur de caverne d'un parc d'attractions, les odeurs des bois de la Nouvelle-Angleterre, des pâturages africains, de Samoa et autres lieux pour le Muséum américain d'histoire naturelle. Transformer un faux arbre de Noël en une forêt de pins du Tyrol dans l'esprit de celui qui le respire ne pose pas de problème. C'est même l'un des tours les plus simples de l'IFF, dont les membres sont les « nègres » des sens, les anonymes inventeurs de nos délices, les créateurs d'arômes en plaqué or qui nous influencent et nous persuadent à notre insu. Quatre-vingts pour cent des eaux de Cologne pour les hommes sont créées dans leurs laboratoires, et à peu près autant pour les femmes. S'ils refusent de les nommer, des parfums signés Guerlain, Chanel, Dior, Saint Laurent, Halston, Lagerfeld, Estée Lauder n'en sont pas moins en montre dans les vitrines des couloirs. Et ce sont eux qui leur ont donné naissance. Certains sont penchés sur des ordinateurs, d'autres travaillent dans un pêle-mêle de papiers et de flacons. La tâche paradoxale leur incombe de créer un parfum qui innove et soit provocant sans pour autant être trop bizarre ou impudent : il faut qu'un nombreux public puisse l'accepter. Les bandes aromatiques ont rendu le travail plus facile. Prenez un magazine, et vous serez assaillis par l'odeur des sièges en cuir d'une Rolls-Royce, ou bien celle de lasagne, ou encore par un nouveau parfum. Inventées à la 3M il y a une dizaine d'années, les bandes aromatiques contiennent de microscopiques boules de parfum. Vous grattez, ou déchirez le revêtement, et les boules sont éventrées, le parfum s'échappe. Giorgio fut la première firme à lancer ainsi un parfum avec des annonces aromatiques. Aujourd'hui, on a du mal à trouver un magazine qui ne sente rien. J'ai en ce moment sur mon bureau une collection de plus de quarante de ces publicités odorantes pour des parfums, généralement avec slogans. Pour Knowing (Savoir) d'Estée Lauder : « Le savoir est tout. » Pour le parfum de Liz Claiborne qui porte son nom : « Ne soyez que vous-même. » Pour les parfums Fendi : « La passione di Roma », où l'on voit une jeune fille aux joues marmoréennes embrasser une statue. Pas de slogan pour Opium d'Yves Saint Laurent, mais la photo d'une beauté vêtue de lamé or, encore qu'à demi nue, couchée dans le délire de l'opium sur un lit d'orchidées n'a besoin d'aucun commentaire pour suggérer la perversité. A l'IFF, trente personnes sont chargées d'évaluer les odeurs et en respirent une centaine par jour. Par un après-midi de printemps, j'avais rendez-vous avec le nez-en-chef, Sophia Grojsman, femme robuste et dynamique originaire de Russie. Cheveux noirs coupés court, retenus par un bandeau bleu marine et blanc. Paupières fardées de bleu sur des yeux sombres et vifs. Vernis à ongles d'un rouge éclatant. Treillis à fermetures éclair argent. Pour un nez de renommée mondiale montant la garde à la frontière des secrets, elle semble à la fois alerte et détendue tandis qu'elle s'étale derrière le désordre de son bureau dont le centre est occupé par un petit trio de singes : celui qui ne voit pas le mal, celui qui ne dit rien de mal, celui qui n'entend rien de mal. Mais il n'est pas de singe qui ne sente rien de mal !

« Quand vous êtes-vous aperçue que vous aviez un odorat spécial ?

— C'était en Russie. J'étais une petite fille. Il y avait d'immenses champs de fleurs tout autour de la petite ville où j'habitais. » Elle sourit, son regard glisse et s'évade. De toute évidence, le souvenir la ramène quarante ans plus tôt. « Et il y avait une quantité fantastique d'odeurs. Partout. Le ciel était bourré d'odeurs. Je passais mon temps à cueillir des fleurs... »

On frappe soudain à la porte. Une jeune femme entre vivement en tendant ses longs bras nus et minces. « Pouvez-vous me sentir ? » demande-t-elle à Sophia. Sophia se lève et prend d'abord le bras gauche de la jeune femme — qui, plus près du cœur, est le plus chaud — et y appuie le nez, sur le poignet, puis au coude. Puis, elle renifle deux fois le droit.

« Qu'est-ce que vous en pensez ? » me demande Sophia.

Je renifle le bras. « Merveilleux.

— Mais encore ? »

Les odeurs sont si légères et paisibles contre mon nez, qu'il est difficile de penser que ce sont quatre odeurs différentes à classer selon leurs caractéristiques individuelles. Il y a une scène, dans *Bus Stop*, où Marilyn Monroe est en train de dîner. Elle joue avec deux petits pois dans son assiette pour choisir le meilleur. Il y a toujours quelque chose qui fait que l'un est meilleur que l'autre, dit-elle à son compagnon. On peut toujours faire un choix. Pour moi, la vie offre tant de moments au charme complexe que deux objets peuvent être d'une égale beauté pour des raisons différentes et à des moments différents. Comment choisir ? Ici, pourtant, sur les bras tendus, nul doute à avoir au sujet du numéro un : un parfum légèrement musqué à base florale, sur le poignet gauche de la jeune femme. Numéro deux ? Le même en plus léger sur son coude gauche. Sur le bras droit, la senteur est un tantinet plus fruitée, mais ne manque pas d'une certaine séduction. Je le dis à Sophia, qui hoche la tête en connaisseur.

« Ce sont les deux versions auxquelles nous devons travailler », répond-elle. Une technicienne des laboratoires apparaît à une fenêtre intérieure qui la sépare des étagères sans nombre où sont alignés des flacons d'essences naturelles et synthétiques. Une vraie officine de magicien. « J'ai besoin de la formule H », dit Sophia à la technicienne, qui retourne à ses armoires. Sophia se renverse dans son fauteuil et fait un geste des deux mains, comme quelqu'un qui jette des confetti en l'air. « C'est une vraie maison de fous aujourd'hui. Nous avons une urgence, et j'essaie de m'en occuper. »

Une urgence pour senteurs ? De quoi peut-il bien s'agir ? Je le demande à Sophia — qui demeure impénétrable. Dans le corps constitué de ce monde, les formules et tout ce qui s'y rapporte sont sous haute surveillance. Les responsables du mélange des senteurs finales ne savent pas ce qu'ils mélangent. Lots et ingrédients portent des numéros de code. Rien d'autre.

« Nous vivions à la sortie de la petite ville, dit Sophia, revenant à ses souvenirs. Il y avait des lilas et des champs entiers de narcisses et de violettes. Tout un monde d'odeurs naturelles était là, autour de nous. Une partie de la Russie qui n'a pas été trop endommagée. Quand j'étais petite, je me promenais dans les champs. J'étais d'une curiosité insatiable. Je fourrais mon nez partout. C'était après la guerre. Il n'y avait pas beaucoup d'enfants. J'étais entourée d'adultes. Alors, j'allais me promener toute seule et je ramassais de la mousse, des brindilles, des feuilles pour les sentir.

— Lorsque vous créez un parfum, comment ça se passe? demandai-je, me rappelant qu'un grand parfumeur disait trouver ses idées dans ses rêves, et qu'un autre tenait un journal où, en voyage, il notait tout ce qu'il sentait.

— On a toujours une image en tête. En réalité, on peut toujours sentir les accords... c'est comme les accords en musique. La parfumerie est très proche de la musique. Vous aurez des parfums simples, de simples accords composés de deux ou trois choses. Ce sera comme un orchestre de deux ou trois instruments. Et puis, vous avez un accord multiple, et ça devient comme un grand orchestre. C'est étrange à dire, mais la création d'un parfum ressemble assez à la composition d'une œuvre musicale, parce qu'il y a également une analogie dans la manière de trouver les accords qui conviennent. Vous ne voulez pas qu'une chose écrase les autres. Vous recherchez l'harmonie. L'un des aspects les plus importants de la création, de l'assemblage de ses éléments, est l'harmonie. Même si vous avez cinq couches de notes qui se dégagent du parfum, vous devez trouver ça agréable. Si les différentes couches de parfum ne sont pas disposées comme il faut, vous aurez celle-ci ou celle-là qui dépasse en quelque sorte. Vous ne vous sentirez pas à l'aise. Au besoin, ça pourra même vous déranger. Un parfum qui n'est pas équilibré ne s'accepte pas facilement.

— Est-ce que les odeurs sont groupées dans votre esprit et votre mémoire de la même façon que les bois occupent un élément de l'orchestre et les cordes un autre élément?

— Oui. Mais ce que j'ai créé est en général venu d'accords floraux totalement abstraits qui se présentaient à moi comme ça. Une fois que je les ai captés, je cherche avec quoi les marier. Il y a d'abord l'inspiration, puis toutes sortes de corrections, jusqu'à ce que je trouve ce qui manque. Je préfère les accords très fleuris, très féminins. Je suis plus douée pour les parfums féminins que pour les parfums masculins. Mais, bien entendu, je m'occupe des deux. Je fais également des choses très fonctionnelles...

— Comme les parfums pour savonnettes, nettoyants, cires, papeterie, etc.?

— Exactement. Mais ces choses-là sont faciles, elles se font toutes seules. En revanche, si je cherche à créer le nouveau meilleur parfum du monde, eh bien... ça prend plus longtemps.

— L'un des employés de la compagnie m'a dit que vous avez créé certains des parfums les plus célèbres du monde, mais que vous ne me direz pas lesquels.

— Nous ne pouvons pas le dire. » Elle prend une longue cigarette brune dans un paquet où je lis MORE et l'allume.

« Fumer n'a pas d'effet sur votre odorat?

— Je suis sûre que si, au contraire. Mais ça fait partie de mon milieu ambiant. J'y suis habituée. C'est simplement l'une des odeurs habituelles de mon univers.

— Est-ce que vous vous protégez le nez? Est-ce que vous y pensez tout le temps?

— Non, pas du tout. Je ne me sens pas concernée. Evidemment, je n'ai pas envie de tomber malade. C'est très frustrant d'avoir le nez bouché. Très dur pour un parfumeur de travailler dans ces conditions.

— Lorsque vous vous promenez en ville, est-ce que vous êtes plus intensément consciente des odeurs que les gens ne le sont d'habitude?

— C'est drôle, vous savez. Quelque chose d'incroyable. Mais je travaille beaucoup, parfois pendant des heures et des heures, et quand je sors d'ici il se produit comme un changement d'aiguillage dans mon cerveau. Et je ne sens plus rien. Quelque chose pourrait brûler chez moi, dans la cuisine, je ne m'en rendrais pas compte! Mon mari dit : "Tu es parfumeuse et tu ne sens même pas le brûlé!" Mon cerveau est complètement débranché.

« Mais je me retrouve branchée sur les gens au moment où je m'y attends le moins. Quelquefois, c'est quelqu'un qui vous embrasse, et vous reconnaissez son odeur. La peau des bébés a une odeur particulière. Le sommet de leur tête. Les hommes font moins ça que les femmes. Il y a des gens qui ont une odeur très sexy. Si je devais la décrire... » Elle balance doucement sa cigarette comme un encensoir tout en cherchant les mots d'une description précise. « Je dirais que c'est un accord très délicat qui combine le musc et l'ambre. Je m'en sers beaucoup dans mes parfums.

« Il y a des accords que tous les parfumeurs utilisent. Mais vous pouvez reconnaître ce que l'on pourrait appeler leur écriture en respirant un parfum. Les autres parfumeurs savent reconnaître mon travail, comme moi le leur. Ils respirent un nouveau parfum et ils disent : Ah, ça, c'est Sophia, ou ça, Jenny, etc. Ils connaissent les signatures.

— La semaine dernière, expliqué-je, je me trouvais à Saks. Un safari-parfum. Et j'ai remarqué que la tendance actuelle est aux parfums dont le nom suggère l'idée de danger, de substance interdite, de névrose, etc. » Je dis que les promoteurs semblent préférer les senteurs qui évoquent le confort et la sécurité, l'amour, les idylles, mais qu'ils les appellent Décadence, Poison, Mon péché, Indiscrétion, Obsession, Tabou. En plus des noms de parfumeurs célèbres et de la mystique en bouteilles des superstars, des substances illégales se trouvent donc offertes par ce biais, ainsi que des avertissements. Une femme peut s'habiller sobrement, mais ce qu'elle a dans la tête et ses impulsions la rendent aussi intoxicante que l'Opium, aussi dangereuse que le Poison, génératrice d'Obsession, experte dans un art de l'amour si envoûtant qu'il en devient Tabou, et prête pour une Décadence hédoniste, elle mérite et attire l'Indiscrétion, va jusqu'à transgresser les lois de Dieu comme dans le Péché.

« C'est vrai. Mais quand on y regarde de plus près, on s'aperçoit que tous ces parfums ont pour base des senteurs classiques. Ce sont simplement de nouvelles versions de ces classiques. Il y a beaucoup de réussites immédiates. Mais les vrais classiques durent plus de dix ans. Le n° 5 de Chanel a été créé au début des années 20 et se vend toujours très bien. Opium n'a rien de nouveau. La mère d'Opium est Youth Dew, qui a une trentaine d'années. C'est simplement une nouvelle version, qui rappelle également Cinnabar. Si vous sentez les trois ensemble, vous verrez.

— En reprenant la comparaison avec la musique, on peut donc dire qu'un nouveau parfum est une variation sur un thème établi. » Elle hoche la tête. « Est-ce que vous vous parfumez ?

— Pas quand je viens travailler. Ou plutôt je me parfume avec ce que l'on est en train d'expérimenter. Comme c'est mon travail, je m'en mets. J'aime voir la réaction de gens. Ce sont des bons juges. Tenez, je travaillais à un parfum... Je marchais un jour dans la 57e Rue, et un ivrogne m'a suivie. J'ai eu peur. J'ai pressé le pas pour le distancer. Et il m'a dit : "Faut pas courir, ma petite dame, votre parfum est formidable, je suivais simplement votre parfum..." Lequel a eu beaucoup de succès.

— Les gens se parfument depuis toujours. Est-ce que ça n'est pas un peu étrange ? Se recouvrir de fleurs, de fruits, de sécrétions animales, ça ne vous paraît pas bizarre ? Pourquoi le faisons-nous ?

— Ah ! dit-elle en remuant les doigts comme pour laisser s'envoler des papillons. La première fois que j'ai vu *Guernica* de Picasso, ça m'a donné un choc. J'étais à la fois horrifiée et fascinée. Ça m'a vraiment perturbée, mais émue, aussi, et profondément. Les parfums font la même chose. Ils nous choquent et nous fascinent. Ils nous dérangent. Nos vies sont si tranquilles. Nous aimons que le plaisir nous dérange.

« Je vais vous raconter une de mes expériences les plus gratifiantes, ajoute-t-elle tout à trac. J'avais fabriqué un produit fonctionnel, une odeur pour détergent. Un jour que je marchais dans une rue, je suis tombée sur deux dames qui achetaient le journal. Je leur ai dit : "Oh, mesdames, vous faites votre lessive avec telle poudre." Elles ont répondu : "Comment le savez-vous ?" J'ai dit : "Ça se sent." Elles ont été très heureuses. Et moi aussi. Ce genre de femmes ne peut s'offrir un parfum à deux ou trois cents dollars. Mais elles peuvent acheter du détergent. Et elles étaient contentes que celui-là sente bon. Quant à moi, j'étais ravie de toucher une portion de l'humanité qui ne pourra jamais s'offrir les parfums que l'on respire ici.

— Vous avez de la chance de vivre comme ça, de créer des parfums qui rendent les gens heureux.

— Quelquefois, c'est éreintant. La vie d'un parfumeur n'est pas une partie de plaisir. Ce n'est plus ce que c'était. Dans le temps, il y avait des parfumeurs indépendants. Un grand parfumeur mettait trois ou quatre ans pour créer un parfum. Il n'y avait pas de limites — ni de prix, ni de temps. On faisait deux ou trois expériences par jour pendant peut-être une semaine. Puis, on *vivait* avec le parfum. On s'en mettait pendant des semaines et des semaines. Sans aucune pression d'aucune sorte. Maintenant, tout est terriblement commercialisé. On veut faire des choses qui apportent la gloire, qui rapportent de l'argent à la firme. Et il faut faire vite. Mais on ne peut pas créer un parfum du jour au lendemain. Chaque parfumeur a ses petits accords. Pendant ses dix années de pratique, il les met de côté, il les garde en mémoire. Et puis, un jour, il peut se dire qu'il a besoin de quelque chose de floral, par exemple. Et il se souvient de ce qu'il a fait quelques années plus tôt. Mais il faut quelque chose de nouveau. Ce serait stupide de vendre une copie. On ne peut pas se plagier. Il faut repartir de zéro. Mais il y a des accords auxquels on peut revenir comme à des thèmes. C'est une espèce de raccourci. Je fais en gros de cinq à sept cents formules par an. Et il se peut qu'il en sorte deux produits vedettes. Ce qui ne veut pas dire que le reste ne soit pas bon.

— Est-ce que ça ne vous brise pas le cœur, si vous créez une formule qui vous enchante, mais que personne n'aime ? »

Elle roule les yeux. Son visage s'étrécit. « Bien sûr. Ça arrive sans doute. Mais je m'arrange toujours pour que ça finisse par marcher, pour qu'au bout du compte quelqu'un aime ça. Il faut y croire. Croire que le parfum gagnera, que, d'une façon ou d'une autre, il existera un jour. Je suis tenace. J'y reviens tout le temps. J'y pense tout le temps.

« J'ai créé quelque chose récemment. Je ne peux pas vous dire quoi. Mais ce parfum est une *expérience* en soi. M'en mettre est une expérience. Il se trouve que je l'aime. L'accord principal a commencé il y a quelque temps, à partir d'un accord que j'ai appelé "clivage" — sans tête, sans fond. Dans le privé, je donne toutes sortes de noms cinglés à ces choses. Ce que "clivage" sent... enfin pour moi... c'est la peau d'une jeune femme... ici. » Elle élève les mains pour indiquer la région entre le menton et la poitrine. « Il y a quelque chose de très sensuel dans cet accord. Quelque chose qui fouette les sens. »

Elle prend un long testeur en papier, qu'elle plonge dans un flacon d'huile avant de me le tendre. Je remue le papier sous mon nez. Un parfum de fleurs qui me fait penser à un sorbet me submerge les sens. Une odeur très jeune. Une odeur de petite fille. D'innocence. Douces impulsions. Peau légèrement talquée.

« C'est quelque chose de très simple et de très élaboré. C'est une odeur qui dit d'une drôle de façon : "Prends-moi dans tes bras." Une note sexy que les hommes adorent. Je savais que j'avais tiré le bon numéro avec ça. » Elle m'en tend un autre : plus frais et un peu plus vif. « Et ça, c'est le parfum que c'est devenu. La première huile constituait le squelette, pour ainsi dire. Ça, c'est le résultat. Depuis la première bouteille, il a fallu passer par toutes les étapes jusqu'au parfum final. A la base, c'est floral. Mais plus vous le respirez, plus il devient délicat.

— Quel est le parfum le plus sensuel que vous ayez créé?

— C'est une question intéressante, parce que ce qui est sexy et sensuel pour une personne ne l'est pas nécessairement pour une autre. Pour moi, celui-ci est sensuel. Pas sexy. Seulement sensuel.

— Et quelque chose dans le genre vamp?

— Tenez. Essayez ça. »

Elle me tend un nouveau testeur. Je le respire. Réaction puissante : je peux sentir quelque chose d'épais et d'ambré, comme du caramel dur, sur ma langue. Il y a d'abord une pellicule de vinyle, puis un pétillement musqué semble monter tout autour comme un halo délicieusement, intensément parfumé.

« Qu'est-ce que c'est? » Mon visage se plisse automatiquement de plaisir.

« Essentiellement, c'est une formule de type Shalimar. Ça n'est pas encore sur le marché.

— Ce n'est pas comme l'autre — clivage. Quand je respire celui-ci, j'ai une réaction physique. C'est très fort. Je peux le goûter. »

Elle rit. « C'est ce que les gens disent de mes parfums. Qu'on peut les goûter. Tout ce que je fais me passionne. Je veux que mes créations sollicitent le goût, l'odorat, les émotions, tout à la fois.

— Pouvez-vous imaginer un parfum que vous ne sauriez pas créer? Y a-t-il une forme idéale que vous poursuiviez?

— Oh, je voudrais faire un jour un parfum qui rendrait les femmes si attirantes qu'aucun homme ne pourrait leur résister. Ce serait la chose la plus fantastique de ma vie. En fait, ce n'est pas un sentiment professionnel. C'est la femme qui parle en moi.

— Le monde entier serait en danger.
— C'est ça, jubile-t-elle.
— Faites-moi savoir quand vous aurez trouvé. Je serai votre premier cobaye.
— Non, *moi*. Je serai mon premier cobaye. »

OFFRANDE AUX DIEUX

En quittant l'IFF et son carnaval de senteurs nouvelles et ses corridors secrets qui s'ouvrent, obliquent, se mêlent comme les chemins de l'odorat lui-même, je me retrouve dans une atmosphère lourde et déprimante. De la vapeur s'échappe des plaques d'égout comme s'il y avait sous la ville une énorme glande sudoripare. Comment un odorat professionnel peut-il encore fonctionner dans une ville où les odeurs sont en guerre, où certaines ne sont rien moins que caustiques? Les parfumeurs ne sont pas les seuls professionnels dont l'odorat doive survivre aux miasmes citadins. Les médecins se sont toujours fiés au leur, ainsi qu'à la vue, au toucher, à l'ouïe pour diagnostiquer une maladie, surtout aux époques de moindre technologie. On dit que le typhus sent la souris; le diabète, le sucre; la peste, la pomme mûre; la rougeole, les plumes fraîchement arrachées; la fièvre jaune, la boucherie; la néphrite, l'ammoniac[1].

Non seulement nous avons besoin de tous nos sens, mais il nous en faudrait davantage, il nous en faudrait de nouveaux. Au besoin, nous en créons, que nous utilisons comme prolongements de notre corps. Ainsi, les microscopes électroniques, les radio-télescopes, les balances atomiques. Chose que nous ne pouvons faire pour l'odorat. Si ce dernier est un vestige, c'est d'une époque de grande intensité, de besoin, d'instinct et de délire non moins grands — d'une époque où nous évoluions, en

1. Parmi les maladies étranges que l'on reconnaît à l'odeur, notons celle où l'urine sent le sirop d'érable et qui affecte les nourrissons. Les médecins ne savent pas d'où vient cette odeur. Une haleine qui sent l'acétone trahit souvent le diabète. « L'haleine menstruelle » (il y a des femmes qui se mettent à sentir l'oignon) résulte d'un changement dans les composés sulfureux du corps au cours du cycle menstruel.

protégés riches de promesses, parmi les cycles de la Nature. Nous n'avons pas vraiment besoin de l'odorat, si ce n'est pour goûter et pour pressentir le danger. Mais nous ne le laisserons pas disparaître. On ne nous en dépossédera pas. L'évolution ne cesse de vouloir nous l'arracher par la douceur, l'écarte pendant notre sommeil comme s'il s'agissait d'un animal empaillé, ou de notre couverture préférée. Nous nous y accrochons plus que jamais. Nous ne voulons pas être coupés des royaumes de la Nature qui survivent pour nous grâce à notre odorat. Les choses que nous sentons effectivement revêtent pour la plupart un caractère accidentel. Les fleurs sont parfumées, ont des couleurs vives pour jouer de leur séduction sexuelle ; les feuilles ont des défenses aromatiques contre les prédateurs. Nombre d'épices, dont nous attire le capiteux arôme, repoussent les insectes et les animaux. La machine de guerre d'une plante nous remplit d'aise. Comme on l'apprend vite dans la jungle amazonienne, les plantes ne sont pas des hamburgers. Ne pouvant se déplacer pour faire l'amour ou se défendre, les arbres ont fait preuve d'astuce, voire d'agressivité pour survivre. Il en est qui sécrètent des couches de strychnine ou d'autres substances toxiques juste au-dessous de leur écorce. D'autres sont carnivores. D'autres ont des fleurs garnies de complexes tamis pour toucher de leur pollen toute punaise, tout oiseau, et même toute chauve-souris qu'ont attirés, comme des sirènes, leurs couleurs et leurs parfums. Certaines orchidées parodient les organes reproducteurs d'une abeille ou d'un scarabée femelle afin d'inciter le mâle à un essai de copulation de manière qu'il soit recouvert de pollen. Une fois par an, aux Bahamas, le cactus *Selenicereus*, pantèle sous sa floraison. Les fleurs mènent leur sabbat sexuel et disparaissent au matin. Au cours des jours précédents, les cactus se couvrent d'énormes bourgeons. Puis, une nuit, vous voilà réveillé par une puissante odeur de vanille, et vous savez ce qui s'est passé. Dans la clarté lunaire, tout l'endroit est envahi de fleurs géantes. Par centaines, les sphinx se précipitent de l'une à l'autre. L'air résonne de l'aboiement des chiens. Le vrombissement des sphinx fait penser à quelqu'un qui feuilletterait un gros livre. L'enivrant nectar vanillé des fleurs s'évanouit avec l'aube, laissant les cactus rassasiés pour une année.

Autrefois, quand les parfums étaient presque aussi mystiques qu'ils étaient précieux, les explorateurs partaient à leur recherche pour leurs qualités curatives ou aphrodisiaques. C'est à cause de notre odorat que les langues se sont répandues, évoluant à la croisée des anciennes routes du négoce. Car poussé par le désir de trouver épices, parfums, herbes médicinales et talismans exotiques, on traversa les continents et les mers et, une fois rendu à destination, il fallait bien être à même de marchander et de tenir les livres. Je n'ai pas souvenance que l'on ait célébré l'odorat ou le goût au cours de notre bicentenaire en 1976. Pourtant, l'odyssée de Christophe Colomb, nous avons tendance à l'oublier, avait un but sensualiste aussi bien que capitaliste. Autant que le menaient le sens de l'aventure, ou l'impulsion de l'ego, l'obsession des épices et des parfums exotiques lui inspira, au début, de prendre la mer.

L'histoire du parfum commence en Mésopotamie où l'on offrait aux dieux de l'encens afin d'atténuer l'odeur de chair brûlée des animaux qu'on leur sacrifiait. On s'en servait aussi pour les exorcismes, pour la guérison des malades et après les rapports sexuels. L'étymologie latine du mot nous indique en quelque sorte le mode d'emploi : *per*, au moyen de + *fumar*, fumer. Remué sur un feu, l'encens emplissait le ciel d'une fumée magique, des volutes d'un autre monde, qui piquaient la narine comme si des esprits vociférants avaient planté leurs griffes dans le corps pour s'y frayer un chemin. La fumée odorante partit des choses de cette terre, mais se hissa rapidement vers le royaume des dieux. Au sommet de la célèbre tour de Babel, dont la forme rappelait les ziggourats et qui se rapprochait des dieux davantage que ne le pouvaient les mortels, les prêtres allumaient des monceaux d'encens. Etant donné la façon dont, au fil de l'Histoire, la mode et le luxe se sont transmis, on peut supposer qu'au début les parfums étaient réservés aux dieux, puis qu'ils furent consentis aux prêtres, puis aux chefs divins, puis aux chefs, puis aux auxiliaires, et ainsi jusqu'au dernier degré de l'échelle sociale. Les peuples de la préhistoire se parfumaient tout comme les peuples primitifs (et plus raffinés) d'aujourd'hui. Un ami anthropologue qui travaille avec les tribus indiennes de l'Amazonie me signale que, dans l'une d'elles, les femmes drapent autour de leurs hanches une sorte de jupe faite de sauge et que les hommes se frottent le dessous des bras avec une racine parfumée qui leur tient lieu de déodorant. La première civilisation dont il soit fait état pour son usage régulier, généreux et nuancé des parfums est celle de l'Egypte où les pratiques funéraires et l'embaumement, très élaborés, requéraient épices et onguents. On brûla des tonnes d'encens au cours de rites complexes. Les parfums devinrent une obsession nationale sous la reine Hatchepsout (du Nouvel Empire, qui dura de 1558 à 1085 avant notre ère). Cette reine, qui créa de grands jardins botaniques, faisait brûler de l'encens sur les terrasses qui menaient à ses temples. Les Egyptiens utilisaient à profusion le parfum et l'encens dans leurs cérémonies religieuses. Ils finirent par s'en servir tous les jours sur un plan personnel, surtout pendant l'âge d'or de leur pays. Ils s'enduisaient le corps de parfums pour se garder du mauvais œil, mais aussi à des fins thérapeutiques et en guise de lotions de beauté, car ils prisaient hautement une peau satinée et parfumée. Ils découvrirent l'enfleurage (qui consiste à presser des aromates dans un corps gras) et créèrent de merveilleux récipients de verre pour leurs potions, y compris le *millefiori* et d'autres styles que les verriers vénitiens devaient redécouvrir bien des siècles plus tard. Ils aimaient les rituels compliqués de la beauté, et l'art du maquillage les fascinait presque autant que nous. Pourrions-nous observer une dame de l'ancienne Egypte apprêtant son visage et sa coiffure pour un dîner, nous la verrions assise à sa coiffeuse sur laquelle seraient disposés des cuillers à parfum aux lignes élégantes dénotant une imagination très libre, des récipients pour les onguents, des flacons, des boîtes de fard à paupière. Un scarabée ou une fleur seraient peut-être tatoués sur son épaule – les Egyptiennes adoraient les tatouages. (Lorsque, dans les années 20, en ouvrant une tombe égyptienne, on découvrit que la momie était délicatement tatouée, lady Randolph Churchill et d'autres dames de la société décidèrent de se faire elles aussi tatouer des scarabées.) Pour assister à une fête, une dame de la société égyptienne portait un cône d'onguent sur le sommet de la tête ; la cire du cône fondait peu à peu, lui faisant couler, sur le visage et les épaules, un mince filet de sirop parfumé. Sans doute avait-elle l'impression que de petits scarabées roulaient sur sa peau de petites boules d'aromates. Sybarites ingénieux et propres, les Egyptiens étaient obsédés par l'hygiène. Ils inventèrent l'art somptueux du bain — art qui, selon l'humeur, pouvait restaurer les forces, exalter les sens ou les calmer, servir à des fins religieuses. Le bain était généralement suivi d'un massage avec des huiles parfumées pour détendre les muscles et les nerfs. C'est l'aromathérapie, technique d'abord utilisée pour l'embaumement des momies. Des chercheurs du Centre psychophysiologique de Yale étudient actuellement le rôle des odeurs pour supprimer la tension et accroître le dynamisme. Selon eux, l'odeur des pommes épicées peut diminuer la tension artérielle chez les personnes stressées et prévenir une attaque, tandis que la lavande peut secouer le métabolisme et rendre plus alerte. *The Chronicle of Higher Education* rend compte du résultat de tests exécutés à l'Université de Cincinnati : des parfums ajoutés à l'atmosphère d'une pièce peuvent augmenter le rendement d'une dactylo et l'efficacité du travail en général.

Sonesta Beach Spa, Bermudes. Je m'étire sur une table en face d'une fenêtre par laquelle me parvient le hourvari des vagues qui déferlent. Une ravissante jeune femme entre dans la petite pièce. Elle a les yeux bleus et porte une robe ceinturée de blanc. Elle débarque du Yorkshire et n'est pas dans l'île depuis assez longtemps pour être très bronzée : douze week-ends seulement de liberté. Son petit ami est dans la police maritime des Bermudes. Hier, ils sont allés à la Coupe de Cricket. Elle a hérité de son père des oignons entre les orteils, un petit nez symétrique qu'elle trouve trop grand et de blonds cheveux raides qu'elle trouve trop fins. Aujourd'hui, elle me demande de m'allonger sur le dos, puis me recouvre pudiquement de serviettes bleues, qu'elle réarrangera à mesure que le temps passera. Au cours des derniers jours, elle a suffisamment vu mon corps pour en connaître les défauts et les grâces. Seul, un amant pourrait le toucher plus souvent, ou avec plus de talent. Ma nudité ne nous dérange pas plus, désormais, que si nous étions deux vieux époux. Elle m'explique l'aromathérapie. Cette ancienne technique égyptienne tomba dans l'oubli pendant de nombreux siècles pour réapparaître au dix-huitième, lorsque la mode fut de nouveau aux aromates et aux herbes. Comme je recherche la détente plutôt que l'embaumement, ma masseuse mélangera lavande, néroli, santal en prenant pour base une huile d'amande douce et me massera de la tête aux pieds en se concentrant sur mon système lymphatique. Pas de douche après : les huiles demandent du temps pour pénétrer et apaiser. Elle commence avec les mollets, dessine des éventails qui roulent, s'épanouissent en cercles, paraissent errer, et revient toujours à son point de départ, puis change de direction et forme des arcs ou des ondes symétriques. Le parfum — musqué, lourd, moyen-oriental — semble rouler sur mon corps. Après les jambes, les fesses. Puis, le dos. Elle s'arrête pour appuyer à certains endroits des deux côtés de la colonne vertébrale. Elle patine sur les omoplates, tâte, caresse. L'effet du traitement, explique-t-elle tranquillement, vient en partie du flux d'énergie qui se crée entre les deux corps. Un nimbe de parfum s'élève autour de mon cou et l'enserre en une brume acide. Ses mains continuent de dessiner des figures circulaires où s'échauffent les huiles. Sans que je m'y sois attendue, mon esprit se met à voguer vers mon enfance, quand mon père nous emmenait en Floride pour de brèves vacances d'été. Le voyage en voiture depuis la banlieue de Chicago jusqu'à la Floride était long, et ma mère emportait une cargaison de sandwiches et de punch hawaïen aux fruits, un panier d'osier contenant nos jouets préférés, des illustrés récents et des livres éducatifs. Tout le voyage me revient en mémoire avec une surprenante précision. Je revois les « feuilles yup-yup » que les fées récoltaient dans l'une des BD, la mousse sur les arbres qui défilaient, ma mère qui aimait à chanter dans l'auto. Elle portait une robe grise ornée d'un motif de grandes roses mauves. Ses cheveux bruns et raides étaient coiffés à la Ava Gardner. Parfois, quand elle se taisait, l'index de sa main gauche bougeait d'une façon catégorique qui m'intriguait. J'étais trop jeune pour comprendre qu'elle soliloquait sans doute. Pourquoi ce souvenir? J'avais huit ans. Ma mère en avait trente quand elle m'a mise au monde. J'ai à présent l'âge qu'elle avait alors, et elle avait deux enfants. Le souvenir demeure en moi et m'emplit comme d'une bière épaisse et chaude. Puis, la masseuse m'emmaillote dans une couverture bleu pâle. Sur les murs bleu clair de la pièce, sont imprimés des milliers de chevrons bruns ; au-dessus de chacun, flottent des guillemets comme à la fin d'une phrase.

LES HÉRITIERS DE CLÉOPÂTRE

Maîtres ès aromates, les Egyptiens utilisaient le bois de cèdre de diverses façons : dans la momification, comme encens et pour protéger les papyrus contre l'assaut des insectes. La nef de Cléopâtre — à bord de laquelle elle reçut Marc-Antoine — était en cèdre, et les voiles en étaient parfumées ; des brûle-parfum entouraient son trône et, de la tête aux pieds, elle-même n'était que senteurs. Je reviens à elle ici parce qu'elle incarne la quintessence de la dévotion au parfum. Ses mains étaient enduites de *kyphi*, qui contenait de l'huile de rose, de crocus et de violette ; et ses pieds, d'*aegyptium*, lotion d'amande, de miel, de cannelle, de fleurs d'oranger et de henné. Les murs étaient transformés en de véritables volières de roses, que protégeaient des filets, et le parfum royal de sa présence la précédait, telle une carte de visite flottant dans l'air embaumé. Comme Shakespeare l'imagine, « Depuis la barge,/ Un étrange et invisible parfum émeut les sens/ Des quais voisins. » La grandeur de leurs thermes fit beaucoup pour la gloire des Romains — qui, en réalité, empruntèrent le goût du bain au sybaritisme égyptien.

Dans l'Antiquité, l'architecture elle-même recourait souvent à la science des arômes. Les potentats se faisaient construire des palais tout en cèdre, non seulement pour le doux parfum résineux de ce bois, mais aussi parce qu'il éloigne naturellement les insectes. Dans la salle Nanmu du palais d'été des empereurs mandchous, à Ch'eng-te, poutres et boiseries étaient de cèdre et vierges de laque comme de peinture, de manière que le parfum du bois pût se répandre dans l'air. Les bâtisseurs de mosquées mêlaient du musc et de l'eau de rose dans leurs mortiers afin que, sous la chaleur du soleil de midi, la fragrance émanât des lieux saints. Au huitième siècle avant notre ère, les portes du palais de Sargon II, dans la ville appelée aujourd'hui Khorsabad, étaient si chargées d'arômes que les visiteurs en étaient parfumés quand on leur ouvrait. Les barques des pharaons ainsi que leurs cercueils étaient en cèdre. Dans le temple de Diane, à Ephèse, l'une des sept merveilles du monde antique, les colonnes atteignaient dix-huit mètres de haut. Le temple dura deux cents ans, puis, en 356 avant Jésus-Christ, devint la proie des flammes. Incendie parfumé. Selon la légende, il brûla, de honte ou en offrande, à la naissance d'Alexandre.

Les mâles d'autrefois se parfumaient à l'excès. Ce qui, en quelque sorte, intensifiait leur présence et repoussait les limites de leurs territoires. Aux temps préhelléniques, en Crète, les athlètes s'enduisaient le corps d'huiles aromatiques avant les jeux. Aux alentours de 400 avant notre ère, les écrivains grecs recommandaient la menthe pour les bras, le thym pour les genoux, la cannelle, la rose, ou l'huile de palme pour les mâchoires et la poitrine, l'huile d'amande pour les mains et les pieds, et la marjolaine pour les cheveux et les sourcils. En Egypte, les hommes invités à un banquet recevaient avant d'entrer des guirlandes de fleurs et les parfums de leur choix. Le sol était jonché de pétales qui, sous le pied, dégageaient des odeurs suaves. Souvent, à ces festins, des statues lançaient des jets d'eau parfumée par divers orifices. Avant de se coucher, un homme pilait du parfum solidifié et en répandait la poudre huileuse sur sa couche de manière à en aspirer l'arôme pendant son sommeil. Homère décrit la courtoisie — obligatoire — qui consistait à offrir aux visiteurs un bain et des huiles. Grand amateur de parfums et d'encens, Alexandre le Grand aimait également le safran au point de faire tremper ses tuniques dans de l'essence de safran. A Babylone et en Syrie, les hommes arboraient d'épais maquillages et de lourds joyaux. Les boucles serrées de leur coiffure extrêmement élaborée étaient apprêtées avec des lotions parfumées. Dans l'ancienne Rome, la passion atteignit de tels sommets qu'hommes et femmes se baignaient dans le parfum, y plongeaient leurs vêtements et parfumaient leurs chevaux et leurs animaux familiers. Avant le combat, les gladiateurs s'enduisaient entièrement de lotions parfumées — une pour chaque partie du corps. Et comme les autres Romains, hommes et femmes, ils se décoloraient les cheveux avec de la fiente de pigeon. Dans ce qui leur tenait lieu de vestiaire, avant d'affronter un lion, un crocodile ou un homme, et que le sang ne coulât, peut-être parlaient-ils avec rudesse, mais de leurs mains ils appliquaient des parfums délicats. A l'instar des hommes, les Romaines parfumaient diversement les différentes parties de leur corps, et je les imagine volontiers supputant si des pieds frottés de santal et des seins embaumant le jasmin allaient avec un cou touché de néroli et des cuisses imprégnées de lavande. Avec le christianisme, s'ouvrit une ère spartiate de pudeur, de crainte, de refus de la complaisance. Et les hommes cessèrent de se parfumer. (Cependant, un symbolisme religieux s'attacha à certaines fleurs et à leur parfum. Ainsi l'œillet fut-il en faveur parce que son arôme rappelle celui des clous de girofle, et que les clous de girofle rappellent eux-mêmes, par leur forme, les clous de la crucifixion du Christ.) Comme l'a écrit John Trueman dans *The Romantic Story of Scent* (« Le roman du parfum ») : « Les hommes de l'Antiquité se lavaient et se parfumaient. Les Européens de l'Age des Ténèbres ne se lavaient ni ne se parfumaient. Ceux du Moyen Age et des Temps modernes jusqu'à la fin, environ, du dix-septième siècle, étaient sales et parfumés... Ceux du dix-neuvième se lavaient, mais ne se parfumaient pas. » Toutefois, les hommes s'éloignèrent rarement des odeurs désirables. Retour de leurs équipées, les croisés utilisaient de l'eau de rose. Louis XIV avait toute une armée de domestiques commis à la seule tâche de parfumer ses appartements avec de l'eau de rose et de la marjolaine, de faire bouillir ses chemises et autres vêtements dans un mélange de clous de girofle, de noix muscade, d'aloès, de jasmin, d'eau de fleurs d'oranger et de musc. Il tenait à ce qu'un nouveau parfum fût créé chaque jour à son usage. A « la cour parfumée » de Louis XV, les serviteurs plongeaient des colombes dans différents parfums et les lâchaient lors du dîner, en sorte qu'elles tissaient une tapisserie d'arômes en volant autour des convives. Les Puritains rejetèrent les parfums, mais les hommes y revinrent assez vite.

Au dix-huitième siècle, la toilette d'une femme exigeait de longs préparatifs et un odorat des plus fins : cheveux couverts d'une poudre odorante et maquillage parfumé ; atours parfumés et serrés dans une penderie aromatisée ; corps généreusement enduit d'essences, boules de coton imbibées d'eau de Cologne et glissées dans le corsage. Sur ses tables, des pots-pourris dans des porcelaines de Chine. (Le mot « porcelaine » a une histoire fascinante qui, en passant par les coquillages appelés cauris, nous renvoie à l'appareil génital de la femelle du *porc* — dont la texture satinée peut faire penser à la *porcelaine*.) A midi, nouveau déploiement d'arômes tout aussi envahissant. Et encore une fois le soir. La passion de Napoléon pour le luxe englobait son eau de Cologne préférée, faite de néroli et d'autres ingrédients, dont il commanda cent vingt-six bouteilles à Chardin, son parfumeur, en 1810. Après son bain, il aimait s'inonder d'eau de Cologne : dans le cou, sur la poitrine et dans le dos. Même pendant ses campagnes les plus dures, sous sa tente richement décorée, il prenait le temps de choisir lotions parfumées à la rose ou à la violette, gants et parure. Pendant les guerres napoléoniennes, les capitaines britanniques continuèrent d'envoyer à l'impératrice Joséphine des roses destinées à ses jardins de la Malmaison (où l'on en cultivait deux cent cinquante variétés). Des courriers anglais porteurs de nouvelles variétés étaient munis de laissez-passer leur permettant de circuler. Elisabeth Ire, qui raffolait des gants fleurant l'ambre gris, ne se contentait pas de porter des robes parfumées : elle voulait que ses courtisans fussent eux aussi inondés de senteurs. Ainsi pouvaient-ils l'entourer d'une atmosphère suave lorsqu'ils se déplaçaient. Protectrice des arts, Elisabeth fut seule responsable de la gloire du théâtre élisabéthain et du bien-être de nombreux écrivains, dont Shakespeare ; elle adorait figurer le centre de la vie des arts et des sens. Elle appréciait tout particulièrement sir Walter Raleigh et donc aussi, sans doute, l'eau de Cologne à la fraise dont il était friand. Les animaux familiers d'Elisabeth étaient parfumés. Elle-même portait une pomme de senteur (une pomme roulée dans la cannelle et piquée de clous de girofle sur toute sa surface) pour éloigner la peste.

Cette obsession des parfums n'est pas nouvelle. Le premier présent offert à l'enfant Jésus fut de l'encens et, au onzième siècle, Edouard le Confesseur fit don à l'abbaye de Westminster d'une relique sacrée inimaginablement incorruptible – un peu de l'encens apporté par les Mages. En Inde, l'art de l'*abhyanga*, substance musquée émise par les éléphants femelles pour attirer les mâles, est encore en vigueur. Dans les anciennes cours du Japon, les pendules brûlaient un encens différent tous les quarts d'heure, et l'on payait les geishas en fonction du nombre de bâtonnets consumés. Les parfums ont hanté toutes les cultures et toutes les religions. Mais c'est probablement dans le Coran que se trouve la promesse la plus merveilleuse. Ceux qui ont assez de religion pour aller au ciel y auront des compagnes de volupté appelées houris (de l'arabe *haurâ'*, femme aux yeux sombres) qui se plieront à tous leurs caprices et inventeront de nouveaux désirs, qu'elles satisferont. Délice suprême, elles ne seront pas seulement parfumées. Selon le Coran, elles sont entièrement faites de bois de santal. Elles sont pure senteur et pur plaisir. D'une certaine manière, les houris nous renvoient à cette époque d'avant la vue, où l'odorat était notre seul guide dans le clair-obscur des corridors de l'évolution.

LE TOUCHER

Il est des mains excessivement chaudes, qui cherchent sans cesse à se rafraîchir et se posent comme malgré elles sur n'importe quoi de froid, s'étalent et laissent passer l'air entre leurs doigts. Dans ces mains-là, le sang pouvait s'élancer, tout comme il monte à la tête, et de fait quand on les empoignait elles étaient pareilles à des cerveaux fous, enfiévrés de lubies.

RAINER MARIA RILKE,
Les Cahiers de Malte Laurids Brigge

LA CAPSULE SENSITIVE

Notre corps est une espèce de combinaison spatiale où nous nous mouvons dans une atmosphère de gaz difficilement supportables, de rayons cosmiques, de radiations solaires et d'obstacles de toutes sortes. J'ai lu, il y a bien des années, l'histoire d'un petit garçon condamné à vivre dans une capsule (dessinée par la NASA) en raison de la faiblesse de son système immunitaire et de sa vulnérabilité aux maladies. Nous sommes tous ce petit garçon. Sa capsule est notre peau. Mais la peau est également vivante. Elle respire, excrète, nous protège contre les rayons nocifs et l'assaut des microbes, produit la vitamine D, nous isole de la chaleur et du froid, se répare, si nécessaire, règle la circulation sanguine, sert de cadre à notre sens du toucher, nous seconde dans l'attirance sexuelle, définit notre individualité, maintient en place toutes les épaisses confitures et gelées rouges qui sont en nous. Nous ne nous contentons pas d'avoir des empreintes digitales uniques, il n'est jusqu'aux pores de notre peau qui ne soient également uniques. Selon la croyance catholique, il existe une crypte où se trouverait une relique secrète : le prépuce du Christ. Puisqu'il est monté aux cieux, son prépuce est la seule part mortelle de son être qui demeure ici-bas. Nous aimons à décorer notre peau dès que l'occasion s'en présente, ce que facilitent certaines de ses caractéristiques : elle constitue un bon support, elle se lave, elle se jette au cours de la mue. Décrivant la peau dans *Science Digest* (septembre 1985), le psychiatre David Hellerstein en offre une image simple et commode :

Fondamentalement, la peau est une membrane composée de

> deux couches superposées. La couche inférieure, épaisse et spongieuse, ou derme, mesure d'un à deux millimètres d'épaisseur ; c'est essentiellement un tissu conjonctif, riche en collagène ; elle protège et rembourre le corps, abrite les follicules pilo-sébacés, les terminaisons nerveuses, les glandes sudoripares, les vaisseaux sanguins et lymphatiques. La couche supérieure, ou épiderme, est d'une épaisseur qui varie entre 0,07 et 0,12 mm. Elle se compose surtout de cellules squameuses, ou écailleuses, ou épithéliales, dont la vie commence à la frontière du derme. Elles sont alors rondes et replètes. Mais après une période qui s'étend de quinze à trente jours, elles sont poussées vers le haut, vers la surface, par de nouvelles cellules produites au-dessous. A mesure qu'elles s'élèvent, elles s'aplatissent, tels des fantômes sans vie, s'emplissent d'une protéine appelée kératine et atteignent finalement la surface pour être rejetées dans l'oubli.

Notre peau est ce qui nous sépare du monde. Que l'on y pense seulement : rien, en nous, n'est en contact avec autre chose que nous, si ce n'est notre peau. Sans doute nous emprisonne-t-elle, mais elle nous donne aussi notre forme individuelle, nous protège des envahisseurs, nous rafraîchit ou nous réchauffe selon nos besoins, produit la vitamine D, retient nos fluides physiologiques. Le plus surprenant, peut-être, est sa capacité de se reconstituer si besoin est et de se renouveler constamment. Elle pèse en tout de trois à cinq kilos. C'est le plus grand des organes corporels et la pierre de touche de l'attirance sexuelle. La diversité de ses aspects est des plus étonnantes : griffes, épines dorsales, sabots, plumes, écailles, poils. Elle est étanche, lavable, élastique. Bien qu'elle puisse se distendre, tomber, former des rouleaux avec l'âge, elle est à l'épreuve du temps. Pour la plupart des civilisations, c'est la toile idéale pour les peintures et le tatouage, et un fond merveilleux pour les bijoux. Mais avant tout, c'est en elle que réside le sens du toucher.

Le bout des doigts et la langue sont beaucoup plus sensibles que le dos. Certaines parties du corps sont chatouilleuses ; d'autres réagissent à la démangeaison, au frisson, ou à la chair de poule. Les régions les plus pileuses du corps sont en général les plus sensibles à la pression, chaque poil ayant à sa racine de nombreux récepteurs sensoriels. Chez les animaux, de la souris au lion, la moustache est extraordinairement sensible.

Nos poils aussi sont sensibles, mais à un moindre degré. La peau est également plus fine dans les régions pileuses. La sensation ne se produit pas dans la couche supérieure de la peau, mais dans la seconde. La couche supérieure est morte, se rejette aisément et contribue au cerne gris de nos baignoires. Si l'on montre parfois les perceurs de coffres-forts se passant le bout des doigts au papier de verre, c'est qu'ils affinent la couche supérieure de la peau de manière que les récepteurs tactiles viennent davantage à la surface. Un charpentier qui vient de raboter une planche peut passer le pouce dessus pour vérifier si elle est bien lisse. Pour en éprouver la consistance, un cuisinier peut rouler un peu de pâte entre son pouce et son index. Sans avoir à regarder, nous savons tout de suite si nous nous sommes coupés en nous rasant, ou si un de nos bas a commencé de filer. Il est parfaitement possible de se sentir mouillé sans l'être (ainsi quand nous faisons la vaisselle avec des gants de caoutchouc), ce qui indique la complexité des sensations qui constituent le toucher. S'il nous est plus facile de nous mouiller d'abord les pieds quand nous bravons un océan glacial, c'est que, dans les pieds, les récepteurs du froid sont moins nombreux que, par exemple, au bout du nez.

Au Moyen Age, les prétendues sorcières et tous ceux qui vivaient en marge de la loi, de la religion, ou des conventions, montaient sur le bûcher. Horreur ultime où étaient figurés le soufre et les flammes de l'enfer. La mort se propageait de cellule en cellule, de récepteur en récepteur. La moindre des sensations était détruite par le feu. Aujourd'hui, ceux qui ont survécu à des brûlures accidentelles sont admis dans les grands hôpitaux pour y être soignés. Si leurs brûlures sont trop profondes pour que le corps se reconstitue de lui-même, on les recouvre provisoirement de peau prélevée sur des cadavres ou des cochons, ou de gaze lubrifiée, en attendant que les médecins puissent commencer de greffer de la peau prise sur d'autres parties du corps. Notre peau représente en poids 16 % de notre corps et couvre plus d'1,60 m². Mais si une trop grande quantité en est brûlée, il ne reste plus assez de peau pour pratiquer des greffes.

En 1983, à la Harvard Medical School, une équipe dirigée par le Dr Howard Green fit une découverte révolutionnaire pour reconstituer la peau des brûlés. Deux petits garçons, Jamie et Glen Selby, enlevaient de la peinture de leurs corps — ils étaient tout nus —, lorsque le dissolvant prit feu. Agés de cinq et six ans, les deux enfants furent atrocement brûlés : l'un sur plus de 97 % de son corps, l'autre sur 98 %. Au Shriners Burn Institute de Boston, les médecins recouvrirent les petits corps de peau prélevée sur des cadavres ainsi que de membrane artificielle. Ils prélevèrent parallèlement de petits morceaux de peau sur les aisselles des deux enfants et les cultivèrent jusqu'à obtenir de grandes plaques de peau, qu'ils greffèrent progressivement au cours d'une période de cinq mois. Ils purent ainsi reconstituer la moitié des zones brûlées sur le corps des deux petits garçons. Un peu plus d'un an après, ceux-ci rentrèrent chez eux, à Casper, Wyoming. La peau des enfants n'avait peut-être ni glandes sudoripares, ni follicules pilo-sébacés, mais elle était souple et les protégeait. Ils purent retourner à l'école. Les médecins avaient su cultiver de grandes quantités de nouvelle peau.

Voici comment : dans un laboratoire de Harvard, les médecins découpent un petit morceau de peau donné par un patient, le traitent aux enzymes, puis l'étendent délicatement sur un milieu de culture. Au bout de dix jours seulement, des colonies de cellules de la peau commencent à se rassembler et à former de véritables feuilles, que l'on peut tailler et utiliser pour en fabriquer de nouvelles. Il est possible de fabriquer ainsi suffisamment de peau en vingt-quatre jours pour couvrir un corps humain. La nouvelle peau est attachée à de la gaze imprégnée de vaseline, puis cousue au corps, la gaze étant, bien entendu, tournée vers l'extérieur. Quelque dix jours plus tard, on enlève la gaze, et la peau se développe, beaucoup plus lisse et d'un aspect beaucoup plus naturel que celle, assez rugueuse, des greffes habituelles. Pour révolutionnaire que soit cette culture dermatologique, il est d'autres méthodes tout aussi fascinantes. Au Cornell Medical Center du New York Hospital, les médecins ont réalisé des expériences avec la peau des cadavres. Ils en cultivent de grandes quantités, qu'ils emmagasinent dans une banque de la peau. Au MIT, les chercheurs ont mis au point une technique ultra-rapide : à partir d'un morceau de peau de la taille d'une pièce de monnaie, prélevé sur un brûlé, ils sont à même de fabriquer une grande quantité de peau en moins de deux heures. On peut pratiquer une greffe sur-le-champ au lieu de faire attendre le patient pendant trois semaines. En deux semaines, le brûlé aura une nouvelle peau. Là encore, la peau sera dépourvue de follicules pilo-sébacés, de glandes sudoripares et de pigment, mais elle remplira son rôle protecteur et fonctionnera comme une peau normale. De telles techniques ne valent pas pour les brûlures mineures, ni même pour les brûlures graves, mais peu étendues. Elles sont réservées aux patients grièvement brûlés et sur trop d'endroits pour que l'on puisse leur prélever de la peau en vue d'une greffe. Aucune de ces techniques n'est à l'abri du risque (retard, rejet, infection possible), mais que l'on puisse cultiver un organe, et en réalité le plus grand, laisse rêveur. On se demande s'il n'est pas possible de cultiver d'autres organes, du moins en partie — les yeux, les oreilles, le cœur — dans une ferme où les champs seraient des cuvettes, et les silos des tubes à essai.

LE LANGAGE DU TOUCHER

Le langage baigne dans les images du toucher. Nous appelons nos émotions des sensations ou des sentiments, et ce qui nous intéresse le plus est également ce qui nous « touche » le plus. Un problème peut être épineux, nous mettre dans la poisse, ou bien il nous faut prendre des gants avec ceux qui nous le posent. Les personnes chatouilleuses, surtout quand elles sont grossières, nous tapent sur les nerfs. *Noli me tangere*, la formule latine légale pour « Ne vous mêlez pas de ça », se traduit littéralement par « Ne me touchez pas », et c'est ce qu'après sa résurrection le Christ dit à Marie-Madeleine. Mais c'est également une façon de désigner le lupus, sans doute à cause des ulcérations de la peau qui, caractéristiques de cette maladie, défigurent ceux qui en sont atteints. En musique, une toccata est un morceau de style libre pour orgue ou tout autre instrument à clavier. A l'origine, le morceau devait mettre en valeur la technique du toucher. Le mot vient du participe passé de *toccare*, toucher. Les professeurs de musique reprochent volontiers à leurs élèves de ne pas avoir de toucher, de manquer d'une certaine délicatesse indéfinissable dans l'exécution d'une pièce musicale. En escrime, *touché* signifie que l'on a été touché par le fleuret de l'adversaire et que l'on s'avoue vaincu ; mais, bien entendu, nous pouvons aussi le dire quand nous estimons qu'un adversaire a marqué un point dans une discussion. Une pierre de touche est une norme établie. Les pierres de touche furent d'abord des pierres dures de couleur noire, comme le jaspe ou le basalte, que l'on utilisait pour tester la qualité de l'or ou de l'argent à partir des stries qu'ils y laissaient et que l'on comparait à celles d'un alliage. « La pierre de touche d'un art est sa précision », dit un jour Ezra Pound. D.H. Lawrence emploie le mot toucher non dans un sens épidermique, mais dans celui d'une pénétration dans les plus intimes profondeurs de l'être. La danse, pour les couples du vingtième siècle, se résume si souvent à des girations solitaires et simultanées, que lorsque l'on revint, il y a quelques années, à des danses enlacées, il fallut trouver un mot : « touch dancing ». En anglais, l'expression *touch ang go* — qui se traduit en français par « à deux doigts de » — évoque l'idée d'une crise, ou d'une situation précaire. Nous oublions que l'expression remonte au temps des attelages, quand les roues de deux voitures se frottaient sans s'accrocher. Aujourd'hui, nous parlerions de l'embardée de deux autos entrechoquant leurs pare-chocs. Ce qui nous semble réel, nous le disons « tangible », comme s'il s'agissait d'un fruit dont nous pourrions toucher la peau. A notre mort, les nôtres nous emmaillotent dans des cercueils capitonnés, nous transformant à nouveau en petits bébés, couchés dans les bras de notre mère, avant de réintégrer la matrice de la terre, rituellement non nés. Comme l'écrit Frederick Sachs dans *The Sciences* (« Les sciences ») : « S'il est le premier sens à s'enflammer, le toucher est aussi le dernier à s'éteindre. Longtemps après que nos yeux nous ont trahis, nos mains demeurent fidèles au monde. »

PREMIERS CONTACTS

Je ne suis certes pas un gros monsieur d'âge mûr qui n'a rien d'autre à faire, et pourtant me voilà en train de masser un bébé minuscule dans un hôpital de Miami. Il n'est pas rare que les hommes à la retraite offrent leur aide aux services des prématurés, alors que l'heure tardive impose à d'autres personnes de s'occuper de leur famille, ou qu'elles dorment pour récupérer avant une nouvelle journée de travail qui les occupera de neuf heures du matin à cinq heures de l'après-midi. Les bébés ne se préoccupent pas du sexe de ceux qui les dorlotent et les câlinent. Ils absorbent cette manne qui tombe dans l'incertitude de leur désert. Les bras de ce bébé sont mous comme du vinyle. Encore trop faible pour se retourner tout seul, il peut néanmoins gigoter suffisamment pour que les infirmières aient dû disposer dans son lit de petits traversins qui l'empêchent de s'empêtrer dans un coin. Son torse semble aussi petit qu'un jeu de cartes. Comment imaginer que ce bébé couché sur le ventre disputera un jour un match de basket pendant les Olympiades, ou qu'il aura des enfants qu'il élèvera, ou qu'il deviendra soudeur, ou retiendra une place à bord d'un avion pour le Japon où il assistera à une réunion d'entreprises ? Cette petite vie avec une grosse tête, cette petite forme dont, comme autant de rivières, saillent les veines, a l'air si fragile, si éphémère. Dans sa couveuse, ou « isolette » comme on l'appelle, soulignant ainsi l'isolement où sa vie est maintenue, le bébé porte tout un plumage de fils — d'électrodes destinées à retracer ses progrès et, s'il le faut, à donner l'alarme. Soigneusement lavées, désinfectées, réchauffées, mes mains s'enfoncent dans les trous de la couveuse. Le besoin de protéger les habite. Je touche le bébé avec l'impression de pénétrer à l'intérieur d'une chrysalide. Tout d'abord, je lui caresse très lentement la tête, le visage, six fois dix secondes, puis le cou et les épaules six fois. Mes mains glissent le long de son dos, qu'elles massent six fois en longues vagues, puis elles caressent six fois ses bras et ses jambes. Le contact ne doit pas être trop léger — il le chatouillerait —, ni appuyé — il le tendrait —, mais ferme et régulier, comme quand on lisse un pli formé dans une étoffe un peu lourde. Sur un moniteur voisin, deux tracés turquoise : l'électrocardiogramme et l'onde respiratoire hachurent l'écran lumineux, l'un est bref et en dents de scie, l'autre bondit très haut et plonge très bas dans sa danse improvisée. Le cœur du bébé bat à 153, ce qui représente pour moi un maximum dans un entraînement rigoureux d'aérobic, mais le cœur des bébés bat beaucoup plus vite que celui des adultes. Nous le retournons sur le dos et, bien qu'il soit endormi, il grimace de déplaisir. En moins d'une minute, il nous fait assister à toute une parade d'expressions. Le sémaphore des sourcils, le code des plis du front, le caoutchouc éloquent de la bouche et du menton les rendent parfaitement compréhensibles : voici l'irritation, le calme, l'étonnement, le bonheur, la rage... Puis, le visage se détend, et ses paupières clignotent. Il sombre dans un sommeil profond. Certaines infirmières parlent des prématurés comme de fœtus dormant, à l'extérieur, du sommeil de la matrice. A quoi rêve un fœtus ? Je le bouge doucement — mini-exercice qui consiste à lui étendre les bras et à les replier, à lui ouvrir les jambes et à lui ramener les genoux sur la poitrine. Tout cela, paisible, mais vif, paraît lui faire plaisir. Nous le mettons de nouveau sur le ventre, et je recommence de lui caresser la tête et les épaules. C'est la première des trois séances quotidiennes où il doit être touché — il peut sembler cruel d'interrompre son sommeil quasi comateux, mais en réalité le seul fait de le caresser lui donne la vie.

Les bébés que l'on masse grossissent plus vite que ceux que l'on ne masse pas. Ils sont plus actifs, plus alertes, plus réceptifs, perçoivent mieux leur environnement, supportent mieux le bruit, s'orientent plus rapidement et maîtrisent plus facilement leurs émotions. « Il y a moins de chances de les entendre pleurer pour les voir s'endormir un instant après, comme l'expliquait un psychologue dans le compte rendu détaillé d'une expérience paru dans *Science News* en 1985. Ils sont davantage capables de se calmer et de se consoler spontanément. » Lors d'un examen qui eut lieu huit mois plus tard, on constata que, d'une manière générale, les prématurés s'étaient mieux développés : la tête était plus grosse, et ils avaient, physiquement, moins de problèmes. En Californie, certains médecins ont même installé les prématurés sur de petits matelas d'eau qui oscillent doucement. Résultat : des nourrissons moins irritables, qui dorment mieux et suffoquent moins. Les petits que l'on avait caressés au cours de ces études pleuraient moins, avaient meilleur caractère et, de ce fait, séduisaient davantage leurs parents — ce qui est d'autant plus important que 7 % des prématurés comptent au nombre des enfants victimes de mauvais traitements parentaux. Car on maltraite plus souvent un enfant difficile. Et ceux que l'on n'a pas caressés dans leur enfance ne sont pas caressants, adultes, si bien que l'on n'en sort pas.

Un article paru en 1988 dans le *New York Times* attirait l'attention sur le rôle du toucher dans le développement des enfants et sur « le retard psychologique et physique des nourrissons privés de contact physique, alors même qu'on les nourrissait et qu'on s'occupait d'eux », relevé par un chercheur travaillant sur des primates et par d'autres s'occupant d'orphelins de la Seconde Guerre. « Les prématurés que l'on massait trois fois par jour pendant un quart d'heure grossissaient une fois et demie plus vite que ceux qu'on laissait seuls dans leurs couveuses... chez les enfants que l'on massait, le système nerveux se développait manifestement plus vite : ils devenaient plus actifs... et réagissaient davantage devant un visage ou un hochet... les nourrissons que l'on massait pouvaient quitter l'hôpital en moyenne six jours plus tôt que les autres. » Huit mois plus tard, ils l'emportaient également sur les autres lors des examens de capacité mentale et motrice.

A la Faculté de médecine de Miami, le Dr Tiffany Field, spécialiste de la psychologie infantile, a étudié un groupe de bébés admis dans le service de réanimation de son hôpital pour des raisons diverses. Comme le nombre annuel des naissances dans cet hôpital est de treize à quinze mille, elle n'est jamais à court de bébés pour ses études. On donne à certains de la caféine pour pallier des problèmes cardiaques, comme un pouls trop lent, ou l'arrêt du souffle ; celui-là est hydrocéphale ; ces autres, nés de mères diabétiques, sont l'objet de toutes les vigilances. Une jeune mère est assise sur une chaise de cuisine peinte en noir près d'une isolette où elle glisse une main. Elle caresse doucement son bébé, lui murmure à l'oreille des petits riens maternels. Dans une autre couveuse, un bébé — une fille — en nuisette blanche ornée de cœurs roses pousse des hurlements dignes d'un dessin animé et dont le tracé tourmenté se lit sur l'écran de contrôle. A l'autre bout de la pièce, un médecin tranquillement assis auprès d'un prématuré tient un double clamp de plastique contre les narines de celui-ci pour lui apprendre à respirer. Plus loin, une infirmière retourne un bébé, encore une petite fille, sur le ventre et commence un « stim », comme on appelle ici le massage. On emploie indifféremment cette abréviation du mot stimulation comme nom et comme verbe. Qu'ils semblent vieux, les visages des prématurés ! Ils changent d'expression tout au long de leur sommeil, semblent répéter le spectacle de leurs futures émotions. L'infirmière suit ponctuellement le programme de son massage, caressant d'endroit en endroit six fois dix secondes le corps du prématuré. La stimulation n'a pas modifié le cours du sommeil du bébé, qui, cependant, prend trente grammes par jour et pourra bientôt rentrer à la maison, près d'une semaine avant la date prévue. « Il n'y a rien que l'on ajoute aux bébés, explique Field. Et pourtant, ils deviennent plus actifs, grossissent plus rapidement et deviennent plus capables. C'est étonnant de voir tout ce que l'on peut communiquer par de simples attouchements. Pour tous les autres sens, il y a un organe centralisateur, mais le toucher, lui, est partout. »

Saul Schanberg, neurologue qui fait des expériences sur les rats à l'Université de Duke, a constaté que, si la mère rat lèche et bichonne ses petits, ceux-ci subissent des changements au niveau chimique. Si le petit était séparé de sa mère, les hormones qui agissent sur la croissance diminuaient. L'ODC (l'enzyme « maintenant » qui signale le moment où certains échanges chimiques doivent commencer) régressait dans toutes les cellules du corps. Et la synthèse des protéines faiblissait. La croissance ne reprenait qu'une fois le petit rendu à sa mère. Lorsque les expérimentateurs voulurent enrayer les effets négatifs cités plus haut sans la présence de la mère, ils découvrirent que les caresses n'y faisaient rien, à moins d'être râpeuses et pour cela effectuées avec un pinceau qui imitait la langue de la mère ; après quoi, le petit pouvait se développer normalement.

Rendus à leurs mères ou caressés avec des pinceaux par les expérimentateurs, les rats étaient d'une sensibilité excessive, avaient un immense besoin de contacts (beaucoup plus que la normale) pour réagir de la manière habituelle.

Schanberg commença ses études sur le comportement des rats à la suite de ses recherches en pédiatrie. Il s'intéressait surtout au nanisme psychosocial. Certains enfants qui vivent dans des foyers où les émotions sont saccagées cessent purement et simplement de grandir. Schanberg constata que même des injections d'hormones liées à la croissance ne pouvaient encourager le corps attardé de tels enfants à se remettre à grandir, mais qu'un déploiement d'amour y parvenait. L'affection que leur dispensaient les infirmières des hôpitaux où on les admettait suffisait souvent à les remettre sur le bon chemin. Ce qu'il y a de surprenant, c'est que le processus est réversible. Ses expériences sur les bébés rats produisant des résultats analogues, Schanberg commença de penser aux prématurés humains, êtres isolés par excellence, puisqu'ils passent le début de leur vie sans contact, ou presque, avec le monde. Pour survivre, les animaux ont besoin d'être près de leurs mères. Si l'on supprime le contact maternel (pendant ne serait-ce que trois quarts d'heure chez les rats), le petit perd l'appétit, ne cherche pas à vivre tant que sa mère ne lui est pas rendue. Rien à craindre, si la mère ne disparaît qu'un moment, mais si elle ne revient jamais le ralentissement du métabolisme aboutit à un arrêt de la croissance. Le contact rassure le petit : il se sent en sécurité. Il semble que le contact donne une sorte de feu vert au corps pour qu'il se développe normalement. De nombreuses expériences menées à travers le pays ont montré que les bébés que l'on avait portés dans ses bras devenaient beaucoup plus vifs et disposaient par la suite de meilleures facultés cognitives. Cela ressemble un peu à la stratégie que l'on adopte sur un navire en perdition. D'abord, vous prenez place à bord d'un canot de sauvetage et vous appelez à l'aide. Les petits animaux poussent des cris perçants pour appeler leurs mères. Puis, vous installez vos réserves d'eau douce et de nourriture et vous essayez de préserver votre énergie en vous épargnant les activités qui en réclament beaucoup — ainsi la croissance.

A la Faculté de médecine du Colorado, des chercheurs menèrent sur des singes une expérience de la séparation au cours de laquelle ils enlevèrent la mère. Le petit se sentit perdu, il ne savait apparemment plus où il en était, affichait des signes de dépression. Ce n'est que lorsque sa mère lui fut restituée et qu'elle l'eut tenu contre elle pendant plusieurs jours qu'il put se remettre. Au cours de leur séparation, des changements étaient intervenus dans le rythme cardiaque, la température du corps, les ondes cérébrales, le sommeil et le système immunitaire. Un contrôle électronique des nourrissons abandonnés à eux-mêmes indiqua que le manque de contacts physiques engendrait des troubles physiques et psychologiques. Mais lorsqu'on leur rendait leurs mères, seuls les troubles psychologiques semblaient disparaître ; le comportement des petits redevenait normal, mais la détresse physique demeurait : disposition aux maladies, etc. L'expérience tend donc à prouver, entre autres choses, que les dégâts sont irréversibles et que le manque de contact avec la mère peut causer des dommages durables.

Une autre étude sur la séparation chez les singes eut lieu à l'Université du Wisconsin, où des chercheurs séparèrent un petit de sa mère par un écran de verre. Ils pouvaient toujours se voir, s'entendre, se sentir. Seul, manquait le contact — ce qui créa un vide si grave que le bébé ne cessait de crier et qu'il s'agitait frénétiquement. Dans un autre groupe, l'écran de verre était percé de trous par lesquels la mère et son petit pouvaient se toucher l'un l'autre, stratagème apparemment suffisant puisque, à chaque fois que l'expérience fut répétée, les petits ne présentèrent pas ultérieurement de graves problèmes de comportement. Une fois adolescents, les petits qui avaient subi ce bref isolement s'accrochaient maladivement les uns aux autres au lieu de devenir indépendants et d'avoir confiance en eux-mêmes. Lorsque l'isolement durait plus longtemps, ils s'évitaient mutuellement et devenaient agressifs si on les confrontait — solitaires brutaux incapables d'établir de bonnes relations.

Lors d'expériences que des chercheurs de l'Université de l'Illinois firent sur des primates, on constata qu'un manque de contact entraînait des troubles cérébraux. Les chercheurs proposèrent trois situations : 1) l'attouchement n'était pas possible, mais toutes les autres formes de contact l'étaient, 2) quatre heures par jour, on enlevait l'écran de verre pour laisser les singes entrer en contact les uns avec les autres, 3) l'isolement complet. L'autopsie du cervelet montra que les singes que l'on avait totalement isolés avaient subi des désordres cérébraux. De même pour les animaux partiellement séparés. Seuls, en avaient été protégés ceux qui n'avaient pas servi de cobayes. Cela peut sembler choquant, mais il suffit que le contact physique ait tant soit peu manqué pour que le cerveau soit endommagé, comme l'indiquait souvent le comportement aberrant des singes.

Tout en réarrangeant le prématuré dans sa maison de verre, je remarque sur les murs des dessins aux couleurs vives : des clowns, un manège, des tentes, des ballons et une bannière qui dit « Roue de la fortune ». Je me rappelle les paroles de Saul Schanberg : « Le toucher est de loin le plus essentiel de tous nos sens. » C'était à Key Biscayne, lors de la conférence extraordinaire sur le toucher organisée par Johnson & Johnson au printemps 1989. Pendant trois jours, neurophysiologistes, pédiatres, anthropologues, sociologues, psychologues, etc. échangèrent leurs idées sur la manière dont le toucher ou son absence affectent le mental et le corps. Pour bien des raisons, le toucher n'est pas un sujet d'études facile. A tous les autres sens, correspond un organe clef que l'on peut étudier. Dans le cas du toucher, cet organe est la peau, qui s'étend sur tout le corps. Chaque sens dispose d'un centre à partir duquel on peut faire des recherches. Mais le toucher n'en a pas. Le toucher est un système sensoriel dont il est malaisé d'isoler ou d'éliminer l'influence. Les hommes de science peuvent étudier la cécité accidentelle pour en savoir plus long sur la vue, ou bien la surdité ou l'anosmie accidentelles pour mieux comprendre l'ouïe ou l'odorat. Mais ils ne sauraient guère recourir à un tel procédé pour étudier le toucher. Ils ne peuvent pas davantage tenter d'expériences sur ceux qui sont nés privés de ce sens, alors qu'ils le font souvent avec des sourds ou des aveugles de naissance. Le toucher est un sens aux fonctions et aux qualités uniques. Mais il ne s'en combine pas moins avec les autres sens. Le toucher affecte tout l'organisme, ainsi que la culture qui s'y rattache et que les individus. « C'est un contact dix fois plus fort que celui de la parole ou des émotions, expliqua Schanberg. Et il joue un rôle dans à peu près tout ce que nous faisons. Il n'y a pas un sens qui puisse vous stimuler comme le toucher ; nous l'avons toujours su, mais nous n'en avons jamais fait une base biologique.

— Vous voulez parler de son adaptabilité ?

— Oui. Si le toucher n'était pas quelque chose d'agréable, il n'y aurait pas d'espèces, pas de parents, pas de survie. Une mère ne toucherait pas son bébé comme il faut si elle n'y trouvait du plaisir. Si nous n'aimions pas la sensation de nous toucher et de nous caresser mutuellement, nous n'aurions jamais eu de rapports sexuels. Les animaux qui se sont le plus frottés les uns aux autres sont ceux qui, d'instinct, ont engendré des races qui ont survécu. Et leurs gènes se transmettant, la tendance à toucher s'est encore accrue. Nous oublions que le toucher n'est pas seulement essentiel à notre espèce, mais que c'en est la clef. »

Quand un fœtus se développe dans la matrice, entouré de liquide amniotique, il perçoit une chaleur liquide, les battements de cœur et le clapotis interne de sa mère, il flotte dans un merveilleux hamac qui se balance tandis qu'elle marche. La naissance doit être un choc terrible après une telle sérénité, et une mère recrée de diverses manières le confort de la matrice (emmaillotant, berçant, pressant le bébé contre son flanc gauche, à l'endroit du cœur). Aussitôt après la naissance, les mères humaines (et simiesques) tiennent leurs bébés tout contre elles. Nuit et jour, dans les cultures primitives. Chez les Pygmées du Zaïre, un bébé est en contact physique avec quelqu'un la moitié du temps, et les autres membres de la tribu le caressent constamment ou bien jouent avec lui. Une mère kung porte son bébé en bandoulière dans un *curass* qui le maintient droit contre elle en sorte qu'il peut téter, jouer avec ses colliers de verroterie, ou entrer en contact avec les autres. Chez les Kungs, les nourrissons sont en fait en contact avec le monde extérieur 90 % du temps, alors que notre culture prône l'exil des bébés dans des moïses, des landaus ou sur des sièges spéciaux, croyant qu'il faut les tenir à distance et les écarter.

Chose curieuse, il n'est pas toujours nécessaire que l'on soit touché par quelqu'un, ni par quelque chose de vivant. A la maternité de Cambridge, en Angleterre, on a découvert qu'un enfant prématuré simplement posé sur une couverture en laine d'agneau pendant une journée grossissait d'environ quinze grammes de plus que d'ordinaire. Cela n'était pas dû à la chaleur de la couverture, puisque le service était chauffé, cela venait plutôt de la tradition d'emmailloter les bébés, qui accroît la stimulation, diminue la tension et leur donne l'impression d'un câlin. Au cours d'autres expériences, couvertures ou vêtements bien ajustés ralentirent le rythme cardiaque et produisirent une détente chez des nourrissons, qui dormirent plus souvent dans ces bandelettes où était recréé l'état prénatal.

Tous les animaux réagissent quand on les touche, qu'on les caresse, qu'on les titille. De toute façon, la vie n'aurait jamais pu évoluer sans le toucher — sans que des éléments chimiques entrent en contact et se combinent. Si elles ne peuvent toucher, ni être touchées, des personnes de tout âge tombent malades, affamées qu'elles sont de contacts[1]. Chez le fœtus, le toucher est le premier sens à se développer, et chez les nouveau-nés, il est automatique, avant que le bébé n'ouvre les yeux ou que le monde ne commence de s'organiser pour lui. Peu après notre naissance, nous ne pouvons ni voir ni parler, mais nous commençons instinctivement de toucher. Les cellules tactiles des lèvres permettent l'allaitement, les mécanismes préhensiles des mains cherchent la chaleur. Entre autres choses, le toucher nous enseigne la différence qu'il y a entre *moi* et *l'autre*, qu'il peut exister quelqu'un en dehors de nous : la mère. Mères et nourrissons ont des échanges constants grâce au toucher. Le premier sentiment de confort — toucher notre mère, être touché par elle — demeure le souvenir ultime d'amour désintéressé et nous accompagne tout au long de la vie.

Le petit univers d'un kilo et demi nommé Geoffrey que je

1. Quelle étrange vie, et combien vide, que celle des quintuplées Dionne. Nées à Ontario, au Canada, elles furent placées par le gouvernement dans une sorte de zoo et vécurent derrière des barreaux dans une pièce stérile. Il y eut un moment où leur mère, qui n'avait pas le droit de les toucher, faisait la queue avec les visiteurs payants. Il lui fallut intenter un procès pour récupérer ses enfants — dont aucune ne grandit normalement.

caresse longuement a grimacé paresseusement, sa bouche s'est tordue avant de revenir à sa forme normale. Dans les autres couveuses de la salle, d'autres vies remuent ; d'autres volontaires continuent d'y passer les mains par les trous afin d'aider les petits êtres à découvrir le monde. La responsable du service, diplômée ès-néonatalité, fait passer le test sensoriel de Brazelton à un bébé, un garçon, qui réagit correctement à la vue d'un hochet rouge vif. Elle soulève le bébé, le balance doucement. Les yeux du bébé suivent comme il faut le balancement, puis reviennent au centre. Puis, elle sonne une petite cloche pendant dix secondes de chaque côté et recommence quatre fois. On dirait une scène bouddhique. Dans un berceau voisin, on teste l'ouïe d'un prématuré, sa tête est coiffée d'un casque qui le fait ressembler à un préposé au télégraphe. Jadis, la politique avec les prématurés était de ne pas les déranger plus qu'il ne fallait, et on les isolait dans des espèces de boîtes, mais les bienfaits des contacts physiques sont si abondamment et si éloquemment avérés que de nombreux hôpitaux encouragent ces contacts. « Avez-vous pris votre enfant dans vos bras aujourd'hui ? » demande un autocollant. C'est là plus qu'une question de pure forme. Le toucher semble être aussi essentiel que la lumière du soleil.

QU'EST-CE QUE LE TOUCHER ?

Le toucher est notre sens le plus ancien, et le plus insistant. Si un tigre à dents de sabre vous met la patte sur l'épaule, vous avez intérêt à vous en apercevoir tout de suite. Tout contact qui se produit pour la première fois, ou toute modification dans la manière de toucher (le passage de la douceur à la piqûre, par exemple) suscite dans le cerveau un vrai remue-ménage. Un contact continu et peu appuyé devient un fond de décor. Lorsque nous touchons délibérément quelque chose ou quelqu'un — l'être aimé, le pare-chocs d'une nouvelle voiture, la langue d'un pingouin —, nous mettons en branle le complexe réseau de nos récepteurs tactiles, que nous lançons sous la mitraille en les exposant à une sensation, puis à une autre, etc. Le cerveau lit le tir et le cessez-le-feu ainsi que du morse et enregistre *lisse, râpeux, froid*.

L'ennui suffit pour débrancher les récepteurs tactiles. Lorsque nous enfilons un gros chandail, nous sommes intensément conscients de sa texture, de son poids, de son effet sur notre peau. Mais au bout d'un moment, nous ne nous en occupons plus du tout. Une pression constante et régulière commence par activer les récepteurs tactiles — qui l'enregistrent. Puis, les récepteurs cessent de fonctionner, en sorte que nous ne nous apercevons plus que nous portons de la laine, ou une montre, ou un collier, à moins que la température ne change, ou que le collier ne se rompe. Au moindre changement, en effet, les récepteurs font feu, et nous devenons soudain conscients. Selon les chercheurs, s'il y a effectivement quatre types principaux de récepteurs, il en existe bien d'autres qui couvrent le vaste éventail des réactions possibles. Chaud, froid, douleur, pression — après tout, la palette de nos sensations tactiles est plus nuancée que cela. De nombreux récepteurs tactiles se combinent pour produire ce que nous appelons un pincement, ou un tiraillement. Considérez tous les types de douleur, d'irritation, d'abrasion ; toutes les manières de lécher, caresser, essuyer, chouchouter, pétrir ; ou de piquer, tuméfier, picoter, brosser, gratter, claquer, fouiller, embrasser, donner des coups de coude ; ou de vous frotter les mains de craie avant de vous exercer aux barres asymétriques, de piquer une tête dans une mare glacée par un jour d'été, alors que le corps est à la même température que l'air. Et puis, il y a la sensation de cet insecte qui pompe délicatement les gouttes de sueur sur votre cheville, et ce colin-maillard où vous atterrissez dans un bol de Jell-O lors de l'initiation d'un club, et ce pied que vous arrachez à la boue, et, quand vous y pataugez, le contact du sable humide entre vos orteils, ou bien cette gênoise sur laquelle vous appuyez un doigt et cette caravane quasi orgasmique où se mêlent plaisir, frisson, peine et soulagement et qui n'est qu'une démangeaison dans le dos[1]. Il y a quelques années,

1. Ma mère me dit avoir un jour déniché une carpette parmi des vieilles chemises, des sous-vêtements déchirés et des chaussettes de mon père, tout cela ratatiné comme des pommes et fourré dans de la toile à sac avec des crochets à macramé. Elle devait parler du tapis noir à motif floral qui flottait comme un radeau sur le sol de la cave, glacé et vilainement taché d'ammoniac là où les chiens perdus que nous recueillions à la saison froide laissaient des vers. Ce n'est

je me trouvais dans un ranch à l'époque où les vaches mettent bas. Je prêtais la main aux vachers. Quand une vache était dans une situation délicate, il fallait s'assurer de ce qu'il en était en lui fouillant les entrailles. « Vous êtes une femme, me disait-on invariablement. C'est votre affaire. » Sans doute entendait-on par là que, femme, je devais fatalement reconnaître, en le touchant, le paysage interne d'une autre femelle, même si nous n'étions que de très lointaines parentes et si ses organes étaient horizontaux. « Cherchez les deux grosseurs juste au-dessus d'une petite montée... », m'avait dit une fois un Sud-Américain pour m'aider. Le bras enfoncé jusqu'à l'épaule à l'intérieur de la vache, vous sentez une chaleur et une force qui vous enserrent, mais je n'oublierai jamais ma surprise émerveillée la première fois où, retirant lentement ma main, je sentis les muscles de la vache se contracter et se détendre les uns après les autres, comme si des personnes à l'alignement m'avaient serré la main. Je me demande si c'est ce que l'on éprouve quand on naît. Les scientifiques ont également découvert que la plupart des récepteurs nerveux répondront à une pression ainsi qu'à tout ce qui relève de leur spécialisation. Nous avons longtemps supposé qu'à chaque sensation correspondait un récepteur qui avait sa voie d'accès au cerveau. Aujourd'hui, il semblerait plutôt que, dans le corps, les prairies de neurones relient n'importe quelle sensation selon des codes électriques. La douleur fait hoqueter les nerfs à intervalles irréguliers. Une démangeaison suit une courbe rapide et régulière. La chaleur se traduit par un crescendo dans la région qui s'échauffe. Une petite pression suscite toute une excitation, puis s'évanouit. Une pression plus forte ne fait que relancer plus fortement l'excitation.

Au bout d'un moment, comme suggéré, un récepteur tactile « s'adapte » aux stimuli et cesse de répondre, ce qui vaut nettement mieux, car autrement la sensation de porter sur la peau un léger chandail par une fraîche soirée d'été nous rendrait fous, ou nous perdrions le nord si le vent ne tombait pas. Fatigue qui ne se produit ni dans les profonds corpuscules de

pas tant la carpette que j'ai gardée en mémoire que son caractère spongieux. Trente ans plus tard, je puis encore retrouver cette révélation de visqueux acrylique.

Pacini ni dans les organes de Ruffini (jointures) ou ceux de Golgi (tendons), qui nous renseignent sur notre climat interne parce que, s'ils s'assoupissaient, nous nous étalerions. Mais les autres récepteurs, d'abord si vigilants, si friands de nouveauté, finissent par dire l'équivalent électrique de : « Oh, encore ça ! » et s'endorment si bien que la vie peut continuer. Nous pouvons nous sentir conscients de nous-mêmes la plupart du temps, mais nous ne sommes guère conscients de notre moi physique. Le serions-nous que nous serions pris dans un cyclone épuisant de sensations.

Certaines formes de toucher nous énervent et nous ravissent à la fois. Le chatouillis peut combiner les signaux, par exemple, de la pression et de la douleur. Le sentiment d'être mouillé peut être un mélange de température et de pression. Mais perdons-nous le sens du toucher (lorsque le dentiste nous fait une piqûre de novocaïne, qu'un bras ou une jambe s'engourdissent du fait d'une baisse dans l'irrigation sanguine), nous nous sentons bizarres, comme étrangers. Imaginez combien il doit être effrayant de perdre complètement le sens du toucher. Une telle perte peut être d'une affolante précision : on ne sent plus la douleur, par exemple, ou l'on n'est plus sensible à la température. Lorsque mon dentiste me fit une piqûre de carbocaïne, ma mâchoire tomba comme un tesson de poterie. Je pouvais encore percevoir la pression et la température – mais la sensation de la température était inversée (l'eau glacée avait toujours le goût de l'eau, mais semblait chaude). En revanche, je ne sentais pas la moindre douleur dans ma mâchoire. Les minuscules indices de l'absence de douleur – que je recueillis en me grattant ou en me pinçant – me donnèrent l'impression d'avoir une chair de cadavre. A Saint Louis, dans le Missouri, il y a deux ans, je me rendais un jour à une conférence avec le romancier Stanley Elkin, qui, depuis longtemps, souffre de sclérose en plaques. Stanley pouvant toujours conduire, nous décidâmes de prendre sa voiture. Mais lorsque nous l'atteignîmes et qu'il en fit le tour pour gagner la portière du côté du chauffeur, il s'arrêta et demeura pendant un temps qui me parut être une éternité à fourrager dans sa poche, dont il finit par extraire tout le contenu, qu'il étala sur le capot afin de *voir* ses clefs. Bien des gens qui souffrent de sclérose en plaques peuvent sentir un objet dans leur poche (des clefs de voiture), mais le toucher ne leur permet pas de l'identifier. Le cerveau ne peut pas en décrypter correctement la forme. Comme l'ont prouvé ceux qui sont à la fois sourds et aveugles, il est possible de s'en sortir au moyen du toucher. Mais lorsque le toucher n'existe pas, on se meut dans un monde flou, amorti, où l'on pourrait perdre une jambe sans s'en rendre compte, se brûler la main sans le sentir et ne pas savoir où l'on finit et où commence le monde.

LES ÉMETTEURS

Il faut toute une équipe de récepteurs pour créer le délice symphonique que nous appelons une caresse. Entre le derme et l'épiderme, s'étend la couche des minuscules corpuscules ovoïdes de Meissner, qui sont des nerfs enfermés dans des capsules. Ils semblent privilégier les parties du corps dépourvues de pilosité, la plante des pieds, le bout des doigts (qui en possèdent environ 1 400 par cm^2), le clitoris, le pénis, les mamelons, les paumes et la langue, les zones érogènes et d'autres escales hypersensibles — et ils réagissent promptement à la plus légère stimulation. A l'intérieur d'un corpuscule de Meissner, semblables aux nombreux filaments d'une ampoule électrique, des terminaisons nerveuses se ramifient, serpentent, parallèles à la surface de la peau, et recueillent des trésors de sensations. Ce parallélisme de leur disposition peut les rendre particulièrement sensibles à quelque chose qui les touche à angle droit. Ils sont de surcroît hautement spécialisés, et chaque région du corpuscule peut réagir indépendamment des autres. Selon la description d'un chercheur, « on dirait que le récepteur se compose de rouleaux séparés comme les ressorts d'un matelas; l'un d'eux peut être abîmé sans que le fonctionnement des autres en soit dérangé ». Ils enregistrent les vibrations à basse fréquence : ce que, par exemple, éprouve un doigt en caressant un sari merveilleusement tissé, ou la douceur de la peau à la pliure du coude.

Les corpuscules de Pacini réagissent très vite aux changements de pression, on les trouve généralement près des jointures, enfouis dans des tissus épais, et dans les glandes génitales et mammaires. Ce sont d'épais détecteurs en forme d'oignons qui renseignent le cerveau sur ce qui appuie et sur le mouvement des jointures, ainsi que sur la façon dont les organes peuvent changer de position quand nous bougeons. Une forte pression n'est pas nécessaire pour qu'ils réagissent rapidement et dépêchent leurs messages au cerveau. Mais ils sont également experts en sensations variables et ondoyantes, surtout en sensations à haute fréquence (comme celle d'une corde de violon) ; il se peut d'ailleurs que ce soient les couches en forme d'oignons du corpuscule qui déchiffrent si bien les différentes vibrations. Le travail des corpuscules de Pacini consiste à transformer l'énergie mécanique en énergie électrique, comme l'a montré Bernhard Katz de l'University College de Londres, en 1950, au cours d'expériences sur les muscles. Des recherches ultérieures ont contribué à une meilleure compréhension de ce processus, ainsi que Donald Carr le décrit dans *The Forgotten Senses* (« Les sens oubliés ») :

> Les neurologues sont aujourd'hui d'avis que l'on peut se représenter le récepteur du toucher comme une membrane percée de nombreux trous minuscules, ne seraient-ils que potentiels, comme un morceau de gruyère recouvert de cellophane. Au repos, les trous sont trop petits, ou la cellophane trop épaisse pour que certains ions puissent passer. Une déformation mécanique ouvre ces trous. Quand... des courants... se forment... sous l'effet d'une forte pression, comme dans le cas d'une piqûre d'épingle, ces courants sont assez puissants pour déclencher des impulsions nerveuses. L'intensité de la piqûre est signalée par la fréquence des impulsions, puisque c'est là la seule manière dont les fibres nerveuses puissent coder l'intensité.

La ménagerie de nos récepteurs tactiles comprend aussi les disques de Merkel, qui ressemblent à des soucoupes et se trouvent exactement sous la surface de la peau et réagissent aux pressions constantes et continues (ils délivrent des messages réguliers, fournissent un contrôle soutenu) ; diverses terminaisons nerveuses libres qui ne sont pas enfermées dans des capsules et répondent plus lentement aux touchers et aux pressions ; les terminaisons de Ruffini, enfouies profondément sous la surface de la peau et qui enregistrent les pressions constantes ; les détecteurs de température ; les détecteurs cylindriques de la chaleur ; et le plus familier (encore que le plus étrange) des récepteurs tactiles : le système pileux.

LES CHEVEUX ET LES POILS

Les cheveux jouent un rôle énorme ; ils peuvent transfigurer ou rebuter. Symbole de la vie, la chevelure jaillit de la tête. Comme la terre, on peut la moissonner, mais elle repousse. Nous pouvons en changer la couleur et la contexture selon notre humeur, mais avec le temps elle retourne à son apparence originelle, tout comme, avec le temps, la Nature transformera en terrains vagues nos villes aux lignes parfaites. Donner une mèche de cheveux à l'être aimé pour qu'il l'enfermât dans un médaillon qu'il portait au cou était un geste émouvant de tendresse, mais qui n'allait pas sans danger : les jeteurs de sort, les magiciens, les adeptes du vaudou, les nécromanciens de tout poil pouvaient s'en servir contre le donateur. Variation sur ce thème : au combat, un chevalier du Moyen Age portait un médaillon contenant des poils du pubis de sa dame. L'un des principes sacrés de l'amour courtois étant le secret, le choix de ce souvenir, plutôt que d'une mèche de cheveux, peut avoir revêtu un caractère plus pratique que philosophique. Mais il n'empêche, il symbolisait la force de vie de la dame, et c'était cette force que le chevalier portait sur lui. Les anciens chefs avaient de longues tresses en signe de virilité. Dans l'histoire de Samson, le héros biblique, en perdant sa chevelure, perd sa force et son pouvoir, tout comme, avant lui, il en avait été de Gilgamesh. Plus récemment, en Europe, on humiliait en les tondant les femmes qui avaient collaboré avec l'ennemi pendant la Seconde Guerre. Chez certains Juifs orthodoxes, une jeune femme doit renoncer à sa chevelure quand elle se marie, de crainte que son mari ne la trouve trop séduisante et ne veuille lui faire l'amour par pur désir plutôt qu'en vue de se reproduire. Les rastas voient dans leurs dreadlocks « des câbles à haute tension qui les relient au ciel ». De nos jours, pour choquer le bourgeois et établir leur identité, comme le doit chaque génération, de nombreux jeunes transforment leur chevelure en le matériau d'une sculpture libre : piquants laqués, motifs dessinés dans les cheveux coupés ras et qui rappellent les labyrinthes de verdure des jardins à la française, couleurs empruntées aux volières ou aux allées peintes à la bombe. La première fois qu'un élève entra dans ma classe avec un « geai bleu », je fus vraiment interloquée. Des ailes de cheveux bleu roi laqués lui partaient des deux côtés de la tête. Une longue banane de cheveux blancs lui tombait sur le front jusqu'aux sourcils. L'arrière, d'un noir brillant, était coiffé en brosse et plaqué contre la tête. Je ne détestais pas ça. Simplement, il me semblait que ça devait être un souci de tous les jours. Je suis sûr que c'était ce que ma grand'mère pensait des frisettes de ma mère. Et je sais que c'est ce que ma mère pense de ma longue crinière bouclée. La coiffure peut être l'insigne d'un groupe, comme nous le savons tous – que l'on pense à la coupe militaire, ou à celle des nonnes et des moines. Dans les années 60, les cheveux longs, surtout pour les hommes, attiraient le vitriol des colères parentales, ce qui explique pourquoi *Hair*, la comédie musicale, résuma si bien toute une génération. Les policiers de l'époque étaient tondus. Leur succédèrent d'autres policiers arborant favoris et moustaches. Mais je me souviens d'un Love-in à Boston, en 1967, la première année que je passai loin de chez moi pour mes études supérieures. Un couple se moquant de la queue-de-cheval d'un jeune homme, celui-ci leur jeta : « Je vous emmerde, vous et vos coiffeurs. » Je me rappelle aussi un jour où je suis sortie de la salle de bains, les cheveux gonflés comme une mappemonde et laqués. C'était dans les années 50. « Qu'est-ce que tu as fait à tes cheveux? me demanda mon père. – Je les ai crêpés », dis-je. A quoi il répondit : « Crêpés? Tu as l'air d'une folle. » Aujourd'hui, je laisse mes cheveux bouclés suivre leur mouvement naturel. C'est ce que l'on appelle en français *la coupe sauvage*[1]. Mais leur volume et leur désordre érotique chiffonnent ma mère et son sens des convenances. Les femmes sérieuses de sa génération avaient des coiffures sérieuses : conventionnelles, laquées, qui ne bougeaient pas d'un pli. Elle

1. En français dans le texte.

m'a téléphoné voici quelques semaines pour m'avertir que l'on ne prenait pas au sérieux dans leur profession les femmes qui n'avaient pas la panoplie complète de rouleaux, séchoir, fixatif et laque. Les cheveux flottants trahissent un flottement dans le caractère, un relâchement. De ce point de vue, qui a la vie dure, une femme a les cheveux longs, mais les serre étroitement dans un chignon, sous un chapeau ou un foulard, ou bien les dompte à coups de laque, et ne les dénoue que la nuit, dans l'intimité.

Notre tête comprend généralement quelque 100 000 follicules pilo-sébacés, et nous perdons entre cinquante et cent cheveux par jour à force de les peigner, de les brosser, de les triturer. Chaque cheveu pousse de douze à quinze centimètres par an pendant un laps de temps qui va de deux à six ans seulement. Après quoi, son follicule se repose, le cheveu tombe, et un nouveau le remplace. Ainsi, quand on voit une superbe chevelure, regarde-t-on en réalité une masse de cheveux parvenus à différentes étapes d'un complexe système de croissance, de mort et de renaissance. A quelque moment que ce soit, quinze pour cent se reposent, quatre-vingt-cinq pour cent sont en train de pousser. Par douzaines, il y en a qui sont prêts à mourir demain, tandis qu'au fond des follicules il en est de nouveaux qui se préparent à naître.

Les cheveux sont enveloppés d'un revêtement extérieur appelé cuticule et intérieurement d'un autre, mou, appelé cortex. Les gens qui ont de gros cheveux ont de plus gros follicules, et un revêtement extérieur plus fin (10 % de la chevelure), mais un gros cortex (90 %). Ceux qui ont les cheveux fins ont de plus petits follicules et presque autant de cuticule (40 %) que de cortex (60 %). Si les cellules folliculaires croissent selon un dessin régulier, les cheveux seront raides ; si le dessin est irrégulier, ils seront bouclés. Les poux ont du mal à s'accrocher à des cheveux drus, grâce à quoi les écoliers noirs en ont moins souvent que leurs camarades blancs. Les cheveux ne sont pas seulement sexy pour la plupart d'entre nous, ils protègent le cerveau de la chaleur du soleil et des rayons ultraviolets, concourent à isoler le crâne, amortissent les chocs, maintiennent les distances entre le monde et nous – cela tient à un cheveu –, créant ce cercle d'aventure et de danger où nous laissons pénétrer peu de gens.

Evidemment, il n'y a pas que les cheveux. Le poil pousse en de nombreux endroits du corps, même sur les orteils, dans les narines et les oreilles. Les Chinois, les Amérindiens et d'autres peuples ont peu de poils sur le visage et sur le corps, une ascendance méditerranéenne tend au contraire à donner une telle fourrure que l'on semble encore bien proche de nos ancêtres simiesques. Les chauves sont très sexy; ils perdent leurs cheveux à cause d'un haut niveau de testostérone dans le sang. C'est pourquoi on ne voit pas de castrats ou d'eunuques chauves. Les hommes au torse et aux épaules velus me faisaient peur. Un mot comme « carnivore » me venait toujours quand j'en croisais sur une plage. Les femmes ont généralement une chair plus lisse que les hommes; il est donc normal que nous voulions nous raser les jambes et les enduire de lotions pour accentuer la différence entre les sexes. Mais en dépit de nos efforts pour nous épiler, il reste encore beaucoup de poils sur les bras, le visage et la tête des femmes, et sur la poitrine, les bras et les jambes des hommes, pour remplir la fonction qui leur a été assignée.

La pilosité est le propre des mammifères. Mais les reptiles ont des écailles, qui s'en rapprochent. Chaque poil naît d'une papille, tampon de tissu à la base du follicule, où se trouve une terminaison nerveuse. Il peut y avoir alentour un groupe d'autres terminaisons nerveuses. En moyenne, le corps est recouvert d'environ cinq millions de poils. On peut aisément exciter un poil. Si quelque chose appuie dessus ou le tire, si l'on en touche le bout, si l'on appuie sur la peau qui l'entoure, il vibre et réveille un nerf. Le duvet est le plus sensible de tous les poils et n'a qu'à bouger de 0,000 015 cm pour stimuler un nerf. Ce qui, toutefois, ne saurait se produire tout le temps. Autrement, le corps serait surchargé de sensations. Il y a un royaume infiniment petit où rien ne semble jamais se produire, une sorte de désert sensoriel. Mais voici que souffle le vent le plus léger. Rien à voir avec une vraie perturbation. Quand il devient assez fort pour atteindre un seuil électrique, il déclenche une réaction dans le système nerveux. Les poils sont de merveilleux organes du toucher. « Brise », dit notre cerveau sans en faire tout un plat : quelques poils se sont imperceptiblement soulevés sur notre avant-bras. Un grain de poussière ou un insecte se prend dans un cil, et nous le savons aussitôt, plissons la paupière afin de protéger notre œil. Bien que les poils puissent prendre des formes aussi variées que le duvet ou les antennes, il en est de particulièrement utiles, les *vibrissae* – les moustaches des chats – dont sont pourvus la plupart des mammifères, baleines et marsouins compris. Un chat sans moustaches se cogne la nuit dans les objets et peut se prendre la tête dans des espaces trop étroits. Comme nous. Si nous avons jamais notre mot à dire dans l'évolution, l'une des choses pour lesquelles je voterais volontiers est un détecteur du type de ces moustaches pour que, dans le noir, nous ne nous cognions pas dans les meubles, les amis ou les ratons laveurs.

LE CLIMAT INTÉRIEUR

Il y a des gens qui méditent, d'autres qui pratiquent le zen dans le tir à l'arc. L'été, pour ma part, je commence ma journée en faisant le tour de mon jardin et de ses plates-bandes où fleurissent vingt-cinq rosiers (roses thé et *Polyanta floribunda*), vingt-huit hémérocalles lavande et jaunes, une douzaine, environ, de plantes qui ont besoin d'ombre comme l'hosta et l'aconit napel, et une brillante gamme de plantes vivaces ou saisonnières. Il n'est pas rare que je passe une demi-heure à choisir un brin de némophile, un lupin rose, une campanule bleue (dont la tige est toute suintante – signe, presque toujours, de la présence de poison –), une rose rouge orangé appelée « Bing Crosby », une tige de diélytre à fleurs rouge et blanc, un coriopsis jaune vif, un énorme dahlia rose indien, un dahlia minuscule rouge et blanc qui a la forme d'une marguerite et un *Pavonia tigridia* rouge et jaune aux mouchetures flamboyantes – on dirait un iris qui se serait marié avec une hémérocalle et serait allé faire la noce (son nom signifie « paon à face de tigre », ce qui est assez merveilleux, mais je l'ai toujours surnommé « danse du chapeau mexicain »). Comme je ne sais pas quelles fleurs se sont ouvertes pendant la nuit ou au petit matin, il y a des jours où j'ai l'impression de trouver une émeraude dans ma soupe. Puis, je passe une demi-heure dans la maison à disposer ces colifichets de pétales dans un plat en verre rempli de billes claires. Sans doute suis-je guidée par les lois de l'équilibre, de la forme et de la couleur, mais je suis à ce point plongée dans ma calme obsession qu'aucune pensée ne peut s'immiscer.

Un matin que je faisais un bouquet, je me rendis compte d'une chose étrange sur la façon dont nous percevons la température. J'avais mis à tremper des couverts dans l'eau chaude. A côté, dans l'évier, se trouvaient un bol d'eau froide et un autre d'eau tiède. Je mis une main dans l'eau chaude et l'autre dans l'eau froide. Puis, les deux dans l'eau tiède. Et à ma grande surprise, elles me fournirent des signaux contradictoires. Tout ce qu'elles percevaient était le *mouvement* de la température, et non le froid ou le chaud. J'ai également remarqué que, pour une raison quelconque, des objets de poids égal sont plus lourds quand ils sont froids. Il n'y a pas de réponse simple pour expliquer le phénomène. Peut-être les récepteurs de la chaleur sont-ils plus spécialisés, tandis que ceux du froid enregistrent aussi la pression.

La plupart des récepteurs du froid se trouvent dans le visage, surtout au bout du nez, sous les paupières, les lèvres et le front. Les organes génitaux sont également frileux. C'est notre revêtement extérieur qui semble le plus craindre le froid, telle une sentinelle toujours sur le qui-vive. Moins nombreux, les récepteurs de la chaleur sont enfoncés plus profondément dans la peau. Il n'y a rien d'étonnant à ce que la langue soit plus sensible à la chaleur que bien d'autres parties du corps. Si de la soupe chaude passe avec succès l'épreuve de la langue, il y a peu de chances pour que vous vous brûliez la gorge, ou l'estomac. A la différence des autres renseignements tactiles, les rapports sur la température indiquent au cerveau les changements, les baisses et les hausses et les fréquentes mises à jour. Ma mère me pressait toujours de me mettre un glaçon sur le poignet quand j'avais trop chaud. Cela a pour effet de stimuler les récepteurs du froid, de leur imposer de réagir en se déchaînant furieusement. Enlevez le glaçon, le poignet reste froid pendant quelque temps. Cela ne ressemble guère à un cataplasme, mais la peau n'a qu'à être réchauffée de trois ou quatre degrés pour que l'on ait vraiment chaud, ou refroidie d'un ou deux degrés pour que l'on ait réellement froid. Puis, le corps commence à rectifier les choses, on se frotte les mains, on frissonne, on se met les mains sous les aisselles pour se réchauffer. On avale des boissons glacées, on prend une douche froide, on va se baigner pour se rafraîchir. Par une journée d'été écrasante de chaleur et d'humidité, l'une de ces journées où l'on dirait que le soleil a été trempé dans de la lessive, où l'air est si épais que l'on pourrait le boire, où le corps est comme du plomb fondu, je n'ai qu'une chose à faire : aller à la piscine et rester debout dans l'eau froide jusqu'au cou, rafraîchir ainsi ma moelle épinière pour me sentir régénérée. Pourquoi l'aspirine fait-elle tomber la fièvre, mais n'affecte-t-elle pas une température normale ? Parce qu'elle bloque le pyrogène du corps, substance qui cause la fièvre. Il existe bien des mystères sur le pouvoir dont dispose le corps pour régler sa température. A notre réveil, nous avons moins chaud que lorsque nous nous couchons. Mais pourquoi notre température est-elle la plus basse à quelque chose comme 4 heures du matin ?

Et si c'était du dedans que nous rafraîchissons notre corps ? En chirurgie hypothermique, le sang est refroidi, puis remis en circulation, ce qui abaisse la température à environ 25°. La science-fiction parle souvent d'astronautes dont on a abaissé la température corporelle et qui dorment d'un sommeil immobile, tels des ours hibernant dans des antres de verre. La famille de Walt Disney jure que c'est faux, mais la légende veut déjà depuis quelque temps que Walt se soit fait congeler à sa mort et qu'il repose dans un royaume de glace enchanté, en attendant de renaître. La Trans Time Inc., qui est affiliée à la Société américaine de Cryogénie, congèle effectivement les gens aussitôt après leur mort et promet de les ramener à la vie à une époque ultérieure, quand nous serons à même de sonder les mystères de la mort et que le carnage des maux qui l'accompagnent sera réversible. Des films comme *Ice Man* jouent avec l'idée d'un individu congelé pendant des décennies, voire des siècles, qui se réveille dans un monde nouveau. Cela me paraît d'autant plus plausible que le scénario rappelle celui des credo religieux : on meurt à cette vie pour réapparaître dans une autre. Je ne pense pas que l'on ait prouvé de manière satisfaisante qu'il est possible de congeler et de décongeler un cerveau et un corps sans les endommager. Mais les tenants de la cryogénie répondent que, de toute façon, on n'a rien à perdre. Peut-on imaginer une réduction métabolique extrême plutôt qu'une congélation ? La catatonie de la science-fiction ? Des tissus différents n'ont-ils pas des profils de congélation différents ? Ne devrait-on pas en conclure qu'il conviendrait d'en refroidir certains davantage que d'autres ? Que pensent de tout cela les adeptes des droits de la vie (qui condamnent déjà si violemment la congélation du sperme, des ovules et des embryons) et les fanatiques religieux ? Dégeler les gens ! A quels débats moraux, à quelles agitations sociales ne devons-nous pas nous attendre ?

Créatures à sang chaud, nous avons facilement trop chaud, et une vieille terreur nous prend. Nous nous plaignons de cuire comme nous faisons cuire d'autres animaux. « Je suis en train de rôtir », disons-nous. Ou bien : « Je grille », ou « C'est un vrai four, ici. » Et maintenant qu'est tombée la lourde fourrure de notre corps, nous nous refroidissons vite, en sorte qu'il nous faut porter des vêtements épais dès que la température descend. J'ai vu en hiver des gens emmitouflés dans des couches de vêtements, chandails de laine et manteaux matelassés. On aurait dit des lits qui déambulaient. L'évolution des animaux à sang chaud fut une percée extraordinaire, signifiant qu'ils pouvaient conserver leurs corps à la même température malgré les fantaisies de l'environnement et organiser des migrations. Les animaux à sang froid (à l'exception des papillons, des anguilles et des tortues de mer) ne peuvent guère se déplacer. Certains, comme les crotales, excellent à détecter les sources de chaleur. Les moustiques aussi, et les phalènes, ainsi que d'autres insectes (ce qui a amené certains chercheurs à conclure que les personnes qui se font plus souvent piquer que les autres doivent dégager davantage de chaleur et sont de ce fait des cibles de choix). Nous n'avons certes pas dans notre corps de tels détecteurs de chaleur, mais nous les créons à des fins militaires — les missiles qui visent la chaleur et frappent comme des vipères. Dans de récents films d'épouvante et de science-fiction, comme *Wolfen* ou *Predator*, des monstres sanguinaires aux griffes tranchantes comme des rasoirs vivent dans un monde inaccessible à notre pouvoir visuel. Eux, en revanche, et pour leur délice, peuvent nous dénicher, car ils perçoivent les infrarouges. Le monstre apparaît sans crier gare, étripe quelqu'un et disparaît. Il y a quelque chose de doublement terrifiant dans son pouvoir de détecter la chaleur. Il se sert d'une de nos caractéristiques les plus exquises pour nous détruire. Pendant des milliers d'années, la chaleur de notre sang nous a été force de vie ; nous louons les gens aimants et compatissants en évoquant leur chaleur. Et voilà un monstre qui se dirige sur cette chaleur, justement. Notre essence est notre perte, dit le message de ces cauchemars sensoriels.

Faute d'être recouverts d'une épaisse fourrure, nous devons prendre garde au froid. Les pieds, les mains et d'autres parties du corps qui sont exposées peuvent paraître sans prix, puisqu'ils sont si sensibles au moindre contact, ils n'en deviennent pas moins choses qu'il nous faut sacrifier lorsque le froid nous attaque. Mains et pieds peuvent geler, et le reste du corps survivre, mais si la température du sang diminue nous sommes fichus. Ainsi le torse réagit-il immédiatement à des changements de température, et nous sentons le froid sur une plus grande portion de notre corps que nous ne sentons la chaleur. Beaucoup plus de femmes que d'hommes disent avoir les mains et les pieds froids, ce qui n'a rien d'étonnant. Quand le corps se refroidit, il protège d'abord les organes internes (c'est pourquoi on attrape facilement des engelures) ; chez les femmes, il protège les organes reproducteurs. Quand les lèvres bleuissent ou que les orteils gèlent, les vaisseaux sanguins se resserrent, et le corps, sacrifiant ses extrémités, envoie le sang à la partie intérieure essentielle.

Les animaux aiment à se prélasser au soleil. Rien de plus heureux, en hiver, qu'un cocker blanc et noir étalé sur le tapis de la salle de séjour dans un rayon de soleil. Il est des créatures, comme les reptiles et les mouches, qui règlent la température de leur corps. On peut souvent voir un alligator américain dans un marécage de Floride. Il se met au soleil avec une infinie et minutieuse volupté : une patte et la queue dans l'eau, les reins et une autre patte à l'ombre d'un buisson, la tête, l'échine et les pattes de devant complètement au soleil... Les alligators semblent très pointilleux sur ce sujet, mais ils ne font en réalité que contrôler leur thermostat comme nous le faisons nous-mêmes par un après-midi d'automne, lorsque nous gardons notre pull-over, mais enlevons notre chapeau et nos gants. L'industrie des voyages repose sur l'amour des êtres humains pour la bronzette. Et les vacances ensoleillées sont accessibles n'importe où à la plupart. S'il en est qui aiment mieux l'aventure, nous préférons généralement nous étendre au soleil, comme des côtelettes sur un étal, nous arroser régulièrement de sauce et griller paisiblement, en prenant soin de nous retourner de façon à être cuits des deux côtés. Il n'est pas difficile de comprendre ce que nous y trouvons. L'évolution, ce grand couturier des modèles astucieux, a probablement dessiné la sensation pour que les animaux cherchent des climats propices à leur santé. Mais quand assez devient trop et que l'animal s'échauffe, les plus petits capillaires de la peau se dilatent pour que la chaleur puisse s'échapper. Le visage humain rougit. Les oreilles des lapins rougissent. Tous les animaux transpirent d'une manière ou d'une autre. Et en s'évaporant, la sueur rafraîchit le corps. *Ce n'est pas la chaleur, c'est l'humidité,* gémissons-nous quand il fait lourd et que même une chemise de coton semble nous avoir été collée dans le dos avec de la salive. La température de l'air tourne autour de 37°, le corps ne s'y retrouve pas et souffre. Mais s'il fait également humide, si l'air est saturé d'eau, nous pouvons transpirer pour nous rafraîchir comme d'habitude, peine perdue. L'air est trop lourd pour que la sueur s'évapore. Alors, apathique et poisseux, on s'assoit sur la balançoire d'une véranda, en Alabama, et l'on s'évente avec le prospectus d'une entreprise locale de construction qui promet de « faire étinceler les caniveaux », tout en sirotant du thé glacé que parfume une feuille de menthe ou de sauge. D'autre part, si un animal a trop froid, sa peau se hérisse et il frissonne — les muscles de la peau se contractent — afin d'exposer une moindre quantité de celle-ci — et le tremblement qui s'ensuit réchauffe le corps. Même si nous ne pouvons gonfler notre fourrure à la manière des autres animaux, que ce soit pour paraître gros et méchants ou pour conserver notre chaleur, il nous reste néanmoins des muscles *erector pili* grâce auxquels nos poils se dressent sous l'effet de la crainte ou du froid. Certains animaux ont mis au point de stupéfiantes stratégies pour conserver leur chaleur. Von Buddenbrock cite le cas d'un apiculteur qui a découvert que les abeilles n'ont jamais froid :

> L'explication est remarquable. En hiver, des dizaines de milliers d'abeilles se serrent les unes contre les autres à l'intérieur d'une ruche. Au centre de la colonie, les abeilles ont assez chaud quand la température tombe, mais celles de la périphérie ont froid ; elles commencent donc de remuer les pattes et de battre des ailes rapidement — en d'autres termes, elles se comportent comme nous lorsque nous grelottons. A ce détail près : leur agitation gagne tout l'essaim. Les efforts combinés des dix mille abeilles ou davantage produisent une quantité considérable de chaleur. Et la température monte jusqu'à ce que toutes les abeilles se calment. Puis, elle redescend peu à peu. Le même processus est alors réitéré.

Je me rappelle de nouveau cette semaine de décembre où je longeai la côte californienne avec Chris Nagano du Projet Monarque du Muséum de Los Angeles pour dénicher et étiqueter des milliers de monarques en leur migration hivernale. Pendant en rayonnantes guirlandes orange aux branches des eucalyptus, les papillons ouvraient parfois leurs ailes comme des capteurs solaires ou les remuaient rapidement pour se réchauffer avant de s'envoler en quête de nectar. Nous n'avions aucun mal à les capturer avec un filet attaché au bout d'une longue canne télescopique, et le plus souvent ils y entraient dans un bruissement tranquille, cependant que nous demeurions assis par terre, dans le bois silencieux et vide d'insectes. Nous les tirions un à un du filet pour enregistrer leur état de santé et leur sexe et voir si les femelles étaient enceintes. Puis, nous leur collions une étiquette semblable à un timbre-poste en haut d'une aile. Toutefois, il y avait des matins où il faisait froid : 10°, et il faut qu'il fasse au moins 12° pour qu'un monarque puisse remuer les muscles qui assurent son vol. Parfois, quand j'avais fini d'étiqueter un papillon et que je le lâchais comme on le fait d'habitude — ainsi qu'on agite un mouchoir —, il tombait sur le sol. Morceau de choix pour un prédateur. A chaque fois, je ramassais le papillon en le prenant par les ailes et je le gardais dans ma bouche ouverte pour souffler de l'air chaud sur ses muscles. Au bout de quelques secondes, il était suffisamment réchauffé pour voler. Je le relâchais, et il s'affairait délicatement dans le bois d'eucalyptus.

LES YEUX DE LA PEAU

En clarifiant la sténographie des yeux et en y ajoutant quelque chose, le toucher nous enseigne que nous vivons dans un monde à trois dimensions. Nous regardons une photo où nous figurons en compagnie d'un être cher dans un village où s'était arrêté un petit cirque présentant un lama. Et de nous souvenir de la chaleur poisseuse de ce jour d'été et de l'impression que le lama suscitait en nous en glissant son nez de velours dans la poche de notre chemisette, dans notre main, sous notre bras, tout autour de notre poitrine pour trouver avec une douce insistance de quoi se sustenter. A ce moment-là, le mot lama est entré dans notre vocabulaire, d'autant qu'il faut parfois jouer les lamas pour avancer dans la vie. Nous nous rappelons aussi la main de l'aimé, la façon dont se courbe son corps, la qualité de ses cheveux, et le sentiment que nous en tirons. Le toucher nous permet de nous retrouver dans l'obscurité ou en d'autres circonstances où nous ne pouvons utiliser à plein nos autres sens[1]. En combinant vue et toucher, les primates excellent à localiser les objets dans l'espace. Bien que cette faculté ne porte pas de nom, nous pouvons toucher une chose

1. On se sert avec succès du toucher pour remplacer l'ouïe. Des électrodes plaquées or sont fixées en nombre variable aux courroies d'un stimulateur généralement attachées à l'abdomen, aux bras, au front ou aux jambes. On enseigne aux enfants sourds que des sons particuliers ont leur équivalent au niveau de la peau. Puis, le professeur demande à l'enfant de créer des sons qui produiront le même effet sur la peau. Le résultat est remarquable avec des mots tels que *sue* (poursuivre en justice), *do* (faire), *too* (aussi), *new* (nouveau) que les sourds ont du mal à lire sur les lèvres de leurs interlocuteurs. Ces « vocodeurs tactiles », comme on appelle cette invention, ne peuvent pas encore transmettre tout le code du langage, mais on peut s'en servir très efficacement de pair avec la lecture sur les lèvres. Les enfants qui y recourent peuvent lire beaucoup mieux que ceux qui ne font que déchiffrer les sons sur les lèvres. L'emploi des vocodeurs tactiles du Dr Kimbough Oller, à l'Université de Miami, correspond à un programme dont le but est, en définitive, de remplacer un jour le sens de l'ouïe par celui du toucher.

et décider si elle est lourde ou légère, molle ou dure, liquide, solide, ou gazeuse. Ainsi que Svetlana Alper l'observe avec une certaine perspicacité dans *Rembrandt's Enterprise : The Studio and the Market* (« L'entreprise de Rembrandt : l'atelier et le marché »), bien que Rembrandt ait souvent traité la cécité dans ses toiles (*Le Retour de l'enfant prodigue*, Jacob aveugle et d'autres) :

> la cécité ne suggère pas l'idée d'une vision spirituelle supérieure. Elle attire plutôt l'attention sur le rôle du toucher dans notre expérience du monde. Rembrandt fait du toucher l'incarnation de la vue... Et il n'est pas déplacé de rappeler que l'analogie entre la vue et le toucher a sa contrepartie technique dans l'art même de Rembrandt. La manière dont il utilise le reflet de la lumière naturelle se détachant d'un haut-relief pour intensifier les rehauts et projeter les ombres unit le visible et le substantiel.

Il y a une chose qui m'exalte dans les portraits peints par Rembrandt, c'est tout ce qu'il laisse informulé, tout ce qu'il ne peint pas. Au cerveau d'imaginer ce que l'œil capte furtivement. Il n'est pas nécessaire de peindre plus que le bord du chapeau d'un garçon. Vous voyez le tableau une douzaine de fois sans remarquer que tout ce que Rembrandt peignit était un geste, l'indication la plus subtile d'un chapeau, que notre esprit complète à partir de sa propre expérience. Nous avons touché *rond*. Nous savons ce que *rond* veut dire quand nous le voyons. « Oh, c'est encore *rond* », se répète l'esprit, qui cherche d'autres chats à fouetter.

Quel sens avons-nous de nous-mêmes ? Cela dépend dans une grande mesure du toucher, de la façon dont nous sentons. Nos *propriocepteurs* (du latin, qui signifie « récepteurs propres ») nous renseignent à chaque instant sur l'espace que nous occupons, le travail de notre estomac, notre défécation, l'emplacement de nos jambes, de nos bras, de notre tête, nous disent comment nous bougeons et comment nous nous sentons de moment en moment. Non que notre sens du moi soit nécessairement exact. Chacun de nous se fait une image mentale exagérée de son corps, avec une grosse tête, de grandes mains, une grande bouche, de gros organes sexuels et un petit tronc ; les enfants dessinent souvent des personnages à grosse tête et grandes mains parce que c'est ainsi qu'ils sentent leur corps. Il y a tant de choses à savoir à n'importe quel moment. « Comment allez-vous ? » demande poliment un passant dans *Le Procès* de Kafka, et le héros est pris de panique, paralysé par le choc d'une question à laquelle il ne peut pas répondre. La vie quotidienne regorge de questions similaires, dont certaines, qu'il ne faut pas prendre au sérieux, s'insèrent dans la conversation comme une pièce de monnaie dans la fente d'un cheval mécanique, ce qui me donne souvent envie de répondre en détail et facétieusement. « Comment vas-tu ? » me demandera un ami. Et grâce à mes propriocepteurs, je lui rendrai compte de l'état de mes reins, de mes mucosités nasales, de ma tension, de mon oreille interne, de mon vagin, de ma digestion, d'une fatigue surrénale. Le toucher offre à notre mémoire une clef très précise pour savoir à quoi nous ressemblons. Sans le toucher, un miroir serait sans valeur. Nous prenons constamment nos mesures de façon inconsciente — nous passant négligemment une main sur un avant-bras, vérifiant si nous pouvons enfermer notre poignet entre notre pouce et notre index, ou nous toucher le nez avec la langue, ou encore plier notre pouce dans l'autre sens, calculant la longueur de notre jambe quand un bas de nylon file de la cheville à la cuisse, jouant nerveusement avec une mèche de cheveux. Mais plus que tout, le toucher nous enseigne que la vie a une profondeur et des contours ; grâce à quoi notre sens du monde et de nous-mêmes est tridimensionnel. En l'absence de ce complexe sentiment de la vie, il n'y aurait pas d'artistes pour dresser les cartes des émotions et des sensations, et pas de chirurgiens pour enfoncer leurs doigts dans notre corps.

VOYAGE AU PAYS DU TOUCHER

A mon départ pour San Francisco, j'ouvre le présent d'un ami — l'un de ces cadeaux que l'on ne doit pas ouvrir avant de décoller. Un coffret ravissant de brocart bleu et or, qui contient, dans des sachets de soie, deux grosses billes de chrome où tout se reflète à la perfection. Elles me rappellent ce fou de capitaine Queeg qui jouait jusqu'à l'obsession avec une roulement à billes tout en parlant d'un chapardage de fraises. Sous le couvercle, une note explique :

> Il y a huit cents ans, les mandarins croyaient que ces billes chinoises amenaient le bien-être du corps et la sérénité de l'esprit. Ces trésors hautement appréciés furent offerts au Président Reagan et à son épouse lors de leur visite en République populaire de Chine. Selon les Chinois, la rotation des billes dans la paume de chaque main stimule les doigts, active les points recensés en acupuncture et améliore la circulation de l'énergie vitale dans tout le corps. Partout, sportifs, musiciens, informaticiens, ainsi que les personnes qui croient au pouvoir de la conscience pour se soigner, y voient de merveilleux conditionneurs musculaires. Les arthritiques tirent un bienfait certain de cet exercice aussi paisible que difficile. Très efficaces pour la relaxation et la méditation, les billes chinoises émettent un son mystérieux et lointain quand on les fait rouler dans sa main. D'un dessin parfait, ces billes creuses de 45 mm de diamètre sont en chrome. Elles se logent sans mal dans la main d'un homme ou d'une femme de taille moyenne.

Les sortant l'une après l'autre de leur coffret, je m'émerveille : elles sont si lisses et il y a ce *ping* qu'elles font en s'entrechoquant, et il est si reposant de les faire rouler sans cesse, comme un monde miroitant en chevauchant un autre dans ma main. En fait, elles ne sont pas sans me rappeler les *rin no tan*, ces billes à plaisir spécialement pesées que les femmes d'Orient peuvent introduire dans leur vagin : quand elles se balancent d'avant en arrière, les billes bougent en elles, leur donnant la violente impression d'une étreinte sexuelle.

Ce cadeau est peut-être un arcane mineur, mais qui convient parfaitement pour un tour au Touch Dome de San Francisco, à la porte duquel j'arrive quelques heures plus tard. Tout au bout de l'Exploratorium, extraordinaire musée où l'on peut toucher à tout, se trouve un labyrinthe à trois dimensions, où l'on progresse en marchant, en grimpant, en rampant, en dérapant dans une obscurité marmoréenne. Les murs se dérobent pour vous donner naissance ailleurs, ou bien s'abaissent jusqu'à un sol en pente, ou vous mènent à ce qui vous fait l'effet d'un océan de haricots ou vous laissent vous frayer un chemin à tâtons parmi des hamacs de corde. De temps à autre, votre main s'égare sur une forme familière — une brosse, une sandale — aussi saisissante qu'un déluge éclair. Puis, vous retournez à une obscurité impénétrable. Certaines personnes ont de terribles accès de claustrophobie et se mettent à crier. Un gardien se faufile pour leur porter secours. Mais même quand on n'est pas sujet à la claustrophobie, il y a des moments de panique pure où l'on se demande si l'on va vraiment retrouver son chemin vers le monde de la vision. La nuit a la densité du roc, et le labyrinthe s'enfonce dans des glissoires trop étroites pour que l'on s'y tienne droit. On peut sentir l'amorce du toboggan et ses rêches dimensions, mais pas en deviner la longueur ni à quoi il ressemble plus loin. Jusqu'où plonge-t-il ? Et si l'on reste coincé à mi-chemin, incapable de lever la tête ou de bouger les bras ? Si l'on avance bras tendus en avant pour se faire une idée du chemin et que celui-ci aille en se rétrécissant et que l'on ne puisse faire demi-tour ? Et si, pour finir, on tombe tête la première dans un chose molle ? Les mains sur la tête, on glisse le long de la pente pour retrouver, d'une cabriole, sa liberté quelques moments plus tard. Rampant jusque dans une salle apparemment sans issue, on se relève et l'on s'étire, puis on découvre des échelons, on grimpe sans rien y voir et l'on débouche à un autre niveau du labyrinthe. Quelque chose de léger et de poisseux vous frôle le visage. La nuit est de nouveau un mystère compact, déconcertant et plein de culs-de-sac ; l'obscurité fait rouler ses billes de terreur sous vos pieds, et vous trébuchez à toute vitesse dans un bourbier ; quelque chose de sec, mais de mouvant vous engloutit jusqu'aux genoux. Enfin, le cœur battant la chamade, vous dévalez une rampe jusqu'à la lumière éclatante : vous avez survécu à une petite expédition au pays du toucher.

LES ANIMAUX

Les êtres humains connaissent la volupté du toucher, mais les animaux sont les vrais maîtres de ce sens. Les éponges le possèdent profondément ; elles sentent le moindre frisson de l'eau. On pense que les ténias ne se servent que du toucher pour percevoir le monde. Les plantes insectivores dépendent surtout de leur toucher pour vivre. L'abdomen des cancrelats est, à sa base, cuirassé d'appendices appelés *cerci* qui réagissent si bien aux vibrations que l'on utilise souvent ces insectes en laboratoire pour faire des expériences sur le toucher. Le pied des escargots est extrêmement sensible. Alligators et crocodiles recourent aux nombreux récepteurs tactiles disposés autour de leur tête pour se frotter et se caresser pendant la parade d'amour. On image volontiers que la carapace des tortues de mer est insensible. Or, ces grosses tortues aiment qu'on la leur gratte légèrement et peuvent sentir y passer une brindille. Tous les animaux fouisseurs, comme le chien de prairie et le tamanoir, ou tous les animaux nocturnes ont ordinairement un sens du toucher très développé. L'organe d'Eimer – un corpuscule du type pacinien dans le museau de la taupe – peut percevoir les moindres perturbations qui, dans le sol, trahissent la présence d'un ver. Le bec du canard est très sensible aux vibrations aquatiques, car sa peau contient des corpuscules de Herbst analogues aux corpuscules de Pacini. Le pivert se sert de sa langue – qui contient elle aussi un corpuscule de Herbst – pour chercher les insectes dans le bois qu'il a transpercé. Les pingouins ont besoin de toucher pour survivre : ils se tiennent sur les pattes de leurs parents, collés à leur ventre – en sorte qu'ils adorent toucher ou être touchés. Les rats sont des obsédés du toucher. Certains animaux aquatiques peuvent sentir les vibrations dans l'eau à de grandes distances et détecter très exactement tout ce qui bouge dans leur voisinage. Le toucher est de première importance chez les animaux ; le plus léger contact avec un objet ou un autre animal déclenche aussitôt leurs réactions. Pour s'en rendre compte, il n'est que de regarder les caprices physiques d'un chat qui se frotte et s'enroule autour des jambes de son maître, ou la romance de deux girafes entrechoquant leurs longs cous. Et de nombreux animaux aiment jouer à se toucher pendant des heures, qu'il s'agisse de deux chiens qui, langue pendante, courent l'un derrière l'autre et s'écroulent dans l'herbe, ou d'une bande de gosses qui se bousculent sur le terrain de foot du coin.

Selon la sagesse populaire, les animaux peuvent prévoir les tremblements de terre. Le bétail s'échappe des étables, les animaux familiers s'enfuient de la maison. Tous s'agitent frénétiquement ou, à tout le moins, se conduisent bizarrement avant le séisme, peut-être à cause de l'électricité statique dans l'air. Comme l'a constaté Helmut Tributsch, de l'Université libre de Berlin, la peau des animaux est beaucoup plus sèche que celle des humains. Il se produit un grand bouleversement électromagnétique peu avant que la terre ne tremble, ce qui se traduit par une production d'électricité statique, laquelle entraîne à son tour l'érection et le frémissement du poil des animaux. Je me rappelle avoir assisté au lancement de Viking II à Cap Canaveral en 1975. Pendant la mise à feu, l'air devint électrique et urticant. Je me sentais en alerte, car c'était la première fois dans l'histoire de notre planète que nous lancions une fusée pour savoir si la vie s'était manifestée ailleurs, et cela m'émouvait profondément. Le lancement de la fusée engendra un bouleversement électromagnétique très semblable à celui d'un tremblement de terre et augmenta l'électricité statique dans l'air, ce qui me donna le frisson. Même ceux d'entre nous, observateurs, qui se croyaient très forts n'ont pas pu ne pas éprouver cette émotion — traduite par les cheveux dressés dans le cou, les poings gigantesques qui cognaient la poitrine, l'esprit stimulé par la danse des ions négatifs et la fusée qui s'élevait, secouée par des spasmes de feu abricot.

TATOUAGES

De tous les arts qui déforment la peau, l'un des plus curieux et des plus anciens est le tatouage, qui avec l'aisance des ragots a suivi les routes du négoce et passé les continents. Les fermiers du Néolithique se tatouaient des tridents bleus sur le visage ; chanteuses, danseuses et prostituées de l'ancienne Egypte étaient tatouées. En 1769, le capitaine Cook nota dans son journal que les Tahitiens, hommes et femmes, arboraient des tatouages (le mot dérive probablement du tahitien *tatau*,

« frapper »). Le roi George V, Nicolas II et lady Randolph Churchill étaient tatoués, sans parler des Américains fous de souvenirs et des femmes à la mode qui, sous Victoria, voulaient avoir les lèvres roses en permanence. Les Maoris de Nouvelle-Zélande mirent au point un système de tatouage particulièrement élaboré que Terry Landau évoque dans *About Faces* (« Du visage ») :

> Très sophistiquée, leur technique du tatouage s'appelle *moko*... Un voyageur fit le portrait d'un chef de tribu qui se vantait de n'avoir laissé de côté aucune partie visible de son corps ; même ses lèvres, sa langue, ses gencives et son palais étaient entièrement tatoués.

Le tatouage japonais, appelé *irezumi*, est un art populaire sérieux, au même titre que la peinture de paysages ou que l'art floral. De grands maîtres du tatouage continuent de couvrir des corps entiers d'œuvres à la Chagall qui sont repoussantes ou subtiles, magiques, séduisantes, sensuelles, tridimensionnelles, macabres ou énigmatiques.

Essentiellement, les tatouages rendent unique la surface du corps, incarnent les rêves les plus secrets, ornent d'emblèmes magiques le Lascaux de la chair. Mais c'est aussi une forme d'autodestruction ; ceux dont le corps est entièrement tatoué vivent moins longtemps, leur peau ne pouvant respirer normalement et certaines encres contenant du poison. Ceux dont le visage, les mains, la tête sont tatoués ont d'une certaine manière choisi de se retrancher à jamais de la société. Il n'est donc pas surprenant qu'au Japon la plupart des tatoués vivent dans les bas-fonds. Les maîtres tatoueurs aident souvent la police de Tokyo à identifier des corps. Une personne dont le corps est entièrement tatoué en une seule scène cohérente dictée par sa silhouette et son idée d'elle-même a de quoi laisser perplexe. Et l'on s'interroge sur le symbolisme, la décoration et l'identité. Dans *The Japanese Tattoo* (« Le tatouage japonais »), son livre de quarante-six reproductions grandeur nature, ou presque, de polaroïds, la photographe Sandi Fellman explique que son goût pour le tatouage repose en fait sur un engouement pour le paradoxe : « La beauté créée par des moyens brutaux », « le pouvoir consenti au prix de la soumission », « la glorification de la chair comme moyen d'accéder à la spiritualité ».

Tout comme les Occidentaux donnent leurs organes après leur mort, un Japonais tatoué par un maître peut faire don de sa peau à un musée ou à une université. L'Université de Tokyo possède ainsi trois cents de ces chefs-d'œuvre. Encadrés. En pénétrant dans cette salle des dépouilles, on doit balancer entre le choc et l'émerveillement. Voir toutes ces vies déployées, définies par des aiguilles et de l'encre, tous ces êtres qui ont voulu devenir leur propre texte !

LA DOULEUR

Parmi les étendues sablonneuses de *Lawrence d'Arabie*, se détache une scène de masochisme absolu : T.E. Lawrence tient sa main au-dessus d'une flamme jusqu'à ce que la chair commence de grésiller. Essayant de l'imiter, son compagnon sursaute de douleur. « Ça ne vous fait pas mal ? » demande-t-il en serrant sa main brûlée. « Si », répond tranquillement Lawrence. « Comment faites-vous, alors ? » demande le compagnon. « Je ne m'en occupe pas », répond Lawrence.

L'une des grandes énigmes de la biologie réside dans la subjectivité de la douleur. La capacité de résister à la douleur dépend beaucoup de la culture et de la tradition. Nombreux sont les soldats qui ont nié la douleur que leur causaient d'effroyables blessures et n'ont pas même eu besoin de morphine, alors qu'en temps de paix ils en auraient réclamé. Les gens qui se font hospitaliser en vue d'une opération se concentrent presque toujours sur leurs seules souffrances, tandis que les soldats, les saints et autres martyrs parviennent à penser à quelque chose de plus noble qui compte davantage à leurs yeux, en sorte que la douleur est gommée. Les religions ont toujours encouragé leurs martyrs à faire l'expérience de la douleur afin de se purifier l'esprit. Nous venons au monde avec pour seule fortune le maigre mot « je », et son abandon dans un délire sacré est la douloureuse extase que demandent les religions. Lorsqu'un fakir court sur des charbons ardents, sa peau commence bel et bien de griller — on peut sentir l'odeur de chair brûlée ; simplement, il n'y pense pas. Il y a quelques années, ma mère, qui se trouvait à Bali, vit des hommes entrer en transe, prendre à pleines mains dans un feu des boulets de canon chauffés à blanc et les transporter sur la route. Comme l'ont montré, entre autres, les techniques de méditation et le biofeedback, le mental peut apprendre à vaincre la douleur. Cela est surtout vrai dans les moments de crise ou d'exaltation, quand la concentration sur quelque chose d'extérieur à soi semble détourner le mental du corps, et le corps de la souffrance et du temps. Evidemment, il y a des gens qui accueillent la douleur afin de la surmonter. En 1989, je lus quelque chose sur une nouvelle marotte californienne : pendant le week-end, des personnes fortunées appartenant au monde des affaires apprenaient à marcher sur des charbons ardents. Les êtres humains ont toujours aimé atteindre, voire repousser les limites assignées au corps. Une partie de notre psyché a tout d'un chronométreur et d'un météorologue. Il ne nous suffit pas de savoir à quelle vitesse nous pouvons courir, à quelle hauteur sauter, ou combien de temps nous pouvons retenir notre souffle sous l'eau. Il nous plaît aussi de vérifier régulièrement ces limites pour voir si elles se sont éloignées. Pourquoi ? Quelle différence cela fait-il ? Le corps humain est un miracle de beauté, qu'il puisse arracher et soulever trois cents livres, traverser la Manche à la nage, ou simplement prendre le métro pendant un an sans mourir. En termes d'anthropologie, nous sommes devenus ce que nous sommes en nous adaptant de mieux en mieux à notre environnement. Et dès le début, nous avons été guidés par tout un système de rétributions. Aussi ne faut-il guère s'étonner si nous raffolons de quiz et de loteries, de fiches de paie et de primes. Nous avons toujours exploré nos limites mentales également et, sans discontinuer, les avons repoussées. Au début des années 80, je passai un an comme journaliste sportive à suivre l'étourdissant jeu de jambes de Pelé, de Franz Beckenbauer et d'à peu près toutes les autres stars internationales que le New York Cosmos avait engagées à coups de dollars. Prenez le sport de votre choix. Imaginez maintenant les meilleurs joueurs du monde dans une seule équipe. Ce qui m'intéressait, c'était le violent cérémonial sportif, la psychologie du jeu, le cercle enchanté du terrain, le discours enjoué des jambes, le spectacle de vingt-deux hommes à peine vêtus courant dans l'herbe ensoleillée, entravant la trajectoire d'un ballon vers les buts. L'aisance et la grâce du football m'attiraient pour de multiples raisons, et je voulais en absorber l'atmosphère pour la reproduire dans un roman auquel je travaillais. A ma surprise, les joueurs ne s'apercevaient souvent qu'à la mi-temps ou qu'après le match qu'ils s'étaient grièvement blessés et souffraient atrocement. Pendant le match, ils ne sentaient rien, mais après, quand ils pouvaient s'offrir le luxe d'avoir mal, la douleur les taraudait, stridente comme la sirène qui retentit à midi dans les usines.

Notre peur de souffrir contribue fréquemment à notre souffrance. Notre civilisation tient l'accouchement pour profondément pénible. Il s'ensuit qu'il l'est pour nous. Mais des femmes appartenant à d'autres cultures interrompent simplement leur travail dans les champs afin d'accoucher et retournent aux champs aussitôt après. Dans le monde entier, l'initiation et les rites de l'adolescence impliquent des souffrances terribles que les initiés doivent endurer pour se montrer à la hauteur. Ainsi, dans la danse du soleil, chez les Sioux, un jeune guerrier se laissait-il transpercer la peau de la poitrine par des tiges de fer. Puis, on le pendait à un étançon. Me trouvant à Istanbul dans les années 70, je vis de jeunes garçons coiffés de fez et vêtus de soie brodée de motifs scintillants. Ils se préparaient pour la circoncision, fête importante dans la vie d'un Turc, qui se célèbre lorsqu'il atteint ses quinze ans. On ne se sert d'aucun anesthésique ; on donne simplement au garçon un loukoum à mâcher. Les écrits de sir Richard Burton[1] abondent en descriptions de mutilations et de tortures rituelles dans certaines tribus, comme celle où le chaman prélève sur le devant d'un jeune garçon un véritable tablier de chair, qu'il découpe depuis le ventre jusqu'aux cuisses, laissant après l'opération une énorme cicatrice blanche.

Les femmes de certaines cultures subissent de nombreux et douloureux rites initiatiques, dont l'excision, qui consiste à enlever ou à détruire le clitoris. On attend des femmes qu'elles soient à même d'endurer les souffrances de l'enfantement.

1. Voyageur anglais (1821-1890) qui découvrit le lac Tanganyika. *(N.d.T.)*

Mais il existe aussi des rites déguisés de la douleur, où l'on souffre au nom de la santé ou de la beauté. La mode veut que les femmes se fassent épiler les jambes à la cire. Elles l'ont d'ailleurs toujours fait. Lorsque je me pliai récemment à cette nécessité dans un salon de beauté de Manhattan, ce fut d'abord comme si dix mille abeilles m'avaient piquée à la fois, et je souffris mort et passion. Echangez maintenant une esthéticienne roumaine contre un agent de la Gestapo. Passez de la cabine du salon de beauté à une cellule de prison. Maintenez l'intensité de la douleur exactement au même degré, et vous pourrez parler de torture. Nous tendons à penser que se torturer au nom de la beauté était une aberration des anciens, mais il est aujourd'hui des salles de supplices chez les esthéticiens. Les gens se sont toujours mutilé la peau, ont souvent accepté de souffrir pour être beaux, comme si la douleur était le châtiment de la beauté et lui conférait le fumet particulier du sacrifice. Beaucoup de femmes connaissent des douleurs terribles pendant leurs règles, mais elles l'acceptent, sachant que ce n'est la faute de personne, qu'elles ne sont pas victimes d'une malveillance. En fait, cela ne les surprend pas, et c'est là toute la différence.

Il existe aussi des illusions algiques aussi vives que les illusions d'optique, quand celui qui souffre s'imagine éprouver une douleur qui ne saurait exister. Dans certaines cultures, le père vit une fausse grossesse — ou *couvade* —, se couche dans les douleurs de l'enfantement et passe par sa propre expérience de mettre un enfant au monde. Les organes internes n'ont pas beaucoup de récepteurs algiques (la peau est en principe le poste de garde). C'est pourquoi les gens souffrent souvent de manière indirecte lorsqu'un de leurs organes est dérangé. Les crises cardiaques entraînent souvent une douleur dans l'estomac, dans le bras gauche, ou l'épaule. En ce cas, le cerveau ne peut distinguer avec précision d'où vient le message. Dans le phénomène classique de la souffrance des membres fantômes, le cerveau reçoit des signaux erronés et continue de percevoir la douleur d'un membre amputé, douleur torturante, perverse et affolante puisqu'il n'y a rien de physique qui soit là pour souffrir.

La douleur nous a poursuivis tout au long de l'histoire de

notre espèce. Nous passons notre temps à essayer d'y échapper et, d'un certain point de vue, ce que nous appelons « bonheur » n'est peut-être que l'absence de souffrance. Souffrance qu'il est cependant malaisé de définir, qui peut être aiguë, sourde, lancinante, térébrante, imaginaire, ou indirecte. Nombre de douleurs prennent la forme de crampes ou de névralgies. Nous faisons également du désarroi émotif une sorte de souffrance. Les douleurs se combinent souvent, émotionnelles et physiques, ou bien physiques et physiques. Quand on se brûle, la peau forme une ampoule, et quand l'ampoule éclate, la peau fait mal d'une manière différente. Une blessure peut s'infecter. L'histamine et la sérotonine sont alors libérées, dilatent les vaisseaux sanguins et déclenchent une réaction douloureuse. On ne sent pas toujours les blessures internes (on peut opérer le cerveau en ne pratiquant qu'une anesthésie locale), mais on perçoit le plus souvent les maux qui étranglent la circulation sanguine. L'angine de poitrine, par exemple, qui se produit quand les artères coronaires se resserrent trop étroitement pour que le sang passe librement. Même une douleur intense échappe à la description précise, ainsi que Virginia Woolf nous le rappelle dans des pages sur la maladie : « L'anglais, qui peut exprimer les pensées de Hamlet et la tragédie de Lear, est impuissant à dire le frisson et le mal de tête... que le patient essaie de décrire à un médecin son mal de tête, et le langage est aussitôt à court de mots. »

SOULAGER LA DOULEUR

De même qu'il existe de nombreuses formes de douleur, de même existe-t-il de nombreux remèdes pour la pallier. Les anesthésiants comme la novocaïne et la cocaïne empêchent le corps d'envoyer au cerveau les signaux à haute fréquence de la douleur, ou le sodium de pénétrer dans les cellules nerveuses. Certaines drogues parviennent à brouiller les signaux émis à différentes étapes du message de la douleur. Des opiats naturels appelés endorphines occupent les sites du récepteur, qui, dès lors, ne peuvent recevoir le message du transmetteur nerveux[1]. C'est exactement de cette manière que la cocaïne influence les transmetteurs nerveux. Si les héroïnomanes ont un besoin toujours accru de leur drogue, c'est en partie pour cette raison qu'elle induit le corps à produire de moins en moins d'endorphines et à dépendre d'elle pour se charger de leur travail. Ce seuil toujours reculé peut se retrouver chez les arthritiques et toute personne obligée de prendre longtemps des analgésiques. L'aspirine a pour effet d'inhiber le flot des substances qui stimulent les récepteurs de la douleur quand on a mal, en sorte que l'on ne reçoit plus autant d'impulsions algiques. L'emploi continu des analgésiques peut en neutraliser les bienfaits, mais vingt minutes seulement d'aérobic suffisent pour inciter le corps à produire davantage d'endorphines, qui sont des calmants naturels. Se concentrer sur autre chose fait oublier la douleur ; la douleur requiert toute notre attention. Efficace et simple, il est une forme de soulagement qui vient de l'« inhibition latérale » : si des neurones essaient de réagir tous à la fois, ils se bloquent. Si vous vous cognez le gros orteil et qu'ensuite vous frottiez la région autour de l'endroit heurté, la douleur se dissipera dans la confusion de l'ensemble. Si vous mettez de la glace sur un horion, cela ne fera pas qu'éviter le gonflement, cela transmettra également des messages de froid au lieu de messages de douleur. Pendant l'amour, nous ne voyons guère d'inconvénient à avoir un peu mal (il est d'ailleurs des personnes chez qui la souffrance paraît augmenter le plaisir) et cela peut venir de la stimulation latérale — le cerveau reçoit tant de signaux de plaisir qu'il ne prête pas attention aux messages de douleur moyenne. Les techniques de relaxation, l'hypnose, l'acupuncture et les placebos peuvent pousser le corps à sécréter des endorphines et empêcher l'émission de messages de douleur. Naturellement, nous ne sentons pas l'électricité, nous éprouvons des sensations ; mais, si le code électrique de la souffrance ne fonctionne pas, nous ne nous sentons pas souffrir. Les êtres humains peuvent supporter des souffrances inouïes (le seuil de la douleur est plus élevé chez les femmes que chez les hommes), mais

1. Le papyrus d'Ebers, codex égyptien du seizième siècle avant notre ère, fait allusion au pouvoir que l'opium a d'enrayer la douleur. Les anciens savaient que les opiats étouffent la souffrance, mais ce n'est que récemment que l'on a commencé de comprendre comment. Au cinquième siècle, Hippocrate recourait à l'écorce de saule, dont dérive l'aspirine.

non sans recourir à une aide chimique, ou à un tour de passe-passe mental. Pendant la grossesse et à mesure que se rapproche le moment de l'accouchement, le taux de l'endorphine ne cesse de s'élever. Un chercheur a même émis l'hypothèse que les femmes enceintes ont des envies parce que les aliments dont elles ont envie sont riches en substances qui produisent la sérotonine, dont les femmes ont besoin pour affronter les souffrances des couches.

J'ai autrefois connu une chanteuse qui écrivait elle-même ses chansons, avait une voix de miel, se produisait dans les boîtes de Pennsylvanie. A vingt-huit ans, elle souffrait d'arthrite au point que, pour se détendre les mains avant chaque représentation, elle était obligée de porter des gants de cire chaude. Avec le temps, la douleur devint si intolérable qu'elle dut renoncer à se produire en scène et se consacra à l'enseignement. Pour ceux à qui elle ne laisse pas de répit, « la douleur est avide, grossière, et mesquine dans sa façon de nous vider de notre énergie », comme l'écrit le neurologue Russell Martin dans *Matters Gray and White* (« Matière grise et matière blanche »). « Elle est cruelle, désastreuse, souvent permanente et comme le sous-entend la racine latine – *poena*[1] –, c'est la punition corporelle qu'en fin de compte nous subissons tous parce que nous sommes en vie. » Dans de nombreux centres disséminés à travers les Etats-Unis, on considère que la douleur est une affliction émotionnelle et psychologique aussi bien que physique. Des équipes de neurologues, de psychologues, de physiothérapeutes et d'autres angologistes (spécialistes de l'étude de la douleur) travaillent avec les personnes que des souffrances chroniques mettent hors-circuit et cherchent des solutions dans l'affolant chaos du corps de leurs patients.

POURQUOI SOUFFRONS-NOUS?

Pourquoi les êtres humains souffrent-ils? Le sujet a donné lieu à des discussions théologiques, à des schismes philosophiques, à des édits psychanalytiques, à tout un tas de mots

1. En anglais, douleur se dit *pain*. La racine latine se retrouve donc dans le français *peine*. *(N.d.T.)*

creux au long des siècles. La douleur est le châtiment du péché commis au jardin d'Eden. La douleur est le prix qu'il faut payer, faute d'être moralement parfait. La douleur est une autopunition causée par la répression sexuelle. La douleur nous vient de dieux vengeurs, ou résulte de notre chute hors de l'harmonie naturelle. En fait, le mot *holy*[1] dérive du vieil anglais *haelen*, « guérir » et de l'indo-européen *kailo*, « entier, inentamé, sans blessure ». Le rôle de la douleur est d'avertir le corps d'un mal éventuel. Des millions de terminaisons nerveuses libres nous donnent l'alerte. C'est lorsqu'elles sont touchées que nous éprouvons une douleur. On se cogne le coude contre une bibliothèque et voici, selon Russell Martin, ce qui se passe alors :

> ...quantité de substances chimiques, comme les prostaglandines, l'histamine, la bradykinine et d'autres, emmagasinées dans les terminaisons nerveuses, ou à côté, dans la région affectée, se trouvent brusquement libérées. Les prostaglandines ont tôt fait d'augmenter la circulation sanguine dans cette région, ce qui accroît le pouvoir de lutter contre l'infection et les propriétés curatives des leucocytes, des anticorps et de l'oxygène. Secondées par la bradykinine et d'autres substances présentes en quantités minimes, les prostaglandines stimulent également les terminaisons nerveuses pour qu'elles transmettent des impulsions électriques tout au long du nerf sensoriel affecté jusqu'à son point de jonction avec la « corne dorsale » de la moelle épinière, bande de matière grise bordant celle-ci, recueillant les signaux sensoriels en provenance de toutes les parties du corps et les faisant parvenir au cerveau, d'abord au thalamus, où la douleur est en premier « ressentie », puis sur la « bande sensorielle » du cortex cérébral, où la douleur devient consciente, est localisée et perçue en son intensité.

Selon la théorie des motifs, les impulsions nerveuses se combinent pour télégraphier l'espèce de morse de ces messages. Certaines douleurs se précipitent purement et simplement sur la moelle épinière, ce qui fait que nous sursautons si nous touchons un poêle brûlant. Nous parlons alors de réflexe, entendant par là que, comme nous l'avions toujours soupçonné, il peut nous arriver d'agir de manière irréfléchie et qu'il

1. En anglais, « saint, sacré ». *(N.d.T.)*

en est souvent ainsi. Une douleur aiguë — un ligament déchiré, une brûlure — fait si mal que nous immobilisons la partie atteinte assez longtemps pour qu'elle guérisse. Une piqûre n'est sans doute pas ce qui fait le plus mal, mais c'est ce qui fait mal le plus vite, le signal se déplaçant à près de 30 m à la seconde. Brûlures et névralgies se propagent plus lentement : à 2 mètres à la seconde. Les douleurs dans les jambes peuvent atteindre une vitesse de 460 m à l'heure. Nous ne nous occupons pas de nos fonctionnements internes jusqu'au moment où quelque chose va de travers, quand nous avons l'estomac dans les talons, mal à la tête, ou sommes assoiffés. Cependant, les savants ne se sont toujours pas mis d'accord pour définir exactement la douleur. Pour certains, il s'agit de la réaction de récepteurs particuliers à des dangers particuliers — substances chimiques nocives, brûlure, coupure, gelure, coup de couteau —, tandis que, pour d'autres, c'est quelque chose de beaucoup plus ambigu, une stimulation sensorielle extrême d'un genre ou d'un autre, du fait que, dans l'écosystème de notre corps, une trop grande quantité d'une chose ou d'une autre crée un déséquilibre. En ce sens, la douleur est donc bien le signe que nous ne sommes pas en harmonie avec la Nature. Lorsque nous avons mal, c'est en l'endroit atteint, sans doute, mais tout le corps réagit. Nous transpirons, nos pupilles se dilatent, notre tension monte. Curieusement, le même phénomène se produit lorsque nous sommes en colère, ou que nous avons peur. La douleur s'accompagne d'émotions profondes. Si nous avons très mal, nous pouvons également nous en effrayer. Et que faut-il penser des sadomasochistes en qui se combinent plaisir et douleur?

Au cours de ses célèbres expériences, Ivan Pavlov soumit des chiens à des décharges électriques qui les secouaient violemment. Puis, il les nourrit quotidiennement après une décharge pénible, les conditionnant ainsi à associer le choc avec quelque chose de positif. Même quand il augmenta la puissance de la décharge, ils remuèrent la queue et salivèrent dans l'attente de leur repas. Pour d'autres expériences, il laissa des chats toucher un interrupteur qui leur envoyait une décharge d'électricité et les nourrit au même moment; il finit par constater qu'ils recherchaient cette décharge afin d'obtenir leur nourriture.

Kafka a écrit des nouvelles où des gens sont des professionnels de la souffrance, tels les « artistes de la faim » ou autres adeptes de l'auto-mutilation; il est des publics qui achètent volontiers le douteux privilège de voir quelqu'un souffrir. Il y a toujours eu des histrions de la douleur, des artistes de l'auto-mutilation pour qui la souffrance n'a pas le même sens que pour nous. A la Belle Epoque, un artiste de music-hall, Edward Gibson, surnommé « la pelote à épingles », laissait les spectateurs lui enfoncer des épingles dans le corps. Il alla jusqu'à se faire crucifier en scène, des clous lui transperçant les mains et les pieds. Les représentations ne furent interrompues que parce que les gens s'évanouissaient dans la salle. Il y eut aussi le célèbre Rudolf Schwarzkogler, Allemand qui se tailladait avec des rasoirs et des couteaux devant un public ivre de sadisme et avide d'horreur insurpassable. Ces êtres ne sentent-ils donc pas du tout la douleur? Les centres du plaisir et de la douleur sont-ils confondus en eux? Ou bien, comme T.E. Lawrence, éprouvent-ils la souffrance et sa liquéfiante épouvante, mais n'en tiennent-ils aucun compte?

LE BAISER

L'amour physique est l'ultime intimité, l'attouchement ultime lorsque, pareils à deux paramécies, nous nous absorbons mutuellement. Nous jouons à nous entre-dévorer, à nous digérer l'un l'autre, nous nous berçons dans les bras l'un de l'autre, nous buvons les fluides l'un de l'autre, nous pénétrons même sous la peau l'un de l'autre. Par le baiser, nous partageons notre souffle, ouvrons à notre partenaire la forteresse autrement scellée de notre corps. Nous prenons refuge dans la chaleur d'un réseau de baisers. Nous buvons à la fontaine des lèvres de l'autre. Partant avec la caravane des baisers de l'autre, nous déchiffrons de nos doigts et de nos lèvres le terrain de ce nouveau corps, faisant halte à l'oasis d'un mamelon, à l'éminence d'une cuisse, au serpentement de la rivière qu'est la colonne vertébrale. Sorte de pèlerinage du toucher, qui nous conduit au temple de notre désir.

Le plus souvent, nous touchons avant de le voir le sexe de notre partenaire. Les séquelles de notre puritanisme ne nous pardonneraient pas de nous exposer l'un à l'autre en notre nudité avant que nous ne nous soyons embrassés et caressés. Il y a une étiquette, un protocole, même dans un acte sexuel impétueux et fugitif. En revanche, on peut s'embrasser tout de suite et, dans le cas d'affection réciproque, c'est moins un prélude à l'accouplement qu'une marque de considération. Il y a des baisers sauvages et enfiévrés, et il y en a de joyeux, et il y a des baisers aussi doux et légers que des plumes de cacatoès. On dirait que, dans la langue complexe de l'amour, il existe un mot que les lèvres ne peuvent prononcer qu'en touchant d'autres lèvres, silencieux contrat scellé par un baiser. Il y a une façon de faire l'amour qui est crue et sans romantisme. En revanche, un baiser peut représenter un sommet de volupté. Le temps s'y éternise, l'esprit y éploie ses ailes dans la douceur des rets d'un amour, quand un frisson parcourt les os, que l'anticipation lance ses fusées, mais que l'assouvissement est délibérément tenu à distance, en un tourment exquis, pour que s'amplifie le crescendo délectable de l'émotion et de la passion.

Quand je suivais mes études secondaires, au début des années 60, les jeunes filles bien élevées n'allaient pas jusqu'au bout de l'étreinte — la plupart n'auraient même pas su s'y prendre. Mais Seigneur, que de baisers! Nous embrassions pendant des heures sur le siège avant tout déglingué d'une Chevrolet d'emprunt qui, lorsqu'elle roulait, faisait un boucan de vaisselle cassée. Nous embrassions avec une imagination forcenée, accrochées à nos petits amis, à l'arrière de leurs motos dont les trépidations nous mettaient les fesses en compote. Nous embrassions à perdre haleine derrière l'enclos des tortues de mer, dans le parc, ou bien dans la roseraie locale, ou au zoo. Nous embrassions délicatement, sirotant et picorant les lèvres tour à tour. Nous embrassions passionnément, et nos langues étaient comme des tisonniers brûlants. Nous embrassions en dehors du temps, car nous partagions notre désir avec les amants de toutes les époques. Nous embrassions follement, presque douloureusement, avec une férocité qui nous ravissait l'âme. Nous embrassions avec recherche comme si, par nos lèvres, on avait inventé le baiser.

Nous embrassions furtivement lorsque nous nous croisions dans les couloirs, entre les cours. Nous embrassions du fond de l'âme dans l'ombre des salles de concert comme nous nous imaginions que le faisaient les chevaliers musicaux de la passion, tels les Frères de la Vertu et leurs dames. Nous embrassions des vêtements ou des objets appartenant à nos petits amis. Nous embrassions nos mains lorsque nous envoyions à ceux-ci des baisers depuis l'autre côté de la rue. Nous embrassions nos oreillers la nuit, comme s'ils avaient été nos compagnons. Nous embrassions éhontément avec toute la vigueur et toute la sève de la jeunesse. Nous embrassions comme si tant de baisers avaient dû nous sauver de nous-mêmes.

Juste avant mon départ pour un camp d'été — ce que, en attendant mieux, les filles de quatorze ans faisaient alors, quand elles vivaient en Pennsylvanie —, mon petit ami, que mes parents ne considéraient pas d'un bon œil (différence de religions) et qu'ils m'avaient interdit de voir, faisait à pied huit kilomètres tous les soirs pour se hisser jusqu'à la fenêtre de ma chambre et m'embrasser. Ce n'étaient pas des baisers à pleine bouche, dont nous ignorions tout, et nulle étreinte tâtonnante ne les accompagnait. Simplement, la terre s'arrêtait, nous y mettions toute notre âme, c'étaient de ces baisers d'adolescents où les lèvres s'écrasent sur celles de l'autre et où l'on croit s'évanouir tant on est enfiévré. Nous nous écrivîmes pendant mon absence, mais lorsque l'école rouvrit ses portes à l'automne, notre histoire se défit d'elle-même. Je me rappelle encore ces soirs d'été, la façon dont mon petit ami se cachait dans mon armoire si mon père, ou ma mère, ou mon frère entraient par hasard, et cette façon, aussi, qu'il avait de m'embrasser pendant peut-être une heure avant de rentrer chez lui à la tombée de la nuit. Et je demeure émerveillée par sa détermination et le pouvoir d'un baiser.

Le baiser semble être le plus petit mouvement des lèvres, mais il peut néanmoins capturer des émotions passionnées, sceller un pacte, ou pulvériser un mystère. Il est des cultures où l'on ne s'embrasse guère. Dans *The Kiss and Its History* (« Le baiser et son histoire »), le Dr Christopher Nyrop évoque des tribus finnoises « où l'on se baigne ensemble dans un état de complète nudité », mais qui voient dans le baiser « quelque chose d'indécent ». Dans certaines tribus d'Afrique, dont les membres arborent des lèvres décorées, mutilées, distendues ou déformées d'une façon ou d'une autre, on ne s'embrasse pas. Mais ce sont là des exceptions. La majorité des habitants de cette planète se saluent visage contre visage ; cela, qui peut prendre bien des formes, comprend le baiser, le reniflement, le frottement de nez, etc. Il existe de nombreuses théories sur l'origine du baiser. Comme on l'a noté, certaines autorités pensent qu'au début les gens se respiraient mutuellement le visage, par amitié ou par amour, sorte d'inhalation qui leur permettait de jauger l'humeur et l'état de santé d'autrui. Il est aujourd'hui des cultures où les gens se saluent tête contre tête, en inhalant l'essence de l'autre. Certains se respirent réciproquement les mains. Les muqueuses des lèvres sont extrêmement sensibles, et nous nous servons souvent de la bouche pour éprouver la qualité des choses, tandis que le nez nous sert à en respirer l'arôme. Les animaux lèchent volontiers leurs maîtres ou leurs petits et savourent ainsi le goût de leurs favoris[1]. Il se peut donc que le baiser ait d'abord été une façon de sentir et de goûter quelqu'un. Selon la Bible, quand Isaac devenu vieux eut perdu la vue, il appela son fils Esaü pour l'embrasser et lui donner sa bénédiction ; mais Jacob mit les vêtements d'Esaü et, ayant dès lors la même odeur que lui, reçut à sa place la bénédiction de leur père aveugle. En Mongolie, un père n'embrasse pas son fils, mais lui respire la tête. Dans certaines cultures, on préfère se frotter simplement le nez (les Inuits, les Maoris, les Polynésiens et d'autres), tandis que, dans certaines tribus malaises, le mot pour « sentir » veut également dire « saluer ». Charles Darwin décrit ainsi la façon dont les Malais se frottent le nez pour s'embrasser : « Les femmes s'accroupissent, le visage tendu vers le haut ; mes domestiques se penchèrent sur elles et commencèrent de frotter. Cela dura plus longtemps qu'une cordiale poignée de mains. Et pendant ce temps, ils émirent des grognements de satisfaction. »

Dans certaines cultures, on s'embrasse chastement ; dans d'autres, fiévreusement ; et dans d'autres encore, avec férocité, en mordant et en suçant les lèvres de l'autre. Dans *The*

1. Le baiser n'est pas le monopole des êtres humains. On a remarqué que les singes s'embrassent et s'étreignent en signe de paix.

Customs of the Swahili People (« Les coutumes des Swahilis ») présenté par J.W.T. Allen, il est dit que, chez les Swahilis, mari et femme s'embrassent sur les lèvres s'ils sont chez eux et qu'ils embrassent librement les jeunes enfants. Toutefois, les garçons de sept ans et plus ne se font embrasser ni par leurs mères, ni par leurs tantes, ni par leurs sœurs, ni par leurs belles-sœurs. Le père peut embrasser son fils, mais un père ou un frère ne doivent pas embrasser une fille. En outre,

> quand sa grand'mère ou sa tante ou une autre femme viennent, on dit à un petit garçon d'un an ou deux de montrer à sa tante qu'il l'aime bien et d'aller la trouver. Elle lui demande alors de l'embrasser. Ce qu'il fait. Puis, sa mère lui demande de montrer son tabac à sa tante. Il soulève ses vêtements et montre son pénis. Elle le tripote vivement, le renifle, éternue et dit : « Qu'il est fort, ce tabac ! » Puis, elle ajoute : « Cache ton tabac, maintenant. » S'il y a quatre ou cinq femmes, elles reniflent toutes le pénis du petit, sont contentes et rient beaucoup.

Comment a-t-on commencé de s'embrasser à pleine bouche ? Pour les primitifs, l'air chaud, s'échappant de leurs bouches, a pu apparaître comme une incarnation magique de l'âme, et le baiser comme un moyen de fondre deux âmes. Desmond Morris, qui a longtemps observé les gens de l'œil précis du zoologue, est l'une des nombreuses autorités à attribuer cette origine fascinante et, pour moi, fort plausible au « baiser à la française[1] ».

> Dans les premières sociétés humaines, avant que la nourriture pour bébés ne fût commercialisée, les mères sevraient leurs enfants en mâchant pour eux les aliments qu'elles leur passaient ensuite par un procédé de bouche-à-bouche — ce qui, bien entendu, n'allait pas sans beaucoup de coups de langue et de mutuelle pression buccale. Ce système, qui rappelle la becquée des oiseaux, nous semble aujourd'hui bizarre, étranger, mais notre espèce y a probablement recouru pendant un million d'années ou davantage. Et il y a de fortes chances pour que le baiser érotique des adultes d'aujourd'hui en soit le vestige... Qu'il nous ait été transmis de génération, ou que nous y soyons naturellement prédisposés, la chose est difficile à trancher. Mais quoi qu'il en soit, il semblerait qu'avec le baiser

1. *French kissing*, autrement dit baiser à pleine bouche. *(N.d.T.)*

> à pleine bouche et le jeu de langues des amants modernes nous régressions jusqu'au stade nutritionnel par bouche-à-bouche d'un passé très éloigné... Si de jeunes amants s'explorant mutuellement la bouche avec la langue éprouvent l'antique plaisir du sevrage buccal, cela peut fortifier leur confiance l'un en l'autre et, par là même, resserrer les liens qui les unissent.

Nos lèvres sont d'une douceur exquise et répondent délicieusement. Leurs sensations tactiles sont représentées par une grande partie du cerveau — ce qui fait du baiser un présent des dieux. Evidemment, nous n'embrassons pas que dans l'amour ; nous embrassons aussi les dés avant de les jeter ; nous embrassons le doigt qui nous fait mal, ou celui dont se plaint un être aimé ; nous embrassons une statue ou un symbole religieux ; nous embrassons le drapeau de notre patrie, ou le sol lui-même ; nous embrassons un porte-bonheur ; nous embrassons une photographie ; nous baisons la bague d'un roi ou d'un évêque, ou nous nous baisons les doigts pour dire adieu à quelqu'un. Les anciens Romains donnaient le « dernier baiser », la coutume voulant qu'y fût capturée l'âme d'un mourant[1]. Les jeunes femmes pressent leurs lèvres peintes au dos des enveloppes, si bien que ce sont comme les empreintes digitales de leurs baisers qu'elles envoient à leurs chéris. Hershey vendant de petits bonbons enveloppés dans du papier d'argent et appelés « baisers », nous pouvons nous donner à nous-mêmes — ou à autrui — de l'amour en morceaux. Le culte chrétien comprend un « baiser de paix » : on embrasse un objet de piété — une relique ou la croix — ou ses coreligionnaires, ce que, d'ailleurs, certains remplacent par une poignée de mains plus réservée. *Curiosities of Popular Customs* (« Les curiosités des coutumes populaires »), livre publié en 1897 par William S. Walsh, cite un doyen Stanley qui, dans *Christian Institutions* (« Institutions chrétiennes ») parle de voyageurs « dont le visage avait été caressé et embrassé par le prêtre copte dans la cathédrale du Caire, tandis que, dans l'assemblée, tout le monde s'embrassait ». Dans l'ancienne Egypte, en Orient, à Rome, en Grèce, l'honneur exigeait que l'on embras-

1. On trouve des scènes de dernier baiser dans *Les Métamorphoses* d'Ovide (VIII, 860-861), dans *Hercules Oetaeus* de Sénèque et dans *L'Enéide* de Virgile (IV, 684-685), entre autres et, sous une forme plus érotique, dans les écrits de l'Arioste.

sât l'ourlet, les pieds ou les mains des personnages importants. Marie-Madeleine baisa les pieds de Jésus. Un sultan voulait souvent que, selon leur rang, ses sujets lui fissent l'hommage d'un baiser sur telle ou telle partie de son corps. Les grands dignitaires pouvaient lui baiser le gros orteil, d'autres devaient se contenter de la frange de son écharpe. La canaille, elle, baisait le sol. La coutume anglo-saxonne de dessiner des X à la fin d'une lettre pour représenter des baisers vit le jour au Moyen Age, alors que les analphabètes étaient si nombreux qu'une croix servait de signature au bas d'un document légal. La croix ne symbolisait pas le Christ ; ce n'était pas non plus un gribouillage arbitraire. Elle représentait la crucifixion de saint André, et l'on promettait d'être honnête en invoquant son nom. Pour témoigner de sa sincérité, on embrassait sa signature. Avec le temps, le X ne conserva que le sens du baiser[1].

Peut-être le baiser le plus célèbre est-il *Le Baiser* de Rodin, où deux amants assis sur une saillie, ou un affleurement rocheux, s'étreignent dans un rayonnement de tendresse et s'embrassent à jamais. Sa main gauche à elle passée autour de son cou à lui, elle semble quasiment défaillir, ou bien lui chanter dans la bouche. Et lui, sa main droite ouverte sur sa cuisse à elle, une cuisse qu'il connaît intimement et qu'il adore, semble prêt à jouer de sa jambe comme d'un instrument de musique. Enveloppés l'un en l'autre, collés l'un à l'autre par l'épaule, la main, la jambe, la cuisse et la poitrine, ils scellent leur destin et l'arrêtent de leurs lèvres réunies. Lui : ses mollets et ses genoux sont magnifiques. Elle : ses chevilles sont fortes, d'une féminité vigoureuse, ses fesses, sa taille, ses seins sont tout en courbes charnues. Une extase intégrale se déverse sur eux. Leurs corps ne se touchent qu'en quelques endroits, mais paraissent se fondre en chaque cellule. Par-dessus tout, ils sont absents au monde : à nous, au sculpteur, à tout ce qui n'est pas eux. On dirait qu'ils sont tombés dans le puits l'un de l'autre ; ils ne font pas qu'être absorbés, ils s'absorbent mutuellement. Rodin, qui faisait souvent de secrètes esquisses des mouvements bizarres de ses modèles, a donné à ses amants une

1. A une époque, la mode fut en Espagne à des formules finales telles que QBSP (*Que besa su pies*, « Qui vous baise les pieds »), ou QBSM (*Que besa su manos*, « Qui vous baise les mains »).

intensité de vie que le bronze peut difficilement traduire en son essentielle tranquillité. Seuls, deux amants de chair se caressant et s'étreignant sans entraves ni conscience d'autre chose qu'eux-mêmes peuvent rendre cette intensité. Rilke note comment Rodin était capable d'emplir ses sculptures « de cette profonde vitalité intérieure, de l'étonnante et riche impatience de la vie. Même la tranquillité, là où tranquillité il y avait, se composait de centaines et de centaines de moments animés maintenus en équilibre... C'était un désir immesurable, une soif si grande que toutes les eaux du monde s'y évaporaient comme une seule goutte ».

D'après les anthropologues, les lèvres nous rappellent la vulve, parce qu'elles enflent et rougissent quand on les excite – raison consciente ou subconsciente pour laquelle les femmes les ont toujours peintes, les faisant ainsi paraître plus rouges. La mode est aujourd'hui aux lèvres que semblent avoir piquées des abeilles. Les mannequins se dessinent des lèvres plus grandes que nature, et plus accueillantes, presque toujours dans des tons de rose et de rouge, à quoi elles ajoutent un brillant qui leur donne l'air humide. Sur le plan de l'anthropologie, en tout cas, le baiser sur la bouche, surtout quand il s'accompagne d'une plongée de la langue et d'un échange de salive, est donc une autre forme d'acte sexuel. Et il n'y a rien d'étonnant à ce qu'il soulève dans le corps et dans l'esprit une houle de sensations éclatantes.

LA MAIN

1988. Au nord de New York, l'été s'écoule dans une lente étreinte humide. Un grand événement, cette semaine : une convention sur la parapsychologie à la Ramada Inn, pour dire la bonne aventure et échanger des anecdotes. Des cours seront donnés, des performances auront lieu dans les salles voisines. Mais pour une somme modique, le public peut avoir accès à la salle de bal et y choisir l'une des nombreuses cabines disposées en fer à cheval autour d'une partie de la salle, ou feuilleter des livres de parapsychologie en montre sur des tables de bridge. Il y a des chiromanciens, des numérologues, des spécialistes de la télékinésie et des OVNI, ainsi que des hommes et des femmes penchés sur des boules de cristal et des lames de tarot. Une grande femme mince en robe hawaïenne se tient devant un chevalet, maniant des pastels. Elle exécute des « régressions dans les vies antérieures » et, de surcroît, dessine les incarnations révolues grâce à des « guides dans les vies passées », comme elle les appelle. Beaucoup d'autochtones semblent avoir des guides indiens dont les noms consistent surtout en consonnes, c'est ce que je remarque en observant son manège à distance respectueuse.

Je finis par me décider pour une chiromancienne au visage grave et aux cheveux bouffants coiffés dans un style rustique. Un prospectus détaille les énigmes criminelles qu'elle a résolues et les prédictions exactes qu'elle a faites. Ayant donné vingt-cinq dollars à son mari et manager pour une brève étude, je m'assois en face d'elle à une petite table de bistrot contre le mur. D'âge moyen, elle porte un boléro en peau de lapin et une jupe longue. Ce que je me demande, c'est pourquoi il y a eu des affiches et des invitations. S'il s'agit d'une convention sur la parapsychologie, ne serait-il pas naturel que chacun *sache* où et quand a lieu la réunion ?

La femme me prend la main, qu'elle ratisse de ses doigts étendus, puis l'élève contre son visage comme si elle se dirigeait droit sur une écharde.

« Vous avez une voiture rouge, annonce-t-elle d'une voix solennelle.

— Non, bleue..., dis-je, désolée de la décevoir.

— Vous en aurez une rouge et vous devrez vous montrer très prudente. Je vois beaucoup d'argent pour vous en décembre. Mais quelqu'un avec qui vous travaillez vous trahira. Soyez sur vos gardes... Il y a près de vous quelqu'un qui s'appelle Mary ? »

Je fais non de la tête.

« Margaret ? Melissa ? Monica ?

— Ma mère s'appelle Marcia.

— C'est ça. Et vous vous en faites à son sujet. Mais tout ira bien, vous n'avez pas à vous inquiéter ». Elle presse maintenant la partie charnue de ma paume, replie le pouce en arrière, sépare mes doigts, les scrute. La main est « la partie visible du cerveau », disait Kant. Elle cherche les *lignes de flexion* (les plis formés par le mouvement de la main), les *lignes de tension* (les rides qui viennent avec l'âge, comme celles du visage) et les *stries papillaires* (les empreintes digitales), suit ma ligne de tête, ma ligne de cœur, ma ligne de vie, ma ligne de chance. Chez nos proches voisins, les singes, les lignes de tête et de cœur n'en forment qu'une. Mais nos index sont si mobiles et si forts qu'ils tendent à séparer les lignes chez la plupart des gens. Les paumes deviennent moites quand nous nous agitons : tribut à une époque très lointaine où la tension nerveuse correspondait au danger physique et où notre corps voulait que nous fussions prêts à combattre ou à fuir. Une légère tache blanche, à la base de mon majeur, suscite un hochement de tête de la part de la chiromancienne. Mais ce n'est qu'une cicatrice laissée par l'épine d'une rose. Rien à voir avec les stigmates, avec ces marques dont les catholiques romains prétendent qu'elles apparaissent spontanément sur leurs pieds et leurs mains — qu'elles ensanglantent— reproduisant les blessures infligées au Christ en croix.

« Vous connaissez quelqu'un qui s'est fait avorter? » demande la chiromancienne.

Tout au long de l'histoire, les chiromanciens ont choisi la main comme lien symbolique avec la psyché, avec l'âme : un radeau sur les vagues du temps. Après tout, la main est action : elle fait des routes et construit des villes, lance des javelots et lange les bébés. Ses moindres mouvements — composer un numéro de téléphone, appuyer sur un bouton — peuvent changer le cours de l'histoire des nations ou lancer des bombes atomiques. Dans le désarroi, nous laissons nos mains se consoler mutuellement, nous les tordons, les caressons, les brandissons, comme si elles étaient des individualités séparées. Au début d'une aventure, le premier contact partagé est celui de deux mains qui se prennent, tandis que les vieux couples, allant de par le monde, se tiennent par la main en un geste qui crée un pont de tendresse. Tenir la main d'un malade ou d'une personne âgée a quelque chose d'apaisant qui authentifie les émotions. Des expériences ont prouvé qu'il suffit de toucher la main ou le bras de quelqu'un pour que sa tension baisse. Dans de nombreuses cultures, les gens jouent distraitement avec des petits chapelets, des pierres polies et d'autres objets, ce qui engendre des ondes cérébrales semblables à celles d'un mental calmé par la stimulation répétée du toucher.

En cette époque de production de masse, nous attachons plus de prix aux objets faits à la main. Nous nous figurons que les travailleurs manuels peinent davantage que les fonctionnaires, bien que ce ne soit pas nécessairement le cas. Il arrive que les mains semblent exécuter leur tâche avec une adresse et une sensibilité qui défient toute explication. Bien qu'elle soit complètement aveugle, Lorraine Miller est coiffeuse dans un salon de beauté de Lancaster, en Pennsylvanie. Mère de cinq enfants, Mrs. Miller avait toujours voulu être esthéticienne, mais les exigences de la vie de famille ne lui en avaient jamais laissé le temps. Plus tard, une maladie l'ayant rendue aveugle, elle décida de réaliser son ambition. On lui enseigna, dans un salon de coiffure de Lancaster, à couper les cheveux au toucher en palpant la forme de la tête et les épaisseurs de cheveux à mesure qu'elle y taillait. Avec le temps, elle devint si compétente que le salon l'engagea.

Les stries minuscules dont, au bout de nos doigts, les aspérités facilitent la préhension, se forment au hasard et créent des espèces de tourbillons atmosphériques que nous appelons « empreintes digitales ». Les tourbillons suivent quelques modèles fondamentaux de spires, de boucles et d'arches, mais se combinent en une infinité de formes différentes. Même deux jumeaux parfaits n'ont pas les mêmes empreintes digitales. La recherche d'un coupable s'en trouve donc facilitée d'autant. L'idée selon laquelle les empreintes digitales sont la signature essentielle de l'être n'est pas nouvelle. Il y a des millénaires, les Chinois se servaient de ces empreintes pour la signature des contrats. Lorsque les agents du FBI cherchent des empreintes sur un billet volé, ils emploient un laser. Le résidu huileux absorbe la lumière du laser et la renvoie sur une plus haute longueur d'ondes. Portant des lunettes d'ambre, les experts auprès des tribunaux filtrent ensuite cette lumière et voient les empreintes — signature toujours reconnaissable.

La main se meut avec une complexité dans la précision que

rien ne peut remplacer, sent avec une délicatesse dans l'intuition que rien ne peut définir, comme s'en aperçoivent de plus en plus ceux qui font les maquettes pour les mains de robot. Parce que nous utilisons nos mains si fréquemment et à des fins si multiples, les courbant, les pliant, les resserrant, les pointant, les étendant des millions de fois, les ingénieurs de l'Institut de recherche de l'Université de l'Utah ont inventé un gant pour les mains qui ont perdu le sens du toucher — grâce à l'électronique et aux ondes sonores, ce gant donne à celui qui le porte le sens d'une pression (chose indispensable, si l'on veut être capable de saisir). Un fil relie le gant à un piston minuscule, lui-même raccordé à une partie du corps dont le sens du toucher n'a pas disparu ; les sensations de la main sont perçues dans le poignet, ou l'avant-bras, par exemple, et l'on apprend à les traduire en termes de réaction manuelle.

La sensibilité de l'extrémité des doigts se révèle dans l'utilisation du braille, qui, à présent, se répand partout, des tableaux d'ascenseur à la face des pièces italiennes. On peut lire le braille rapidement, et l'on a toujours cherché des moyens de mieux s'en servir. Une étude récente parue dans *Education of the Visually Handicapped* (« Education des malvoyants ») suggère que le braille peut se lire avec plus de précision et d'efficacité si l'on déplace les doigts verticalement plutôt qu'horizontalement, parce que les récepteurs tactiles des extrémités des doigts sont plus sensibles quand on les emploie dans ce sens.

De tout temps, les poignées de mains ont servi à prouver que l'on ne portait pas d'armes et que l'on était sincère, bien que l'on ne se serre couramment la main pour se saluer que depuis la révolution industrielle en Angleterre : les hommes d'affaires avaient alors tant de contrats à passer et de mains à serrer pour attester leur bonne foi que le geste, perdant son sens premier, fit son entrée parmi les conventions de la vie sociale. Une poignée de mains est encore une version édulcorée du contrat de jadis : faisons comme si nous étions réguliers l'un avec l'autre. La main a longtemps été le symbole de tout le corps, comme l'indiquent des expressions telles que « prêter la main », ou « main-d'œuvre ».

Que l'on pense à toutes les façons dont nous nous touchons.

Je ne veux pas seulement parler de la masturbation (de *manustuprare*, « profaner, déflorer avec la main »), j'entends la manière dont nous nous enveloppons les épaules de nos mains et nous berçons comme une mère apaisant son enfant ; dont nous nous voilons la face dans nos paumes pour nous isoler et prier, ou pour pleurer ; dont nous nous frottons vivement les bras en faisant les cent pas ; dont, les yeux écarquillés, nous appuyons la paume sur une joue quand nous nous n'en revenons pas de quelque chose. Le toucher compte tellement dans les situations émotionnelles que nous en venons à nous toucher comme nous voudrions que quelqu'un nous touche pour nous rassurer. Les mains sont les messagères de l'émotion. Il est peu d'êtres qui aient compris la complexité de leur tâche aussi bien que Rodin. Voici comment Rilke décrit l'art de Rodin :

> Rodin a fait des mains, indépendantes, petites, qui, sans appartenir à aucun corps, sont néanmoins vivantes. Des mains que l'irritation redresse, que la colère brandit, des mains dont dardent les cinq doigts qui semblent aboyer comme les cinq gueules de Cerbère. Des mains en mouvement, des mains endormies et des mains qui s'éveillent ; des mains criminelles alourdies par l'hérédité, des mains fatiguées qui, ayant perdu tout désir, sont couchées comme des bêtes malades tapies dans un coin, et savent que l'on ne peut rien pour elles. Mais les mains forment un organisme compliqué, un delta où, venant de sources lointaines, une grande quantité de vie se rassemble et se déverse dans le flot de l'action. Les mains ont une histoire à elles. Elles ont leur propre civilisation, leur beauté particulière. Nous leur concédons le droit d'avoir leur développement, leurs désirs, leurs sensations, leurs humeurs et leurs occupations préférées.

TOUCHEURS PROFESSIONNELS

Dans la foule des soi-disant guérisseurs qui s'occupent de cas désespérés, se trouvent les praticiens du « toucher thérapeutique » qui prétendent soigner sans vraiment toucher : ils se contentent de passer légèrement les mains au-dessus du champ d'énergie de leurs patients. On peut assister à l'ancienne pratique de l'« imposition des mains » toutes les semaines sur la plupart des écrans de télévision américains. Un prédicateur demande à une personne malade ou qui a des problèmes de quitter l'assistance pour le rejoindre, semble deviner la nature de ses difficultés (Randi, qui démasque les charlatans, a révélé que ce sont là de simples tours de magie), puis leur touche le front avec une telle force qu'ils perdent l'équilibre. Ils tombent par terre dans une extase religieuse, se relèvent et affirment être guéris. Le monde est plein de chamans et de « medicine men » qui accomplissent des rites similaires, paraissent arracher le démon au corps des malades et guérir ceux-ci au moyen d'une incantation, ou d'un attouchement.

Le toucher est en fait un guérisseur si puissant que nous allons voir des toucheurs professionnels (médecins, coiffeurs, pédicures, tailleurs, chiropracteurs, prostituées et manucures) et fréquentons les bazars du toucher — discothèques, lieux où l'on cire les souliers, bains de boue. Le plus souvent, nous consultons un médecin parce que nous sommes malades, mais nous ne détestons pas prendre rendez-vous simplement pour nous faire tripoter. Un médecin ne peut pas grand'chose quand on souffre d'une allergie bénigne, d'une grippe ou de quelque autre petit dérangement, mais nous allons quand même le voir pour qu'il nous tâte, nous caresse, nous écoute, nous inspecte, nous manipule. Les singes et d'autres animaux se lancent pareillement dans tout un bichonnage en particulier de la tête. Dans l'Antiquité, les Romains, les Grecs et les Egyptiens arboraient des coiffures compliquées, qui exigeaient la présence de coiffeurs. Mais ce voluptueux attouchement finit par se démoder pour ne réapparaître qu'après le Moyen Age. Les salons de beauté professionnels, quant à eux, ne furent en vogue qu'à dater de l'époque victorienne.

Ce sont les gynécologues dont les attouchements professionnels sont les plus intimes de tous, et il est peu de situations aussi délicates pour une femme que de voir un gynécologue à qui elle n'a pas dit beaucoup plus que bonjour entrer dans la pièce où il va l'examiner, soulever le drap et se mettre au travail. Une attitude aussi blasée n'a pas toujours marqué la consultation du gynécologue. « Il y a trois cents ans, il arrivait même qu'on lui demandât d'entrer à quatre pattes dans la chambre des femmes enceintes pour se livrer à son examen, observe Desmond Morris, de façon qu'elles ne puissent voir la personne dont les doigts allaient les toucher si intimement. Plus tard, il fut tenu de travailler dans une chambre obscure, ou d'accoucher sa parturiente en tâtonnant sous les draps. Une eau-forte du dix-septième siècle le montre assis au pied du lit, le drap enfoncé dans son col comme une serviette de table, incapable de voir ce que font ses mains, opération d'anti-intimité qui ne lui permettait pas de couper sans risques le cordon ombilical. »

L'attouchement professionnel le plus évident est, le massage, conçu pour stimuler la circulation, dilater les vaisseaux sanguins, détendre les muscles et nettoyer le corps de ses toxines par le canal de la lymphe. Le célèbre massage suédois met l'accent sur les longues caresses balayantes en direction du cœur. Le « shiatsu » japonais est une sorte d'acupuncture sans aiguilles, où l'on utilise le doigt (*shi*, en japonais) pour appuyer (*atsu*). Le corps est divisé en méridiens, le long desquels s'écoule la vitalité, ou force de vie, et le massage permet d'en débloquer les voies. Pour le massage « néo-reichien », qui va parfois de pair avec la psychothérapie, le praticien part du cœur afin de chasser l'énergie nerveuse. La réflexologie se concentre sur les pieds, mais, comme le shiatsu, s'occupe aussi des points de pression sur la peau, qui représentent les divers organes. Le massage de ces points doit en principe aider les organes correspondants à mieux fonctionner. Dans le « rolfing », le massage devient une manipulation violente, parfois douloureuse. Bien qu'il existe de nombreuses techniques différentes pour masser, des écoles conventionnelles et beaucoup de philosophie sur le sujet, des études ont montré que, dans quelque style que ce soit, seuls les attouchements faits avec amour peuvent améliorer la santé.

A l'Université de l'Ohio, un chercheur mena une expérience au cours de laquelle il donna à des lapins une nourriture excessivement riche en cholestérol et en choya systématiquement un groupe. Les lapins ainsi dorlotés souffrirent moitié moins d'artériosclérose que les autres qui avaient suivi le même régime, mais qu'il n'avait pas entourés de la même affection.

A Philadelphie, une expérience permit d'étudier les chances de survie de patients qui avaient eu des crises cardiaques. L'examen d'un vaste spectre de variables et de leurs effets sur la survie montra que la variable dont l'effet était le plus puissant était la possession d'un animal familier. Peu importait que l'on fût célibataire ou marié — ceux-là qui avaient des animaux survivaient plus longtemps. Caresser distraitement un animal est chose des plus calmantes ; on peut le faire sans y penser, tout en étant occupé à autre chose ou en parlant à des amis ou en travaillant. Or, cela a un effet curatif. Comme le nota l'un des expérimentateurs : « Nous élevons nos enfants dans une société non tactile et devons chercher des compensations auprès de créatures non humaines. Nous commençons avec les ours en peluche et les couvertures. Nous continuons avec les animaux. Sans contact, l'isolement s'installe. » Toucher quelqu'un a tout autant de vertu thérapeutique que d'être touché par quelqu'un. Le guérisseur, celui qui touche, est guéri en même temps que celui qui est touché.

TABOUS

Malgré notre passion de toucher et d'être touchés, qui est en fait un besoin, nombre de parties du corps sont tabous dans différentes cultures. Aux Etats-Unis, il est inacceptable qu'un homme touche les seins, les fesses ou le sexe d'une femme qui ne l'a pas invité à le faire. Une femme étant généralement plus petite qu'un homme, lorsqu'il lui enlace les épaules, son bras à elle lui enlace naturellement la taille. Une femme finit donc souvent par toucher la taille et le bassin d'un homme sans que cela implique nécessairement un acte sexuel. En revanche, quand un homme touche les hanches d'une femme, le geste revêt aussitôt un caractère sexuel. Les femmes touchent plus souvent les cheveux et le visage d'autres femmes que les hommes ne touchent les cheveux et le visage d'autres hommes. Les femmes se font d'ordinaire caresser les cheveux par tout le monde – mères, pères, amis des deux sexes – davantage que les hommes. Toucher la nuque d'une jeune Japonaise est tabou. En Thaïlande, c'est toucher le sommet de la tête d'une jeune fille qui est tabou. Dans les îles Fidji, toucher les cheveux de quelqu'un est aussi tabou que toucher le sexe de quelqu'un disons dans l'Iowa. Même dans les tribus primitives, où hommes et femmes vaquent, nus, à leurs occupations, il existe des tabous pour ce qui est de toucher certaines parties du corps. En fait, les tabous ne tombent que dans deux situations : les amants ont libre accès au corps de leurs partenaires, et les mères à celui de leurs bébés. Beaucoup des groupes qui fleurirent dans les années 60 ne proposaient guère plus que des séances d'attouchements organisés, souvent avec usage de drogues, où les gens s'efforçaient de renverser certaines inhibitions sociales et certains tabous à cause desquels ils se sentaient tendus, rigides, étrangers.

Il existe aussi des tabous qui relèvent du genre et de la position sociale. Tous les jours, nous voyons toutes sortes de gens, leur parlons, les écoutons, mais le contact physique que nous avons avec eux est quelque chose de spécial. Toucher quelqu'un revient à l'appeler par son prénom. Imaginez deux personnes au cours d'une réunion d'affaires. L'un effleure la main de l'autre, ou lui passe un bras autour des épaules tout en faisant une remarque. Lequel est le patron ? Presque toujours, c'est celui qui touche en premier. Des chercheurs ont observé des centaines de personnes lors de réunions publiques dans une petite ville de l'Indiana et une grande ville de la côte Est, et constaté que les hommes touchent d'abord les femmes, que les femmes touchent plus volontiers les autres femmes que les hommes ne touchent les autres hommes, et que, d'une façon générale, les personnes d'un rang supérieur touchent d'abord celles d'un rang inférieur. Celles-ci attendent le feu vert avant de se risquer dans une démonstration de plus grande intimité – fût-elle subconsciente – avec leurs supérieurs présumés.

LE TOUCHER SUBLIMINAL

La bibliothèque de l'Université de Purdue : une femme enregistre les sorties de livres. Mais ce n'est pas tout : son travail fait partie d'une expérience sur le toucher subliminal. Elle sait que, si, la moitié du temps, elle n'a rien de spécial à faire, pour le reste elle doit toucher les gens aussi insensiblement que possible. Elle frôle la main d'un étudiant en lui rendant une carte de la bibliothèque. Après quoi, quelqu'un suit l'étudiant à l'extérieur et lui demande de remplir un questionnaire sur la bibliothèque ce jour-là. Entre autres questions : la bibliothécaire lui a-t-elle souri ? L'a-t-elle touché ? En fait, bien que la bibliothécaire n'ait pas souri, l'étudiant répond que si — mais il dit qu'elle ne l'a pas touché. L'expérience se poursuit toute la journée. Un résultat apparaît bientôt : les étudiants qui ont été subconsciemment touchés se disent plus contents de la bibliothécaire et satisfaits de la vie.

Pour une expérience du même ordre se déroulant dans deux restaurants d'Oxford, Mississippi, les serveuses frôlent discrètement la main ou l'épaule de certains clients — qui ne trouvent pas fatalement meilleurs la cuisine ou le restaurant lui-même, mais qui laissent immanquablement de plus gros pourboires. Autre expérience, celle-ci à Boston. Une chercheuse laisse de l'argent dans une cabine téléphonique — où elle revient quand elle voit quelqu'un empocher l'argent. Elle demande tranquillement à la personne si elle n'a rien trouvé. Si, en parlant, elle touche cette personne, même insensiblement (les gens ne s'en souviennent pas ensuite), les chances qu'elle a de récupérer son argent passent de 63 à 96 %. En dépit du fait que nous sommes des créatures territoriales nous déplaçant à travers le monde comme de petites principautés, tout contact nous réchauffe, serait-ce à notre insu, nous rappelant sans doute l'époque d'avant les limites de toutes sortes où nos mères nous berçaient et où, sous leur charme, nous nous sentions parfaitement dignes d'amour. Un attouchement serait-il si subtil que l'on n'y prêterait pas attention, il ne passerait pas inaperçu du mental souterrain.

LE GOÛT

Ceux à qui la nature a dénié l'héritage du goût ont de longs visages, des yeux longs, le nez long. Quelle que soit leur taille, il y a quelque chose d'allongé dans leurs proportions. Leurs cheveux sombres sont ternes. Ils ne sont jamais replets. Ce sont eux qui ont inventé les pantalons.

ANTHELME BRILLAT-SAVARIN,
La physiologie du goût

LE SENS SOCIAL

On peut jouir seul de toute la beauté des autres sens, mais le goût, lui, est en grande partie convivial. Les êtres humains choisissent rarement de prendre leurs repas en solitaires, et il y a dans la nourriture un puissant élément social. Pour les Bantous, l'échange d'aliments crée un lien entre deux personnes qui, dès lors, appartiennent, en quelque sorte, au même « clan du porridge ». Nous mangeons d'ordinaire en famille. Il est donc aisé de voir comment en « rompant le pain » avec un étranger, on le fait entrer dans la famille. Dans le monde entier, la stratégie des affaires se déroule au cours de repas. La cérémonie du mariage s'achève sur un banquet. On se réunit entre amis autour d'une table pour célébrer un événement. Les enfants fêtent leur anniversaire à coups de glaces et de gâteaux. Les cérémonies religieuses s'accompagnent de nourriture par crainte, en sacrifice, ou en hommage. On accueille les voyageurs en les invitant à manger. Comme le dit Brillat-Savarin, toutes les formes de relations sociales peuvent avoir la table pour cadre : l'amour, l'amitié, les affaires, la spéculation, le pouvoir, les sollicitations, le patronage, l'ambition, l'intrigue... Si un événement doit compter sur le plan émotionnel, symbolique, ou mystique, de la nourriture l'accompagnera toujours pour le sanctifier et créer un lien dans la mémoire. Toutes les cultures font de la nourriture un signe d'approbation ou de commémoration, et l'on prête même à certains aliments des pouvoirs surnaturels, tandis que l'on en consomme d'autres en tant que symboles et d'autres encore au cours de rituels, les balourds et les sceptiques devant s'attendre à un sort contraire s'ils oublient la recette ou ne respectent pas l'ordre dans lequel les choses doivent s'accomplir. Pendant le *Seder*[1], les Juifs mangent du raifort pour symboliser les larmes que leurs ancêtres ont versées quand ils étaient esclaves en Egypte. Les Malais célèbrent les événements importants avec du riz, qui est le centre inspirateur de leur vie. Catholiques et anglicans communient sous les deux espèces. Les anciens Egyptiens — qui voyaient en l'oignon le symbole de cet univers aux multiples strates — prêtaient serment sur des oignons comme nous le faisons sur la Bible. Dans la plupart des civilisations, la nutrition est embellie grâce à des assiettes et des verres fantaisie, s'accompagne de fêtes, de musique, de soupers après le théâtre, de réunions en plein air avec barbecues et de bien d'autres formes de réjouissances. Le goût est un sens intime. Nous ne pouvons goûter de loin. Et la façon dont nous goûtons les choses (ainsi que l'exacte composition de notre salive) peut être aussi personnelle que nos empreintes digitales.

Les dieux de la nourriture ont gouverné le cœur et la vie de nombreux peuples. Les Indiens Hopis, qui révèrent le maïs, mangent du maïs bleu, pour se fortifier. Mais tous les Américains rendraient un culte au maïs s'ils savaient à quel point en dépend leur vie de tous les jours. Dans *Much Depends on Dinner* (« Tout ce qui dépend des repas »), Margaret Visser nous raconte joliment l'histoire du maïs et des manières de l'utiliser : les animaux d'élevage mangent du maïs ; les liquides en boîte contiennent du maïs ; le maïs entre dans la composition de la plupart des produits en papier, des matières plastiques et des substances adhésives ; les bonbons, les crèmes glacées et autres douceurs contiennent du sirop de maïs ; les aliments déshydratés et instantanés, de la farine de maïs ; de nombreux objets familiers sont faits à partir du maïs, les balais et les pipes pour n'en nommer que deux. Pour les Hopis, le seul fait de manger du maïs est en soi une marque de respect. Je tiens dans ma main une statuette hopi *katchina*[2]. Merveilleusement sculptée dans du peuplier d'Amérique, elle

1. Rituel célébré pendant la première nuit, ou les deux premières nuits de la Pâque juive. (*N.d.T.*)
2. En hopi, surnaturel, lié aux mondes supraphysiques. (*N.d.T.*)

est dédiée au maïs. Elle représente l'une des nombreuses essences de leur monde. Son corps, qui a la forme d'un épi de maïs, est peint en ocre, jaune, noir et blanc, avec des douzaines de carrés figurant le dessin en coupe de l'intérieur et des feuilles vertes jaillissant abstraitement de la base. Dans le visage, le nez, long et noir, a quelque chose d'une racine. Les yeux rectangulaires sont noirs. De la peau de lapin lui fait une collerette noire. Les oreilles blanches rappellent les barbes du maïs. Ne pas oublier deux franges brunes en plumes d'oiseau et deux cornes rayées de vert, de jaune et d'ocre retenues par des lambeaux de cuir brut. Katchina due à un artiste inspiré, l'ancien dieu Maïs me regarde.

De tout temps et dans maintes civilisations, le *goût* a toujours eu une double signification. Le mot anglais *taste* vient du moyen anglais *tasten*, examiner par le toucher, l'épreuve, d'après l'échantillon, et remonte au latin *taxare*, toucher avec précision. Le goût a donc toujours été une sorte d'épreuve. Les gens de goût sont ceux qui apprécient la vie d'une façon intensément personnelle et en trouvent une partie sublime, tandis que le reste leur semble sans intérêt. Quelque chose de mauvais goût tend à être obscène ou vulgaire. Et nous nous en remettons à des critiques professionnels pour le vin, la cuisine, l'art, etc., à qui nous confions la tâche de goûter les choses pour nous, parce que nous pensons que leur goût est plus raffiné, mieux éduqué que le nôtre. Un compagnon est « celui qui partage son pain », et ceux qui partagent leurs aliments en signe de paix ou d'hospitalité aiment à se réunir et « tailler un bout de gras ».

La première chose que nous goûtions est le lait de notre mère[1] qu'escortent l'amour, la tendresse, les caresses, un sens de sécurité, la chaleur et le bien-être — nos premières impressions d'intense plaisir. Plus tard, elle nous donne de ses mains de la nourriture solide. Ou bien, l'ayant elle-même mâchée, l'introduit dans notre bouche, déjà digérée en partie. D'aussi puissantes associations ne s'oublient pas facilement, à supposer que ce soit jamais le cas. Nous disons « nourriture » comme s'il s'agissait de quelque chose de simple, d'un absolu en soi

1. Ce lait, appelé colostrum, est riche en anticorps et contient toute l'expérience épidémiologique de la mère.

comme la pierre ou la pluie. Mais c'est une grande source de plaisirs dans la plupart des vies, un royaume complexe de satisfactions à la fois physiologiques et psychologiques qui, pour une grande part, se rattachent à des souvenirs d'enfance. La nourriture doit avoir bon goût, être une sorte de récompense, à défaut de quoi nous n'alimenterions pas le fourneau qui se trouve en chacune de nos cellules. Nous devons manger pour vivre, tout comme nous devons respirer. Mais tandis que la respiration est involontaire, la recherche de la nourriture ne l'est pas. Il y faut de l'énergie ; il faut que nous fassions des plans ; il faut qu'elle nous manque et nous attire assez pour nous arracher à notre torpeur. Elle doit nous tirer du lit le matin et nous suggérer l'idée d'enfiler des vêtements qui nous serrent, d'aller travailler, d'accomplir des tâches qui peuvent ne pas nous plaire et nous occupent huit heures par jour cinq jours par semaine, à seule fin que nous gagnions notre pain quotidien, ou, si vous voulez, que nous « méritions notre sel[1] », le mot sel étant à l'origine du mot *salaire*. Et comme nous sommes omnivores, nombre de goûts doivent pouvoir nous attirer, si bien que nous essayons facilement de nouveaux plats. A mesure qu'ils grandissent, les enfants se réunissent au fil de la journée — à l'heure des repas — pour entendre parler les adultes, poser des questions, apprendre les us et coutumes, découvrir le langage et le monde. Si le langage n'est pas né à table, c'est cependant au cours des repas qu'il a sans doute évolué et s'est enrichi, ainsi que pendant les chasses organisées en groupes.

Nous voyons facilement notre passé lointain dans un télescope inversé qui le comprime : une brève période pour la chasse et la cueillette, une longue pour la « civilisation ». Mais la civilisation ne représente qu'un stade récent de la vie humaine et, pour autant que nous le sachions, d'une grandeur peu probante. Il se peut d'ailleurs que ce ne soit pas le stade final. Cela fait deux millions d'années que nous vivons sur cette planète en tant qu'êtres humains identifiables et, à part les tout derniers millénaires, avons vécu au seul rythme de la chasse et de la cueillette. Nous pouvons chanter dans des

1. *To be worth one's salt*, mériter son sel — c'est-à-dire avoir une valeur quelconque. (*N.d.T.*)

chœurs et ranger nos fureurs derrière des bureaux, nous parcourons toujours le monde avec beaucoup des élans, des mobiles et des astuces de cette époque de la cueillette et de la chasse. Ce ne sont pas là des vérités détectables. Une civilisation venue d'ailleurs entrerait-elle en contact avec nous, le plus grand cadeau qu'elle pourrait nous faire serait une série de films de notre espèce à chaque étape de notre évolution. La conscience — le grand poème de la matière — paraît si improbable, si impossible, et pourtant nous sommes là avec notre solitude et nos rêves géants. En parlant dans les perforations d'un combiné téléphonique, comme à travers la grille d'un confessionnal, nous réussissons parfois à partager nos émotions avec un ami, mais c'est en général d'une manière si désincarnée qu'il nous semble que nous hurlons dans le vent. Nous préférons parler *en personne*, comme si nous pouvions provisoirement nous glisser dans les sentiments d'autrui. Notre ami nous offre d'abord à boire, à manger. C'est un acte symbolique, un geste qui dit : *Ces aliments nourriront ton corps comme je nourrirai ton âme.* Qui dit aussi, quand les choses se gâtent : *Je risquerai ma vie en partageant ce dont j'ai besoin pour survivre.* Ces époques de désespoir sont peut-être de l'histoire ancienne, mais la part de notre être qu'ont forgée de telles épreuves accepte avec reconnaissance la boisson symbolique et le morceau de fromage.

SEXE ET NOURRITURE

Que seraient les émois du flirt sans un bon repas ? Comme nous le rappelle la scène délicieusement sensuelle et paillarde de *Tom Jones* de Fielding, une table peut être le lieu parfait d'un prélude amoureux. Pourquoi la nourriture est-elle si sexy ? Pourquoi un homme dit-il d'une femme que c'est un beau morceau ? Pourquoi une Française appelle-t-elle son amant *mon petit chou*[1] ? Ou un Américain, sa petite amie mon cookie ? Ou un Anglais décrit-il une femme sexy comme un *crumpet* (grosse crêpe rôtie et généreusement beurrée) ou une

1. En français dans le texte.

tarte[1] ? La faim du sexe et celle de l'estomac ont toujours été alliées. Ce sont des besoins rapaces qui, en nous cajolant, nous ont depuis toujours conduits, à travers famines et guerres, jusqu'aux effusions de sang et à la sérénité.

Selon l'éclairage, n'importe quel aliment peut passer pour aphrodisiaque. On a toujours vanté, à une époque ou à une autre, pour leurs vertus aphrodisiaques, tous ceux qui sont de forme phallique : les carottes, les poireaux, les concombres, les cornichons, les holothuries (qui gonflent quand on les fait mariner), les anguilles, les bananes et les asperges — comme l'ont été les huîtres et les figues, qui rappellent l'appareil génital de la femme ; le caviar, parce que ce sont des œufs de femelle ; la corne de rhinocéros, les yeux d'hyène, le museau d'hippopotame, la queue d'alligator, la bosse de chameau, le sexe de cygne, la cervelle de colombe, la langue d'oie, sous prétexte que des choses si rares et si exotiques ne peuvent qu'être magiques ; les pruneaux (qui étaient gratuits dans les bordels élisabéthains) ; les pêches (en raison de leur aspect fessu ?) ; les tomates, appelées « pommes d'amour » et tenues pour avoir tenté Eve au Jardin d'Eden ; les oignons et les pommes de terre, qui ont l'air de testicules, ainsi que les « huîtres de la prairie » ou testicules de taureau grillés ; et la racine de mandragore, qui ressemble aux cuisses et au pénis de l'homme. La cantharide, l'aphrodisiaque préféré du marquis de Sade, dont il corsait les bonbons qu'il offrait aux prostituées et à ses amis, est en fait une blatte écrasée originaire du sud de l'Europe. Elle contient un irritant gastro-intestinal et améliore la circulation sanguine — double effet qui entraîne une puissante érection du pénis ou du clitoris, mais nuit aux reins au point d'être mortel dans certains cas. Le musc, le chocolat et les truffes passent aussi pour aphrodisiaques et, pour autant que nous le sachions, ce n'est pas impossible. Mais comme les sages l'ont dit depuis longtemps, la partie la plus sexy du corps, et le meilleur aphrodisiaque du monde, c'est l'imagination.

Les peuples primitifs voyaient en la création un processus à la fois individuel et universel, la terre offrant la nourriture, les êtres humains (souvent tirés de son argile ou de sa poussière)

1. Dans les deux cas, nous dirions en français « une belle poule ». (*N.d.T.*)

se prolongeant dans leur descendance. La pluie tombe des cieux et imprègne le sol, qui tire fruits et graines du corps fauve de la terre — une terre dont les montagnes ressemblent à des femmes allongées et dont les sources jaillissent comme la vigueur virile. Les rites de fécondité, s'ils étaient compliqués et accomplis dans la frénésie, pouvaient stimuler la générosité de la terre. Viandes et pains étaient cuits sous forme d'organes sexuels, surtout de phallus. Et des statues mâles et femelles au sexe démesuré présidaient aux orgies où des couples consacrés copulaient en public. Une Gaïa mythique versait le lait de ses deux seins, qui devinrent les galaxies. Les anciennes représentations de Vénus — seins en forme de globes, ventre gonflé, fesses énormes et cuisses à l'avenant — symbolisaient la force de vie femelle, mère des récoltes et des hommes. La terre elle-même était une déesse aux courbes épanouies, rayonnante de fertilité, débordante de richesses. On a dit que les représentations de Vénus étaient des exagérations de l'imaginaire, mais il n'est pas impossible que les femmes de cette époque leur aient ressemblé, tout en seins, en ventre et en fesses. Enceintes, elles devaient éclater en un véritable déploiement de formes.

La nourriture est produite par le sexe des plantes ou des animaux, et nous la trouvons sexy. Lorsque nous mangeons une pomme ou une pêche, nous mangeons en fait le placenta du fruit. Mais les choses seraient-elles différentes et même si nous n'associions pas subconsciemment la nourriture avec le sexe, nous la trouverions néanmoins sexy pour des raisons purement physiques. Nous nous servons de notre bouche à de multiples fins — pour parler et pour embrasser tout autant que pour manger. Les lèvres, la langue, les organes génitaux ont tous les mêmes récepteurs nerveux, appelés bulbes terminaux de Krause, qui les rendent ultrasensibles et font que leur charge est très haute. Il y a similarité dans les réactions.

Un homme et une femme sont assis tête à tête dans un restaurant aux lumières tamisées. Un bouquet de lis rouges et blancs répand dans l'air le doux picotement de la cannelle. Passe un serveur avec un plat de lapin à la moutarde. De la table voisine, s'élève l'arôme d'un soufflé aux myrtilles. Des huîtres, disposées sur un lit de glace pilée, vont mêler une à une le sel et la soie sur la langue de la femme. D'énormes beignets de crabe dégagent un fumet de fenouil dans l'assiette de l'homme. De petits pains ronds embaument. Les mains de l'homme et de la femme s'effleurent en voulant prendre du pain. Il la regarde dans les yeux, comme s'il voulait y couler du plomb fondu. Tous deux savent de quoi tout cela est le prélude. « *J'ai si faim* », murmure-t-elle.

PIQUE-NIQUE POUR OMNIVORES

Vous avez été invité à dîner chez des extraterrestres, qui vous ont demandé d'amener des amis. Etant vos hôtes, ils veulent d'abord savoir si vous avez des allergies, ou des interdits alimentaires, puis quelle nourriture vous aimez surtout. Que mangent les humains? demandent-ils. Des images cascadent dans votre tête, une corne d'abondance déverse plantes, animaux, minéraux, liquides et solides dans tout un étalage de styles culinaires. Les Massaïs aiment le sang de vache. Les Orientaux, la friture de chiots. Les Allemands, le chou rance (la choucroute). Les Américains, les concombres gâtés (les cornichons). Les Italiens, les brochettes d'oiseaux chanteurs. Les Vietnamiens, le poisson fermenté assaisonné de piments. Les Japonais et d'autres, les moisissures (les champignons). Les Français, les escargots à l'ail. Les Aztèques de la haute société mangeaient du chien rôti (une variété sans poils nommé *xquintli*, que l'on élève encore au Mexique). Les Chinois de la dynastie Tchou, des rats qu'ils appelaient « daims de la maison »[1]. Il est encore beaucoup de gens qui mangent des rongeurs, ainsi que des sauterelles, des serpents, des oiseaux qui ne volent pas, des kangourous, des homards, des escargots et des chauves-souris. A la différence de la plupart des autres animaux, qui occupent une place peu importante et cependant assez grande dans la vastitude de la vie sur la terre, les êtres humains sont omnivores. La terre offre peut-être 20 000 plantes comestibles.

1. Ce sont les Chinois qui, hantés par la nourriture, lancèrent les premiers restaurants dignes de ce nom sous la dynastie des T'ang (618-907). Quand apparut la dynastie des Sung, les restaurants étaient devenus des maisons de plaisir, aux nombreuses salles privées où l'on se rendait pour manger, boire et faire l'amour.

Pauvres eucalyptus, que dévastent les koalas, ceux-ci ne mangeant rien d'autre. Mais les êtres humains sont de grands improvisateurs, et qui savent modifier les produits de la Nature. La diversité fait notre joie. En période de sécheresse, nous pouvons lever le camp pour nous fixer ailleurs, ou fendre un cactus, ou creuser un puits. Lorsque les sauterelles s'abattent sur nos récoltes, nous pouvons déterrer des plantes et des racines. Si nos troupeaux meurent, nous trouvons des protéines dans les insectes, les haricots et les noix. Ce qui ne signifie pas qu'il soit facile d'être omnivore. Un koala n'a pas à s'occuper de savoir si la prochaine bouchée qu'il avalera risque de l'empoisonner. En fait, l'eucalyptus est des plus toxiques, mais le koala a tout ce qu'il faut dans les intestins pour ne pas y passer et il mange de l'eucalyptus exactement comme ses parents l'ont fait avant lui. Les vaches broutent sans crainte l'herbe et le grain. Mais les omnivores sont des inquiets. Ils ont besoin de sans cesse essayer de nouveaux aliments pour savoir s'ils sont savoureux et nourrissants, au risque de s'empoisonner par inadvertance. Ils doivent miser sur de nouveaux goûts ; ce faisant, ils acquièrent souvent un penchant pour quelque chose d'inhabituel qui, tout en étant nourrissant, n'est pas ce qui devrait pouvoir les attirer — les piments (que Christophe Colomb introduisit en Europe), le tabac, l'alcool, le café, les artichauts, ou la moutarde, par exemple. Du temps où nous vivions de chasse et de cueillette, nous consommions une nourriture très variée. Certains d'entre nous le font encore, mais nous préférons généralement ajouter des épices à ce que nous connaissons, ou dont nous pouvons facilement disposer — pour changer, comme nous disons. La monotonie n'est pas pour nous. D'une certaine manière, c'est plus sûr — mais d'une autre, c'est aussi plus dangereux. Pour la plupart, nous préférons que nos aliments soient bouillis, ou que la viande que nous mangeons soit celle d'animaux fraîchement tués. Nous n'avons pas de dents de carnassiers terriblement tranchantes, mais nous n'en avons pas besoin. Nous avons créé des outils pointus. Nous avons des incisives pour découper les fruits, et des molaires pour broyer les graines et les noix, et des canines pour déchirer la chair. Nous mangeons parfois du cresson et des cosses de pois et même les effluents des glandes mammaires des vaches, barattées jusqu'à ce qu'ils soient changés en yoghourt, ou glacés jusqu'à ce que, devenus lingots, ils soient fixés sur des bâtonnets.

Nos hôtes nous proposent un pique-nique, car derrière chez eux s'étend une prairie qu'éclairent deux soleils. Et ils nous font bon accueil à nous et à nos amis. Notre ami japonais choisit les hors-d'œuvre : sushi, avec des crevettes qui frétillent encore. Notre ami français suggère que nous ayons des baguettes, ou mieux encore des croissants dont il tient à nous raconter l'histoire peu vraisemblable. Pour célébrer la victoire de l'Autriche sur l'envahisseur ottoman, les boulangers créèrent une pâtisserie qui avait la forme du croissant des drapeaux turcs ; les Viennois purent ainsi dévorer leurs ennemis à table comme ils les avaient écrasés sur le champ de bataille. Les croissants gagnèrent bientôt la France et, vers 1920, traversèrent l'Atlantique avec d'autres spécialités françaises pour conquérir les Etats-Unis. Notre ami amazonien choisit le plat de résistance : des fourmis, rois et reines en période d'épousailles, appartenant à une espèce qui découpe les feuilles et dont le goût rappelle le beurre de noix, puis un rôti de tortue aquatique et des piranhas à la chair exquise. Notre ami allemand veut absolument que nous ajoutions des spaetzle et le plus noir de tous les pains, un « pumpernickel », qui tire son nom du verbe *pumpern*, « lâcher un vent » et de *Nickel*, « le diable », car on le trouvait si indigeste que, pensait-on, même le diable péterait s'il en mangeait. Notre ami tasaday veut du natek, pâte féculente que son peuple fait avec des cœurs de palmiers caryota. Le cousin anglais demande une marinade de langues de bœuf, du fromage bleu et, comme dessert, une charlotte — chantilly et amandes effilées coiffant un pudding à la confiture et à la crème garni de biscuits à la cuiller trempés dans du sherry.

Pour terminer notre pique-nique, notre ami turc propose du café turc. A l'aide d'un pilon, il écrase les grains dans un mortier au lieu de les moudre. Serviable, il prépare le café pour tous, verse de l'eau bouillante dans une passoire d'argent où il a mis cette poudre. Il amène le liquide à légère ébullition, le passe de nouveau et nous offre l'un des cafés les plus purs et les meilleurs que nous ayons jamais bus. Selon la légende, explique-t-il, le café fut découvert par un berger du neuvième siècle qui s'aperçut un jour que ses chèvres s'agitaient quand elles broutaient les baies de certains buissons. Pendant quatre cents ans, les gens se contentèrent de mâcher ces baies. Quand on les distille, le café brut ne donne rien de spécial. Mais au treizième siècle, quelqu'un s'avisa de faire rôtir les baies, ce qui leur fit dégager une huile âcre et l'arôme amer de mousse qui nous est maintenant si familier. Notre ami indien fait passer des sucres ronds avec consigne de les laisser fondre sur notre langue en sirotant notre café. Et mentalement, nous voilà projetés à la première utilisation recensée du sucre, dans l'Atharva Véda, texte sacré hindou du huitième siècle avant notre ère, qui décrit une couronne royale faite d'étincelants cristaux de sucre. Puis, il fait circuler un petit plat de graines de coriandre, nous en prenons quelques-unes entre nos doigts, les déposons sur nos langues, et leur saveur nous rafraîchit la bouche. Un pique-nique parfait. Nous remercions nos hôtes pour un pareil festin et, à charge de revanche, les invitons chez nous. « Mais que mangent les jujubariens ? » demandons-nous.

CANNIBALISME ET VACHES SACRÉES

Bien que la soupe à l'herbe ait constitué l'ordinaire des goulags russes, selon ce que Soljénitsyne raconte dans *Une journée dans la vie d'Ivan Denissovitch*, les humains ont peu de goût pour le bois, les feuilles, ou l'herbe : ils ne peuvent digérer la cellulose. Nous avons également du mal à manger les excréments, alors qu'il y a des animaux qui s'en délectent, ou de la craie, ou à boire du pétrole. D'autre part, les tabous culturels nous font mépriser de nombreux aliments sains et nourrissants. Les Juifs ne mangent pas de porc, les hindous ne mangent pas de bœuf et, en général, il ne viendrait pas à l'idée d'un Américain de manger du chien, du rat, du cheval, des sauterelles, des larves ou d'autres mets délicieux dont font grand cas d'autres peuples dans le monde. Anthropologue, Claude Lévi-Strauss a découvert que les primitifs distinguaient les nourritures auxquelles il était bon de penser de celles auxquelles il était mauvais de penser. La nécessité, mère de toutes les inventions, est aussi le père de multiples codes de conduite. Que l'on pense, par exemple, aux « vaches sacrées ». L'idée en est si étonnante qu'en anglais elle est passée dans le vocabulaire pour désigner une chose, un événement ou un personnage sacro-saints. Bien que la population de l'Inde dépasse les 700 millions d'habitants et que le besoin de protéines soit constant, on laisse un cheptel de plus de 200 millions de têtes vagabonder divinement dans les rues alors que tant de gens crèvent la faim. La vache joue un rôle essentiel dans l'hindouisme. Comme Marvin Harris l'explique dans *The Sacred Cow and the Abominable Pig* (« La vache sacrée et le cochon abominable ») :

> La protection des vaches et le culte de la vache symbolisent aussi la protection et l'adoration de la maternité humaine. J'ai toute une collection de calendriers indiens où, dans des couleurs vives, sont représentées des vaches couvertes de bijoux. Elles ont des pis énormes et, pour museau, le visage de madones humaines. L'adorateur hindou de la vache vous dira : « La vache est notre mère. Elle nous fournit le lait et le beurre. Ses veaux travaillent la terre et nous donnent à manger. » A ceux qui s'opposent à la coutume de nourrir des vaches trop vieilles pour vêler et donner du lait, les hindous répondent : « Enverrez-vous votre mère à l'abattoir quand elle sera vieille ? »

Il n'y a pas que la vache qui soit sacrée en Inde. Même la poussière où elle a laissé la trace de ses sabots est sacrée. Et selon la théologie hindoue, 330 millions de dieux vivent dans chaque vache. De nombreuses raisons justifient cette attitude nationale. Un pays surpeuplé comme l'Inde ne peut se permettre d'élever du bétail pour se nourrir, ce système est inefficace au plus haut point. Lorsque l'on mange la viande d'animaux nourris de graines, « neuf calories sur dix et quatre grammes de protéine sur cinq sont perdus pour la consommation humaine ». L'animal prend pour lui presque tous les éléments nutritifs. Le végétarianisme peut donc s'être développé comme remède et avoir reçu l'estampille du ritualisme religieux. « Je ne crois pas me tromper en disant que l'essor du bouddhisme est lié aux souffrances des masses et à l'épuisement du milieu, écrit Harris. En effet, d'autres religions analogues et non violentes... virent le jour en Inde à la même époque. » Dont le jaïnisme : ses prêtres recueillent les chats et les chiens perdus et, chez eux, réservent de surcroît une pièce aux seuls insectes. Dehors, quand ils vont par les rues, un acolyte les précède pour éloigner les insectes, quels qu'ils soient, de crainte qu'ils ne les écrasent en marchant. Ils portent également des masques de gaze de façon à ne pas avaler par mégarde un moucheron ou quelque autre insecte.

Un tabou se détache cependant. L'interdit le plus fantastique. « Qu'est-ce qui te ronge ? » peut-on demander à un ami dans l'embarras. Même si cet ami vient de se faire renvoyer par un patron despotique — le genre qui vous prend à la gorge —, on ne demandera jamais : « *Qui* est-ce qui te ronge ? » L'idée de cannibalisme est si éloignée de notre vie ordinaire que nous pouvons sans risque parler de *dévorer* dans un contexte sexuel sans que personne pense qu'il s'agisse effectivement de manger. Mais les omnivores peuvent tout manger, et même se manger les uns les autres[1]. Et la chair humaine est l'une des meilleures sources de protéines. Partout dans le monde, les peuples primitifs se sont adonnés au cannibalisme, toujours de façon rituelle, mais parfois aussi pour avoir les protéines que leur nourriture ne contenait pas. Pour beaucoup, il s'agit de chasseurs de tête qui exhibent ensuite leurs trophées à grands renforts de magie et avec des tas de flaflas et, pour ne rien perdre, mangent ensuite tout le corps. Pendant l'Age du Fer, en Grande-Bretagne, les Celtes consommèrent d'imposantes quantités de chair humaine. Certaines tribus d'Indiens d'Amérique torturèrent et mangèrent leurs prisonniers. Les détails (rapportés par des missionnaires chrétiens témoins de ces rites) ont de quoi faire dresser les cheveux sur la tête. En 1487, au cours d'une fête qui dura quatre nuits, les Aztèques auraient sacrifié quelque quatre-vingt mille captifs dont la chair fut partagée avec les dieux, mais presque entièrement consommée par une énorme population sevrée de viande. Dans *The Power of Myth* (« La puissance du mythe »), feu

1. En allemand, les êtres humains mangent (*essen*), mais les animaux dévorent ou se nourrissent (*fressen*). Les cannibales sont *Menschenfressen* — des êtres humains qui deviennent des animaux quand ils mangent.

Joseph Campbell, observateur avisé des croyances et des coutumes de nombreuses cultures, évoque un rite de cannibalisme, en Nouvelle-Guinée, au cours duquel est représenté le mythe de la mort, de la résurrection et de la consommation cannibale. La tribu pénètre sur une aire sacrée où l'on psalmodie et l'on bat le tambour pendant quatre ou cinq jours et où l'on se livre à une orgie sexuelle qui brise toutes les règles. Au cours de ce rite de la virilité, de jeunes garçons font leur première expérience sexuelle.

> Il y a un grand abri fait d'énormes bûches que soutiennent deux montants. Parée comme une déesse, une jeune femme y entre et s'étend sous l'immense toit. Tout en continuant de battre le tambour et de psalmodier, les garçons — une demi-douzaine — l'approchent l'un après l'autre et ont avec elle leur première expérience sexuelle. Lorsque vient le tour du dernier garçon et qu'il la possède, les étais sont enlevés, les bûches s'effondrent, et le couple est tué. Voilà l'union du mâle et de la femelle... tels qu'ils étaient à l'origine... Voilà l'union qui engendre et voilà la mort. Les deux sont la même chose.
>
> Puis, on tire le couple de dessous les bûches qui l'ont tué. On le fait rôtir et on le mange le soir même. Le rituel est la répétition de l'acte originel où un dieu fut tué et où la nourriture vint du sauveur mort.

Quand le Dr Livingstone, l'explorateur, mourut en Afrique, il semble que ses organes aient été mangés par deux indigènes de son escorte qui voulaient absorber sa force et son courage. La communion de l'Eglise catholique représente une consommation symbolique du corps et du sang du Christ. Certaines formes de cannibalisme furent plus sanguinaires que d'autres. Selon Philippa Pullar, les druides « pratiquaient la divination en poignardant un homme au-dessus du diaphragme et prédisaient l'avenir d'après ses convulsions et l'écoulement de son sang... Puis... ils le dévoraient ». Le cannibalisme ne nous fait pas horreur parce que la vie humaine est sacrée à nos yeux, mais parce que nos tabous sociaux le condamnent, ou, comme le dit Harris : « La véritable énigme est de savoir pourquoi, vivant dans une société qui ne cesse de parfaire l'art de multiplier les cadavres sur les champs de bataille, nous jugeons qu'il est bon de tuer les hommes, mais mal de les manger. »

LES AVENTURES D'UNE PAPILLE GUSTATIVE

Au microscope électronique, nos papilles gustatives semblent aussi grosses que les cratères de Mars, tandis que celles du requin sont de ravissants monticules de papier dans des couleurs de pastel — jusqu'au moment où nous nous rappelons à quoi elles servent. En réalité, les papilles gustatives sont minuscules. Les adultes en ont environ 10 000, groupées par thème (salé, aigre, doux, amer) en différents endroits de la bouche. Chacune contient quelque cinquante cellules gustatives qui relaient des renseignements à un neurone, lequel alerte le cerveau. Le centre de la langue goûte peu de choses, mais on trouve des papilles gustatives sur le palais, le pharynx et les amygdales, s'y accrochant comme les chauves-souris aux parois humides et gluantes d'une grotte. Les lapins possèdent 17 000 papilles gustatives, mais les perroquets n'en ont que 400 environ, tandis que les vaches en ont 25 000. Que goûtent-elles ? Peut-être leur en faut-il autant pour ne pas se lasser d'être pour toujours au régime de l'herbe ?

Avec le bout de la langue, nous goûtons le sucré ; les choses amères à l'arrière ; les choses aigres sur les côtés ; le salé un peu partout à la surface, mais surtout à l'avant. La langue est comme un royaume divisé en principautés selon les talents sensoriels. C'est un peu comme si tous ceux qui peuvent voir vivaient à l'est, ceux qui peuvent entendre à l'ouest, ceux qui peuvent goûter au sud, et ceux qui peuvent toucher au nord. Un goût qui traverse un royaume n'a pas la même identité en deux endroits différents. Si nous léchons un cornet de glace, une sucette, ou un doigt couvert de pâte à crêpe, nous touchons avec le bout de la langue, où sont situées les papilles gustatives pour le sucré, ce qui nous procure un plaisir supplémentaire. Un morceau de sucre n'est pas aussi sucré sous la langue que *dessus*. Le seuil le plus bas est celui de l'amertume. Parce que les papilles gustatives pour les choses amères sont à l'arrière de la langue, défense finale contre le danger, elles peuvent provoquer le spasme qui empêchera une substance de nous glisser dans la gorge. Il y a d'ailleurs des gens qui ont un haut-le-cœur quand ils prennent de la quinine, ou boivent du café pour la première fois, ou mangent pour la première fois des olives. Nos papilles gustatives peuvent détecter le sucré dans quelque chose même si le sucré n'y entre que pour 0,5 %. Les papillons et les mouches à viande ont la plupart de leurs organes gustatifs sur leurs pattes de devant et n'ont donc besoin que de se poser sur quelque chose de sucré pour en avoir le goût. Tout comme nous, les chiens, les chevaux et beaucoup d'autres animaux raffolent de sucreries. Nous pouvons détecter le salé dès qu'il en entre une part pour 400 dans quelque chose ; l'aigre une part pour 130 000, et l'amer une part pour deux millions. Il n'est pas nécessaire que les poisons aient pour nous des goûts différents, il suffit qu'ils soient amers. La distinction entre amer et sucré nous est si essentielle qu'elle se retrouve au niveau du langage. En anglais, les enfants, la joie, un ami en qui nous avons confiance, un amant sont *sweet* (doux, sucré). En revanche, le regret, un ennemi, la douleur, la déception, une discussion vicieuse sont amers. La « pilule amère » que nous redoutons d'avaler risque fort d'être du poison.

Les papilles gustatives doivent leur nom aux savants allemands du dix-neuvième siècle Georg Meissner et Rudolf Wagner, qui découvrirent des monticules de cellules gustatives se chevauchant comme les pétales des fleurs. Les papilles gustatives s'épuisent au bout d'une dizaine de jours, et nous les remplaçons, mais pas aussi fréquemment après l'âge de quarante-cinq ans. Notre palais n'en peut mais, passé un certain âge. Il est blasé. Il lui faut des goûts toujours plus intenses pour atteindre le même niveau de sensation, alors que, chez les enfants, le goût est d'une acuité fantastique. La bouche d'un bébé contient beaucoup plus de papilles gustatives que celle d'un adulte ; il s'en trouve même un surcroît qui tapisse l'intérieur des joues. Les enfants adorent les sucreries en partie pour cette raison que le bout de leur langue, plus sensible au sucré, n'a pas encore été émoussé par des années de gourmandise et de soupe trop chaude. Une personne née sans langue, ou à qui l'on a coupé la langue, peut encore goûter les choses. Brillat-Savarin cite le cas d'un Français qui, en Algérie, avait été puni pour avoir tenté de s'évader de prison : on lui avait tranché « le devant de la langue... jusqu'au filament ». Il avait du mal à avaler, mais le sens du goût fonctionnait encore assez bien. Cependant, « tout ce qui était très acide ou très amer lui causait d'insupportables souffrances ».

Tout comme nous ne pouvons sentir les choses tant qu'elles n'ont pas commencé de s'évaporer, nous ne pouvons les goûter avant qu'elles n'aient commencé de se dissoudre, ce qui ne nous est possible qu'au moyen de la salive. Tous les goûts que nous pouvons imaginer — depuis les mangues jusqu'aux œufs centenaires — proviennent d'une combinaison de quatre goûts primordiaux plus un ou deux autres. Et pourtant, nous pouvons distinguer très précisément les goûts, comme le font les tastevins, les goûteurs de thé ou de fromage et tous les professionnels du palais. Les Grecs et les Romains, qui avaient une connaissance raffinée des poissons, pouvaient, en en mangeant un, dire dans quelles eaux il avait été pêché. Si exact que soit notre sens du goût, des illusions peuvent encore nous surprendre. Par exemple, le glutamate de monosodium n'est pas plus salé que le sel fin; mais il contient vraiment plus de sodium. L'un de ses éléments, le glutamate, nous empêche de le trouver salé. Un neurologue du Collège de Médecine Albert Einstein voulut un jour savoir quelle quantité de glutamate de monosodium contenait un bol de soupe dans un certain restaurant chinois de Manhattan et en trouva 7,5 grammes — dose à laquelle on doit se limiter pour toute une journée.

Après que nous nous sommes brossé les dents, le matin, le jus d'orange nous paraît amer. Pourquoi? Parce que nos papilles gustatives ont des membranes qui contiennent des phospholipides graisseux, et les dentifrices, de leur côté, contiennent un détergent qui détruit les graisses et les corps gras. Commençant donc par attaquer les membranes avec son détergent, le dentifrice les laisse à vif; après quoi, les produits chimiques que contient le dentifrice, tels que le formaldéhyde, le calcium et la saccharine, produisent un goût aigre en se mêlant aux acides citrique et ascorbique du jus d'orange. Si l'on mâche des feuilles d'asclépiade (qui se rapproche du laiteron), on perd le goût du sucré. Le sucre serait une chose grumeleuse et douce. Lorsque les Africains mâchent une baie qu'ils appellent le « fruit miracle », il devient impossible de percevoir aucun goût aigre : les citrons sont sucrés, la piquette est douce, et douce la rhubarbe. Tout ce dont l'aigreur nous secoue devient soudain délicieux. Une solution saline suffisamment faible nous paraît sucrée, et certaines personnes salent le melon pour en exalter la douceur. Les sels de plomb et de béryl peuvent avoir pour nous une douceur traîtresse, mais ce sont des poisons, et nous devrions les trouver amers.

Un pruneau n'a pas le même goût pour deux palais différents. L'hérédité fait qu'après avoir mangé des asperges, certaines personnes émettent une urine odorante (comme Proust le rappelle dans *A la recherche du temps perdu*), tandis que d'autres, après avoir mangé des artichauts, trouvent un goût sucré à tout ce qu'elles boivent, fût-ce de l'eau. Il est des gens qui sont plus sensibles aux goûts amers et qui ont horreur de la saccharine. D'autres, au contraire, sifflent les sodas. Ceux qui raffolent de sel ont une salive plus salée. Leur bouche est habituée à un plus haut niveau de sodium, et il faut que leurs aliments soient plus salés avant qu'ils n'en goûtent la saveur. Naturellement, la salive est, pour chacun, différente et distinctive ; elle tire son goût du genre de cuisine que l'on mange, du fait que l'on fume ou non, de l'hérédité, voire des états d'âme par lesquels on passe.

La façon dont nous nous entichons des choses avec le temps est des plus curieuses. Les bébés n'aiment pas les olives, la moutarde, le poivre, la bière, les fruits acides, le café. Après tout, le café est amer, avec son arôme venu de royaumes interdits et dangereux. Pour manger un cornichon, il faut braver le bon sens, faire fi des avertissement du corps et laisser parler la raison : *Du calme, ce n'est pas dangereux*, dit le cerveau, c'est nouveau, c'est intéressant, ça va te changer, te secouer un peu.

L'odorat seconde activement le goût. Sans odorat, le vin nous étourdirait et nous assoupirait encore, mais une grande partie de son charme s'en irait. Nous sentons souvent avant de goûter, et cela suffit à nous faire saliver. L'odorat et le goût partagent un même puits d'aérage. Lorsque quelque chose s'attarde dans notre bouche, nous pouvons le sentir. Et lorsque nous inhalons une substance amère — quelque chose qui débouche le nez, par exemple —, nous avons souvent un goût de cuivre au fond de la gorge. Les odeurs nous atteignent plus vite. Il nous faut 25 000 fois plus de molécules de tarte aux cerises pour goûter celle-ci que pour la sentir. En oblitérant l'odorat, un rhume étouffe aussi le goût.

Normalement, nous mâchons environ cent fois par minute. Mais si nous conservons quelque chose dans notre bouche, en éprouvons la texture, en sentons l'arôme, le faisons rouler autour de notre langue, puis le mâchons assez lentement pour pouvoir en entendre l'écho, nous ne faisons pas autre chose que de le savourer en nous servant de plusieurs sens dans une mêlée générale. Participent du goût d'un aliment : sa texture, son odeur, sa température, sa couleur et la souffrance qu'il nous cause (comme dans le cas des épices). Et ce ne sont là que quelques traits parmi beaucoup d'autres. Créatures éprises du son, nous aimons que certaines nourritures nous chatouillent l'ouïe plus que d'autres. Une carotte crue croque délicieusement sous la dent, un steak grésille sur le gril, une soupe qui mijote glougloute d'excitation, un bol de céréales, au petit déjeuner, retentit de craquements secs. Les « ingénieurs alimentaires », les sorciers de la persuasion subtile, créent des produits susceptibles d'attaquer autant de nos sens que possible. Des comités se creusent la tête pour mettre au point des nourritures rapides. Comme David Bodanis le remarque avec entrain dans *The Secret House* (« La maison secrète »), les chips sont :

> un exemple de nourriture liée à la destruction absolue. D'abord l'emballage en plastique que l'on attaque sauvagement, qu'on lacère et que l'on éventre exactement comme le souhaitent les fabricants. Car il se trouve que les aliments croustillants font plus de bruit que les autres... Il faut que les aliments croustillants fassent du bruit dans le registre supérieur, que leur mise en pièces se fasse à haute fréquence. Les aliments qui n'engendrent que des grondements à basse fréquence sont croquants, glougloutants, mais pas croustillants...

Les industriels font volontairement des chips trop grandes — pour que l'on ne puisse les enfourner d'un seul coup dans la bouche. Car si vous voulez entendre le croustillement à haute fréquence, vous devez garder la bouche ouverte. Pour 80 %, les chips ne sont que de l'air. Et à chaque fois que nous mordons dans une chip, nous en crevons les cellules bourrées d'air, ce qui entraîne le bruit de croustillement. Bodanis demande :

> Comment obtenir des parois cellulaires assez rigides pour faire vibrer ces harmoniques grinçantes? Amidonnez-les. Les granules d'amidon dans les pommes de terre sont identiques à l'amidon que l'on utilise pour les cols de chemise... le lait de chaux... est d'une composition à peu près semblable... Toutes les chips ont baigné dans la graisse... C'est donc un obus d'amidon et de graisses qui produit l'onde conique d'air comprimé quand notre mâcheur de chips se résout à terminer sa bouchée.

Bien entendu, il s'agit là de haute technologie en matière de chips. Lesquelles furent inventée, en 1853, par George Crum, chef au Moon Lake Lodge de Saratoga Springs, New York. Exaspéré qu'un client demandât des frites de plus en plus fines, il éminça les siennes d'une manière qui lui parut grotesque et les mit à frire au point de leur donner la teinte du brou de noix. Le client les trouva à son goût. D'autres convives en demandèrent. Passèrent le mot. Finalement, Crum ouvrit son propre restaurant, et se spécialisa dans les chips.

La bouche est ce qui appose des scellés sur la prison de notre corps. Rien ne pénètre, pour le plaisir ou la peine, qui ne passe d'abord par la bouche, ce qui explique pourquoi on la trouve dès le début de l'évolution. Une limace, un insecte, un animal supérieur – tous ont une bouche. Même les animaux unicellulaires, comme la paramécie. Et la bouche se forme dès le début dans l'embryon humain. La bouche n'est pas que le commencement du long tuyau qui va jusqu'à l'anus. C'est la porte du corps, l'endroit où nous saluons le monde, l'antichambre du danger. Nous nous servons de notre bouche à d'autres fins – parler, si nous sommes des êtres humains ; percer le bois, si nous sommes des piverts ; sucer le sang, si nous sommes des moustiques –, mais la bouche a surtout pour mission de contenir la langue, cette tranche muqueuse et muselée, retenue par des cales minuscules comme un coureur sur la ligne de départ.

LE DERNIER BANQUET

Les Romains adoraient la volupté de se nourrir : la morsure du poivre, le mélange de plaisir et de souffrance d'un plat doux-amer, l'érotisme latent des curries, le charme piquant d'animaux rares et délicats, à la vie exotique desquels ils pouvaient réfléchir tout en s'en gobergeant, les sauces qui leur rappelaient les parfums et les saveurs de l'amour. C'était une époque de richesse fabuleuse et de gavage, mais aussi de pauvreté périlleuse et meurtrière. Les pauvres servaient les riches, pouvaient être battus pour une parole insoucieuse, détruits pour l'amusement. Chez les riches, l'ennui était un visiteur importun, comme un parent par alliance qu'ils auraient consacré le plus clair de leur temps à divertir. Orgies et festins constituaient les principales distractions, et les Romains s'amusaient avec le faste d'un peuple complètement inaccessible aux grises notions de culpabilité. Dans leur culture, le plaisir étincelait comme un bien en soi, un accomplissement positif, rien dont il fallût se repentir. Epicure parlait au nom de toute une société quand il demanda :

> L'homme est-il donc fait pour mépriser les dons de la Nature ? Est-il né pour ne cueillir que les fruits les plus amers ? Pour qui donc ces fleurs poussent-elles, que les dieux font épanouir aux pieds des mortels ?... C'est une façon de plaire à la Providence que de nous abandonner aux diverses délices qu'elle nous suggère ; nos besoins jaillissent de ses lois, et nos désirs de ses inspirations.

Pour combattre l'ennui, leur ennemi, les Romains organisaient des festins qui duraient toute la nuit, et rivalisaient d'invention pour servir des mets inédits. Au cours d'un dîner, un hôte servit, par ordre décroissant, les membres de la chaîne alimentaire, chacun étant farci d'un plus petit. A l'intérieur d'un veau, un porc ; dans le porc, un agneau ; dans l'agneau, un poulet ; dans le poulet, un lapin ; dans le lapin, un loir, et ainsi de suite. Un autre offrit un assortiment de plats qui semblaient différents, mais étaient tous faits de la même substance. Les soirées sur un thème étaient en vogue et pouvaient comprendre une sorte de chasse au trésor où les invités qui dénichaient la cervelle du paon ou les langues de flamants recevaient un prix. Des machines pouvaient faire descendre du plafond des acrobates en même temps que les mets suivants, ou envoyer un plat de laitance de lamproie sur un chariot en forme d'anguille. Des esclaves apportaient des guirlandes de fleurs dont ils paraient les invités, qu'ils frictionnaient avec des onguents parfumés pour les détendre. Le sol pouvait être à ce point jonché de pétales de roses que l'on s'y enfonçait jusqu'aux genoux. Les plats succédaient aux plats, les uns dans les sauces relevées pour exciter les papilles gustatives, les autres nappés de crèmes veloutées pour les reposer. Les esclaves fumaient des pipes spéciales pour répandre des essences exotiques dans la salle et aspergeaient les invités de lourds parfums musqués d'origine animale comme la civette et l'ambre gris. Parfois, de l'eau de rose ou de safran, ou bien une autre surprise délicate giclait de la nourriture elle-même dans la figure des convives. Ou bien des oiseaux s'en échappaient à tire-d'ailes. Ou bien elle était immangeable (parce qu'elle était en or). Les Romains, qui aimaient passionnément ce que les Allemands appellent *Schadenfreude*, se réjouissaient volontiers de l'infortune d'autrui. Ils aimaient s'entourer de nains, d'êtres difformes ou handicapés, qu'ils obligeaient à s'accoupler sous leurs yeux ou à exécuter des numéros de cabaret au cours des festins. Caligula, pour sa part, faisait monter sur la table des gladiateurs qui, en se battant, éclaboussaient tout le monde de leur sang. Certes, les Romains n'étaient pas tous sadiques, mais nombre d'empereurs et de membres de la classe riche l'étaient, et ils pouvaient à loisir posséder, torturer, maltraiter, assassiner leurs esclaves. Un Romain, au moins, de la haute société passe pour avoir engraissé ses anguilles avec la chair de ses esclaves. Il n'est donc guère étonnant que le christianisme ait au début été un mouvement de la classe des esclaves, soulignant l'abnégation, la contrainte, l'idée des pauvres héritant de la terre, d'une vie riche et libre après la mort, et du châtiment dernier des riches plongés de leur amour du luxe dans les tortures éternelles de l'enfer. Comme l'observe Philippa Pullar dans *Consuming Passions* (« Passions dévorantes »), c'est cette

« conscience de classe et de cette fierté d'être pauvre et simple que naquit la haine du corps... Toutes les sensations agréables furent condamnées. Le candidat au paradis dut résister à toutes les harmonies du goût et de l'odorat, du son, de la vue et des sentiments. Le plaisir devint synonyme de péché, et d'enfer... Que vos compagnes soient des femmes que le jeûne a rendues pâles et maigres, recommandait Jérôme ». Ou comme le dit Gibbon, « toute sensation qui offense l'homme fut considérée agréable à Dieu ». Dès lors, la négation des sens fit partie du credo du salut selon les chrétiens. C'est dans cet esprit que les Shakers devaient plus tard créer la raideur de leurs bancs, de leurs chaises en bois et de leurs coffres — mais que penseraient-ils de la volupté avec laquelle les gens en jouissent aujourd'hui, non comme d'une simple nécessité, mais comme d'onéreux objets d'art, comme d'inutilités dispendieuses achetées pour le vestibule ou la maison de campagne? En anglais, le mot *vicarious* (délégué) vient de *vicar* (pasteur), le consul de Dieu en terre barbare qui vivait comme une île au milieu des rapides de la vie, délicat, libre, imperturbable, tandis que les bébés naissaient du seul mariage et que mouraient les taureaux, que les récoltes se racornissaient, grillées par le soleil, ou que les pluies les inondaient et que les duègnes locales organisaient des soirées musicales pour le pasteur, les matrones et de piquantes jeunes femmes (plus mûres que la fougue la plus sainte ne pouvait supporter). On ne s'étonnera donc pas s'ils vivaient comme par procuration[1], donnant à réfléchir aux uns, aidant les autres et, quelquefois, succombant aux embolies, aux manies alimentaires et au péché. Le puritanisme dénonça les épices : c'étaient des excitants sexuels. Puis, les Quakers firent leur entrée, et tout luxe devint tabou. Mais assez vite, on se révolta contre ces révoltes. La nourriture a toujours été associée aux cycles de la sexualité, au relâchement des mœurs, à la contrainte morale et à un retour à la sexualité — mais personne ne le fit jamais avec autant d'évident enthousiasme que les anciens Romains.

Il est fort possible que la chute de l'empire romain ait été causée par le saturnisme. Cet empoisonnement par le plomb peut entraîner fausses couches et stérilité, toute une théorie de

1. En anglais, *vicariously*. *(N.d.T.)*

maux et même la folie. Le plomb imprégnait la vie des Romains — leurs tuyaux, leurs ustensiles de cuisine, leurs jarres en contenaient. Mais il y en avait aussi dans leurs produits de beauté. Cependant, avant d'en mourir, ils organisèrent les festins les plus fous et les plus somptueux, où deux ou trois personnes, parfois davantage, dînaient, étendues sur un divan. Si des poètes romains libertins comme Catulle écrivirent des poèmes rigoureusement érotiques sur des aventures avec l'un ou l'autre sexe, Ovide en composa de charmants sur son vigoureux amour des femmes, les tourments qu'elles infligeaient à son âme et les montagnes russes du flirt qu'il observait au cours des banquets. « Si l'on m'offrait un paradis sans sexe, écrivit-il, je répondrais *non, merci*, les femmes sont un enfer si délicieux. » Dans l'un de ses poèmes, il prévient sa maîtresse que, puisqu'ils ont tous les deux été invités au même festin, il va fatalement l'y voir en compagnie de son mari. *Ne le laisse pas t'embrasser dans le cou*, dit Ovide, *cela me rendrait fou*.

REPAS MACABRES

Lorsque les Romains élégants et raffinés conquirent les sauvages de Grande-Bretagne, leur cuisine conquit également ces derniers. Comme l'a signalé Pullar, les mots anglo-saxons *cook* (cuire, cuisinier) et *kitchen* (cuisine) viennent du latin ; il ne fait donc aucun doute que les Romains élevèrent grandement le niveau des deux. Les goûts au Moyen Age étaient encore ceux des Romains (sauces aigres-douces, plats épicés dans le genre curry). Les croisés lancèrent la mode des épices d'Orient — cannelle, noix muscade, cardamome, macis, clous de girofle, essence de rose —, ainsi que des parfums, des soies, des teintures, des voluptés sexuelles recherchées et d'autres raffinements. Les Britanniques pauvres vivaient dans une misère noire, et les riches dans un étalage de luxe, donnant des fêtes magnifiques pour célébrer les mariages et d'autres événements. On a souvent écrit que les cuisiniers du Moyen Age avaient la main lourde lorsqu'il s'agissait d'épices et que c'était pour masquer l'odeur de leurs viandes faisandées, mais l'emploi d'épices à gogo était un héritage des Romains et des croisés.

Certaines coutumes culinaires des plus étranges virent le jour en Angleterre au dix-huitième siècle, où, perclus d'ennui, les citadins se lancèrent dans le sadisme, la sorcellerie et l'humour noir. Une idée naquit : si l'on torturait un animal, sa viande était plus saine et avait meilleur goût. Bien que Pope, Lamb et d'autres écrivissent avec horreur sur cette pratique, les gens s'adonnèrent à des préparations vampiriques qui transformaient les cuisines en charniers. Ils débitaient le poisson vivant, ce qui, à leur avis, en rendait la chair plus ferme ; ils torturaient les taureaux avant de les tuer sous prétexte qu'autrement la viande n'en aurait pas été saine ; ils attendrissaient celle des cochons et des veaux en fouettant ces derniers à mort avec des cordes à nœuds ; ils pendaient la volaille par les pattes et la saignaient lentement ; ils écorchaient les animaux vivants. Les recettes de l'époque disaient des choses comme : « Prenez un coq encore jeune et battez-le à mort... » Tout cela cautionné par l'idée bizarre que le goût de la viande pouvait être amélioré si la pauvre bête passait d'abord par l'enfer. Dans *The Cook's Oracle* (« L'oracle du cuisinier »), le Dr William Kitchiner cite une recette grotesque, due à un chef nommé Mizald, pour préparer et manger une oie *encore vivante* :

> Prenez une oie, ou un canard, ou toute autre volaille encore vivante. Plumez-la, à l'exception de la tête et du cou. Puis, allumez un feu autour d'elle, mais pas trop près, de manière que la fumée ne l'asphyxie pas et que les flammes ne la brûlent pas trop tôt ; pas trop loin non plus, pour qu'elle ne puisse s'échapper. A l'intérieur du cercle de feu, disposez de petites tasses et des pots d'eau où vous aurez mélangé du sel et du miel. Disposez également de grands plats de pommes imbibées d'alcool et coupées en morceaux. Mettez le feu à l'oie, qui doit être entièrement bardée de lard et enduite de beurre. Mais agissez sans hâte quand vous voyez qu'elle commence de rôtir. Allant et volant çà et là, refoulée sans cesse par le feu, la bête inlassable ne pourra sortir. Elle voudra boire de l'eau pour étancher sa soif et se rafraîchir le cœur et le corps, et la sauce des pommes la fera déféquer, la nettoiera et la videra. Quand elle rôtit et se consume au-dedans, ayez soin de lui humidifier

la tête et le cœur avec une éponge. Dès que vous la voyez tituber et commencer de trébucher, c'est le signe que son cœur a besoin de fraîcheur et qu'elle est suffisamment rôtie. Saisissez-la et placez-la devant vos invités. Elle criera quand vous lui couperez une partie ou une autre, et elle sera presque entièrement mangée avant de mourir. Spectacle des plus réjouissants !

LE CŒUR DU DÉSIR

A chacun son goût, disons-nous, ce qui suggère l'idée d'un désir ou d'une préférence, et le goût de chacun a de quoi surprendre — du moins quand la question de survie n'est pas en jeu. Quand je travaillais dans un ranch du Nouveau-Mexique, je mangeais dans la cuisine avec les vachers, pour la plupart des Américains du Mexique à peine scolarisés et sans aucune éducation en matière d'alimentation. Leurs journées de travail étaient si épuisantes que leurs corps, prenant la direction des opérations, leur dictaient ce dont ils avaient besoin pour affronter le labeur physique et la chaleur aveuglante de la journée. Le matin, ils ne mangeaient que des protéines — pas moins de six œufs chacun, deux verres de lait, et du lard. Ils buvaient beaucoup d'eau et de limonade, mais dédaignaient le café, le thé et toutes les boissons contenant de la caféine. Ils ne mangeaient à peu près pas de desserts et presque pas de sucre, mais chaque repas était accompagné des piments les plus forts. Ils en étalaient souvent sur du pain pour se faire des sandwiches incendiaires. Le soir, ils dînaient légèrement, et leur repas se composait surtout de féculents. Si on leur demandait pourquoi, ils répondaient simplement que c'était ce qu'ils aimaient, ce qui avait bon goût ; mais de toute évidence leur goût avait fait un combustible des rigueurs de leur vie.

Cette envie autoprotectrice vaut également sur une plus grande échelle : des pays entiers préfèrent les styles culinaires qui les rafraîchissent (au Moyen-Orient), ou les apaisent (sous les tropiques), ou les immunisent contre les maladies locales, comme le disent Pete Farb et George Armelagos dans leur livre qui, comme celui de Pullar, s'appelle *Consuming Passions* (« Passions dévorantes ») : « On a prouvé que le *chow* éthiopien, qui consiste surtout en piments, mais contient jusqu'à quinze autres épices, a pour effet de repousser presque parfaitement les staphylocoques, la salmonelle et d'autres micro-organismes. » Les piments contiennent de grandes quantités de carotine bêta (que le corps convertit en vitamine A) aux propriétés antioxydantes et anti-cancérigènes, ainsi que de la capsaïcine, qui fait transpirer, abaissant ainsi la température. Considérez l'antique habitude anglaise de mettre du lait dans le thé. Le thé contient beaucoup de tanin, qui est toxique et peut être à l'origine de cancers, mais la protéine du lait réagit contre le tanin et empêche le corps de l'absorber. Il y a beaucoup plus de cancers de l'œsophage dans des pays comme le Japon, où l'on boit le thé pur, qu'en Angleterre, où l'on y ajoute le tampon d'un nuage de lait. Farb et Armelagos décrivent d'autres envies nationales dignes d'intérêt :

> Les paysans du Mexique préparent le maïs pour les tortillas en le faisant tremper dans de l'eau où ils ont au préalable fait dissoudre des particules de pierre à chaux – pratique qui nous semble inhabituelle. Mais... cette préparation multiplie au moins par vingt la teneur en calcium du maïs et augmente la disponibilité de certains amino-acides – importants dans la mesure où ces paysans vivent dans des régions où la nourriture animale est rare... Dans certains endroits d'Afrique, on mange le poisson enveloppé dans des feuilles de bananier, dont l'acidité dissout les arêtes et libère ainsi le calcium qu'elles contiennent. La coutume française de cuire le poisson avec de l'oseille a le même effet. La nourriture putréfiée... consommée dans de nombreuses sociétés... augmente la valeur nutritive... du fait que la bactérie qui provoque la putréfaction produit des vitamines comme la vitamine B1.

Il est hors de doute que, du moins pour certains éléments nutritifs, si l'on en a vraiment besoin, une envie gustative ou la sagesse du corps se chargent de les procurer. La maladie d'Addison est liée à une déficience des hormones adrénales. Des patients ont eu besoin de sel et se sont soignés inconsciemment : par exemple, en mangeant de grandes quantités de réglisse, qui contient de l'acide glasorisique, substance qui entraîne la rétention du sodium. Et si les médecins ne prescrivent pas la réglisse, ils n'en constatent pas moins que les personnes souffrant de la maladie d'Addison se portent mieux si elles en mangent beaucoup.

Au Pérou, certains Indiens Quechuas vivent surtout de pommes de terre, mais la saison dure si peu qu'ils sont souvent forcés de les manger avant qu'elles ne soient mûres. Les pommes de terre contiennent de la solanine, un alcaloïde amer et toxique, mais les Quechuas savent que, s'ils recouvrent les pommes de terre de kaolin, celle-ci en masque l'amertume et qu'ils ne souffriront pas de maux d'estomac. Le kaolin enlève aussi leur toxicité aux alcaloïdes des pommes de terre, leur donne meilleur goût et les rend plus nourrissantes.

On ne penserait pas que les gens puissent manger le sol. Le sel est le seul minéral que nous paraissions vraiment aimer, mais c'est parce que nous sommes à nous-mêmes de petits milieux marins en mouvement, avec du sel dans notre sang, nos urines, notre chair, nos larmes. Toutefois, on peut encore trouver de l'argile à vendre dans certains marchés en plein air du sud des Etats-Unis. Les femmes enceintes en achètent. En Afrique, il arrive que les femmes enceintes mangent des termitières. On pense qu'elles y cherchent le calcium et certains autres minéraux qui font défaut à leur alimentation. Au Ghana, il est des villages qui tirent leurs ressources de la vente de boules d'argile en formes d'œufs. Ces boules sont riches en potassium, en magnésium, en zinc, en cuivre, en calcium, en fer et en autres minéraux. Une femme enceinte qui a envie de produits laitiers a tout à fait raison : si le fœtus n'a pas assez de calcium, il le puisera dans les os et les dents de sa mère. La plupart des cultures ont érigé des tabous pour les femmes enceintes, elles ne doivent pas manger certains poissons, certains champignons, certaines épices, mais ce n'est pas la même chose que pour les simples envies féminines. L'augmentation du volume de sang d'une femme enceinte abaisse son niveau de sodium ; dès lors, elle ne sent pas aussi facilement ce qui est salé qu'avant d'être enceinte ; elle peut avoir envie d'aliments vraiment salés. Parmi les nombreuses raisons qui expliquent pourquoi les femmes enceintes ont envie de glaces et de douceurs, rappelons celle que donne une théorie moderne fort intéressante : elles ont envie d'aliments qui produisent la sérotonine, transmetteur nerveux dont elles auront besoin pour supporter les douleurs de leurs couches.

Certains aliments peuvent stimuler les endorphines et nous donner une sensation de confort et de calme. C'est pourquoi, même si nous savons que les aliments salés, ou gras, les bonbons et autres sucreries ne nous valent rien, nous ne pouvons nous empêcher d'en avoir envie. Les neurobiologistes soupçonnent les endorphines et d'autres sécrétions neurochimiques de diriger notre appétit vers certains types de nourriture. Selon leur théorie, lorsque nous mangeons quelque chose de sucré, nous inondons notre corps d'endorphines et nous nous sentons tranquilles. Les personnes tendues ont un besoin accru d'endorphines — elles peuvent vouloir manger toute une boîte de biscuits. Notre appétit pour les graisses, les protéines et les féculents étant contrôlé par des transmetteurs nerveux particuliers, qui peuvent facilement se dérégler, nous n'avons qu'à faire la bringue pour les déglinguer, ce qui conduit à de nouvelles noubas, lesquelles, à leur tour, entraînent de nouveaux désordres, et ainsi de suite. Au cours d'une expérience, on supprima le petit déjeuner à des rats, ce qui mit en l'air leurs transmetteurs nerveux — et ils s'empiffrèrent un peu plus tard dans la journée.

Les états d'âme dépendent-ils de l'alimentation? Une biochimiste, Judith Wurtman, a publié le résultat, très controversé, de ses recherches sur les effets de la nourriture sur nos humeurs. Elle conclut qu'il y a des « boulimiques des féculents » qui essaient en réalité d'élever leur taux de sérotonine. Lorsque ce taux est élevé grâce à des médicaments administrés sous contrôle médical, la boulimie en question disparaît. Certains scientifiques du Monell Chemical Senses Institute et d'ailleurs trouvent ses arguments trop simplistes. Mais, pour ma part, je crois que son étude du fonctionnement du corps ne manque pas d'un certain pouvoir de conviction. Je ne bois jamais de café après le dîner, mais j'ai découvert par hasard au fil des années que je m'endors mieux si je ne mange pas de protéines trop tard dans la soirée, seulement quelques toasts avec de la confiture, ou d'autres féculents. En revanche, quand, vers trois heures et demie de l'après-midi, j'ai un coup de barre et que j'ai encore à travailler, des protéines, généralement sous forme de fromage, me donnent un coup de fouet. Mon profil alimentaire se conforme gaiement aux expériences de Wurtman. Selon elle, le vrai déjeuner, celui qui régénère, tourne autour de protéines : entrée simple, légumes à peine cuits et, comme dessert, rien de plus riche qu'un fruit. Et pas d'alcool. Les féculents sont des tranquillisants. Lorsque je déjeune avec quelqu'un et que je veux garder l'œil vif, je commande pour commencer quelque chose de riche en protéines, comme un cocktail de crevettes ou des huîtres, ou encore de la mozzarella avec du basilic et des tomates, et ne grignote jamais de pain. Evidemment, j'adorerais manger ensuite une grande assiettée de pâtes à laquelle succéderait une mousse au chocolat. Mais j'ai constaté que je suis alors trop amorphe pour travailler. Je ne suis cependant pas d'accord avec les résultats des expériences de Wurtman en ce qui concerne notre amour du chocolat — je ne crois pas que ce soit un besoin général de féculents, mais le besoin de quelque chose de plus particulier, qu'assouvit le chocolat.

Un autre chercheur, celui-là du National Institute of Mental Health (Institut national de la santé mentale), a constaté que les gens qui, souffrant de troubles affectifs saisonniers, étaient très déprimés en hiver, avaient tous envie de féculents à cette époque de l'année, car ceux-ci concourent à remonter le moral. Une autre étude a permis de découvrir que les anciens fumeurs recherchent aussi les féculents. Le lien entre l'envie de féculents, la sérotonine et notre besoin de revenir à notre équilibre émotionnel semble indéniable. Le cerveau est une usine chimique, et les aliments sont des produits chimiques d'une grande complexité. Le problème est donc de savoir dans quelle mesure la nourriture que l'on mange peut influer sur l'état d'esprit.

La plupart des gens ont besoin qu'environ 15 % de leur nourriture soient des protéines. Ils choisissent automatiquement des aliments qui les leur procureront, mais des scientifiques de la Faculté de médecine de Toronto ont découvert combien ce besoin peut relever de la génétique lorsqu'ils étudièrent des jumeaux, les uns nés du même œuf et les autres de deux œufs différents. Même si on les élevait séparément depuis la naissance, les jumeaux parfaits mangeaient les mêmes proportions de protéines et de féculents. Mais les autres, non. Il se peut donc que, jusqu'à un certain point, les envies soient génétiquement déterminées. Les enfants extrêmement actifs aiment souvent à passer d'un style culinaire à un autre ; et de même les personnes qui souffrent de maux divers, comme la maladie d'Addison et le diabète. Mais il est difficile de dire où s'arrête la mémoire et où commence le besoin nutritionnel ou le décret génétique. Nous pouvons vouloir manger des sucreries parce qu'elles s'associent pour nous avec les récompenses de l'enfance ou avec l'époque où, bébés tenus dans les bras parentaux, nous étions nourris de liquides sucrés. Ou peut-être est-ce pour déclencher le calme qu'amène la sérotonine. Ou peut-être est-ce pour les deux.

La plupart des diététiciens, qui sont conservateurs, affirment qu'il n'y a pas de remède miracle et que nous devrions seulement essayer de manger une nourriture aussi variée et équilibrée que possible[1]. Dans certaines circonstances, la nourriture peut faire plus que d'influencer l'humeur. Elle peut tuer. On ordonnait le foie cru aux femmes enceintes et aux personnes que le manque de fer rendait apathiques, mais nous savons à présent que le foie recueille les impuretés du corps et que, probablement, il faudrait tout à fait s'abstenir d'en manger. Le foie des ours polaires contient tant de vitamines A qu'il est dangereux pour les êtres humains. On sait qu'Alexander Pope et Henri Ier d'Angleterre moururent après avoir mangé de l'anguille – les cuisiniers avaient peut-être oublié d'enlever les filaments empoisonnés de ce poisson. Balzac buvait plus de cinquante tasses de café par jour, il mourut d'un empoisonnement dû à la caféine. Ceux qui ramassent des champignons courent toujours le risque d'en cueillir un mauvais. La salmonelle, dont le nom évoquerait plutôt un plat cuisiné, fait des

1. Une exception. Les animaux sous-alimentés vivent plus longtemps. Les scientifiques ne sauraient dire pourquoi – ce peut être l'effet du système immunitaire, ou du métabolisme, comme ce peut être quelque chose de tout différent. Il est important que les animaux ne soient pas sous-alimentés, mais seulement moins nourris que la normale et qu'on leur donne des suppléments de vitamines. On a maintenant commencé des études sur les primates, nos parents les plus proches, mais tous les autres animaux considérés ont montré qu'en conséquence de leur maigreur, ils vivaient plus longtemps.

victimes tous les ans. De soi-disant aphrodisiaques ont aussi leurs victimes. Nous ne pensons pas que les plantes soient agressives, mais, ne pouvant échapper aux prédateurs, elles mettent souvent au point d'extraordinaires systèmes de défense et des potions comme la strychnine qui les protègent dans la nature et apparaissent quelquefois dans nos assiettes.

PSYCHOPHARMACOLOGIE DU CHOCOLAT

Qu'est-ce que vous aimez le plus? Posez la question avec assez de force et d'un ton assez provocant, et il y a beaucoup de chances pour que la réponse soit le chocolat. Ce sont les Indiens d'Amérique centrale et d'Amérique du Sud qui en furent les premiers adeptes. Pour les Aztèques, qui l'appelaient *xocoatl* (« chocolat »), c'était un présent de Quetzalcoatl, leur dieu à barbe blanche de la sagesse et du savoir. Ils le servaient liquide aux membres de la cour — le pouvoir qu'il contenait ne pouvant être confié qu'aux dirigeants et aux soldats. Pour honorer le breuvage divin, les Toltèques organisaient des cérémonies où ils sacrifiaient des chiens couleur de chocolat. Les victimes de sacrifices humains chez les Itzas[1] avaient quelquefois droit à un bol de chocolat destiné à sanctifier leur voyage. Ce que Hernan Cortès trouva réuni autour de Montezuma, c'est une société d'adorateurs du chocolat qui relevaient volontiers leur boisson de piments, de gousse de vanille, ou d'épices et le servaient moussant, épais comme du miel dans des coupes en or. Pour guérir de la dysenterie, ils y ajoutaient les os (réduits en poudre) de leurs ancêtres. On buvait à la cour de Montezuma deux mille cruches de chocolat par jour, et lui-même ne détestait pas manger une glace au chocolat préparée en versant la boisson sur de la neige qu'on lui apportait en courant depuis les montagnes. Impressionné par l'opulence et les pouvoirs revigorants du chocolat, Cortès l'introduisit en Espagne au seizième siècle. La conscience européenne en fut retournée comme par une drogue cultuelle. Charles Quint

1. Mayas surtout connus aujourd'hui grâce à leur ville de Chichen-Itza (Yucatan). *(N.d.T.)*

décida de le mélanger avec du sucre, et ceux qui pouvaient s'en offrir le buvaient épais et froid. Il arrivait que l'on y ajoutât aussi de l'orange, de la vanille, ou des épices diverses. Brillat-Savarin raconte que les Espagnoles du Nouveau Monde étaient folles de chocolat : non contentes d'en boire plusieurs fois par jour, elles s'en faisaient servir à l'église. De nos jours, les zombies du chocolat hantent les rues de toutes les villes, rêvent toute la journée à ce petit plongeon dans le chocolat qui les attend sur le chemin qu'ils suivent pour rentrer chez eux de leur travail. A Vienne, les gâteaux au chocolat les plus riches sont décorés d'or comestible. J'ai plus d'une fois été sérieusement tentée de prendre l'avion pour Paris afin d'y passer l'après-midi, uniquement pour aller chez Angelina, un salon de thé de la rue de Rivoli où l'on fait fondre une plaque entière de chocolat dans chaque tasse de chocolat chaud. Combien de tablettes de confiserie ne contiennent *pas* de chocolat ? Le chocolat, qui a fait ses premières armes comme boisson de la haute société, est maintenant déclassé, se veut à la mode, apparaît mal fagoté dans des habits qu'il ne mérite pas. Par exemple, une publicité dans *Chocolatier Magazine* offre la réplique, en 250 grammes, d'une disquette d'environ 13 cm. En fait, le fabricant peut fournir tout un poste de travail, comprenant un terminal en chocolat, un clavier d'ordinateur en chocolat, des microplaquettes en chocolat et un octet en chocolat. Leur slogan est : « Mieux vaut dans la bouche que dans le lecteur de disques ! » Pendant un week-end de septembre 1984, à l'Hôtel Fontainebleau de Miami, se tint un Festival du Chocolat, avec prix spéciaux, menus spéciaux, interventions spéciales. Les gens pouvaient peindre avec leurs doigts trempés dans du sirop de chocolat, assister à des conférences sur le chocolat, apprendre des techniques culinaires ou regarder un acteur de la télévision faire trempette dans plus de deux mille litres de sirop de chocolat. Cinq mille spectateurs. Les festivals du chocolat font fureur dans toute l'Amérique, et l'on organise des tournées très populaires en Europe.

Le chocolat étant nutritivement lié aux émotions — nous en mangeons quand nous avons du vague à l'âme, quand quelqu'un nous laisse tomber, quand nous nous préparons à avoir nos règles, ou d'une manière générale quand nous avons besoin de TLC —, les hommes de science en ont étudié la chimie. En 1982, deux psychopharmacologues, le Dr Michael Liebowitz et le Dr Donald Klein, proposèrent une explication de la manie que les gens malades d'amour ont de se jeter sur le chocolat. Au cours de travaux sur des femmes passionnées, en quête de sensations fortes et qui, la sensation passée, se retrouvaient déprimées, ils constatèrent que toutes avaient ceci de remarquable en commun : lors de leur dépression, elles mangeaient d'énormes quantités de chocolat. Selon eux, le phénomène pouvait se rattacher à la phényléthylamine du cerveau (PEA), sécrétion chimique qui nous fait chevaucher les montagnes russes de la passion. Nous appelons cela tomber amoureux, mais il s'agit en fait de la ruée d'une espèce d'amphétamines. Mais lorsque le déferlement prend fin et que le cerveau cesse de produire des PEA, nous continuons d'en désirer les sommets naturels et la vitesse émotionnelle. Où trouver ces succulents PEA qui suscitent l'amour? Dans le chocolat. Il se peut dès lors que certaines personnes mangent du chocolat parce que le chocolat reproduit le sentiment de bien-être que l'amour nous fait éprouver. Un séducteur malin me rendit un jour visite chez moi avec trois oranges au chocolat : au cours des deux semaines qui suivirent, à chaque fois que j'en mangeai un morceau, la moindre bouchée lentement savourée m'emplissait de sentiments amoureux à son égard.

Tout le monde n'est pas d'accord sur cette théorie des PEA. L'association des chocolatiers soutient que

> la quantité de PEA que contient le chocolat est extrêmement faible, surtout en comparaison de celle que l'on trouve dans d'autres produits de consommation courante. Cent grammes de salami contiennent 6,7 mg de phényléthylamine; cent grammes de fromage de Cheddar en contiennent 5,8 mg. Les quelques quarante grammes d'une tablette de chocolat en contiennent moins d'1 mg (0,21 mg). De toute évidence, si la théorie du Dr Liebowitz était fondée, les gens mangeraient beaucoup plus de salami et de fromage qu'ils ne le font aujourd'hui.

Le Dr Liebowitz s'interrogea lui-même sur l'envie de chocolat dans *The Chemistry of Love* (« La chimie de l'amour ») :

> Se pouvait-il que ce fût une tentative d'élever le taux de

PEA? Le problème est que, d'ordinaire, la PEA présente dans la nourriture est bientôt décomposée par notre corps, qu'elle n'atteint même pas le sang, pour ne pas parler du cerveau. Pour vérifier les effets de l'ingestion de PEA, des chercheurs du National Institute of Mental Health absorbèrent des livres de chocolat, puis mesurèrent le taux de PEA dans leurs urines au cours des jours suivants : le taux de PEA n'avait pas changé.

Accro du chocolat, je dois dire que je mange aussi beaucoup de fromage. Le salami est trop malsain pour que je lui accorde seulement une pensée. La Cancer Society a suggéré que l'on s'abstienne d'aliments fumés ou qui contiennent des nitrites. Il est donc tout à fait possible que le fromage comble en partie mon besoin de PEA. Quelles autres nourritures les accros du chocolat mangent-ils? Autrement dit, quelle est la consommation totale de PEA provenant d'autres sources? Le chocolat peut nous attirer davantage, même s'il s'agit d'une source plus petite, en raison d'associations mentales avec le luxe et les récompenses. Le National Institute of Mental Health a examiné des gens moyens — mais si les accros du chocolat ne se recrutaient pas dans la moyenne? N'est-ce pas ça, l'idée? Toutefois, Liebowitz dit que la PEA risque de se décomposer trop rapidement pour affecter le cerveau. Nous en savons encore très peu sur les arcanes que suivent certaines drogues pour y parvenir, et pas assez pour rejeter complètement le lien entre PEA et chocolat.

Pour Wurtman et d'autres, nous avons envie de chocolat parce que c'est un féculent qui, comme les autres féculents, incite le pancréas à fabriquer à l'insuline, ce qui amène finalement un accroissement de la sérotonine, ce neurotransmetteur du calme. Si c'était vrai, une assiettée de pâtes, ou de pommes de terre, ou du pain feraient aussi bien l'affaire. Le chocolat contient aussi de la théobromine (« nourriture des dieux »), substance douce s'apparentant à la caféine. Pour le plaisir de la discussion, nous dirons donc que ce dont nous avons envie, ce sont la sérotonine et cette cousine de la caféine : une stimulation tranquille, apparent paradoxe que peu d'aliments nous octroient[1]. Cela pourrait même expliquer pourquoi certaines

1. Dans une plaquette de chocolat au lait de quarante grammes, on trouve 9 mg de caféine (que la plante peut utiliser comme insecticide). Un café filtre de 140 grammes en contient 115 mg. Une boisson à base de cola de 340 grammes en contient entre 32 et 65 mg.

femmes ont envie de chocolat avant leurs règles puisque, chez elles, le taux de sérotonine est plus bas et qu'elles mangent généralement 30 % de plus de féculents que dans le reste du mois. Mais si les choses étaient si simples, avec un beignet et une tasse de café, le tour serait joué. De surcroît, il y a un monde entre les gens qui aiment le chocolat, les femmes qui en ont envie à certains moments du mois et les vrais accros. Les accros du chocolat ne sont pas en manque de pommes de terre ou de pâtes. Ils sont en manque de chocolat. Aucun produit de remplacement n'y fera. Seul, un accro se retrouvant dans une maison vide de chocolat, alors qu'il neige tant, dehors, que les routes sont impraticables, sait à quel point ce manque-là peut être précis. Je ne suis pas sûre de savoir pourquoi les gens ont envie de chocolat. Mais je suis convaincue qu'il s'agit d'un besoin particulier et donc la clef pour résoudre un mystère chimique bien précis auquel nous apporterons un jour une réponse.

Le restaurant Four Seasons à Manhattan propose une bombe au chocolat qui est le résumé explosif de tous les desserts au chocolat. En raison de sa piquante richesse, peu de clients sont capables d'en terminer les deux tranches que l'on sert d'habitude. A Saint Louis, sur les quais, j'ai mangé un jour une mousse appelée *chocolate suicide*, qui n'était rien moins qu'enivrante. J'avais l'impression que mon cerveau avait été accroché dans une fumerie. Je peux encore me rappeler la première fois où j'ai mangé chez un ami des chocolats de chez Godiva. C'étaient des vrais, qui venaient de Bruxelles : le luisant parfait, l'arôme capiteux, mais sans rien d'oppressant, une façon de fondre délicatement sur la langue. L'une des raisons pour lesquelles le chocolat est superbe en Belgique, à Vienne, à Paris et dans quelques villes américaines est que les produits laitiers y entrent pour beaucoup. Le parfum du chocolat peut venir de la plante ; mais le délice fondant et satiné, cela c'est le résultat du lait, de la crème et du beurre. Les fabricants de chocolat ont appris que leurs créations doivent procurer la juste sensation de fondant, être avant tout crémeux et succulents, sans rien de grumeleux, et sans arrière-goût, s'ils veulent que l'on en raffole. Dans *1984*, de George Orwell, l'amour physique est interdit, ainsi que le chocolat, « cette chose brunâtre et terne qui sent la fumée dégagée par des ordures qui brûlent ». Avant de s'aventurer à faire l'amour, Julia et Winston mangent du chocolat sombre et luisant. Destin amoureux qui eut ses précédents. Montezuma buvait une coupe de chocolat supplémentaire avant de gagner les appartements de ses femmes. Des stars de cinéma connues pour leur charme, comme Jean Harlow, se faisaient voir en train de manger des boîtes de chocolats. M.F.K. Fisher, la diva de la gastronomie, confia un jour que le médecin de sa mère ordonnait le chocolat dans les cas de mal d'amour. En revanche, les Aztèques interdisaient le chocolat aux femmes : quelle secrète terreur pensait-on voir alors se déchaîner en elles ?

CÉLÉBRATION DE LA VANILLE

Une envie de vanille, et je fais couler l'eau de mon bain, débouche un gros flacon en verre de la Crème de Bain de Paris, d'Ann Steeger, *senteur vanille*. Et vlan, l'arôme puissant de la vanille me monte au nez tandis que je plonge mes doigts dans la lotion, dont je place une dose sous le robinet. Des bulles parfumées emplissent la baignoire. Dans une assiette en porcelaine ancienne, une grande savonnette à la vanille tient lieu de signal aromatique. Tandis que je m'immerge dans l'onde vanillée, un ami m'apporte un soda à la vanille, suivi d'une crème préparée avec de la vanille dont les gousses viennent de Madagascar. Le jaune de la crème est moucheté de brun. J'aurais pu choisir des gousses en provenance des Seychelles, de Tahiti, de Polynésie, d'Ouganda, du Mexique, des îles Tonga, de Java, d'Indonésie, de l'archipel des Comores et d'autres lieux. Mais j'aime la forme oblongue et sensuelle de celles de Madagascar, et leur revêtement sombre et riche et souple qui fait penser à des cheveux soigneusement tressés, ou à la fourrure d'un petit animal aquatique. Certains connaisseurs préfèrent la gousse de Tahiti, plus petite, plus grasse et plus humide (bien qu'elle contienne moins de vanilline et que son humidité soit due non à des huiles odorantes, mais à la présence d'eau), ou le parfum de fumée des gousses de Java (on les sèche en partie au feu de bois), ou celui, plus malté, de celles des Comores.

La vraie vanille vient surtout des îles de l'océan Indien (Madagascar, la Réunion, l'archipel des Comores) qui en produisent mille tonnes par an. Mais il est rare que nous y ayons droit. La vanille que nous achetons au rayon épices des boutiques, celle que nous trouvons en général dans nos glaces, nos gâteaux, nos yoghourts et d'autres aliments, comme dans les shampooings et les parfums, est une senteur artificielle fabriquée en laboratoire et mélangée à de l'alcool et d'autres ingrédients. Marshall McLuhan nous a prévenus : nous nous éloignons tellement du goût véritable de la vie que nous avons commencé de préférer l'artifice ; et nous nous contentons de manger les descriptions du menu plutôt que les plats eux-mêmes. Tant de gens se servent depuis si longtemps d'une vanille artificielle qui sent le médicament qu'ils n'ont aucune idée du goût et de l'odeur réels de la vanille. La vraie vanille, avec ses voiles d'arômes et le léger enivrement de son goût, fait apparaître la vanille synthétique comme une pauvre caricature. La vanilline n'est pas l'unique parfum de la vraie vanille, mais c'est le seul que l'on produise synthétiquement (à partir d'huile de clous de girofle, de goudron de houille et d'autres substances inattendues, mais surtout, maintenant, de sous-produits du sulfite de l'industrie de la pâte à papier). En fait, le plus grand producteur mondial de vanilline synthétique est l'Ontario Paper Company ! La vanille véritable varie selon un éventail qui va de doux et cendreux à humide et terreux. Tout dépend des gousses, de leur fraîcheur, de leur pays d'origine, de la façon dont on les a séchées, pendant combien de temps et à quelle température.

Quand une gousse de vanille se trouve là, sur le comptoir, comme une corde de fakir hindou, ou baigne dans une tasse de café, son arôme communique à toute la pièce une sorte d'envergure, le parfum de carrefours exotiques où les nourritures étranges ne sont pas les seuls mystères. A Istanbul, dans les années 70, ma mère et moi mangeâmes un jour des pâtisseries parfumées à la vanille, couvertes d'un glacis de caramel et couronnées de délicats filaments de sirop. Ce n'est que plus tard, ce jour-là, que nous comprîmes ce que nous avions mangé avec tant de plaisir. Nous nous promenions dans le bazar en compagnie de deux charmants étudiants dans lesquels nous

nous étions cognées. Sur un grand plateau de cuivre, étaient disposées les sœurs des pâtisseries que nous avions mangées. Ivres de sucre, des centaines d'abeilles bourdonnaient au-dessus. Leurs pattes se prenaient dans le sirop, y demeuraient engluées. L'une après l'autre, elles s'envolaient, laissant leurs pattes derrière elles. « Des pattes d'abeilles ! » s'écria ma mère, et son visage se figea. « Nous avons mangé *des pattes d'abeilles !* » Nos compagnons ne parlaient guère l'anglais, et nous pas du tout le turc. Ils durent trouver bizarre l'excitation de deux Américaines devant les pâtisseries et nous proposèrent d'en acheter, ce qui finit de bouleverser ma mère.

Traversez une cuisine où des gousses de vanille baignent dans une puissante énigme aromatique, et sans même vous en rendre compte vous pousserez un murmure de satisfaction. En réalité, la vanille est une odeur autant qu'un goût. Gorgez votre odorat de la vibrante éloquence de la vanille, et vous pouvez goûter celle-ci. C'est quelque chose de plus sauvage et souterrain que ce que l'on éprouve dans une confiserie. Sans doute est-ce le fauve, la vanille à l'état pur qui vous lacère les sens ? Mais non. Les gousses de vanille que nous prisons n'ont rien de délectable au moment où on les trouve dans la jungle. De toutes les cultures alimentaires du monde, celle de la vanille est celle qui exige le plus de travail. Il faut de longues heures fastidieuses de soins manuels pour que les orchidées de la vanille deviennent des fruits, puis pour que les fruits atteignent leur degré de succulence. La vanille vient de la cosse allongée d'une orchidée grimpante dont les fleurs, d'un blanc verdâtre, s'épanouissent un bref moment et ne dégagent aucun parfum. La floraison ne durant qu'un jour, il faut les féconder à la main à l'heure exacte. Les gousses mûrissent six semaines après cette pollinisation, mais on doit attendre des mois avant de pouvoir les cueillir. Quand une gousse est parfaitement mûre, on la plonge dans l'eau bouillante pour l'empêcher de mûrir davantage. Puis, on la sèche et on la traite : couvertures, fours, étals, etc. On la met ensuite au soleil pendant une période qui va de six à neuf mois. La gloire de l'arôme et du goût n'appartient pas à la plante. Ce n'est qu'à mesure que les gousses fermentent et se transforment en cosses brunes ridées et crépitantes, que les taches de vanilline se cristallisent moelleusement à leur surface et que le célèbre et vigoureux arôme commence de se répandre dans l'air.

En 1518, Cortès remarqua le premier que les Aztèques parfumaient leur chocolat avec des cosses pilées de vanille, qu'ils appelaient *tlixochitl* (« fleur noire ») et louaient si fort que Montezuma en buvait une infusion, véritable baume royal, et exigeait de ses sujets le tribut de gousses de vanille. Les Espagnols appelèrent la gousse *vainilla* (« petit fourreau ») d'après le latin *vagina* — sa forme allongée et la petite fente au bout devant leur rappeler ce qui leur manquait dans leur solitude. On a dû en faire des gorges chaudes en pensant à Montezuma qui touillait son chocolat avec un petit vagin. Cortès estima suffisamment la vanille pour en rapporter de pleins sacs en Europe, en même temps que l'or, l'argent, les bijoux et le chocolat des Aztèques. L'Europe s'enflamma pour la vanille, surtout combinée avec le chocolat, et en fit un aphrodisiaque. Les lettres de Thomas Jefferson contiennent une requête à un ami parisien : pourrait-il lui envoyer quelques gousses de cette vanille à laquelle il a pris goût quand il était ministre des Etats-Unis à Paris et que l'on ne trouve pas chez les apothicaires d'Amérique ?

Si précieuse et désirable que fût la vanille, personne n'aurait imaginé comment la cultiver en dehors du Mexique. Le problème était typique du délicat écosystème de la forêt et montrait combien cette verte luxuriance sauvage est en vérité fragile, mais personne ne s'en rendait compte. Bien que le pollen soit apporté à nombre de plantes tropicales par les insectes, les oiseaux et les chauves-souris, l'orchidée de la vanille n'est fertilisée que par un seul type d'abeilles, la minuscule mélipone. En 1836, un Belge découvrit le secret de la vie sexuelle de cette orchidée quand il vit la mélipone s'affairer en bourdonnant. Puis, les Français mirent au point une méthode de pollinisation manuelle et créèrent des plantations dans leurs îles de l'océan Indien, ainsi qu'en Insulinde et aux Antilles. Les Hollandais implantèrent la vanille en Indonésie, et les Anglais en Inde. La « teinture de vanille » n'apparut pas aux Etats-Unis avant le début du dix-neuvième siècle, mais ce fut pour aussitôt séduire l'Américain en son impatience, son horreur des complications et le piaffement de sa vie qui ont pour synonyme commun la *commodité*. Les Européens utilisaient la gousse de vanille, se régalaient de sa texture, de son goût, de son parfum, mais nous aimions mieux la voir réduite et mise en bouteilles. La demande augmenta, la vanille devint synthétique, et le monde flotta sur un manteau d'arôme au rabais. La vanille apparaît aujourd'hui dans presque tout ce qui va au four, et dans de nombreux parfums, les produits d'entretien et même les jouets, et s'est faufilée dans la cuisine de peuples très étendus, faisant la conquête de leurs palais. Seul d'entre les épices, le safran est plus coûteux.

Quand je sors enfin de la baignoire où je suis entrée au début de cette discussion, je m'enduis le corps du Voile à la vanille d'Ann Steeger, que l'on a l'impression de pouvoir manger et dont l'odeur est aussi lourde que celle de la fumée. Puis, je me parfume avec Vanilla de Jean Laporte : vanille avec un coup de griffe amer. L'intérieur d'une gousse de vanille contient une pulpe comparable à celle des figues ; si j'en détachais un peu, je pourrais préparer une bisque à la vanille pour le dîner ; viendraient ensuite un poulet sous glacis de vanille, une salade dont la vinaigrette serait relevée de vanille, une glace à la vanille et enfin un cognac parfumé à la vanille pilée. Après quoi, je pourrais sombrer dans une stupeur vanillée, me glisser dans mon lit et m'évanouir dans un profond sommeil d'orchidée[1].

LA VÉRITÉ SUR LES TRUFFES

« Le légume le plus ordinaire du monde », l'a-t-on appelée. Mais on la trouve aussi d'une sensualité divine et l'on ajoute que son goût est « le plus décadent du monde ». Aussi chère

1. Pour obtenir un extrait de vanille véritable : fendez une gousse de vanille dans le sens de la longueur, placez-la dans un bocal de verre, ajoutez les trois quarts d'une tasse de vodka. Couvrez et laissez macérer pendant au moins six semaines. A mesure que vous utilisez l'extrait, rajoutez de la vodka ; la gousse conservera son parfum et son goût pendant quelque temps. Ajoutez une cuillerée à thé de l'extrait de vanille à de la pâte à pain français pour la métamorphoser en ce que l'on appelle « pain perdu » à La Nouvelle-Orléans. Le sucre vanillé est délicieux dans le café. Fendez une gousse de vanille de haut en bas et coupez-la en petits morceaux. Mélangez avec deux tasses de sucre ; couvrez ; laissez reposer pendant six semaines. Plus la vanille repose, plus son goût s'intensifie.

que le caviar : la livre coûte aujourd'hui plus de cinq cents dollars à Manhattan, ce qui en fait le légume le plus coûteux sur la terre. Ou plutôt sous terre. Les barons de la truffe dépendent nécessairement de la chance et du flair. Une truffe peut être noire (*melanosporum*) ou blanche (*magnata*) et peut se cuire en entier, bien que, souvent, les gens l'émincent crue sur les pâtes, les œufs ou d'autres fonds culinaires. On l'a tenue pendant deux mille ans pour un aphrodisiaque et on l'offrait comme telle. Balzac, Colette, Huysmans et d'autres littérateurs voluptueux firent l'éloge de son pouvoir supposé enfiévrer d'un rut léonin. Lorsque Brillat-Savarin décrit les goûts du duc d'Orléans en matière de cuisine, les truffes le transportent au point qu'il les accompagne de trois points d'exclamation. « Des dindes truffées !!! » Et d'ajouter que leur réputation grandit presque aussi vite que s'élève leur prix. Ce sont, dit-il, de bonnes étoiles dont la seule apparition fait pétiller, briller, cabrioler de plaisir les gourmands de toutes sortes.

Un écrivain compare l'odeur des truffes à celle, « musquée d'un lit bouleversé après une après-midi d'amour sous les tropiques ». Les Grecs pensaient que les truffes provenaient du tonnerre, que c'en était le produit inversé d'une manière ou d'une autre et changé en racine dans le sol. Dans le sud-ouest de la France, le Périgord produit des truffes noires qui exsudent un parfum délicieux et qui représentent le nec plus ultra des truffes, noirs sequins essentiels au foie gras du Périgord. Les meilleures truffes blanches viennent de la région d'Alba, dans le Piémont. On raconte que Napoléon conçut « son seul fils légitime après avoir dévoré une dinde truffée ». Et l'Histoire est pleine de femmes qui ont offert des truffes à leurs compagnons afin d'allumer leur désir. Certains producteurs ont des chiens dressés à trouver les truffes, qui poussent en général près des racines de tilleuls, de chênes nains et de noisetiers. Mais les truies sont toujours les chercheuses de truffes par excellence, comme elles l'ont été pendant des siècles. Lâchez une truie dans un champ où se trouvent des truffes, et elle reniflera comme un limier avant de fouir le sol avec frénésie. Pourquoi les truffes hantent-elles les truies ? Des chercheurs de l'Université technique de Munich et de la Faculté de médecine de Lübeck ont découvert que les truffes contiennent deux fois plus d'androsténol (une hormone mâle du porc) que le cochon lui-même n'en possède. Et la phéromone du cochon est chimiquement très proche de l'hormone mâle humaine, ce qui explique peut-être pourquoi nous trouvons les truffes excitantes. Des expériences ont prouvé que, si l'on vaporise un petit peu d'androsténol dans une pièce où des femmes regardent des photos d'hommes, elles trouveront ces hommes plus séduisants.

Pour le fermier et sa truie, la promenade au-dessus d'un verger souterrain de truffes doit être d'une drôlerie en même temps que d'une tristesse confinant à l'hystérie. Voici une truie belle et saine qui flaire le mâle le plus sexy qu'elle ait jamais rencontré dans sa vie. Mais pour une raison ou une autre, il semble être sous terre. Ce qui l'enflamme — et elle creuse de toutes ses forces. Pour trouver quoi? Un étrange champignon grumeleux et tout glaiseux. Puis, elle renifle un peu plus loin un autre supermacho — lui aussi gisant sous terre — et elle joue désespérément du groin, essayant d'avoir celui-là. Elle doit devenir folle de désir et de frustration. Finalement, le fermier ramasse les champignons, les met dans un sac et ramène sa truie à la maison. Derrière elle, le champ tout entier vibre du riche appel odorant de superbes cochons qui, tous, la veulent furieusement, mais dont aucun ne se montre jamais.

LE GINGEMBRE ET AUTRES MÉDICAMENTS

Voguant vers l'Antarctique sur l'océan démonté, je suis prise de mal de mer et, tant bien que mal, regagne ma cabine pour m'y reposer. Mais ma cabine est à l'arrière du navire, et en haut. Tangage et roulis. Les vagues la soulèvent et la précipitent dans l'abîme. Et la secouent aussi au passage. Je débouche un petit flacon de nœuds bruns et trapus, en prends un que je me mets dans la bouche. Le suce pour l'amollir, puis commence de le mâcher méthodiquement, et un plaisir fulgurant me coule sur la langue. Le gingembre a, comme médicament, une longue histoire en Chine, où l'on boit du thé au gingembre pour combattre les rhumes, la grippe et d'autres maux. Les pêcheurs chinois mâchent de la racine de gingembre pour ne pas avoir le mal de mer.

Au cours des dernières années, dans le monde entier, des chercheurs ont mis à l'épreuve la réputation folklorique du gingembre et conclu que cette racine noueuse est à la hauteur de sa légende. Ils ont découvert au Japon que le gingembre empêche effectivement de tousser ; en outre, c'est un analgésique qui fait tomber la fièvre, stimule le système immunitaire et, d'une façon générale, calme le cœur tout en fortifiant les battements des oreillettes exactement comme le fait la digitaline. Des scientifiques nigériens ont constaté son pouvoir antioxydant et celui d'enrayer la salmonellose. En Californie, des savants ont découvert qu'il agit puissamment pour attendrir et conserver la viande. Dans une recherche où étaient associées la Brigham Young University de l'Utah et le Mount Union College de l'Ohio, on a appris que le gingembre a plus d'effet que la dramamine pour éloigner le mal de mer ou le mal de l'air. Au Danemark, des expériences ont montré que le gingembre empêche le sang de se coaguler. Et en Inde, que le gingembre abaisse le taux de cholestérol.

Avec tous les édits sur ce qu'il faut manger, et quand, et ce dont il faut s'abstenir, on a parfois l'impression de s'administrer des médicaments plutôt que de dîner. Pas de batterie de cuisine en aluminium, car d'infimes particules d'aluminium peuvent se mêler à la nourriture, et l'aluminium, suppose-t-on, fait partie des causes de la maladie d'Alzheimer. Pas de beurre, de graisse et de crème, puisque des maladies cardiaques peuvent en résulter. En revanche, oui aux fibres, qui peuvent empêcher le cancer de l'anus, mais pas trop de fibres : ce serait dangereux. Oui aux légumes verts, aux feuilles et à leur effet antioxydant — mais pas si vous prenez un fluidifiant du sang, car ils contiennent de la vitamine K, qui est coagulante. Oui aux huiles de poissons, importantes pour le cœur. Mais attention au poisson lui-même, qui contient souvent des polluants. Les fruits frais sont recommandés pour leur vitamine C, leurs fibres et d'autres éléments, bien que l'insecticide que l'on vaporise dessus soit carcinogénique. Pas de viande de bœuf, trop riche en graisses et accusée de bien des maux, depuis les polypes jusqu'au cancer du sein. Et puis, de toute façon, quand on fait griller de la viande, cela produit des carcinogènes. La volaille est souvent nourrie aux hormones, qui ne nous conviennent pas, et contient souvent des salmonelles. D'accord pour les coquillages, source de protéines à faible taux de graisses, mais attention aux huîtres, qui doivent venir d'eaux non polluées. Est-il bon, d'autre part, de manger du homard et des crevettes, à taux élevé de cholestérol ? Ce sont des éboueurs, des créatures qui se nourrissent des restes putrides d'autres créatures. Dans ce fatras de paradoxes, comment diable parler du goût sans se sentir coupable ?

Culturellement, nous sommes hypnotisés par l'idée de la qualité médicinale de la nourriture et jurons par le yoghourt, la crème de haricot, le jus de carotte, la racine de ginseng, le miel cru et tant d'autres choses en fonction de la mode. Nous oublions qu'il n'y a pas si longtemps la nature était notre pharmacie. Elle l'est encore pour ceux qui y vivent et pour les pharmacologues les plus sophistiqués, qui continuent d'envoyer cueillir des feuilles dans les forêts pour toutes sortes de médicaments. « Dis-moi ce que tu manges, et je te dirai qui tu es. » Nous donnons à la maxime de Brillat-Savarin un sens plus large qu'il ne le faisait lui-même et pensons aux vitamines qui guérissent, aux protéines qui fortifient, aux fibres qui décapent et protègent, aux féculents qui calment, aux sucres qui énergétisent. Enfants de l'âge industriel, nous pensons encore que manger consiste à donner du carburant à notre corps, à alimenter le minuscule fourneau de chaque cellule. Nous nous représentons notre corps comme une usine et employons même parfois le mot pour évoquer ses processus. Nombre de nos créations nous ressemblent. Il y eut un temps où les neurologues fulminaient si l'on comparait le cerveau à un ordinateur, parce que cela semblait horriblement automatique, amoral et mécaniste. La comparaison avec l'ordinateur est aujourd'hui de nouveau à la mode, les analogies étant si évidentes qu'on ne peut les nier. Le cerveau est l'ordinateur ; la religion, les préjugés, les préventions, etc. constituent le software. Les neurologues ne sont pas tout d'un coup devenus plus réservés ; simplement, les ordinateurs sont désormais des entités plus familières et moins effrayantes. Oui, disons-nous, des cerveaux qui avaient besoin d'emmagasiner plus de renseignements qu'ils n'en pouvaient contenir ont inventé des cerveaux artificiels qui reproduisent le système de classement auquel ils sont habitués. Il n'y a là rien de surprenant. Quand nous avons voulu créer de l'énergie en dehors de notre corps, nous avons également recopié le seul modèle que nous connaissions. Vous mettez un combustible dans quelque chose, qui s'en trouve plus puissant pour un temps, rejette les résidus et doit être de nouveau alimenté pour produire plus de travail. Nous sommes très doués pour l'analogie. Notre espèce a le don — qui fait partie de son charme — de pouvoir regarder la trace d'une patte d'éléphant dans la boue desséchée, à côté d'une mare, de noter comment ses contours abrupts captent l'eau et de dire : tiens, voilà pour transporter de l'eau. Dans *Henry IV* (deuxième partie), Shakespeare fait dire à Falstaff que le corps nous sert de modèle pour nos sociétés, que le corps a sa politique et ses classes. Mais les analogies valent dans les deux sens, comme le courant alternatif. Nous ne faisons pas que créer des centrales électriques (*powerhouses*) sur le principe du corps, nous mangeons des bonbons appelés Powerhouse pour nous fortifier[1]. Et quelque âge que nous ayons, nous mangeons certaines choses que nous détestons secrètement, mais dont nous pensons qu'elles ont des vertus thérapeutiques. Nous en prescrivons. « Mange tes brocolis », insistons-nous, pensant aux vitamines et aux fibres qui s'y trouvent, et non que ça ressemble à une forêt miniature qui flotterait dans une casserole. « C'est bon pour toi. »

COMMENT PRÉPARER DE LA SOUPE D'ÉLAN DANS UN TROU DU SOL OU DÎNER DANS L'ESPACE

Je garde souvent dans une petite bibliothèque de chevet des méthodes succinctes de survie tels que *A Pilot's Survival Manuel* (« Le manuel de survie du pilote ») où j'apprends de quel côté pénétrer sous une tente de nomade après m'être écrasée dans le désert de Gobi, ou *How to Stay Alive in the*

1. Le mot *powerhouse* désigne également une personne — ou un groupe — très dynamique. *(N.d.T.)*

Woods (« Comment rester en vie dans les bois ») de Bradford Angier, où se trouve cette recette de soupe d'élan préparée dans un trou du sol :

> Vous venez de tuer un élan. Affamé, vous mourez d'envie de manger une soupe chaude, que parfumeraient peut-être les poireaux sauvages dont vous voyez les feuilles plates frissonner tout près. Pourquoi ne pas prendre l'extrémité pointue d'un membre mort pour creuser un petit trou dans le sol ? Pourquoi ne pas doubler cette cavité d'un bon morceau de peau fraîche ? Puis, après avoir ajouté l'eau et les autres ingrédients, pourquoi ne pas laisser quelques pierres chaudes et propres s'occuper de la cuisson pendant que vous finissez de dépecer l'animal ?

Oui, vraiment, pourquoi pas ? J'aime tout particulièrement les premiers mots de la recette : *vous venez de tuer un élan*. Ils me rappellent une autre recette, celle-là pour faire frire un chien qui commençait ainsi : *Tout d'abord, nettoyez et videz un chiot en bonne santé*. Si, comme moi, vous vous efforcez de ne pas manger de mammifères à moins d'y être forcés par un hôte qui ne le sait pas, ou par la nécessité (laquelle est une hôtesse qui sait), vous ne saliverez pas à la lecture de ces recettes. Mais l'idée me plaît assez de faire tranquillement cuire de la soupe d'élan dans une fosse moussue. D'après ce livre, on peut être habillé, armé, avoir une boussole, mais se retrouver sans allumettes. S'il n'est pas nécessaire de cuisiner pour survivre, cela aide certainement. Il y a donc plusieurs moyens d'allumer un feu : avec de l'eau (servant de loupe), des montres (en tenant les verres de deux montres ou de deux boussoles de poche d'environ la même taille l'une contre l'autre), un arc transformé en foret, un couteau de chasse frotté contre un silex et tout un fourbi, dont le fusil n'est pas exclu[1].

Imaginez ce que l'on trouvera dans les manuels pour survivre dans l'espace. Une grande part du plaisir de goûter tient

1. « Arrachez la balle à la cartouche, en commençant, si vous voulez, par élargir la gaine en la plaçant sur une bûche et en en martelant le pourtour avec le manche de votre couteau... Préparez le feu de camp en disposant une bonne couche de petit bois. Versez un peu de poudre sur le petit bois. Bourrez la cartouche avec le reste et un morceau d'étoffe usagée. Tirez en l'air. Si le chiffon ne brûle pas déjà au moment où il retombe, le feu doit y couver suffisamment pour que le petit bois d'enflamme sans tarder. »

à l'odorat : nous ne pouvons sentir une chose que lorsqu'elle s'évapore. Il y a donc, je suppose, moins d'odeurs en apesanteur. Ce qui implique que la nourriture n'y a pas aussi bon goût. Il n'empêche : la compétition est serrée pour approvisionner les vaisseaux spatiaux américains et soviétiques. Un fournisseur probable pour le prochain vaisseau soviétique est Belème, compagnie appartenant à un astronaute français, à un biologiste qui étudie l'apesanteur et au chef et propriétaire de L'Espérance, restaurant trois étoiles (dans le Michelin) non loin de Paris. Le menu sur orbite comprendrait des mets aussi haute cuisine que des chips d'artichauts et du poulet à la dijonnaise en tubes et en boîtes. Belème fournit déjà en plats gourmands appropriés à leur environnement : les explorateurs polaires et ceux du désert, les alpinistes, les pilotes de course et d'autres aventuriers conscients des réalités gastronomiques. Lorsque nous pensons cuisine, nous nous imaginons des plats fumants de curry, des écrevisses, de la soupe de cacahuètes, des piments, du fettucine, ou tout autre dialecte savoureux. Mais il y aussi la toute neuve cuisine spatiale. J'ai mangé les pêches spatiales lyophilisées de la NASA. On dirait du nid d'abeilles doucement citrique. Et j'ai lu ce que les astronautes disent des autres aliments. Il n'y a pas de quoi en faire un plat! Mais l'émerveillement est le meilleur des condiments. Aussi, pour de brèves odyssées, des aliments lyophilisés peuvent fort bien convenir, jusqu'à ce qu'un voyage dans l'espace soit aussi banal qu'un tour sur le Rialto, à Venise, et que nous osions dîner dans un petit coin tranquille dont le menu propose la lune. Sur lit d'étoiles.

ET LE FOUGOU BRUT? LA NOURRITURE A SUSPENSE

Une nation éprise de sensations peut dîner, comme le font les citadins chics, de pâtisseries à la rhubarbe et aux framboises, de homard fumé, de poisson d'eau douce enveloppé dans des hibiscus, passé au beurre de framboise, cuit dans un four d'argile avant d'être un instant élevé dans de la fumée de *mesquite*. Lorsque je faisais mes études supérieures, je ne mangeais pas de poissons rouges, ne m'entassais pas avec les autres dans des Volkswagen, ne sifflais pas des bouteilles entières de vodka. Mais les autres le faisaient. Nouvelle version de l'ennui des années 20. Epater le bourgeois a toujours constitué l'encyclique informulée de la vie estudiantine et de la bohème artistique, dût-on parfois caricaturer la société en faisant montre de goûts culinaires bizarres. L'un des sketches classiques de *Monty Python's Flying Circus* montre un chocolatier que deux policiers forcent à se mettre à table : il vend des bébés grenouilles, os compris, recouverts d'une couche de chocolat. (« Sans les os, gémit-il, ils ne seraient pas croustillants »), ainsi que des insectes et d'autres animaux qui effraieraient sûrement les papilles gustatives occidentales. J'ai rencontré des savants de tout bord qui ont mangé des nourritures indigènes comme les sauterelles, les sangsues, ou les chauves-souris cuites dans du lait de coco, d'une part pour se montrer polis, de l'autre par curiosité, et je crois aussi pour avoir une bonne anecdote à raconter à leur retour aux Etats-Unis. Mais ce ne sont là que des aliments nourrissants qui sortent du domaine de nos us et coutumes.

Nous ne mangeons pas toujours pour le goût qu'ont les aliments, mais pour l'impression qu'ils sont susceptibles de nous causer. J'ai mangé un jour un plat populaire — du canard — dans le Brésil amazonien, *pato no tucupí* (en portugais, *pato*, « canard » + *no*, « dans » + *tucupí*, « jus de manioc ») dont le charme principal tient à ce qu'il vous anesthésie : la bouche vous fourmille ensuite et est tout engourdie comme si vous aviez pris de la benzédrine. L'ingrédient qui engourdit est le *jambu* (en latin, *spilanthes*), une marguerite jaune qui pousse dans tout le Brésil et que l'on utilise parfois comme remède contre le rhume. L'effet me déconcerta. C'était comme si mes lèvres et toute ma bouche s'étaient mises à vibrer. Mais il est bien des cultures qui ont ainsi des mets physiquement surprenants. J'adore les piments et tout ce qui est épicé, les aliments qui décapent la bouche. Nous parlons de « goût » lorsque nous décrivons tel aliment à quelqu'un, mais en réalité nous parlons d'une combinaison de toucher, de goût et de l'absence de gêne lorsque l'endormissement ou le décapage prend fin. Une ligne de démarcation des plus minces, dans le cas de la sauce sétchouane au piment, sépare le frisson (les lèvres vous picotent même après le repas) et la brûlure sulfurique qui vous donne des spasmes pendant que vous mangez[1]. Un exemple moins extrême est notre goût pour les aliments croquants ou croustillants qui n'ont presque pas de goût, mais impliquent beaucoup de bruit et d'activité buccale. L'un des plus grands succès alimentaires du monde est le Coca-Cola, mélange de douceur extrême, de caféine et de chatouillis que nous trouvons rafraîchissant quand il nous atteint les narines. Lancé comme bain de bouche en 1888, le Coca-Cola contenait alors de la cocaïne, qui avait vraiment de quoi vous rafraîchir. L'ingrédient fut abandonné en 1903. La boisson est toujours parfumée avec un extrait de feuilles de coca, mais sans cocaïne. L'usage du café, du thé, du tabac et d'autres stimulants remonte aux seizième et dix-septième siècles et envahit rapidement toute l'Europe. La mode et l'accoutumance les recommandèrent auprès des consommateurs pour le déclic nerveux qu'ils suscitaient : soit un calme narcotique, soit la stimulation de la caféine. Contrairement aux produits de consommation courante, on pouvait les prendre par doses selon le degré d'exaltation que l'on voulait atteindre, ou d'accoutumance que l'on avait déjà atteint.

Au Japon, des chefs émérites préparent le plus rare des sashimis : la chair blanche du poisson-globe, servie crue et disposée sur un plat selon des motifs floraux très élaborés. Les consommateurs paient très cher ce mets préparé méticuleusement, dont le goût un peu fade, légèrement sucré, rappelle celui du pompano[2] cru. On a intérêt à le préparer soigneusement car, à la différence du pompano, le poisson-globe contient un poison terrifiant. On ne penserait jamais qu'un poisson-globe ait besoin d'une telle armure chimique, puisque, pour se défendre, il lui suffit d'avaler de grandes quantités d'eau qui le bouffissent tant que les prédateurs ne peuvent engloutir un si gros morceau. Mais sa peau, ses ovaires, son foie et ses intestins contiennent de la tétrodotoxine, l'une des substances chimiques les plus vénéneuses du monde, des cen-

1. L'eau ne peut servir d'antidote, car elle ne se mélange pas avec l'huile, le liant de la cuisine chinoise; le riz est le meilleur remède.

2. Poisson des Antilles et de l'Amérique du Nord. (*N.d.T.*)

taines de fois plus mortelle que la strychnine ou le cyanure. Une miette assez petite pour se loger sous l'ongle pourrait tuer une famille entière. A moins que le poison ne soit complètement enlevé par un cuisinier habile et expérimenté, on mourra au milieu du repas. C'est ce qui fait le charme de ce plat. On mange la possibilité de mourir — terreur qu'épellent les lèvres à chaque bouchée. Néanmoins, sa préparation est un art traditionnel du Japon, et qui a de nombreux aficionados. Les chefs spécialistes du fougou les plus vénérés sont ceux qui s'arrangent pour laisser une infime trace de poison — assez pour que les lèvres vous piquent en frôlant la mort, trop peu pour que celle-ci vienne. Evidemment, il y a tous les ans des gens qui meurent en mangeant du fougou — ce qui n'arrête pas les intrépides. Les connaisseurs les plus raffinés commandent même du *tchiri*, la chair du poisson cuite dans un bouillon de foies et d'intestins vénéneux. Ils comprennent bien, pourtant, qu'ils courent un danger des plus bizarres avec tout ce poison. Les anciens Egyptiens, les Chinois, les Japonais et d'autres peuples décrivent l'empoisonnement par le fougou avec des détails atroces : tout d'abord, la tête vous tourne, la bouche et les lèvres s'engourdissent, la respiration se fait plus difficile ; puis, viennent les crampes, le bleuissement des lèvres, des démangeaisons insupportables comme si une armée d'insectes vous grouillait sur le corps ; puis, les vomissements, la dilatation des pupilles et enfin un sommeil hypnotique, une sorte de paralysie nerveuse où vous êtes conscients de ce qui se passe autour de vous et dont vous mourez. Mais il arrive que l'on se réveille. Si un Japonais, homme ou femme, meurt empoisonné par la chair du fougou, la famille attend quelques jours avant de l'enterrer : sait-on jamais, il pourrait se réveiller. De temps à autre, une victime du fougou est presque enterrée vivante, mais revient à elle au dernier moment et décrit avec des détails épouvantables la cérémonie de son propre enterrement, pendant laquelle elle s'ingéniait à faire comprendre qu'elle était toujours vivante, mais ne pouvait bouger.

En dépit de son côté roulette russe, on considère que la consommation du fougou est une expérience hautement esthétique. On s'interroge, après ça, sur la condition que, dans notre sténo chauvine, nous appelons humaine. Nous sommes des créatures vouées à disparaître un jour de cette terre en l'ultime soustraction de la sensualité qu'est la mort et nous passons notre temps à courtiser cette mort — fomentant des guerres, voyant des films d'horreur où des fous torturent et fouettent leurs victimes, précipitant notre dernière heure dans la vitesse des voitures, la fumée des cigarettes et le suicide. La mort nous obsède tant et plus, mais notre réaction est si étrange. Mis en face de tornades qui ravagent nos maisons, de tempêtes de poussière qui dévastent nos récoltes, d'inondations et de tremblements de terre qui engloutissent des villes entières, du spectre de maladies qui nous rongent la moelle des os, nous laissent tordus ou déments — profusion de fléaux qui n'ont pas besoin qu'on les appelle, qui viennent librement et répandent leur horreur comme une aumône —, on penserait que les êtres humains voudraient résister aux forces de la Nature, associer leurs efforts, s'allier, au lieu de créer leurs propres moyens de dévastation et d'ajouter aux misères les uns des autres. La mort est une telle artiste. Elle n'a pas besoin de notre aide. Qu'il est étrange que les gens, parfois des pays entiers, se fassent volontairement ses complices.

Nos films d'horreur en disent long sur notre compte et nos obsessions alimentaires. Je ne parle pas de ceux où des cinglés qui se trimbalent avec des scies à métaux et des rasoirs punissent des femmes seules de vivre seules ou bien de travailler — quoiqu'ils soient déjà assez alarmants. Je ne parle pas des histoires de fantômes où nous poussons un soupir de soulagement quand, dans les dernières scènes, l'ordre naît du chaos. Et je ne parle pas des énigmes qui glacent le sang et à la fin desquelles l'univers semble provisoirement moins livré au hasard, moins violent et moins inexplicable. Notre vraie passion, de loin, va aux films d'horreur les plus juteux, où des bêtes immondes dotées d'une force et d'une astuce farouches traquent les êtres humains et s'en repaissent. Peu importe que la bête ait la vie brève comme dans *Killer Shrew*, ou qu'elle soit mélancolique comme dans *Cat People*, ou abstraite comme dans *Wolfen*, ou qu'elle n'ait pas de nom comme dans *Alien*. Le schéma est toujours le même. Ces bêtes-là dominent le genre. Nous réclamons qu'elles nous terrorisent.

A la vérité, nous semblons ne pas en être encore revenus de

figurer tout en haut de la chaîne alimentaire. Cela doit nous tracasser. Autrement, nous ne ferions pas tous ces films, génération après génération, en suivant exactement la même tactique de l'effroi. Les rôles sont renversés et nous devenons nourriture. D'accord, nous sommes peut-être au sommet de la chaîne quand nous nous promenons dans Manhattan, mais imaginez — suprême horreur ! —, que, pour les habitants d'autres planètes, nous représentions le degré le plus bas de la chaîne alimentaire. Et vous avez les diaboliques, les effrayants *Aliens* qui capturent des êtres humains pour les donner à leurs petits au physique d'asticots et les pendent à des gibets gluants dans un garde-manger.

Nous nous ruons au cinéma, prenons place dans une obscurité de caverne et affrontons l'horreur. Nous entrons en contact avec des bêtes, et cela nous fait vivre. La semaine suivante, ou l'été d'après, nous recommençons. Et en rentrant chez nous, nous tendons l'oreille pour percevoir un bruit de griffes sur la chaussée, un halètement surnaturel, ou le vol d'un vampire. Nos années de formation, nous les avons passées en espèce privée de technologie et à juste titre effrayée par les lions, les ours, les serpents, les requins et les loups qui pouvaient nous poursuivre et nous poursuivaient effectivement. On pourrait croire que nous avons dépassé ce stade. Un coup d'œil sur les douillettes tranches de bœuf sur l'étal des supermarchés, bien découpées, marquées, enveloppées, devrait nous suggérer la détente. Mais la civilisation est plus récente que nous ne nous plaisons à la croire. Les films d'horreur sont-ils notre version des dessins magiques qui ornaient les murs des cavernes ancestrales ? En sommes-nous encore là ?

Le fougou peut sembler ne pas avoir grand-chose à voir avec le désarmement nucléaire et la paix mondiale, mais c'est un petit indicateur de notre psyché. La menace de mort nous excite. Pas tous, et pas tout le temps. Mais suffisamment et assez souvent pour que le reste de notre race amoureuse de la paix demeure sur ses gardes au lieu de s'installer tranquillement avec des amis devant un somptueux repas.

LA BELLE ET LES BÊTES

Dans *La Belle et la Bête*, de Jean Cocteau, extraordinaire adaptation cinématographique du célèbre conte, une bête sentimentale vit dans un château enchanté, dont les murs et les meubles sont psychosensitifs. Au dos du fauteuil de la Bête, est inscrite une devise en latin : *Tous les hommes sont des bêtes quand ils sont sans amour*. Tous les soirs, la Bête si érudite, si humaine, doit chasser pour manger. Ce sera une biche dont elle dévorera la chair fumante. Ou elle mourra de faim. Après quoi, l'angoisse la plus amère la tourmente. Et malgré qu'elle en ait, tout son corps se met à fumer. L'horreur inavouée de notre espèce se révèle à ce moment-là. Comme la Bête, nous devons tuer d'autres formes de vie afin de vivre nous-mêmes. Nous devons leur dérober leur vie et parfois leur causer de grandes souffrances. Chacun de nous accomplit ou approuve tacitement de petites transactions quotidiennes avec la torture, la mort, la boucherie. Les peintures rupestres reflétaient le respect et l'amour du chasseur pour sa proie. En notre cœur, nous savons que la vie aime la vie. Toutefois, nous nous délectons des autres formes de la vie avec lesquelles nous partageons notre planète ; nous tuons pour vivre. Le goût est ce qui nous fait traverser le terrain rocailleux de la morale, ce qui rend l'horreur savoureuse ; et le paradoxe, que ne saurait défendre notre raison, se dissout dans une jungle de douces tentations.

L'OUÏE

J'étais tout oreilles
Et pouvais saisir les accents qui
pouvaient créer une âme
Sous les côtes de la Mort.

John Milton
« *Comus* »

LE CŒUR ENTEND

En arabe, l'absurdité ne peut entendre. Un *surd* (« nombre irrationnel ») est une impossibilité mathématique, le cœur du mot « absurdité », que nous tenons du latin *surdus*, « sourd et muet », qui est déjà une traduction de l'arabe *jadr asamm*, une « racine morte », qui, pour sa part, traduit le grec *alogos*, « sans parole, ou irrationnel ». Une supposition se cache dans ce dédale d'étymologies : le monde aura encore un sens pour celui qui n'y voit pas, est manchot ou n'a plus de nez. Mais si vous perdez l'ouïe, un fil essentiel se dissout, et vous n'êtes plus en contact avec la logique de la vie. Vous êtes coupé du commerce quotidien avec le monde, comme une racine enfouie sous la terre. En dépit de ce que prétend Keats (« Douces sont les mélodies que l'on a entendues,/ Mais plus douces encore celles que l'on n'entend pas »), nous préférons entendre chanter, tonner, parler le Niagara du monde. Les sons épaississent le ragoût sensoriel de notre vie, et nous en dépendons pour interpréter le monde qui nous entoure, communiquer avec lui et l'exprimer. L'espace est silencieux, mais sur la Terre tout ou presque peut produire un son. Les couples ont leurs chansons préférées. Il suffit de quelques mesures pour que leur reviennent en mémoire une première rencontre sur la promenade en planches d'Atlantic City, ou les nuits d'été humides dans une ville du Middle West quand, adolescents, ils étaient installés dans une Chevrolet, au stand A & W Root Beer, et que les heures passaient comme brûlent des feuilles mortes. Les mères chantent des berceuses à leurs bébés ; et ce ne sont pas seulement des chansons qui bercent, mais des berceaux qui chantent. La musique réunit les foules, fait agir de concert : marches des droits civils, Live Aid concerts, manifestations politiques, Woodstock et autres communions massives. Les chansons de travail et la cadence militaire[1] rendent les longues marches ou les travaux répétitifs moins ennuyeux.

Les solistes du jogging, les adeptes du pas gymnastique, les amoureux du schuss tous terrains, les astronautes pédalant dans l'espace sur des vélos immobiles, les élèves des classes d'aérobic en collants une pièce, tous sont envoûtés pour leurs exercices par une musique bruyante au rythme saccadé très appuyé. Un feu de camp aurait moins d'attrait s'il était silencieux. Et quand, à la fin de l'été, les campeurs lancent au crépuscule leurs chandelles flottantes sur le lac, ils accompagnent généralement le rituel de chansons solennelles au camp et à ses membres. Les gens veulent que certains aliments croustillent (les chips, les bretzels, les céréales, etc.) ; le bruit est un ingrédient qui compte dans le marketing de telles nourritures. La musique accompagne les mariages, les funérailles, les occasions officielles, les fêtes religieuses, les manifestations sportives et jusqu'au journal télévisé. Des chœurs rétribués chantent des hymnes déchirants aux assurances, à la poudre à laver, au papier hygiénique. Dans une rue passante, à l'heure de pointe, malgré le grognement de la circulation et les girations de milliers d'étrangers pressés, nous

1. Carol Burke, folkloriste spécialisée dans les chansons militaires, m'envoie celle-ci, qui est typique. La plupart, précise-t-elle, sont aussi grossières et insultantes et se répètent tout autant :

Les filles riches se servent de vaseline
Et les pauvres se mettent du saindoux,
Mais Loulou se fourre de la graisse à essieux
Et baise deux fois plus dur

Baise, baise, Loulou,
Baise à mort toute la journée.
Baise, baise, Loulou.
Avec qui vas-tu baiser aujourd'hui ?

Les filles riches se servent de tampons
Et les pauvres se mettent des chiffons,
Mais le con à Loulou est si énorme
Qu'elle s'y fourre des sacs de jute.

Baise, baise, Loulou,
Baise à mort toute la journée, etc.

parvenons encore à reconnaître la voix d'un ami qui nous rattrape et nous salue. Nous promenant dans les rues reconstituées de Williamsburg, en Virginie, nous entendons une mélodie métallique et reconnaissons aussitôt le bruit du marteau d'un forgeron travaillant à son enclume. Etre assis dans la salle de séjour à caresser distraitement le chat tandis que le soleil entre à flots par la fenêtre brodée de givre est déjà très agréable ; mais si nous entendons le chat ronronner, notre plaisir s'accroît. La plupart des restaurants vous servent une musique obligatoire avec chaque plat ; il y en a même qui placent des violonistes ou des guitaristes à votre table pour vous coller leur musique dans les gencives tandis que vous mastiquez. Dans le hall des hôtels, en Inde, et dans les patios d'ardoise, à Houston, des carillons éoliens tintinnabulent dans le vent. Pendant les heures soi-disant silencieuses, les détenus d'Alcatraz réussissaient à murmurer dans le tuyau qui reliait un lavabo à l'autre, puis ils plaquaient l'oreille contre le tuyau pour écouter. Les excursionnistes qui font, avec des lamas, le Point Reyes National Seashore en Californie, ou qui escaladent la face rocheuse du mont Camelback en Pennsylvanie, se régalent à l'envi de chants d'oiseaux, du bruit des rapides, du vent qui semble jouer de la cornemuse, des cosses desséchées qui ballottent sur les arbres comme des gourdes minuscules. Un grand dîner, comme une fête : un serveur verse un superbe Liebfraumilch dont nous contemplons la teinte d'abricot, dont nous respirons le bouquet, dont nous goûtons la saveur fruitée. Et nous portant mutuellement des toasts, nous trinquons, car le son est la seule chose qui manque à la plénitude des sens dans notre plaisir de boire.

Ce que nous appelons « son » est en fait le mouvement où se précipite, s'élève et enfin se retire la vague de molécules d'air qui commence avec le mouvement de n'importe quel objet, quelle qu'en soit la taille, et se propage dans toutes les directions. Tout d'abord, il faut que quelque chose bouge – un tracteur, les ailes d'un grillon – pour secouer les molécules d'air alentour. Puis, les molécules voisines commencent elles aussi de frémir, et ainsi de suite. Les ondes sonores déferlent comme des vagues sur nos oreilles, où elles font vibrer le tympan, lequel agit sur trois os (le marteau, l'enclume et l'étrier) qui, sous leur nom pittoresque, sont les os les plus petits de tout le corps. Bien que la cavité où ils sont logés ne fasse pas 8,5 mm de large et guère plus de 4 mm de profondeur, l'air qui y est capturé par une trompe d'Eustache bouchée fait bourdonner les oreilles des plongeurs en scaphandre autonome et des passagers des avions quand la pression change. Les trois os appuient un fluide de l'oreille interne contre les membranes, qui effleurent des poils minuscules, lesquels aiguillonnent les cellules nerveuses voisines, lesquelles, à leur tour, télégraphient leurs messages au cerveau. Nous *entendons*. Cela n'a peut-être pas l'air d'un voyage compliqué, mais en pratique le chemin est des plus élaborés et ressemble assez à un parcours miniature de golf, avec fioritures, bifurcations, détours, relais, leviers, système hydraulique et boucles rétroactives.

Le son se transmet en trois étapes. L'oreille externe est comme un entonnoir qui le capte et le dirige, bien que nombreux soient les gens qui n'ont pas d'ouïe externe, mais entendent parfaitement bien (comme on le peut généralement quand on porte un chapeau ou un casque). Lorsque l'onde sonore frappe le tympan (qui ressemble à un éventail), celui-ci agit sur le premier petit os, dont la tête s'enclave dans la cavité en forme de coupe du second, qui agit sur le troisième, qui appuie comme un piston sur l'oreille interne (molle et emplie de fluide) où se trouve un tuyau semblable à un escargot appelé limaçon, ou cochlée, contenant des poils auxquels revient la tâche d'avertir les cellules nerveuses auditives. Lorsque le fluide vibre, les poils bougent, stimulant les cellules nerveuses, et ils envoient leurs renseignements au cerveau. Ainsi le simple fait d'entendre jette-t-il un pont sur l'antique division entre l'air et l'eau ; les ondes sonores, une fois captées, sont traduites en ondes fluidiques, puis en impulsions électriques. De tous nos sens, l'ouïe est celui qui ressemble le plus au bidule qu'aurait imaginé un plombier astucieux en raboutant des pièces détachées. Le travail de l'ouïe est en partie d'ordre spatial. Le doux bruissement d'un champ de céréales qui semble nous entourer du murmure de la terre n'a pas la même insistance que le grondement d'une panthère à droite dans notre dos. Il faut localiser les sons dans l'espace, les identifier selon le genre, l'intensité et d'autres caractéristiques. L'audition a un aspect géographique.

Mais tout commence avec le frémissement de molécules d'air, chacune étant poussée de force dans la suivante, comme la foule qui, à coups de coudes, s'engouffre dans le métro. Les ondes qu'elles émettent ont une certaine fréquence (le nombre de compressions et de détentes par seconde) que notre ouïe traduit en termes de diapason. Plus la fréquence est haute, plus haut nous paraît le son. Nombre de sons nous semblent forts. Le son se propage dans l'air à 335 m à la seconde, incomparablement plus lentement que la lumière (300 000 km à la seconde). C'est pourquoi, pendant un orage, on voit souvent l'éclair d'abord, puis on entend le tonnerre.

Ce que nous entendons couvre une très vaste gamme d'intensités — depuis le bruit d'une coccinelle se posant sur une feuille de caladium jusqu'à celui du lancement d'une fusée à Cap Canaveral —, mais il est rare que nous entendions fonctionner les rouages internes de notre corps, le barattage caustique de notre estomac, le glissement de notre sang, la flexion de nos jointures, le battement continu de nos paupières. Tout au plus, si nous nous mettons des boules dans les oreilles, ou que, la nuit, nous appuyions notre oreille contre notre oreiller, pourrions-nous entendre les battements de notre cœur. Mais pour un bébé dans le ventre de sa mère, les battements du cœur de celle-ci exécutent la berceuse de la plénitude et de la paix. Les vagues de sa respiration le bercent et le tranquillisent. La matrice est un paysage douillet et familier, une enveloppe de chaleur rythmique, et les battements du cœur maternel sonnent la sécurité. Oublions-nous jamais ce son? Lorsque les bébés commencent de parler, leurs premiers mots sont en général le même son répété : Mama, Papa, bou-bou. Les parents modernes peuvent même acheter une petite boîte, à installer dans le lit de leur bébé, qui passe l'enregistrement d'un rythme cardiaque puissant et régulier (70 battements à la minute). Mais si, pour les besoins d'une expérience, le cœur en boîte est mis à un rythme plus rapide, suggérant ainsi l'image d'une mère stressée ou en mauvaise santé, le bébé s'agite. Un cordon ombilical sonore rattache l'enfant à sa mère.

Il n'y a jamais rien eu d'aussi parfait que ce séjour dans la matrice, alors que, tels de petits déments, nous reposions dans notre cellule capitonnée, libres de tout besoin, inasservis au temps. Un nouveau-né qui tète sa mère, ou que l'on tient contre soi, entend ce battement régulier qu'il entendait dans la matrice, et la vie lui apparaît comme une continuité vivable. Les battements de notre propre cœur nous rassurent. Nous redoutons leur arrêt, nous redoutons le silence cardiaque de ceux que nous aimons. Deux amants somnolent au matin, blottis l'un contre l'autre, ainsi que deux cuillers parfaitement ajustées, sentent battre le cœur l'un de l'autre — et sont en paix. *Comment te sens-tu vraiment, là, dans ton cœur?* demandons-nous. *J'ai le cœur brisé,* répondons-nous comme s'il s'agissait d'un bloc de craie heurté de plein fouet par le marteau d'un forgeron. Intellectuellement, nous savons que l'amour, la passion et la dévotion ne résident dans aucun organe. On ne déclare pas nécessairement qu'une personne est morte quand son cœur s'arrête; la mort du cerveau, elle, est décisive. Et pourtant, quand nous parlons d'amour, nous employons la forte image du cœur, et tout le monde comprend. Pas besoin d'expliquer. Depuis le premier instant, le cœur est l'étalon de nos jours et la mesure de nos amours. Au cinéma, on ajoute souvent des battements de cœur rapides et intenses à la musique de scènes qui doivent nous faire peur. Mais il y a aussi des films, comme *Le Souffle au cœur* sur les rapports incestueux entre une mère et son fils, où des battements de cœur doux et réguliers s'insinuent dans la musique pour souligner la complexité des sentiments. On a toujours écrit des poèmes en pentamètres ïambiques qui produisent ce genre de son : ba-BOUM, ba-BOUM, ba-BOUM, ba-BOUM[1]. Il y a évidemment beaucoup d'autres mètres pour écrire de la poésie. De nos jours, cependant, la plupart des poètes ont renoncé aux règles trop strictes de la métrique. Mais il y a quelque chose de profondément satisfaisant à lire un poème écrit en ïambes. Une raison à cela : nous nous déplaçons à la manière des ïambes dont le rythme est celui d'une petite promenade. Les batte-

1. L'ïambe est un pied de vers composé d'une brève et d'une longue accentuée. La prosodie anglaise est beaucoup plus complexe que celle de la poésie française et, comme celle des Latins et des Grecs, par exemple, fait appel à une métrique où brèves et longues, syllabes accentuées ou non accentuées jouent un rôle essentiel. *(N.d.T.)*

ments du cœur y sont également comme enfermés dans une cage de mots et nous, qui réagissons si intimement au bruit du cœur, lisons le poème en suivant le silencieux métronome de notre pouls.

RIDEAUX ET FANTÔMES

Même ceux d'entre nous qui maudissent l'intrusion de la musique-au-mètre — imaginez un restaurant romantique au bord de l'océan et que vous deviez supporter d'y entendre trois fois une longue et nerveuse version instrumentale de *Danny Boy* avant de pouvoir payer pour vous échapper — savent que le cerveau compose sa propre musique de fond à partir de ce qu'il trouve normal et sans danger. Les bruits du bureau, le raffut de la circulation, le ronronnement du chauffage ou du climatiseur, le son des voix dans une pièce bondée. Nous vivons dans un paysage de sons familiers. Mais si vous êtes seul, la nuit, un bruit familier peut vous sauter dessus comme un casseur. Etait-ce un tueur armé d'une hache qui ouvrait la porte, ou simplement une branche qui craquait ? Nous avons plus d'hallucinations auditives que visuelles. Il y a des mirages de l'ouïe, qui s'évanouissent sans laisser de traces ; des illusions auditives dont la réalité qu'elles travestissent se révèle bien différente de l'apparence qu'elles lui donnent ; et naturellement les voix qui parlent aux saints, aux voyants et aux psychopathes pour leur dire comment agir et quelle foi avoir. « Ecoute cette petite voix intérieure », disons-nous, comme si la conscience était un gnome vivant sous le sternum. Mais quand des gens normaux sont poursuivis par une voix — l'appel d'un petit garçon, par exemple, comme Anthony Quinn le raconte dans son autobiographie—, alors, comme Quinn, ils consultent un psychiatre. Parfois, c'est non pas une voix, mais de la musique qu'entendent les gens, hallucination si implacable qu'ils pensent devenir fous. Un médecin rendit compte en 1987, dans l'*Australian Family Physician Magazine*, de deux cas de grave épilepsie musicale. Il s'agissait, selon lui, du résultat d'un choc ayant affecté les lobes temporaux du cerveau. Une femme entendait *Green Shamrock of Ireland* lui résonner sans désemparer dans la tête et prenait des médicaments, ne serait-ce que pour y mettre une sourdine. L'autre, qui vécut jusqu'à l'âge de 91 ans et préférait la musique aux médicaments, entendait des pots-pourris de *Daisy, Let Me Call Your Sweetheart, After the Ball* et... *Plus près de Toi, mon Dieu*. Ce que ce désordre a de plus effrayant, c'est son côté pirate.

Il arrive en revanche que nous voulions qu'un son nous agresse. Nous voulons que, depuis l'autre bout de la maison, le cri de notre bébé qui a la colique nous tire d'un profond sommeil, même si un bruit plus fort, plus dévastateur – disons la benne des éboueurs – n'y parvient pas. Pendant un cocktail où les gens se serrent sous un plafond bas dans une pièce à l'acoustique pauvre, les ondes sonores frappent le mur et rebondissent au lieu d'être absorbées : on se croirait au milieu d'un terrain de handball. Vous pouvez néanmoins fendre tout ce bruit pour n'entendre que le marivaudage de votre mari (ou de votre femme) avec une étrangère (ou un étranger). C'est comme si nous avions des zooms dans les oreilles. Notre pouvoir de faire passer à l'arrière-plan certains sons au point de ne plus les remarquer qu'à peine et d'en amener d'autres à l'avant est vraiment surprenant. Il tient à ce qu'en fait nous entendons deux fois les choses. L'oreille externe est un réflecteur compliqué, qui capte le son et en projette une partie directement dans l'orifice auditif; mais une petite fraction du son est réfléchie au sommet, au fond ou sur les bords de l'oreille externe et n'est dirigée vers l'orifice que quelques secondes plus tard. Il en résulte un dispositif particulier de retards qui dépend de l'angle sous lequel vient le son. Les aveugles se servent de leur ouïe pour se représenter le monde en tapant avec leur canne, puis en écoutant attentivement les échos. Il y a aussi des moments où nous voudrions que le son nous occupe suffisamment pour nous distraire de nos pensées. Quoi de plus calmant que d'être assis sur un balcon et d'entendre l'océan caresser le rivage en mesure? Les machines à son blanc emplissent la chambre d'un dormeur de vagues aériennes, ce qui est tout à fait suffisant pour affranchir l'esprit des serres de la pensée.

En rentrant chez moi, hier soir, j'entendis un bruit qui

commença par me déconcerter, un crissement sporadique, un cliquetis presque inaudible. Au bout d'un moment, je compris ce que c'était : une musaraigne se tordait dans un piège sous le comptoir de la cuisine. Je tirai le rideau jaune et la vis. Le piège aurait dû lui rompre le cou, mais s'était rabattu en travers de son ventre. Sans crier ni couiner, elle se débattait contre le bois et les ressorts. Puis, son agitation cessa. Soulevant musaraigne et piège avec des pinces à feu, je mis soigneusement le tout dans un sac que je plaçai dans le garage, où régnait une température au-dessous de zéro. Je suis sûre que son duvet a gelé la nuit dernière, comme celui d'une petite bête de l'Antarctique s'assoupissant dans la fuite des rêves de chaleur. Quand on possède une maison, il faut avoir le goût du sang des chats tigrés. Je ne l'ai pas. Je vis un jour, dans l'étable, un chat étique tourmenter une souris jusqu'à faire geindre sa carcasse ensanglantée. Mais en dépit de ses soubresauts, la souris ne voulait pas mourir. Le chat suivait la pente de son instinct, et les deux bêtes ne faisaient que tenir leurs rôles dans la Nature, qui est sans pitié et n'attend pas que l'on en démontre. Les propriétaires de l'étable avaient ce chat pour faire la chasse aux souris, et pour rien d'autre. Je n'avais pas à m'en mêler. Mais quand le chat commença d'écorcher les restes de la souris, je sortis pour me remettre de mon dégoût en écoutant tambouriner l'eau glacée sur la haie. Peut-être cette scène de la Nature n'aurait-elle pas dû me bouleverser à ce point — la Nature « aux dents et aux griffes rouges », comme dit Tennyson —, mais qu'aurais-je gagné à attendre le bain de sang final, l'écartèlement des côtes jusqu'à ce qu'elles ressemblent à deux ailes éployées, les confitures rouges et chaudes et les dernières lueurs soigneusement léchées sur le vieux ciment ? A la place, je me concentrai sur un son unique — l'eau glacée arrosant la haie — et, en quelques minutes, me détendis suffisamment pour pouvoir poursuivre ma journée. J'avais utilisé le son comme rideau pour me retrancher de mon émotion.

LE JAGUAR QUI RIT DOUCEMENT[1]

Nous ouvrons la bouche, expulsons l'air de nos poumons, le faisons passer dans notre larynx, notre boîte à voix et par une ouverture entre nos cordes vocales, qui vibrent. Et nous parlons. Si les cordes vibrent rapidement, le registre de la voix est plus élevé, nous entendons un ténor ou un soprano. Si elles vibrent lentement, nous entendons un mezzo ou une basse. Cela paraît simple, mais c'est en fait ce qui a permis à des empires de s'édifier — ou de s'écrouler —, à des enfants de conduire avec leurs parents de petits armistices tout à fait réalisables, à des entreprises de contrôler une nation comme s'il s'agissait d'une grande baignoire que l'on hisserait au bout d'une corde, à des amants de suivre les rapides de leurs émotions, aux sociétés d'exprimer leurs rêves les plus hauts, ou leurs préjugés les plus bas. Nous trouvons nombre de ces qualités coulées dans les mots eux-mêmes. Les langues enregistrent les modes et les sentiments des peuples. Lorsque Guillaume le Conquérant envahit l'Angleterre en 1066, il imposa les coutumes françaises, les lois françaises, la langue française, toutes choses qui, pour beaucoup, servent encore. Dans sa conscience des classes, l'élite française jugea frustes et grossiers les Saxons assujettis et trouva que la langue saxonne, même quand elle se voulait le plus polie, était sans raffinement — d'abord parce que ce n'était pas le français et ensuite parce qu'elle était brutale. Ainsi le mot *perspiration* (« transpiration ») dérivé du français était poli, tandis que le saxon *sweat* (« sueur ») ne l'était pas. En français, « urine » et « excrément » étaient polis, tandis que *piss* (« pisse ») et *shit* (« merde ») en saxon ne l'étaient pas. Le mot saxon pour « faire l'amour » était *fuck* (« baiser », du vieil anglais *fokken*, « se

1. Un mythe de la création — que l'on trouve dans le Popol Vuh, livre sacré des Mayas — explique que les premières créatures humaines qui soient apparues sur la terre sont « le jaguar qui rit doucement », « le jaguar noir », « le jaguar de la nuit » et « Mahucatah, celui qui n'est pas brossé ». Tous ont une chose en commun : ils peuvent parler.

battre contre »[1]). Mais les Français se servaient du mot « forniquer » (du latin *fornix*, une cave voûtée, à Rome, que louaient les prostituées ; le mot devint un euphémisme pour désigner un bordel, et finalement ce que l'on fait dans un bordel. *Fornix* est de la même famille que *fornax*, « un four voûté en briques », dérivé du latin *formus*, qui veut simplement dire « chaud »). Ainsi « forniquer » signifie se rendre sous la coupole d'une petite pièce souterraine et chaude. De toute évidence, cela convenait mieux à la sensibilité française que l'idée de « se battre contre » quelqu'un, trop animale et grossière — véritable résumé de l'âme saxonne.

Les sons nous captivent tellement que nous aimons entendre rimer les mots et leurs sonorités ricocher de l'un à l'autre. Nous préférons quelquefois que le sens et le son des mots se correspondent en l'équivalent auditif d'un calembour : *hiss* (« siffler »), *whisper* (« chuchoter »), *chirp* (« pépier »), *slither* (« déraper »), *babble* (« bafouiller », « babiller »), *thump* (« coup qui peut assommer », « bruit sourd »). Le mot *murmur* (« murmurer ») nous fait murmurer pour le prononcer, ce pour quoi ces vers de Tennyson sont si parfaitement pleins d'une clairière estivale :

The moan of doves in immemorial elms
And murmuring of innumerable bees[2].

Les Grecs donnaient à ce phénomène le nom d'onomatopée. Mais il en existe des formes si subtiles que l'origine en a disparu dans l'histoire des étymologies. Par exemple, le mot « poète » vient d'un mot araméen qui désigne le son de l'eau coulant sur des cailloux. Et lorsque nous traitons de *quack* (« charlatan ») un médecin incompétent, nous utilisons une version abrégée du mot hollandais *kwakzalver*, qui signifie littéralement « quelqu'un qui annonce à coups de trompette ses élixirs et ses remèdes ». La façon dont nous prononçons les mots nous distingue ; elle nous donne un sens d'identité locale, ou nationale, mêle les fils grossiers de la prononciation des

1. Un autre mot saxon pour « faire l'amour » était *swyve*, qu'il arrive encore aux Britanniques d'utiliser.

2. La plainte des tourterelles dans les ormes immémoriaux / Et le murmure d'innombrables abeilles. (*N.d.T.*)

immigrants à une étoffe raisonnablement lisse. Quand on a besoin d'un nouveau vocabulaire pour traiter de nouveaux défis, d'un nouveau terrain, d'un nouveau climat social, un dialecte apparaît. Les dialectes ont ceci de fascinant que l'on peut y entendre évoluer une langue familière, chose qui, en général, couvre des siècles. La langue nationale des Bermudes est l'anglais, et les gens du coin vous parleront en anglais de Grande-Bretagne relevé d'argot glané à la télé ; mais entre eux, ils utilisent un dialecte peut-être moins syncopé que la langue de la Jamaïque, mais quand même assez mystérieux et coloré.

Nous essayons depuis des années d'apprendre à parler, comme le font les humains, à différentes espèces de mammifères. Et si nous avons obtenu des résultats avec les primates, les dauphins et de petits phoques de l'Atlantique, dans l'ensemble nous n'avons pas eu beaucoup de chance. Notre capacité de parler est quelque chose de spécial. Nous pouvons parler pour la raison qui fait que nous nous étouffons si facilement : notre larynx est situé en bas de la gorge. D'autres mammifères ont leur boîte à voix en haut. C'est pourquoi ils peuvent respirer en mangeant. Nous, pas. Vous vous rappelez le plus grand tour du ventriloque? Sembler boire de l'eau tout en parlant avec le ventre. Quand nous avalons, la nourriture passe par la trachée ; si elle y reste coincée, l'air est bloqué dans les poumons. Nombre d'entre nous meurent étouffés chaque année. Et nous connaissons tous la sensation de presque étouffer. « Je me suis trompé de tuyau », haletons-nous, peut-être en levant les bras au-dessus de la tête pour ouvrir plus largement la voie à l'air. La manœuvre de Heimlich utilise l'air emmagasiné dans les poumons pour déloger la nourriture coincée dans la trachée. Que l'on pense à cette faiblesse de notre constitution. Au cours de l'évolution, la parole a dû devenir si essentielle à la survie que nous n'avons pas reculé devant le risque de mourir étouffés.

Même si d'autres mammifères avaient le larynx situé plus bas et une langue placée de manière à produire des sons identiques aux nôtres, il leur manquerait encore une partie spéciale du cerveau, appelée zone de Broca, pour former un langage comme nous le faisons. Mon dernier répondeur avait une voix électronique qui me donnait des directives et me disait qui avait téléphoné. Je l'appelais « Gort » en souvenir du robot d'un vieux film de science-fiction avec Michael Rennie, *Le jour où la terre s'arrêta*, parce que sa voix exagérément masculine et servile – mi-zombie, mi-maître d'hôtel – semblait sortir du film. Lorsqu'il y avait une saute de courant, la logique de Gort s'embrouillait, et il devenait si peu fiable qu'il me fallut le congédier. Ma nouvelle machine, que j'appelle « Gertie », me parle d'une voix égale et flatteuse, mais cette fois-ci de bonniche sans éducation et mal tenue. Dans l'action, aussi bien Gort que Gertie font obséquieux et inébranlables, et je suppose que les fabricants y voient un avantage supplémentaire. Dans la cabine de pilotage de grands avions, j'ai entendu l'avertissement électronique – presque toujours donné par une voix sensuelle de femme[1] – *Remontez! Vous volez trop bas. Remontez! Vous volez trop bas.* Ou bien *Vos volets sont rabattus.* Dans les cabines de pilotage, les voix des synthétiseurs donnent davantage l'impression de la vie, parce qu'elles ont des intonations et des modulations. Mais d'une façon générale, les voix électroniques ont un son artificiel. Je suis sûre que l'on y remédiera bientôt et que nous pourrons deviser aimablement avec des ordinateurs dignes de Hal, celui de *2001, Odyssée de l'espace*, d'Arthur C. Clarke. Cela ne prend tant de temps que parce que le langage est plus complexe que la somme de ses composants. Nous pouvons introduire le mot « top » dans un ordinateur en l'épelant *t-ah-p*, mais qui parle aussi clairement qu'un présentateur de la BBC? Nous n'en sommes pas moins capables de comprendre des gens qui parlent si vite que les phonèmes deviennent flous, si lentement qu'ils se traînent, sur des tons différents, à des niveaux différents et avec des accents différents. Le *park* de celui-ci est le *pahk* de celui-là. Nous comprenons avec une surprenante agilité, bien qu'il nous faille parfois y mettre du nôtre. Tout comme il est difficile à de nombreux Anglais de comprendre l'anglais de Shakespeare, il est difficile à un Américain originaire de telle région de comprendre un Américain d'une autre région, les dialectes naissant, pour une part, des modifications

1. Des recherches ont montré que la voix d'une femme paisible attire l'attention du pilote plus rapidement que celle d'un homme parlant tranquillement, ou que celle d'un homme ou d'une femme parlant fort.

apportées à la prononciation de mots familiers. Un jour que j'étais à Fayetteville, dans l'Arkansas, je demandai à mon hôte s'il y avait des sources thermales (*spas*) dans la région. Je connaissais Hot Springs (« Sources Chaudes »), station célèbre dans le sud de cet Etat. Et je me disais qu'à les visiter je passerais agréablement l'après-midi. « *Spas* ? fit-il avec l'accent épais de l'Arkansas. Vous voulez dire des espions (*spys*) russes ? »

GRANDS BRUITS

Il y a quelques années, pendant le semestre d'automne, j'acceptai de donner des cours à l'université d'une petite ville de l'Ohio enfouie sous les arbres. Le seul logement pour les professeurs non résidents était une suite dans le dortoir des étudiants de deuxième année. Mais avoir une femme parmi eux, fût-ce de la manière la plus discrète, ressemblait fort à une tentation. La chaleur était encore accablante dans l'Ohio. Toutes les nuits ou presque, quelqu'un se glissait cependant jusqu'au compteur électrique qui se trouvait dans le couloir, près de ma porte. Il appuyait sur le disjoncteur. Le climatiseur et tout l'équipement électrique tombaient bruyamment en panne. Lorsque j'ouvrais la porte pour remettre les plombs, j'entendais quelqu'un détaler dans le vestibule en pouffant. Chaque fois que je passais devant le judas de ma porte, je pouvais voir un œil qui me regardait fixement. Je bouchai donc le trou avec du papier collant. Je me réveillai deux fois pour découvrir un jeune homme, tête en bas, pieds en l'air, devant la fenêtre de ma salle de séjour. Il faisait une épissure, en toute illégalité, sur mon câble de télévision, ce qui avait pour effet de transformer l'image en une vision de grains de sable. Et tous les matins, sans faute, à neuf heures, était déclenchée la lutte suprême du heavy metal rock, qui durait jusqu'à une heure avancée de la nuit. La seule chose certaine que j'aie alors apprise sur les étudiants de deuxième année, c'est qu'ils sont tout en décibels et en testostérones. Non seulement leur stéréo faisait vibrer les murs, mais il était physiquement pénible d'emprunter le corridor et de marcher vers ce bruit torturant – d'autant que, pour frapper à une porte, il fallait enlever une main d'une oreille. D'habitude, la porte s'ouvrait sur une chambre enfumée où des jeunes filles remettaient rapidement de l'ordre dans leurs vêtements, tandis que drogues et alcools disparaissaient tout aussi promptement. Le bruit diabolique semblait n'en déranger aucun. A cette puissance, on ne pouvait plus guère parler de musique. Dans une certaine mesure, ils étaient prématurément sourds, comme cela arrive souvent, de nos jours, aux accros du rock. Mais nombreux sont les adolescents qui aiment écouter la musique à plein volume ; le son est si haut et distordu que ce n'est plus que du bruit. Je suppose que le bruit les excite d'une façon érotique. Malheureusement, le son, quand il est trop puissant, peut détruire l'ouïe définitivement. Des chercheurs ont pris des photographies de cellules pileuses cochléaires à jamais détériorées après une exposition, seulement, à un très grand bruit[1]. Balancer à toute force des bombes de bruit par un après-midi tranquille dans une retraite paisible ou dans les rues d'une ville active relève sans doute davantage de l'agression et de la volonté de puissance que de l'amour de la musique. Quiconque se trouve à portée d'oreille verra son territoire personnel envahi, et sa quiétude mentale pulvérisée.

Une psychologue, Arlene Bronzaft, a découvert que d'exposer les enfants au bruit de manière chronique « amplifie l'agressivité et tend à décourager l'hygiène ». Une étude réalisée sur les élèves d'une école primaire de Manhattan lui a permis de montrer que, au bout de quatre ans, les enfants qui travaillaient dans la partie du bâtiment exposée au métro aérien étaient en retard d'onze mois sur le plan de la lecture par rapport à ceux qui travaillaient dans la partie tranquille du même bâtiment. Lorsque les voies furent nanties d'amortisseurs de bruit, une nouvelle étude montra qu'il n'y avait plus

1. En étudiant le régime et les maladies du cœur, des chercheurs finlandais ont découvert qu'un régime faible en corps gras peut améliorer l'ouïe. Il semblerait qu'un taux élevé de cholestérol, une tension élevée, le tabac, la caféine en trop grande quantité, en étant susceptibles de ralentir la circulation, limitent également le flux du sang dans les oreilles. Lorsque des rats mis à un régime sans graisses furent exposés à des bruits violents, leurs oreilles en souffrirent moins.

de différence entre les deux groupes. Les parents ne s'interrogent évidemment pas sur le côté de l'école où leurs enfants travailleront, et pourtant un retard d'onze mois en quatre ans est une catastrophe. Un enfant devra mettre les bouchées doubles pour rattraper les autres. Et nous nous demandons pourquoi les gosses ne savent pas lire, nous nous demandons pourquoi il y a tant d'élèves qui abandonnent leurs études à New York. Les marteaux pneumatiques, les riveuses, tous les bruits des chantiers de construction font partie de notre image de la vie dans les grandes villes. Mais en suspendant des bâches à mailles d'acier au-dessus des chantiers de construction, de manière à absorber les bruits, il est possible d'édifier des maisons tranquillement. A mesure que la civilisation déborde, même les sanctuaires campagnards s'emplissent de trop de fracas pour pouvoir durer. Et nous pouvons être amenés à recourir à des voies extrêmes pour trouver le calme et la paix : un parc silencieux en Antarctique, une datcha souterraine.

« Sans haut-parleurs, nous n'aurions jamais conquis l'Allemagne », écrivait Hitler en 1938, dans son *Manuel de la radio allemande.* Lorsque nous pensons au bruit, nous nous représentons des haut-parleurs, des radios qui crépitent comme des premières lignes de tir, des métros passant dans le tonnerre de leur ferraillement. Qu'est-ce que le bruit? Est-ce simplement un son malheureux qui atteint le palier de la douleur? Techniquement, le bruit est un son qui contient toutes les fréquences; il est au son ce que le blanc est à la lumière. Mais les bruits qui nous énervent sont des sons assez forts ou stridents pour représenter un danger pour l'oreille. Parce que le bruit nous tape sur les nerfs, ou qu'effectivement il nous fait mal, nous voulons nous en évader. Cependant il existe aussi des sons qui n'ont rien de menaçant et que, simplement, nous n'aimons pas. Nous les classons donc volontiers avec le bruit. La dissonance musicale, par exemple. En 1899, lorsque l'on joua pour la première fois *La Nuit transfigurée* d'Arnold Schönberg, le public y vit une organisation du bruit plutôt que de la musique. *Quel bruit!* crie un passager à un autre, assis de l'autre côté de l'étroite allée centrale, dans un petit avion de ligne intérieure, comme le Metroliner ou le Beech 1900, tandis que le vrombissement des hélices, d'abord aussi aigu que la roulette du dentiste, se mue en un martèlement plus dense près de l'os. Quand quelqu'un racle le tableau noir de ses ongles, nous sursautons en une quasi-convulsion. Il y a tant de gens, de par le monde, que hérisse ce crissement sur le tableau noir qu'il ne peut s'agir d'un réflexe acquis ; ce doit être quelque chose de biologique. Selon les neurologues, il faudrait y voir un vestige de notre évolution, de l'époque où des cris d'épouvante nous prévenaient d'un destin contraire. Ou peut-être cela ressemble-t-il trop au son des griffes d'un fauve se coulant doucement le long d'un rocher, derrière nous.

LES LIMITES DE L'OUÏE
LA PUISSANCE DU SON

Dans la fleur de l'âge, nos oreilles entendent magnifiquement des fréquences qui vont de seize à vingt mille cycles par seconde — presque dix octaves —, et cela couvre un vaste éventail de sons. Le *do* du milieu n'est que de 256 cycles par seconde, alors que les fréquences principales de la voix humaine s'étagent entre 100 cycles par seconde pour les hommes et 150 pour les femmes. A mesure que nous vieillissons et que le tympan s'épaissit, les sons à haute fréquence ne passent plus aussi facilement le long des os, ni entre eux, pour gagner l'oreille interne, et nous commençons de voir l'éventail se rétrécir, en particulier du côté des notes hautes, ainsi que nous pouvons nous en rendre compte en écoutant notre musique préférée. Les êtres humains n'entendent pas très bien les sons à basse fréquence, et c'est tant mieux. Le ferions-nous, les sons de notre corps seraient aussi assourdissants que celui d'une chute d'eau près de laquelle on serait assis dans une chaise de jardin. Mais pour limités que nous puissions être à une certaine étendue auditive, nous n'en sommes pas moins habiles à prolonger nos sens. Un médecin écoute mieux le cœur de son patient avec un stéthoscope. Nous suspendons des micros dans toutes sortes d'endroits impossibles : sous les bateaux pour enregistrer le chant des baleines, dans le corps humain pour enregistrer le bruit du sang. Nous sommes « à l'écoute » des profondeurs de l'espace et du temps au moyen de radio-télescopes. Les chauves-souris et les dauphins ont mis au point d'ingénieuses utilisations de sons que nous ne pouvons entendre et que nous avons ultérieurement inventées. Les médecins se fient souvent à une forme d'écholocation, ultrasonique et atteignant plus de 20 000 cycles par seconde, pour diagnostiquer les tumeurs. La première notion qu'une femme enceinte se fait de son bébé est en général une image ultrasonique. Les ingénieurs se servent d'ultrasons pour éprouver le pouvoir de voler des parties d'un avion. Les bijoutiers se servent d'ultrasons pour nettoyer les pierres précieuses. La médecine sportive se sert d'ultrasons pour soigner les entorses. Et bien entendu, la Marine se sert de l'écholocation à bord des sous-marins, où on lui donne le nom de sonar. Vous pouvez acheter pour votre chien ou votre chat un collier anti-puces qui recourt aux ondes sonores à haute fréquence pour déranger les puces et les tiques et les inciter à vider les lieux (le corps de votre animal, qui est censé ne pas entendre la sirène mieux que vous). Nous pouvons dire : « Je suis tout oreilles », mais en réalité nous dressons l'oreille, ou l'entourons du pavillon de notre main afin de mieux entendre. Et lorsque l'ouïe faiblit, nous y remédions en adjoignant à nos oreilles de petits haut-parleurs électroniques qui renvoient le son. A l'origine, les secours auditifs étaient aussi grands que des abat-jour et n'ajoutaient que vingt décibels ; aujourd'hui aussi petits que discrets, ils sont également beaucoup plus puissants. Mais en amplifiant le monde, ils n'y sélectionnent pas ce qui a un sens, ce qu'il est nécessaire d'entendre, pour rejeter ce qui n'est que bruit.

Dans la jungle de fils et d'écrans de contrôle d'un service de réanimation, de petites lumières clignotent comme les yeux d'animaux sauvages, et les cœurs humains révèlent leur furie dans de minuscules bips monotones. Quand quelqu'un a le cœur qui commence à cafouiller, des techniciens sur le qui-vive entendent le changement et accourent. Mais des chercheurs de l'Etat du Michigan proposent des écrans de contrôle plus complexes et plus subtils : ils produiront une série de notes, et non pas simplement des bips. Le changement mélodique de chaque cœur offrirait de subtiles indications sur son état. Comme nous avons l'habitude d'associer le cœur et le son, cela ne nous paraît pas trop tiré par les cheveux. En revanche, une autre utilisation du son proposée par les chercheurs — entendre les anomalies chimiques dans les urines d'un patient — nous semble franchement biscornue. Et il leur a fallu essuyer des plaisanteries sans fin sur leur étude de la pisse musicale.

Pour nous, le son est quelque chose de magique, de plus léger que l'air, d'insubstantiel. Ce n'est pas une force dotée de muscles. Mais l'Intersonics Inc., à Northbrook, Illinois, a commencé de se servir du son pour soulever des objets. On parle à ce sujet de « lévitation acoustique ». Jusqu'à présent, la lévitation des objets était en général aérodynamique ou électromagnétique. Les ultrasons peuvent eux aussi soulever des objets. Quatre transducteurs acoustiques qui émettent des rayons ultrasoniques sont disposés de manière à diriger des rayons sonores étroits sur un point central. A l'intersection des rayons, se crée une palissade invisible où de petits objets peuvent être suspendus. Bien que le son soit plus fort que celui d'un avion à réaction, les adultes ne l'entendent pas. Pendant qu'ils flottent, les objets ne « sentent » aucune force acoustique ; mais s'ils dérivent vers l'un des bouts de la palissade, la police du son les ramène de force à leur place. « Inconscients » de leur cage jusqu'au moment où ils essaient de la quitter, les objets semblent flotter dans le royaume abracadabrant des tapis volants. Mais ce n'est pas un jeu de salon pour l'industrie, qui voit en ce test le moyen de tenir un objet en place sans le toucher ni le contaminer. Des rayons ultrasoniques sont assez puissants pour chauffer un petit espace à la température du soleil, pulvériser et réarranger des molécules dont on peut empiler couche sur couche comme des crêpes. Les savants espèrent se servir des ultrasons pour créer des types nouveaux de verre, y compris des capsules de verre parfaitement uniforme pour contenir l'hydrogène combustible dans les réacteurs à fusion nucléaire ; des lentilles d'un alliage brillant ; un outillage électronique fabuleux et de fabuleux supraconducteurs. Une application probable concerne l'espace. Des fourneaux de lévitation ultrasonique étaient installés dans les navettes spatiales en 1983 et 1985. On pourrait fabriquer de nouveaux alliages métalliques à partir de matériaux à très haute température, puisqu'il n'y aurait pas besoin de creuset pour les faire fondre.

LA SURDITÉ

En sortant un jour d'une salle insonorisée, John Cage déclara que rien ne valait le silence. Même si nous n'entendons pas le monde extérieur, nous entendons le bruissement, le halètement, le glissement de notre corps aussi bien que les bourdonnements, tintements et grincements occasionnels. Les sourds font souvent observer la variété des sons qu'ils entendent. Il en est beaucoup qui, légalement sourds, peuvent entendre un coup de feu, un avion qui vole bas, un marteau pneumatique, une moto et d'autres sons très puissants. Leur surdité ne les protège pas de la détresse auriculaire, puisque les êtres humains ne se servent pas de leurs oreilles que pour écouter. Comme le sait quiconque a souffert d'une infection de l'oreille interne, l'un des rôles les plus importants de l'oreille interne est de maintenir l'équilibre ; le fonctionnement interne de l'oreille fait penser à un gyroscope biologique. Dans l'oreille interne, trois canaux semi-circulaires (trois tuyaux emplis de fluide) disent au cerveau quand la tête bouge, et comment. Remplissez à moitié un verre d'eau et imprimez-lui un mouvement circulaire, l'eau bouge en rond. Et même après que vous vous serez arrêté, elle continuera de tourner dans le verre pendant un moment. De la même façon, la tête nous tourne encore après que nous sommes descendus des chevaux de bois. Les animaux n'entendent pas tous, mais ils ont tous besoin de savoir où ils vont. Nous avons tendance à penser que les sourds sont des gens moins les oreilles, mais ils sont tout aussi sujets aux maladies des oreilles que les gens dont l'ouïe fonctionne normalement.

Malgré toute la sagesse populaire sur l'importance de l'ouïe (dont cet axiome du stoïcien Epictète, il y a deux mille ans : « Dieu a donné à l'homme deux oreilles, mais une seule bouche, pour qu'il puisse entendre deux fois plus qu'il ne parle »), les gens, si on leur donnait le choix, perdraient plus volontiers l'ouïe que la vue. Mais ceux qui sont à la fois sourds et aveugles se plaignent souvent davantage de la perte de leur ouïe que de toute autre chose, nul n'ayant peut-être été plus convaincant à ce sujet qu'Helen Keller :

> Je suis aussi complètement sourde qu'aveugle. Les problèmes que soulève la surdité sont plus profonds et plus complexes, si ce n'est plus importants, que ceux de la cécité. La surdité est un malheur bien pire. Elle représente en effet la perte du stimulus le plus vital – le son de la voix qui, véhicule du langage, éveille les pensées et nous permet de demeurer intellectuellement en compagnie des hommes.
>
> ... Si je pouvais revivre ma vie, je ferais beaucoup plus pour les sourds. J'ai constaté que la surdité est un handicap beaucoup plus grand que la cécité[1].

La littérature consacrée à la surdité est extraordinairement riche. D'Hérodote à Guy de Maupassant, les écrivains ont parlé de leur surdité ou de celle d'amis et d'êtres aimés, avec une poignante, une envoûtante éloquence. Le lecteur que le sujet intéresse peut consulter l'anthologie de Brian Grant, *The Quiet Ear* (« L'oreille tranquille »), beau choix d'écrits sur la surdité qui couvre siècles et cultures. Mark Medoff a écrit une pièce très puissante, *Les Enfants du silence*, dont on a récemment tiré un film tout aussi puissant. Mes deux livres préférés sur la surdité sont *Deafness : A Personal Account* (« La surdité, impressions personnelles »), autobiographie du poète David Wright, et *Words for a Deaf Daughter* (« Paroles pour ma fille sourde »), mémoires devenus classiques du romancier Paul West. David Wright nous apprend que son monde – bien que le son y occupe peu de place – « *paraît* rarement silencieux », son cerveau traduisant le mouvement en une impression très agréable de son :

> Imaginez une journée paisible, absolument tranquille. Pas une brindille, pas une feuille ne bougent. Pour moi, je sentirai

1. Lettre au Dr J. Kerr Love en date du 31 mars 1910 et reproduite dans le programme commémorant la visite d'Helen Keller à la mission pour les adultes sourds et muets du Queensland en 1948.

> le calme du tombeau, bien que les haies résonnent du tapage d'invisibles oiseaux. Passe un souffle d'air, juste assez pour soulever une feuille. Je verrai et j'entendrai ce mouvement comme une exclamation. L'illusoire absence de son a été interrompue. Je vois, comme si je l'entendais, le bruit visionnaire du vent dans le feuillage dérangé... Il me faut parfois faire un véritable effort pour me rappeler que je n'entends rien, parce qu'il n'y a rien à entendre. Ces sons absents comprennent le vol et le mouvement d'oiseaux, ou la nage de poissons dans l'eau claire ou dans un aquarium. Je considère que le vol de la plupart des oiseaux, du moins à distance, doit être silencieux... Et pourtant, il *paraît* audible, chaque espèce créant une « musique visuelle » différente depuis la mélancolie nonchalante des goélands jusqu'au volètement saccadé des mésanges...

« Paroles pour ma fille sourde » de West fait souvent partie des programmes universitaires, mais n'est pas réservé, comme on pourrait l'imaginer, aux sourds ou aux classes sur les sourds. Magnifiquement écrit, avec beaucoup d'esprit et de sens phénoménologique, le livre attire également les élèves de philosophie et de littérature qui y voient un hymne radieux au langage et à la vie. Ecrit tout du long à la deuxième personne, il s'adresse à Mandy, la fille sourde de West, que parfois il personnifie également. Et, à la différence de tant de mémoires sur les enfants handicapés, il n'a rien de larmoyant ; il est ludique, au contraire, et poétique et tout occupé du combat que nous livrons tous pour nous connaître nous-mêmes et nous faire reconnaître. Ces deux volumes nous permettent de découvrir du dedans la vie insoupçonnée des sourds, privilège particulier dans la mesure où beaucoup de gens supposent que les sourds, surtout s'ils ne savent pas lire ou écrire, pensent différemment, demeurent dans un no man's land entre le concept et le mot. Mais comme le montre clairement la littérature des sourds, les idées et les émotions trouvent moyen de s'exprimer avec une surprenante invention que ce soit en anglais, en ameslan ou en toute autre langue, passant du silence dans le monde intérieur où les mots peuvent être « entendus ».

LES ANIMAUX

Selon un vieux proverbe chinois, « un oiseau ne chante pas parce qu'il possède une réponse. Il chante parce qu'il possède un chant ». Peu de sons du monde animal sont aussi beaux que le chant des oiseaux. Une fois que vous avez entendu un engoulevent lancer sa voix comme un boomerang à travers les marais de l'été, vous écoutez avec une sensation inconnue de privilège. Les oisillons ne savent pas chanter à leur naissance ; ce sont leurs parents qui leur apprennent. Si vous élevez des oiseaux loin de leurs parents et que vous leur siffliez un autre chant – l'ouverture de la Neuvième de Beethoven, par exemple –, ils apprendront votre chant. Et vos voisins les appelleront peut-être « les oiseaux de Beethoven ». Jusqu'à ce que leur vienne le don de chanter vraiment, les oisillons gazouillent et jacassent et font beaucoup de bruit qui ne semble pas vouloir dire grand'chose. Comme les bébés humains, ils découvrent le pouvoir étonnant de faire toutes sortes de sons. Finalement, ils apprennent la maîtrise. Et ils s'exercent. Une voix est un instrument complexe, dont on peut se servir sans beaucoup s'y connaître. Mais pour qu'elle signifie quelque chose, vous devez vraiment en savoir les limites et les possibilités. D'où le babillage. Les oiseaux ont leurs patois, comme les humains. Un corbeau du New Hampshire qui n'a pas voyagé ne répondra pas à l'appel d'un corbeau texan. Mais des corbeaux venant de différentes régions doivent se comprendre comme des violoneux venant d'Etats différents quand ils se rencontrent pour une convention dans les Ozarks.

Certains animaux entendent à des niveaux supérieurs ou inférieurs au nôtre, et avec une délicatesse et une précision confondantes. Un chien peut faire la différence entre le son des pas de son maître et celui des pas d'autres membres de la famille ou de visiteurs. Nous avions autrefois un chien qui pouvait reconnaître le son de la voiture de ma mère d'entre toutes celles qui passaient devant la maison. Dans les magasins de toute l'Amérique, on peut maintenant acheter ce qui ressemble à une paire de sirènes de brume miniatures, qui se fixent des deux côtés de la voiture. Quand la voiture dépasse le cinquante à l'heure, le vent, qui s'engouffre dans les sirènes, produit un sifflement aigu qui alerte chiens et chevreuils et tous les autres animaux pour qu'ils fassent place. Le son est trop haut pour déranger l'oreille humaine, mais pour un chien qui fait la sieste en travers de la route, il vaut la sirène d'alerte aérienne. Les cerfs sont à peu près silencieux, mais ils ont l'ouïe fine. Un expérimentateur parvint récemment, en Nouvelle-Zélande, à mettre une biche en chaleur en lui faisant écouter le brame d'un cerf en rut. Les poissons n'ont pas d'oreilles externes, mais ils entendent les vibrations se propager à travers l'eau comme nous entendons les sons se propager à travers l'air. Certains animaux peuvent remuer les oreilles comme de petits radars sans pour autant bouger la tête. J'ai vu chez les daims, les chats, les chevaux de véritables arpèges de frémissements d'oreilles. Grâce à une habile disposition de leurs oreilles – l'une est légèrement plus haute que l'autre –, les chouettes nocturnes peuvent localiser un son à un degré près, et leurs plumes sont délicatement effrangées afin d'assourdir le son de leur approche quand elles chassent. Il serait peut-être plus commode de n'avoir qu'une seule oreille, occupant une position centrale, mais il est plus facile de localiser un son avec deux oreilles ; de même la perception s'approfondit-elle du fait qu'elle est binoculaire. Les éléphants d'Afrique ont de grandes oreilles flottantes qui captent principalement le son par en dessous. Et ils émettent des infrasons à basse fréquence que nous ne pouvons entendre et par lesquels ils communiquent entre eux[1]. Les insectes ont souvent des oreilles sur les parties les plus inattendues de leur corps, ainsi sur les pattes ou sous les ailes.

J'ai connu jadis une chatte sur le retour qui, lorsqu'elle était en chaleur, miaulait sans fin « *Now! Now! Now!* » (« Maintenant ! Maintenant ! Maintenant ! ») Comme un joueur d'harmo-

1. Dans une lettre au rédacteur en chef du *National Geographic* (décembre 1989), Armand E. Singer raconte ceci : « Je traversais à dos d'éléphant la jungle népalaise de Terai, lorsque j'entendis, si bas qu'il était presque inaudible, un vague grondement, comme celui d'un moteur diesel tournant au loin. Le bruit venait de mon éléphant exprimant sa crainte d'un rhinocéros qui se trouvait dans les parages et dont il avait perçu l'odeur. »

nica complètement jeté, elle titubait à travers l'appartement, s'arrêtait parfois pour relever la croupe en cette féline invitation au coït qui n'est pas sans rappeler la lordose. Peu de sons ont le charme du chant des rainettes des Bermudes, de Porto Rico et d'autres îles ensoleillées. Ces rainettes, qui souvent ne mesurent pas plus de deux centimètres et demi, appellent doucement dans la nuit ainsi que de mélodieuses petites harpes. On pense que les rainettes de Porto Rico localisent les sons avec leurs poumons. Les ondes sonores frappent le corps de la grenouille sur les côtés et suivent un chemin à travers les poumons pour atteindre le tympan. En notre époque de spécialisation à outrance, nous croyons volontiers que le corps lui aussi est spécialisé et que chacune de ses parties correspond à une seule fonction. Mais il s'avère que certaines parties assument diverses corvées. Il n'y a pas que les grenouilles qui entendent avec les poumons ; certains serpents et certains lézards aussi. On suppose que, chez les marsouins et les dauphins, le son se propage à travers une mâchoire inférieure remplie d'huile. Tous les animaux n'utilisent pas le son que pour entendre. Les cachalots, les dauphins et d'autres peuvent se servir du son comme d'une arme. On croit qu'ils étourdissent leurs proies avec d'énormes « bangs » dont l'explosion peut même entraîner une hémorragie interne chez un petit poisson comme l'anchois.

Cette nuit, les grillons font un raffut de tous les diables à frotter leurs élytres pour striduler leur chant. On dirait qu'ils chantent en chœur, mais cette félicité-là est pur hasard. Je ne les entends pas du tout se parler, puisque les grillons communiquent à un niveau ultrasonique, trop élevé pour l'oreille humaine. Ce que j'entends, c'est le son accidentel, et pour eux sans valeur, produit par le crissement de leurs élytres. Si je devais enregistrer cette stridulation et la leur faire entendre, ils n'y répondraient pas. Les animaux semblent avoir leurs chemins sonores, où ils communiquent entre eux et auxquels leurs oreilles sont plus sensibles. Autrement, il leur faudrait hurler tout le temps pour se faire entendre dans le tintamarre des autres créatures.

L'environnement réunit des conditions favorables à l'audition. La Nature concède à chaque espèce animale un peu de décorum et d'intimité[1]. Autrement, avertir ses pairs reviendrait également à signaler sa présence à un prédateur. Evidemment, cela ne se passe pas toujours comme il faudrait. Une chauve-souris d'Amérique centrale, qui aime tout particulièrement la grenouille *Physalaemus*, repère sa proie au son. Elle écoute l'appel nuptial du mâle. Elle sait que, plus le chant est puissant, plus la grenouille est grasse et succulente. Effrayant dilemme pour la grenouille. Elle chante de toutes ses forces dans les brumes de la nuit tropicale afin d'attirer une partenaire avec qui satisfaire son désir — mais ce faisant, elle risque d'attirer une chauve-souris affamée. Et si son chant est trop faible, elle n'attire ni l'une ni l'autre.

Un jour de décembre, je me rendis en compagnie de Merlin D. Tuttle, expert en chauves-souris, à Bracken Cave, au Texas, une caverne transformée en crèche où vivent des millions de mères et de bébés chauves-souris. Juste avant que le soleil ne se couchât, nous nous assîmes dans l'amphithéâtre naturel creusé dans la pierre à l'extérieur de la caverne et attendîmes l'impressionnant spectacle qui se préparait. Avec le rougeoiement du crépuscule quelques chauves-souris s'envolèrent hors de la caverne, prirent de l'altitude en tournoyant et disparurent dans l'obscurité en quête de nourriture. Puis, il en sortit quelques autres. Puis, des douzaines. Puis, des centaines. Jusqu'à ce que le ciel en fût empli. Merlin et moi pouvions sentir le vent qu'elles soulevaient en nous identifiant par écholocation et en volant près de nos têtes sans nous heurter. Merlin brandit brusquement un bras et en attrapa une au passage, qu'il tint délicatement pour nous permettre de regarder son dispositif pour l'écholocation, que l'on peut voir sur la peau du museau : de petits plis et de petits rabats qui fonctionnent comme les antennes des radars.

Les chauves-souris sifflent ou appellent leurs proies en émettant un courant continu de petits bruits secs à haute fréquence. Pour la plupart d'entre nous, ce braille vocal est trop haut pour que nous puissions l'entendre, puisque ces bruits sont émis en

1. De la même manière, il y a des niches écologiques dans le ciel, des altitudes que tels oiseaux, telles chauves-souris, tels insectes, tel pollen, etc. préfèrent (le geai bleu vole bas le jour, en période de migration ; les oiseaux du littoral volent haut la nuit), en sorte qu'il n'y a pas trop de compétition.

moyenne à 50 000 cycles par seconde. Dans notre jeune âge, nous ne pouvons entendre que les sons qui ne dépassent pas 20 000 cycles. Les chauves-souris « crient » à des intervalles de dix ou vingt fois par seconde, et le détecteur de chauves-souris qu'emploient les naturalistes traduit les bruits ultrasoniques en un sec gazouillis que peut entendre l'oreille humaine. Tels des porte-voix ailés, les chauves-souris diffusent le son de leur voix, puis attendent que l'écho leur en revienne. A mesure qu'elles se rapprochent de leur proie, l'écho leur parvient de plus en plus rapide et fort. D'après le temps qui sépare les échos, une chauve-souris sait à quelle distance elle se trouve de sa proie. Les échos solides que renvoient un mur de briques ou le sol ne sont pas les mêmes, pour elle, que les échos fluides renvoyés par une fleur ou une feuille. Une chauve-souris peut se faire une image complète du monde avec des échos, tableau où tous les objets et tous les animaux se révèlent en détail, jusqu'à leur contexture, leurs mouvements, leur taille et la distance où ils se trouvent. Si vous vous tenez dans un endroit tranquille empli de chauves-souris, elles crieront à tue-tête, et pourtant vous n'entendrez rien. Dans *The Scale of Nature* (« L'échelle de la Nature »), le biologiste John Tyler Bonner propose cette traduction humaine de l'écholocation :

> Je me rappelle avoir circulé entre les îles San Juan du Puget Sound par un temps de brouillard. Bien que le canal qui relie les îles soit très étroit, il était impossible d'en voir les bords. Le pilote du ferryboat commença par demander courtoisement aux mères de veiller à ce que leurs enfants se bouchent les oreilles. Il souffla ensuite dans sa corne tout en se penchant hors de sa cabine d'un côté, puis recommença l'opération de l'autre côté. En jugeant le temps que l'écho mettait pour lui parvenir, il pouvait évaluer à quelle distance nous nous trouvions de chaque rive. Il semblait avoir beaucoup plus que moi confiance en cette méthode.

L'écholocation n'est que l'un des nombreux sons hors de notre portée auditive. Les mantes religieuses se servent d'ultrasons ; les éléphants et les crocodiles, d'infrasons. Peu de démonstrations animales sont aussi fascinantes que la danse aquatique de l'alligator mâle. Son énorme tête hors de l'eau, il gonfle la gorge, bande ses muscles comme un culturiste. Soudain, un ventre roulant et tonnant fend l'air. L'eau grésille tout autour du corps en une pluie ascendante qui fait penser à une friture de diamants. Nous voyons la danse, mais les autres alligators en entendent le signal infrasonique, que seuls émettent les mâles. Peut-être est-ce une démonstration de virilité, peut-être une façon de rembarrer les autres mâles. Bien que les femelles beuglent aussi et, de temps en temps, frappent l'eau de leur tête, elles n'ont rien qui ressemble à cette danse aquatique. Mais elles en déchiffrent le message comme des décodeurs chevronnés. Il arrive qu'un mâle en chaleur qui s'ennuie et que visite l'inspiration enchaîne les danses, qu'il pirouette huit ou neuf fois en un long ballet où se mêlent la danse, le chant et le désir.

Nous n'entendons pas non plus les sons sous-marins, en général, ce qui nous fait croire au silence des vastitudes océaniques. Rien ne saurait s'éloigner davantage de la vérité. Léonard de Vinci suggéra un jour qu'ayant plongé une rame dans l'eau on y collât l'oreille pour écouter. En Afrique occidentale et dans les mers du Sud, les pêcheurs ont découvert le même truc. En se servant de la rame comme d'une espèce d'écouteur, on peut entendre les sons du monde sous-marin. Certains poissons font beaucoup de bruit avec leur vessie natatoire. Il en est qui grommellent assez fort pour tenir éveillés la nuit les pêcheurs de la mer de Chine. Les triggerfish hawaïens grincent des dents ; le poisson-crapaud grogne ; les dauphins émettent de petits glapissements rouillés qui font penser à des chaises de bureau mal huilées ; les baleines franches ronronnent ; les baleines à bosse donnent de véritables récitals. L'océan semble muet, mais il vibre de sons — les animaux, les brisants, l'érosion des vagues, la navigation, les tempêtes nomades — enfermés dans l'atmosphère de l'eau comme les nôtres le sont dans l'atmosphère aérienne.

Comme le monde serait vide sans les sons animaux. Les merles chicanant comme des druides. Les chevaux galopant sur une piste molle. Les corbeaux dont on dirait, à les entendre croasser, qu'ils s'étouffent dans les arbres. Les mésanges qui murmurent, pendant aux branches la tête en bas. Les élans qui claironnent comme pour annoncer qu'il y a la guerre au loin. Le *ping* métallique des engoulevents. La ribambelle des grillons. La plainte électrique du moustique femelle affamé. Le morse du pivert à tête rouge.

SABLES MOUVANTS ET CHANTS DE BALEINES

Assise sur une plage des Bermudes, je décide de fabriquer des sables mouvants dans un verre. Je remplis d'abord partiellement le verre de sable, puis ajoute de l'eau jusqu'à ce qu'elle recouvre le sable, mais pas plus. Puis, je remue énergiquement. Le résultat semble solide, comme du sable compact. Mais quand j'y enfonce un doigt, il y est absorbé. Les sables mouvants ne sont que du sable en suspension dans l'eau, du sable si gorgé d'eau qu'il se verse comme un milkshake — c'est quelque chose de temporaire, pas un traquenard permanent. Dans les films d'angoisse, on voit des gens faire un faux pas, s'enfoncer, sombrer dans des souffrances atroces, et finalement suffoquer. Mais il y a peu de chances que cela se produise, à moins que l'on ne se débatte tant, sous le coup de la panique, que le corps est englouti, que l'on n'avale de l'eau et que l'on ne se noie comme on pourrait se noyer dans n'importe quelle piscine ou n'importe quel lac. L'eau est plus dense que le corps humain. Et de même le sable. La combinaison des deux fait qu'il est deux fois plus facile de flotter. Pour peu qu'on lui en laisse la possibilité, le corps flotte comme une bouée. J'ai vu des sables mouvants une fois dans l'Ouest, dans un ranch où je travaillais. Une vache s'y était égarée et, prise de panique, cherchait à s'en échapper, mais finalement se noya. Lorsque nous prîmes son corps au lasso et le sortîmes de là, la peau était couverte d'une espèce de porridge rugueux, et l'on aurait dit que les paupières avaient été cousues avec de la toile à sac. Aujourd'hui, je regrette de ne pas m'être risquée dans l'eau pour l'éprouver, mais à l'époque j'écoutai l'avis des vachers. Je savais pouvoir me fier à leur bon sens de terriens dont l'intuition et la clarté faisaient souvent ma joie. Ils avaient vu des chevaux et des bestiaux effrayés se débattre et disparaître dans le bourbier. Ils en avaient déduit que les sables mouvants étaient méchants et toujours mortels.

Bercée par le fracas hypnotique des vagues, je me penche et, pressant mon oreille contre la grève, entends les brisants déferler plus tôt. Les vibrations se propagent environ deux fois plus vite à travers le sol. Si j'étais une Bochiman du Kalahari, cette nuit je dormirais sur le côté droit, l'oreille collée au sol, de manière à pouvoir entendre s'approcher un animal dangereux ; mon mari dormirait sur le flanc gauche et, entre nous, brûlerait un petit feu qui nous tiendrait chaud pendant notre sommeil, avec nos oreilles à l'écoute de la terre. Ou si j'étais un personnage dans un vieux western, je pourrais appuyer mon oreille sur la voie ferrée et entendre se rapprocher le train postal. Les ondes sonores demeurant dans le fer au lieu de se disperser dans l'air, j'entendrais les vibrations à quelque distance et saurais que la paie des ouvriers ou mon amour seraient bientôt là.

Cela fait des heures que je contemple l'océan et y cherche trace de baleines à bosse dont le chant fut la première fois enregistré au large des côtes des Bermudes par Franck Watlington, et plus tard par Roger Payne. Quand j'étudiais à Cornell, j'assistai à un concert que donna Payne. Il accompagnait au violoncelle le chant de baleines grondant, hurlant, grinçant, crissant, emplissant le grand auditorium de la musique d'un autre monde et faisant résonner mes os des notes les plus basses. Ce n'était pas la première fois que j'entendais chanter des baleines. J'avais un enregistrement de la composition musicale d'Alan Hovhaness, *And God Created Great Whales* (« Et Dieu créa de grandes baleines »), œuvre hantée par des sons inattendus. Et pourtant, les baleines chantent. Ou plutôt elles chantonnent, elles fredonnent. Seuls et inactifs, les mâles commencent à chanter en hiver — la saison des amours — et chantent leurs ballades jusqu'à ce qu'arrive une compagne qui les interrompe. Leurs chants durent souvent une quinzaine de minutes, et ils les reprennent pendant des heures, comme de joyeuses rengaines. Et ces chants sont structurés, obéissent au genre de règles que l'on associe à la musique classique.

De surcroît, les baleines introduisent des variantes dans leurs chants. De nouvelles phrases et de nouveaux éléments apparaissent tous les ans, si bien que les chants évoluent à la manière d'un langage. Chacun comprend une demi-douzaine de thèmes disposés dans un certain ordre. Si un thème est supprimé, les autres demeurent dans l'ordre où ils se trouvaient à l'origine. Quand vous chantez *The Battle Hymn of the Republic*, vous pouvez décider de laisser de côté les vers où les soldats ont élevé à Dieu un autel « dans la fraîcheur et la rosée du soir ». Mais vous conserverez les autres strophes dans l'ordre initial. Il y a, dans les chants de baleines, des phrases qui se répètent et suivent les règles rigoureuses d'une grammaire du chant des baleines. Mais le plus impressionnant est peut-être encore ceci : non seulement les baleines apprennent ce complexe langage, mais elles le retiennent d'une année à l'autre. Elles arrivent en chantant le chant de l'année précédente, tels des élèves retournant à l'école en septembre. Et quand de nouvelles expressions et un nouveau jargon se développent pendant la saison, elles s'en souviennent l'année suivante et abandonnent l'argot passé de mode. Elles ne chantent pas en recrachant l'air, comme on s'y attendrait. Elles ne se servent pas non plus de leurs évents, façon clarinette, comme on le montre parfois dans les dessins animés. Elles produisent sans doute leurs sons en faisant tourner l'air dans leur tête. Telles des cantatrices, elles ont une parfaite maîtrise de leur souffle, de manière que le chant ne s'interrompe pas. La plupart des baleines reprennent délibérément leur respiration dans les mêmes passages, ce qui permet aux chercheurs d'attendre cette pause et d'identifier les chanteuses.

Ceux qui ont plongé parmi des baleines qui chantaient parlent de ce chant comme si on leur avait joué du tambour sur la poitrine, ou comme si l'on avait actionné la pédale d'un orgue sous leurs côtes. Si vous ne pouvez être dans l'eau avec elles, vous pouvez les entendre et les sentir chanter à travers les montants de bois d'une chaloupe. Les baleines à bosse ne sont pas les seules à chanter. Les belugas blancs aussi : ils ont des voix si douces, si émouvantes que les pêcheurs de baleines d'antan les avaient appelés les canaris des mers. Maintenant que la pollution les a décimés, les bélugas sont devenus les canaris d'une mine liquide et ils nous mettent en garde pour préserver la santé des océans. Les marins superstitieux entendaient le thrène des baleines résonner à travers la coque de leurs navires et étaient transportés. Les baleines chantantes ont jadis vécu en Méditerranée, et il est probable qu'elles sont les sirènes qui, selon le mythe grec, faisaient faire naufrage aux navigateurs. Leurs chants se diffusant à travers le bois du bateau, le marin ne pouvait en localiser la provenance. Ils semblaient envelopper le bateau d'un voile sonore mystérieux. Les baleines ululent des sons uniques et variés. Il est donc assez difficile de décrire leurs voix. Mais j'ai un jour écrit le poème *sonore* suivant après avoir écouté un concert de baleines, et il peut donner une idée plus précise de leurs chants :

WHALE SONGS[1]

Speaking in storm language,
a humpback, before it blows,
lows a mournful ballad
in the salad-krill sea, murmurs
deep dirges ; like a demiurge,

1. Il est, bien entendu, impossible de rendre la musique d'un poème sonore comme celui-ci, qui est tout en allitérations. On doit modestement se contenter de rendre le sens des vers en se rappelant que la poésie est essentiellement intraduisible.

CHANTS DE BALEINES

Parlant la langue des tempêtes,/ Une baleine à bosse, avant de la siffler,/ fredonne une ballade désolée/ dans le plancton de la mer, murmure/ Des thrènes profonds ; telle une démiurge/ elle mugit d'Erb à Santa Cruz,/ bas marigot, sa sirène de brume une épaisse liqueur.

Crèpe noir comme en procession funèbre,/ la cosse glisse, habile mime,/ à travers le galop de la mer/ chaque baleine chantant la même/ chanson fugitive, le même air de rondeau.

Des doigts secs frottent, tirent, rossent/ un ballon tendu. Coups de glotte. Pan./ Des doigts secs se remettent alors à faire sonner/ des carillons squelettiques, ils tintent/ et riment — villanelles, cantiques,/ et même un dong grégorien sur des langues de mille kilos comme, capturées au-dessous de la conscience/ de l'air, affamées, ou courtisant, ou s'affligeant d'un carnage,/ jouant du jazz ou effrayées,/ elles se battent contre le mur gémissant/ de l'eau, voix toutes/ dans l'obscur massepain où elles nagent,/ invisibles, n'étaient leurs chants.

Et souvent elles élèvent/ comme des yeux angéliques un refrain/ évanescent comme la mer, fou de questions,/ triste, tout en interrogations, comme si/ essayant de sonder l'insondable/ étendue, depuis l'océan en forme de louche/ aux vagues virulentes, jusqu'à la brèche de la naissance/ sur la plage, en un berceau d'algues bleues.

Noirs troubadours luisants/ jouant de leurs cornemuses, chaque corps/ un harmonica, chaque forme un daguerréotype/ d'un oblat chantant joyeusement,/ elles émigrent, contentes de ce cliquetis de chaînes/ et de ce gémissement de fées funèbres, écumant les mers/ ainsi que des esprits inquiets, une chanson dessus leurs os.

it booms from Erb to Santa Cruz,
bog low, its foghorn a thick liqueur.

Crepe black as a funeral procession,
the pod glides, mummer-deft,
through galloping brine,
each whale singing the same
runaway, roundelay tune :

Dry fingers rub, drag, drub
a taut balloon. Glottal stops. Pops.
Dry fingers resume, then, ringing
skeletal chimes, they ping
and rhyme — villanelles, canticles,
even a Gregorian done on ton tongues
as, trapped below the consciousness
of air, hungry, or wooing
or lamenting slaughter,
jazzy or appalled,
they beat against the wailing wall
of water, voices all
in the marzipany murk they swim,
invisible but for their songs.

And often they raise high
as angels' eyes a refrain
swoony as the sea, question-mad,
sad, all interrogatives, as if
trying to fathom the fathomless
reach from ladle-shaped ocean,
scurrilous surf, to breach-birth
upon beach and blue algae's cradle.

Sleek black troubadours
playing their own pipes, each body
a mouth organ, each shape a daguerreotype
of an oblate friar caroling,
they migrate, glad to chain rattle
and banshee moan, roaming the seas
like uneasy spirits, a song on their bones.

LE VIOLON SE SOUVIENT

La musique, ce parfum de l'oreille, fut sans doute à l'origine un acte religieux destiné à stimuler les groupes. Les tambours font tout de suite battre les cœurs, et une trompette peut vous transporter sur des chars de sons. Aussi loin que nous puissions remonter, on a fait de la musique. Les premiers instruments utilisés en Occident furent probablement de simples bâtons, ou des pierres que l'on entrechoquait vigoureusement pour créer une cadence. Les occasions ne devaient pas manquer, où l'on y recourait : danses religieuses et autres rituels ; accompagnements des chants de travail ; manière musicale d'enseigner aux enfants leurs leçons. Des instruments de musique mésopotamiens seraient vieux de 5 500 ans (flûtes, triangles, instruments à cordes, tambours) et les Mésopotamiens avaient même mis au point un système de notation musicale. Il se peut que l'on ait fait de la musique même avant cette époque : en tenant des brins d'herbe entre ses pouces ou en frappant des bâtons ou des pierres — instruments que nous ne saurions aujourd'hui reconnaître. Les Mayas disposaient de tout un attirail de sifflets, flûtes et flûtes à bec et ocarinas en argile finement ciselés. Les sifflets en forme d'hommes émettaient des sons plus bas que les sifflets en forme de femmes. Certains étaient munis de compartiments secrets, et l'on pouvait en tirer jusqu'à dix-sept notes. D'autres pouvaient contenir de l'eau, ce qui transformait le son quand on en jouait. Et d'autres encore, garnis de têtes multiples, faisaient entendre plusieurs notes à la fois. Selon des textes chinois, la musique orientale vit le jour vers 2700 avant notre ère, lorsque l'empereur Huang Ti ordonna que l'on taillât des flûtes en bambou à la bonne taille pour imiter le chant du phénix. Si l'on compare des cloches chinoises d'il y a 2 400 ans à une flûte chinoise d'aujourd'hui, on s'apercevra que les tonalités en sont très semblables et s'équivalent quasiment sur un oscilloscope. Dès le début, notre cerveau et notre système nerveux nous ont conduits à préférer certains intervalles entre les notes. Nos instruments sont nés du profond plaisir intérieur que nous donnait la musique. Mais ce plaisir a ses limites. Dans tout ce que nous entendons, il est beaucoup de choses qui, pour nous, sont dissonance ou bruit. Seul, ce qui relève d'un certain domaine nous paraît doux, satisfaisant pour l'intellect, harmonieux.

J'ai commencé d'étudier le violon au début du secondaire. Je me suis exercée tant bien que mal pendant huit ans, mais n'ai jamais dépassé le stade du coup d'archet mécanique, du vibrato tremblotant, du doigté sans éclat d'un amateur. J'aimais le lustre grumeleux, mais huileux de la résine grâce à quoi l'archet glissait doucement, comme tiré sur la langue râpeuse de chats. Les cordes que j'achetais étaient dites boyaux de chat, mais naturellement ne provenaient pas de chats. L'expression date d'une époque ancienne où le public trouvait que les cordes grinçaient comme un chat éventré. « Vous feriez mieux d'aller vous acheter d'autres boyaux de chat ! » Sarcasme qui passa dans le langage courant. J'étais *tweenager* (comme on appelait en ce temps-là les ados qui avaient entre treize et quatorze ans) et je répétais sans relâche *The Entrance March of the Peers*, *The Young Prince and the Young Princess* et *Say It with Music* pour des fêtes de l'école, quand j'entendis parler d'un violon sombre qui vibrait d'émotion contenue même dans son étui. Son nom flottait dans ma bouche comme une fumée magique : Strad-i-var-i-us. Comme j'ai rêvé d'avoir un Stradivarius qui transmuerait le crissement de mes sons en or pur. Avec le temps, je sortis du rang pour être élevée à la dignité de premier violon, ce qui voulait dire que je devais jouer la mélodie — et c'était précisément ce pour quoi j'avais, à l'origine, décidé d'étudier le violon. Je plaignais les joueurs de tuba que leurs flonflons entraînaient vers l'oubli. Certains — c'étaient pourtant des garçons — n'étaient pas bâtis en athlètes et, debout, disparaissaient dans le cuivre hallucinant, lourd et brillant, comme avalés par le reflet d'un nautile. Les percussionnistes faisaient un tel boucan, si discordant et si éprouvant que je me disais qu'ils méritaient d'être enterrés dans leurs timbales. Rien ne m'attirait du côté des oiseaux pointilleux que sont les hautbois. Les filles qui jouaient de la flûte avaient toujours le nez qui coulait et, quand elles jouaient, on aurait dit qu'elles essayaient d'éteindre une petite flamme. Le son des clarinettes faisait trop penser à des cris de souris. Et l'idée de jouer du violoncelle, de la viole, de la basse, ou de tout autre instrument à mon avis subalterne me laissait froide. Je voulais faire de la musique, et, pour moi, la musique était mélodie. C'était le chant, c'était l'émotion du violon. Bien que je n'aie jamais entendu un Stradivarius de près, j'en ai entendu dans des enregistrements et à la télévision et, comme tout le monde, me suis demandé quelle résine ou quelle laque magique on a mise au moment de leur fabrication pour qu'ils aient cette incomparable sensualité, cette richesse de tons unique. Les instruments de musique les plus précieux au monde sont encore les violons ouvrés par Stradivarius. Les scientifiques commencent enfin de comprendre pourquoi.

Au fil des années, les chercheurs ont attribué le caractère exceptionnel de cette sonorité à des fluides animaux, des résines spéciales, une moisissure aquatique, et tant d'autres potions magiques. Peter Edwards et une équipe de chercheurs de l'Université de Cambridge ont récemment avancé une explication plus plausible. Grâce à la spectroscopie aux rayons X qui disperse l'énergie, ils ont imprégné un fragment de violoncelle d'électrons à haute énergie, ce qui leur a permis d'analyser les composants du bois. A leur étonnement, ils ont découvert une fine couche de pouzzolane — cendre volcanique originaire de Crémone, en Italie, où vivait Stradivarius. Cette cendre se trouvait entre le vernis et le bois, et Stradivarius l'utilisa sans doute pour fortifier ses instruments. C'était un ciment courant, et il ne lui vint probablement jamais à l'esprit que la tonalité de ses violons pourrait en être modifiée. Evidemment, la pouzzolane ne saurait suffire à produire un Stradivarius : son âge, son architecture et la dextérité avec laquelle il fut construit jouent un rôle essentiel dans sa sonorité. Nombre de violonistes et de luthiers y insistent : les violons acquièrent la beauté rauque de leurs sons, et un violon dont on joue longtemps d'une manière exquise conserve en soi les sons exquis. Pour une raison ou une autre, le bois enregistre les robustes envolées lyriques. En termes pragmatiques : certaines vibrations reproduites pendant des années ainsi que le vieillissement naturel pourraient aboutir à de microscopiques changements dans le bois. Ces changements cellulaires sont ce que nous percevons comme enrichissement du son. En termes poétiques : le bois se souvient. Ainsi le devoir du maître violoniste est-il en partie d'éduquer un violon pour les générations à venir.

MUSIQUE ET ÉMOTION

Peu de choses au monde sont aussi calmantes que de placer sa langue en haut de la bouche, juste derrière les dents et de chanter *la, la, la, la, la, la, la*. Lorsque nous chantons, nos cordes vocales ne sont pas seules à vibrer, certains de nos os vibrent aussi. Chantez à bouche fermée, le son se propage directement vers votre oreille interne en traversant le crâne sans s'occuper du tympan. Psalmodiez ÔM, ou n'importe quel autre mantra, de façon compacte et prolongée, et vous sentirez vibrer les os de votre tête, ainsi que le cartilage de votre sternum. C'est apaisant comme un massage effectué de l'intérieur. Il se peut également que cette psalmodie favorise la méditation parce qu'elle crée intérieurement un bruit blanc, qui annule les bruits étrangers et transforme notre corps en cabine insonorisée. Le davening des Hébreux, où les fidèles s'inclinent et psalmodient, a un effet analogue. Le tambourinement d'une cérémonie macumba vous emporte toujours plus haut dans un crescendo furieux, comme à l'assaut des cimes de votre foi. Tous ces sons se répètent jusqu'à l'hypnose. Chaque religion a sa liturgie, dont l'importance tient non seulement à ce qu'elle enseigne, mais à son pouvoir d'imposer à l'initié de répéter sans trêve les mêmes sons jusqu'à ce qu'ils fassent partie de la mémoire, jusqu'à ce qu'ils deviennent une sorte de paysage auditif. Nous sommes une espèce capable d'ajouter au monde des choses, des idées, des objets d'art et même des sons. Et lorsque nous le faisons, ils deviennent aussi réels qu'une forêt.

Ce qu'il y a de curieux, à propos de la musique, c'est que nous la comprenions et y réagissions sans avoir vraiment à l'apprendre. Chaque mot dans une phrase exprime en soi quelque chose ; il a son histoire et ses nuances. Mais les tons musicaux ne signifient quelque chose que les uns par rapport aux autres, lorsqu'ils sont groupés. Vous n'avez pas besoin de les comprendre pour être émus. Dites : « C'est un don d'être simple. C'est un don d'être libre. C'est un don de descendre là où nous devons être. » Et il ne se passe pas grand'chose. Vous pouvez même ne pas être d'accord avec cette doctrine minimaliste. Mais si vous y ajoutez la musique shaker qui l'accompagne (et dont Aaron Copland fit une adaptation superbe dans *Appalachian Spring*[1]), sa mélodie obsédante vous captivera avec son exubérance, sa joie, son pouvoir d'inspirer à un village de construire en un après-midi une grange pour un voisin. Lorsque je me trouvais en Floride, dans la colonie d'un artiste située au creux d'un estuaire soumis aux marées, l'un des élèves à qui j'enseignais la stylistique et qui était également siffleur professionnel nous régala un soir d'un concert où, entre autres, il interpréta *Simple Gifts* (« Simples dons »), un air shaker et, pendant la semaine qui suivit, on put entendre tout le monde fredonner, siffler ou chanter gaiement ses fortes cadences. *Entraînant* est le mot qui convient à ce genre de mélodie ; ça s'accroche à votre subconscient et ça ne vous lâche plus. De nombreux hymnes nous remueraient même s'ils étaient sans paroles. Mais avec les paroles, on joue sur les deux tableaux : de la musique émotionnelle sur un message émotionnel. L'effet est encore plus sûr quand l'hymne a une chute, une sorte d'évanouissement musical. Dans la *Jérusalem* de Blake, cet évanouissement se produit au cours de la troisième strophe, sur la seconde syllabe du mot *desire*, qu'il faut chanter comme un soupir sur une note basse :

Bring me my bow of burning gold!
Bring me my arrows of desire[2] *!*

Peu de désirs semblent aussi provocants et séculiers que celui-là, surtout si l'on se rappelle la flèche de Cupidon et le double sens d'un mot comme *quiver*[3]. Dans le Noël *O Holy Night* (« O sainte nuit »), l'évanouissement vient juste après le mot *fall* (« tombez ») dans le vers *Fall on your knees* (« Tombez à genoux ») et le seul fait de le chanter donne corps à la supplication. Le plus souvent, les hymnes s'élèvent résolument à lents

1. Il composa cette œuvre pour Martha Graham, alors qu'il vivait à Hollywood dans un blockhaus sans fenêtres.
2. Apporte-moi l'or brûlant de mon arc ! / Apporte-moi les flèches de mon désir !
3. Carquois, mais aussi frisson. (*N.d.T.*)

pas majestueux, depuis les notes les plus basses jusqu'aux plus hautes, à mesure que le chanteur gravit un escalier mystique vers les plans supérieurs du sentiment. *Amazing Grace* (« Grâce étonnante ») est un bon exemple de ce genre d'hymne plus léger que l'air, empli de luttes et d'étirements musicaux, comme si l'esprit lui-même subissait une élongation. Ayez des pensées élevées et chantez cet air exaltant, vous vous sentirez vite élevés – même si vous devez chanter des mots aussi peu mélodieux que *wretch* (« misérable »). Les hypnotistes recourent à une technique similaire quand ils plongent les gens dans une transe méditative profondément suggestive : ils comptent souvent de un à dix plusieurs fois de suite, en disant à leurs patients de s'imaginer descendre de plus en plus bas à chaque nombre.

Comme les émotions pures, la musique se fait houle et soupir, se déchaîne ou s'apaise et, en ce sens, se conduit tellement comme nos émotions qu'elle semble souvent les symboliser, les refléter, les communiquer à autrui, nous affranchissant ainsi de l'ennui sophistiqué, de l'imprécision élaborée des mots. Un passage musical peut nous faire pleurer, ou faire monter notre tension. Quand on nous demande d'expliquer nos sentiments, nous disons quelque chose de vague. *Ça me rend triste*, ou *Ça me fait de l'effet*. Dans *Great Pianists Speak for Themselves*, vol. II (« Les grands pianistes parlent pour eux »), Paul Badura-Skoda évoque la Fantaisie en *ut* mineur de Mozart :

> Et le contenu *émotionnel*? Ce que l'œuvre nous *dit*, à vous et à moi? Curieusement, quand je pose de telles questions pendant mes cours, on me répond mollement : « C'est une œuvre sérieuse », à supposer que l'on me réponde seulement. Sur quoi, je me sens tenu de m'exclamer : « Ne comprenez-vous pas, mes chers amis, que la musique est un *langage* qui *communique* une expérience? Et quelle expérience! La vie et la mort sont au centre de cette Fantaisie. Permettez-moi de vous donner mon interprétation personnelle de cette œuvre. La première phrase est un symbole de la mort : *L'heure a sonné – il n'y a pas d'issue!* Le reste de la Fantaisie est tout en choc et en angoisse, les deux premières pages donnant lieu à toute une série de souvenirs : heureux, sereins, comme l'adagio en *ré* et l'andantino en *si* bémol majeur, ou violents, anxieux, comme les deux sections rapides à modulation, jusqu'au retour de

> l'appel du début. Il semble que le destin inexorable soit maintenant accepté — encore qu'il y ait tout à la fin le geste héroïque du défi.

Les compositeurs ne se soucient pas tous que leurs auditeurs trouvent un programme lumineux dans leurs œuvres. Mais les abstractions de la musique sont si frustrantes que les gens essaient d'en tirer des paysages d'émotions et d'événements.

Nous éprouvons un sens profond de plénitude dans la large structure ouverte d'une composition classique. Mais il s'agit d'une unité emplie de tumulte, de petites allées et venues, de questes entravées, de cycles d'aspiration et d'incertitude, de monts infranchissables, de passion contrariée, de nœuds qu'il faut débrouiller, de grandes vagues de sentimentalité, de futiles ruminations, de coups terribles dont on doit se relever, d'amour que l'on espère consommer, de soudaineté, de désordre et, finalement, de réconciliation. On peut recréer le tumulte émotionnel d'un amour, d'une déception, d'une extase religieuse, dans un espace aussi bref que celui d'un concerto. *Montrez, ne dites pas*, c'est le conseil des professeurs de stylistique à leurs élèves. On dira ce que l'on voudra, les mots capturent rarement l'assaut émotionnel immédiat d'un morceau de musique poignante, ce qui permet au compositeur de dire, non pas : « C'était une impression comme ça », mais plutôt : « Voici l'émotion indicible que j'ai ressentie, et même mon obsession de la structure et des proportions et du temps, *en vous.* » Ou comme l'écrit T.S. Eliot dans *The Dry Salvages* :

> *Musique si profondément entendue*
> *Qu'elle n'est plus du tout entendue, mais que tu es la musique*
> *Tant que la musique dure.*

Il y a encore bien des questions que l'on se pose sur la musique et les émotions. Dans son livre fascinant sur la théorie de la musique, *The Language of Music* (« Le langage de la musique »), Deryck Cooke, par exemple, offre un vocabulaire musical où sont épelés les effets émotionnels qu'un compositeur sait pouvoir tirer de certains sons. Mais pourquoi en est-il ainsi ? Inclinons-nous donc à réagir par le chagrin à une septième mineure et par un désir violent à une septième majeure, et par une veule inquiétude à une seconde mineure, parce que nous avons pris l'habitude de réagir de cette manière à ces sons ? Ou s'agit-il de quelque chose de plus intrinsèque dans notre tempérament ? Ecoutez *Tristan et Isolde* de Wagner, et vous entendrez des émotions réprimées, exaltées, étouffées d'une telle intensité que vous pourrez en être comme fous. La musique déborde de désir comme un verre trop plein que couronne le ménisque du vin. Wagner lui-même décrivait son œuvre en ces termes :

> ... une histoire de désir et d'ardeur sans fin, la béatitude et la misère de l'amour ; le monde, le pouvoir, la gloire, l'honneur, la chevalerie, la loyauté, l'amitié, tout cela réduit à néant comme un rêve insubstantiel ; une seule chose qui demeure : le désir, le désir inextinguible, une faim, une soif, une angoisse qui se renouvelle sans fin ; une seule rédemption : la mort, l'arrêt, un sommeil dont on ne se réveille pas.

Une autre question que nous pouvons poser avec Cooke est celle-ci : Si nous transformons la musique en émotion, « dans quelle mesure cette émotion... ressemble-t-elle à l'émotion originale de Beethoven ?... Il ne peut y avoir qu'une réponse... jusqu'où les émotions d'un être humain peuvent-elles s'apparenter à celles d'un autre ? » Et parce que nous ne sommes pas Beethoven, nous entendons le joyeux « Gloria » de sa *Missa Solemnis* en éprouvant de la joie, mais sans doute pas aussi passionnément que lui lorsqu'il le composa. Je suppose que ce qu'il y a de fascinant dans la création artistique, en quelque domaine que ce soit, tient en partie à la nécessité où est l'auteur de la partager avec le monde — ou de la lui imposer. Quand il écrivit le « Gloria », Beethoven connut une joie volcanique, de celles qui, comme un cri, montent vers les cieux. Mais au lieu de danser de plaisir, il « ressentit le besoin de la convertir en une forme d'énergie qui fût permanente, consignée par écrit, que l'on pût transporter et reproduire », comme l'écrit Cooke. « Un cri musical de joie, en quelque sorte, que tout le monde pût entendre encore et encore, même après sa mort. » Les notes qu'il écrivit « ne furent et ne seront jamais, de la part de Beethoven, qu'un ordre de pousser son éternel cri de joie, et les accompagnaient ses instructions... pour le faire à la perfection ». Lorsque nous proclamons que les artistes continuent de vivre dans leurs œuvres, nous voulons généralement parler des marchepieds émotionnels qui nous conduisent à travers leur vie, leurs états d'âme et leurs obsessions désincarnées et, par-dessus tout, leurs sens. Peut-être Beethoven est-il mort, mais son sens de la vie à ce moment-là vit en ce moment-ci et en tout moment possible dans sa partition.

LA MUSIQUE EST-ELLE UN LANGAGE ?

La musique nous parle si puissamment que nombre de musiciens et de théoriciens pensent qu'elle peut être un véritable langage qui se serait développé en même temps que la parole. Un psychologue de Harvard croit fermement que la musique est une forme de l'intelligence, au même titre que l'aptitude aux mots ou aux nombres, avec laquelle nous naissons tout simplement. Grâce à des expériences avec des musiciens dont le cerveau avait été endommagé, il a pu localiser la capacité musicale dans la région frontale droite du cerveau. Au cours d'une expérience voisine, des chercheurs de la Faculté de Médecine de Los Angeles ont donné à des volontaires une histoire de Sherlock Holmes à lire, puis de la musique à écouter, et ont enregistré leur activité cérébrale au moyen d'un scanner. La lecture stimulait l'hémisphère gauche du cerveau ; la musique, le droit. Mais ce n'est pas en sachant où situer notre passion pour la musique que nous pouvons expliquer comment elle est arrivée là. Si loin que nous remontions dans l'Histoire, nous trouvons des êtres humains faisant de la musique et en écoutant, mais comment et pourquoi notre passion a-t-elle commencé ? Qu'est-ce qui nous attire dans la musique ? Pourquoi la musique diffère-t-elle tant d'une culture à l'autre ? Pourquoi tant de gens éprouvent-ils le besoin de vivre dans des cocons de son organisé, d'avoir de la musique à portée de la main ? Pourquoi réagissons-nous aux sons abstraits que déploie la musique avec des émotions intenses, parfois violentes ? Si la musique s'est développée en même temps que la parole, *pourquoi* s'est-elle développée ? Quelle valeur avait-elle pour notre survie ? La musique a un sens, comme l'admettra volontiers quiconque écoute une symphonie frémissante ou un opéra de Wagner, mais quel sens a-t-elle ? Comment attribuons-nous un sens particulier à un morceau ? Pourquoi la musique signifie-t-elle quelque chose même pour des gens qui ne jouent d'aucun instrument et qui prétendent ne pas avoir d'oreille, qui ne sont pas spécialement « musiciens » ? Et surtout, comment faisons-nous pour comprendre le langage de la musique sans l'*apprendre* ? Pour le moment, la réponse de la raison à la dernière question est que, comme la capacité de sourire ou d'analyser, c'est un trait profondément héréditaire. A une époque de notre passé, il a importé que tous les êtres humains, qu'ils fussent bengalis, esquimaux ou quechuas, qu'ils fussent aveugles, gauchers ou couverts de taches de rousseur, ne fussent pas seulement *capables* de faire de la musique : qu'ils *eussent besoin* de la musique pour ajouter un sens à leur vie. Le nourrisson réagit à la musique ; et quand il fait ses premiers pas, l'enfant sait déjà chanter, voire inventer des chansons. Dans une certaine mesure, la musique s'apprend aussi. En Chine, les enfants apprennent à aimer la musique avec de petites pauses ou de subtils changements de registre ; à la Jamaïque, les enfants apprennent à aimer les ballades syncopées ; et en Afrique, la musique aux rythmes rapides et compliqués. Les préférences musicales peuvent résulter d'un choix. Les générations tendent à se définir par une musique qui diffère de celle de leurs parents, pour qui la nouvelle musique est bruyante et obscène : une perte de temps, un manque de goût. Quand la valse fit son apparition, on la trouva d'avant-garde et scandaleuse[1]. Après tout, elle poussait hommes et femmes à se tenir les uns aux autres et à se mouvoir rapidement, à s'accrocher furieusement tandis que les cheveux volaient, que les jupons se soulevaient, que les hanches se balançaient à l'unisson. La même chose fut vraie du swing, que les vieilles générations de l'époque jugèrent barbare, dépourvu d'imagination ou simplement stupide. Que pouvaient-elles penser de paroles comme celles-ci : « Ça doit être de la gelée, parce que la confiture ne remuerait pas comme ça » ? Et le tango avait son rythme insinuant et sournois et un pas sexy, où

1. Lord Byron écrivit un poème célèbre sur la valse, dont il admirait les excès.

la femme enroulait sa jambe autour de celle de l'homme, comme s'il avait été un arbre, et elle la vrille d'une orchidée. Les paroles qui accompagnaient tout ce remue-ménage charnel étaient d'habitude sensuelles, violentes et baignaient dans le pathos. Voici celles d'un tango argentin typique :

> Toute ma vie, j'ai été un bon ami pour tous. J'ai donné tout ce que j'avais et me voici tout seul, dans ma petite chambre sale et lugubre, dans mon taudis, non loin d'ici, crachant le sang. Personne ne vient me voir, excepté ma chère maman. Ah, maintenant, je comprends à quel point j'ai été cruel à son égard. Je suis sur le point de mourir et je reconnais l'amour que j'ai pour elle. Elle est la seule personne pour qui je compte.

La science-fiction a récemment proposé la musique comme espéranto de l'univers, une langue que même les créatures du plus lointain espace pourraient parler. *Rencontres du troisième type* est peut-être le meilleur exemple d'histoire de science-fiction reposant sur cette prémisse. Un seul accord sert de carte de visite, et un simple et puissant accord, par-dessus le marché, fondé sur les mathématiques, dont les conventions sont universelles. C'est là une vieille idée, qui remonte aux Grecs et à la musique des sphères. Il y a toujours eu un rapport entre la musique et les mathématiques, ce qui explique pourquoi les hommes de science ont souvent manifesté un goût immodéré pour la musique, surtout celle de compositeurs comme Bach. Borodine était d'abord et avant tout un scientifique : il découvrit une méthode pour combiner les atomes de fluorine et de carbone afin de produire de nouveaux composés. Nous lui devons le téflon, le fréon et toute une série d'aérosols. Sa marotte était de composer. Au Laboratoire national d'accélérateurs Fermi, en Illinois, on trouve une salle de concert au milieu des bureaux et des labos. Quelques physiciens ouest-allemands étudient le rapport qu'il y a entre la composition musicale et les dimensions fractales en mathématiques. Pourquoi la musique est-elle mathématique? Parce que, comme le découvrit Pythagore de Samos au cinquième siècle avant notre ère, les notes peuvent se mesurer avec précision sur une corde qui vibre, et les intervalles entre les notes s'exprimer en termes de proportions. Bien entendu, les gens chantaient ce qui leur plaisait; ils ne décidaient pas de chanter selon des proportions.

Mais cette révélation sur le rôle des mathématiques qui déterminent secrètement la beauté de la musique a dû apparaître à la mentalité si mathématique des Grecs comme une preuve irréfutable de plus que l'univers était une structure ordonnée, logique et connaissable. Les Grecs chantaient et jouaient leurs gammes de haut en bas. Nous préférons pour notre part les chanter ou les jouer de bas en haut. Changement qui intervint réellement avec le christianisme et le chant grégorien, et je pense qu'il résulta d'un mouvement d'élévation religieuse et d'un désir de transcendance. La science-fiction soutient que, si la musique est mathématique, elle doit être universelle. Pour l'espace interstellaire, ne vous cassez pas la tête avec des messages verbaux ; envoyez une fugue. Pour plus de sûreté, envoyez les deux. Lorsqu'on lança Voyager I en 1977, il transportait à l'intention des habitants d'autres planètes un assortiment de messages, dont un enregistrement de sons variés de la Terre et de la musique de la Terre, ainsi que des instructions pour l'écouter.

La musique a-t-elle une grammaire, comme le langage parlé, ou ses lois mathématiques propres ? Si la musique est essentiellement mathématique, comment des personnes illettrées sur le plan mathématique peuvent-elles en faire leurs délices ? Dans une étude publiée par *New Literary History* en 1971, le compositeur George Rochberg affirmait que « la musique est un système linguistique secondaire dont la logique se rapproche étroitement de la logique alpha primaire du système nerveux central lui-même, c'est-à-dire du corps humain. Si j'ai raison, il s'ensuit que la perception de la musique correspond simplement au processus inverse : nous écoutons avec notre corps, avec notre système nerveux et ses fonctions de mémoire primaire parallèle/ sérielle ». *Nous écoutons avec notre corps*. Il est vrai qu'il n'est pas facile de garder son corps tranquille quand on écoute de la musique — on commence à taper des pieds, à remuer les mains, on s'empare d'une baguette invisible, ou l'on esquisse des mouvements de danse. Dans *Amadeus*, la pièce que Peter Schaffer a écrite sur Mozart, Salieri, son rival en place dit :

> Cela a commencé des plus simplement : une palpitation dans les registres inférieurs — bassons et cors de basset — comme

un accordéon rouillé... Et puis, soudain, juste au-dessus, une seule note a résonné sur un hautbois. Elle était là, suspendue en l'air, elle ne bougeait pas, elle me transperçait, je ne pouvais plus respirer. Et puis, une clarinette me l'a enlevée, l'a adoucie dans une phrase si ravissante que j'en tremblais.

Une note musicale n'est pas autre chose que de l'air stimulant de ses pulsations les organes de nos oreilles. Elle peut assumer diverses qualités : le volume, le registre, la durée, mais ce n'est au fond que de l'air qui vibre. C'est pourquoi les sourds aiment souvent la musique : ils la perçoivent comme vibration séduisante. Helen Keller « entendit » Caruso chanter en appuyant les doigts sur les lèvres et la gorge du grand chanteur. Et elle écrit de très belles choses sur sa façon de tenir un poste de radio, d'écouter un concert symphonique et de reconnaître les différents instruments quand ils se mettent à jouer. Un oscilloscope peut nous permettre de voir les tons ; visualisant les vibrations, il peut révéler les propriétés acoustiques du ton, mais en aucune manière juger de l'expérience musicale. Lorsque Duke Ellington joue du piano, j'entends maintes phrases pastellisées à la Ravel. Elles sont légères, fraîches et parfumées comme des sorbets. Mais comment décrire un morceau d'Ellington? Si vous n'avez jamais entendu un ton, aucun mot ne le reproduira, ni ne l'évoquera fidèlement. Teddy Wilson, qui, à une époque, joua du piano dans l'orchestre du Duke, se rappelle comment Ellington jouait de la main gauche le rythme de la danse, tandis que, de la droite, il envoyait des éclaboussures de jubilation, qu'il décrit en termes pittoresques « comme s'il avait jeté en l'air du sable de couleur ».

A chaque pays, sa langue, sans doute, mais aussi à chaque civilisation, sa forme de musique. Peut-être sommes-nous trop chauvins lorsque nous disons musique occidentale, musique orientale, musique africaine, musique de l'Islam, etc. Ce que nous voulons dire, c'est que chaque civilisation semble préférer entendre des tonalités disposées selon certains motifs et des règles légèrement différentes. Pendant les vingt-cinq derniers siècles, environ, la musique occidentale a été hantée par un arrangement polyphonique de tons, mais il existe bien d'autres arrangements possibles, dont chacun est aussi profondément riche de sens que les autres et cependant incompréhensible pour les étrangers. « Les barrières qui séparent les musiques sont beaucoup plus infranchissables que les barrières entre les langues, écrit Victor Zuckerkandl dans *The Sense of Music* ("Le sens de la musique"). Nous pouvons traduire d'une langue dans n'importe quelle autre langue. Mais l'idée de traduire, par exemple, de la musique chinoise en idiome tonal occidental n'a manifestement aucun sens. » Pourquoi ? Selon le compositeur Félix Mendelssohn, ce n'est pas parce que la musique est trop vague, comme on pourrait l'imaginer, mais au contraire parce qu'elle est trop précise pour être traduite en quelque autre idiome tonal que ce soit, pour ne pas mentionner le langage parlé. Les mots sont arbitraires. Il n'y a pas de lien direct entre eux et les émotions qu'ils représentent. A la place, ils attrapent au lasso une idée, ou une émotion et la rendent un moment perceptible. Nous avons besoin de mots pour enfermer nos sentiments, nos sensations et nos pensées ; ils nous permettent de révéler notre vie intérieure à quelqu'un d'autre, tout autant que d'échanger marchandises et services. En revanche, la musique est un cri arraché aux carrières des émotions partagées par tous les êtres humains. Si les mots étrangers doivent pour la plupart être traduits pour que nous les comprenions, il n'en est pas moins vrai que nous comprenons d'instinct gémissements, pleurs, cris de joie, roucoulements, soupirs, et le reste de notre caravane de cris et d'appels. Je crois qu'avec le temps, ils ont conduit à deux formes de sons organisés — les mots (sons rationnels pour les objets, les émotions, les idées) et la musique (sons irrationnels pour les sentiments). Comme Cooke le fait remarquer, « les deux éveillent chez l'auditeur une réaction émotionnelle ; la différence réside en ce qu'un mot éveille à la fois une réaction émotionnelle et la compréhension de son sens, tandis qu'une note, n'ayant pas de signification, n'éveille qu'une réaction émotionnelle ». Quel genre de réaction quelques notes de musique peuvent-elles éveiller ? La crainte, la rage, l'émerveillement, l'agitation, la défaite, le stoïcisme, l'amour, le patriotisme... « Quelle passion peut échapper à la musique ? écrit John Dryden dans son *Ode pour la Sainte-Cécile*. Elle les suscite et les étouffe toutes. » Et de poursuivre :

La douce plainte de la flûte,
En notes mourantes, découvre
Les malheurs d'amants sans espoir
Dont le chant funèbre est murmuré par le gazouillis du luth.

L'aigu des violons proclame
Les affres de la jalousie et du désespoir,
La fureur, l'indignation sauvage,
L'abîme de la peine, la cime des passions
Pour la belle indifférente.

Dans une lettre à son père, écrite à Vienne le 26 septembre 1781, Mozart disait de son *Enlèvement au sérail* :

> Maintenant, pour l'air de Belmonte en *la* majeur — « O Wie angstlich, O wie feurig » —, savez-vous comment il est exprimé ? Même les palpitations de son cœur plein d'amour sont indiquées — les deux violons en octaves... On voit le tremblement — les hésitations —, on voit respirer son cœur gonflé — ceci est exprimé par un *crescendo* —, on entend les murmures et les soupirs — qu'expriment les premiers violons assourdis par une flûte à l'unisson.

Pour Mozart, la musique n'était pas seulement un moyen d'expression intense et passionné, c'était celui grâce auquel il éprouvait et, en fait, dirigeait des émotions précises. Le thème du premier mouvement de sa Neuvième reproduit l'arythmie cardiaque de Mahler et, par là, évoque la condition mortelle. Mahler mourut peu après, alors qu'il composait sa Dixième Symphonie.

Bien entendu, il y a un sens curieux où la musique ne peut être réellement entendue. La composition musicale est en grande partie un problème tonal qui se résout sur une échelle très complexe, effort entrepris entièrement dans l'esprit du compositeur. Non seulement l'orchestre n'est pas nécessaire pour ce tour de prestidigitation de la création, mais il risquera de produire une version inférieure de la musique que le compositeur imagine. Comment Beethoven a-t-il pu si brillamment composer sa Neuvième Symphonie alors qu'il était sourd ? se demande-t-on. La réponse est qu'il n'était pas nécessaire que Beethoven « entendît » la musique. Pas en tant que son, du moins. Il l'entendait impeccablement et beaucoup plus intimement dans sa tête. Quiconque est ému par un morceau l'entend différemment. Le compositeur l'entend à la perfection dans les chambres de résonance de son imagination. Le public l'entend d'une manière émotionnelle, sans comprendre l'art et le métier qu'il nécessite. D'autres compositeurs l'entendent avec une connaissance plus intérieure de la forme, de la structure, de l'histoire et des commencements. Les membres d'un orchestre — disposés suivant les catégories d'instruments — l'entendent rugir, de l'intérieur, mais sans que leur en apparaisse l'équilibre.

Certains animaux et certaines personnes ne parlent qu'en musique. Par exemple, dans l'île de Gomera, aux Canaries, les descendants d'un peuple d'indigènes appelés les Guanches, dont on sait peu de choses à part le fait qu'ils vivaient dans des cavernes et momifiaient leurs morts, se servent d'un langage sifflé pour communiquer d'un bout à l'autre des vallées qui s'étalent au soleil. Ils trillent et gazouillent un peu comme les cailles et d'autres oiseaux, mais avec plus d'art. Ils s'entendent les uns les autres et bavardent comme le faisaient leurs ancêtres à des distances qui vont jusqu'à quinze kilomètres. L'idiome s'appelle *silbo gomero*, et certains habitants de l'île y mêlent des mots d'espagnol pour créer un métissage de parole et de sifflement. Ils trouvent que ce langage hybride est suffisamment précis.

En Australie, les aborigènes ont divisé leur territoire selon un labyrinthe de routes invisibles, ou pistes du chant, qu'ils suivent pour mener les affaires normales de leur vie. Ces pistes sonores se rapprochent peut-être avant tout de la façon dont le chant des oiseaux indique les limites d'un territoire. Elles sont anciennes, elles sont magiques, mais ce sont aussi des indications cartographiques précises. Le continent est sillonné par un dédale de ces pistes, et les aborigènes peuvent les suivre en chantant leur chemin. Bruce Chatwin en décrit le processus dans *Le Chant des pistes* :

> Au-delà des mots, il semble que le profil mélodique du chant décrive la nature du terrain sur lequel il passe. Ainsi, lorsque l'Homme-Lézard traînait les pieds dans la traversée des chotts du lac Eyre, on pouvait s'attendre à une succession de longs bémols comme dans la *Marche funèbre* de Chopin. S'il passait

d'un escarpement des monts Macdonnell à l'autre, on aurait une série d'arpèges et de glissandos, comme dans les *Rhapsodies hongroises* de Liszt.

On pensait que certaines phrases, certaines combinaisons de notes musicales décrivaient le déplacement des pieds de l'ancêtre. Une phrase signifierait « le lac de sel », une autre « lit de rivière », « spinifex », « dune », « steppe à mulgas », « paroi rocheuse », etc. Un « chanteur » expérimenté, en écoutant leur succession, pouvait compter le nombre de rivières que son héros avait traversées, le nombre de montagnes qu'il avait escaladées et en déduire à quel endroit de l'itinéraire chanté il se trouvait.

Lorsque les mots et la musique se rencontrent dans un poème ou dans un chant, les uns exaltent l'effet de l'autre, et réciproquement. Nos émotions s'enflammant, notre langage devient tout naturellement plus lyrique. « Tout langage passionné se fait spontanément musique, remarque Thomas Carlyle, le discours d'un homme, même animé d'une colère fanatique, se mue en chant, en cantique. » Cela n'est jamais si évident que dans les prônes des prédicateurs fondamentalistes, ou la rhétorique acerbe des activistes politiques, ou les strophes des poètes russes qui psalmodient leurs vers. De nos jours, tous les films sont accompagnés de bandes sonores et de fond musical. Sans doute pense-t-on que nous ne sommes pas capables d'entendre le monde et que nous avons besoin de musique pour nous fournir rapidement les émotions désirées. Est-ce parce que nous trouvons que le monde ne mérite pas qu'on l'écoute? Ou parce que ceux qui font les films désirent combiner les mots et la musique pour obtenir le maximum d'effet émotionnel? Ou bien nous jugent-ils simplement trop paresseux, ou trop peu profonds, ou trop figés pour réagir émotionnellement à ce que nous voyons?

MESURE POUR MESURE

Certaines facettes de notre être biologique sont idéalement conçues pour la musique, qui s'y déverse aussi magnifiquement que la lumière à travers un vitrail. William Congreve avait raison : *Music hath charms to soothe a savage breast*. (« La musique a des charmes qui apaiseraient l'âme d'un sauvage[1]. ») De tout temps, on a souvent déformé cet aphorisme en lisant *beast* (« bête ») au lieu de *breast* (« poitrine »). Mais Congreve ne voulait pas dire que la musique dompte les lions, ou que la flûte du charmeur de serpents hypnotise les cobras (de toute façon, c'est le mouvement de la flûte et du charmeur lui-même, non le son, qui fascine le serpent ; les serpents sont sourds). Il voulait dire que la musique peut calmer le cœur des plus sanguinaires d'entre nous, fût-ce contre leur volonté. Le plus souvent, nos émotions sont d'ordre privé. Nous les contenons comme autant de bocaux de pêches au sirop rangées sur l'étagère du dessus dans un garde-manger secret. Puis, survient une crise, et d'une chanson nous les descendons et en enlevons le couvercle. Les gens qui chantent et gémissent aux enterrements savent à quel point cela peut avoir un effet thérapeutique. Nous donnons souvent libre cours aux grandes passions dans nos chants. Des étrangers qui semblent ne rien avoir en commun, pas même appartenir à la même culture, peuvent chanter avec une désolation ou une jubilation que tout le monde comprend. Manfried Klein, physio-psychologue australien, dirigea des études au cours desquelles il fit écouter des passages de Bach, puis mesura les réactions des muscles de la main chez les membres d'une équipe de volontaires. Sans distinction d'arrière-plan culturel (il y avait des hommes d'affaires japonais et américains, des aborigènes d'Australie, et d'autres), tous réagirent de la même manière aux mêmes passages de Bach. Puis, il mesura les réactions des muscles de la main quand ils éprouvaient joie, colère et d'autres émotions fortes. Le tracé des courbes pour les états émotionnels correspondait à celui des passages de Bach. La musique semble créer des états émotionnels particuliers que tout le monde partage. Résultat, elle permet de communiquer nos émotions les plus intimes sans que nous ayons à en parler ou à les définir en les prenant au lâche filet des mots.

Nos pupilles se dilatent et notre niveau d'endorphine s'élève quand nous chantons ; la musique accapare tout le corps, ainsi

1. Mot à mot : « La musique a des charmes qui apaiseraient une poitrine sauvage. » (*N.d.T.*)

que le cerveau, et possède un pouvoir curatif. Pendant la Seconde Guerre, on découvrit que même des patients dans le coma pouvaient réagir à la musique. Les médecins et les infirmières s'aident de la musique pour atteindre les enfants handicapés, en particulier ceux qui souffrent de handicaps multiples. Les enfants autistes, ceux qui sont incapables d'apprendre, pour qui le langage parlé représente un obstacle insurmontable, ont souvent moins de mal à communiquer d'abord par le chant, puis à transférer cette facilité dans le domaine de la parole. La musique pouvant élever et recharger, elle encourage les sédentaires à prendre plus longtemps et plus souvent de l'exercice. Le choix se porte d'habitude sur le jazz, le swing, la pop, le rock dont les rythmes ébranlent notre rythme cardiaque et augmentent notre tension; nous nous sentons revigorés. La musique peut également nous calmer. Certains thérapeutes spécialisés dans un cours appelé « Imaginaire musical guidé » travaillent avec des patients aux yeux bandés que l'on amène à un état de détente où peuvent se former des images fécondes. Dans certains services de réanimation cardiaque, les patients souffrant d'angine de poitrine écoutent de la musique classique : cela fait partie de la méthode pour guérir, les détend tout en tirant un voile musical sur les scènes effrayantes qui se déroulent autour d'eux. Certains médecins ordonnent la musique aux cancéreux, aux personnes âgées, aux personnes émotionnellement déséquilibrées ou aux malades mentaux. Et il existe une importante organisation internationale de thérapeutes qui recourt à la musique et dont la conférence annuelle la plus récente comprenait des sessions sur les sujets suivants : « Emploi de la musique pour apprendre à lire aux enfants mal-entendants », « Le vieillissement du système nerveux : problèmes pour thérapeutes se servant de la musique en géropsychiatrie », « Vers une adaptation psycho-sociale dans les brûlures pédiatriques au moyen de la musicothérapie », « La musicothérapie au service des personnes souffrant de traumatismes crâniens » et bien d'autres sujets intrigants.

Pour comprendre ce qui fait que la musique nous plaît, nous devons commencer par nous demander ce qui fait que nous éprouvons du plaisir. Ce que nous percevons comme plaisir peut n'être que notre excitation à descendre les rapides du « fleuve de la récompense » de notre corps, comme l'appelle le chimiste James Olds. C'est Olds qui, au cours d'expériences sur des rats, localisa le premier le centre du plaisir dans le cerveau. Comme le reste du corps, le fleuve de la récompense est un étrange alliage d'électricité et de substances chimiques, et il y a différents moyens de le mettre en branle ou de le calmer : les électrodes ou les médicaments. La récompense, l'un des joueurs centraux du cerveau, porte de nombreux masques. Comme une mélodie, elle peut changer de clef, apparaître plus haut ou plus bas, plus vite ou plus lentement, sur un vaste éventail d'instruments. Elle peut être simple ou sophistiquée, on la reconnaît toujours.

Dans le laboratoire de recherche sur l'accoutumance, à l'Université de Stanford, une femme assise dans une cabine insonorisée écoute sa musique préférée au moyen d'écouteurs. C'est un concerto de Rachmaninoff qui édifie un crescendo orgasmique après l'autre. D'autres volontaires parmi les étudiants choisiront d'autres morceaux de musique classique, des chansons pop, ou du jazz. Peu importe le choix tant qu'il donne à l'auditeur des frissons de plaisir. Cela commence en général par des picotements dans la nuque, qui gagnent le visage et le cuir chevelu, s'élancent vers les épaules, s'écoulent le long des bras, et finit par un frémissement de l'épine dorsale. Les émotions intenses et la beauté esthétique nous donnent la chair de poule. Comme c'est bizarre ! Lorsque cela se produit, la femme assise dans la cabine insonorisée lève la main. Comme elle est souvent remuée par la musique qu'elle écoute, on l'incorpore à un second groupe pour une seconde éprouve. Cette fois-ci, on lui donne de la naloxone, médicament qui bloque les endorphines, nos opiats naturels. On donne des placebos aux autres auditeurs. Van Cliburn attaque le deuxième concerto pour piano de Rachmaninoff, passe aux rythmes ascendants et serrés du premier crescendo : la femme a toujours ressenti des picotements à ce moment-là. Cette fois-ci, la musique est sans relief. Son corps n'éprouve rien. Le charme est rompu.

CATHÉDRALES SONORES

La musique occidentale a longtemps été homophonique, à une seule et « même voix », ce qui ne signifie pas qu'une seule personne à la fois chantait, mais qu'il y avait une seule ligne mélodique, ou voix, et que le reste de la musique était harmonie destinée à la soutenir. La mélodie principale était d'ordinaire la plus haute, et c'est elle qui donnait au morceau son identité. Le plain-chant, la musique religieuse du quatrième siècle ne requérait aucun accompagnement musical ; une voix chantait la mélodie simple sur des mots latins. Au sixième siècle, le pape Grégoire Ier décida de donner des règles à la musique ; il en résulta le chant grégorien, qui se chante en chœur. Au Moyen Age, on fit cette découverte extraordinaire : des tons multiples pouvaient être produits simultanément sans s'annuler, ni aboutir à une cacophonie. Ainsi naquit la polyphonie. Il semble impossible qu'il ait fallu tant de temps pour parvenir à cette conclusion aujourd'hui évidente. Mais la musique n'est pas comme la vision. Si vous mélangez du bleu et du jaune, vous perdrez les couleurs individuelles et en créerez de nouvelles. En revanche, on peut combiner les tons sans qu'ils perdent leur individualité. Ce à quoi l'on aboutit est un accord, quelque chose de nouveau, qui a son propre son, mais où les tons individuels demeurent distincts et identifiables. Il ne s'agit pas d'un mélange, ou, comme on s'y attendrait quand on entend parler plusieurs personnes à la fois, ce n'est pas simplement du bruit, c'est quelque chose qui appartient à un ordre différent. Un accord « est quelque chose comme une idée, écrit Victor Zuckerkandl, le philosophe de la musique. Une idée qui s'entend, une idée pour l'oreille, une idée audible ». Pour que des couleurs demeurent séparées sans se mélanger, elles doivent occuper un espace les unes à côté des autres. Elles ne peuvent occuper le même. Mais les notes, elles, le *peuvent* tout en demeurant séparées. Comme nous le rappelle Zuckerkandl, la polyphonie « coïncide avec la construction des grandes cathédrales gothiques, et la naissance de l'harmonie avec l'apogée de la Renaissance, le commencement de la science et des mathématiques modernes, c'est-à-dire avec les grands changements de notre compréhension de l'*espace*[1] ». Observation qui peut paraître curieuse, étant donné que la vision est un art spatial, et la musique un art temporel, qui « se déploie dans le temps », un art dynamique qui se sert de nombreux procédés dont la *syncope*, où les notes apparaissent, ainsi que des elfes, là où vous ne les attendez pas et s'évanouissent d'une façon tout aussi ahurissante; ou comme la répétition, qui nous ramène à un motif précédent ou nous projette en avant comme sur la crête d'une vague. « La musique ne fait pas que s'inscrire *dans* le temps, écrit Zuckerkandl. Elle a fait quelque chose *avec* le temps... On dirait que, en revenant régulièrement, les sons découpent le flot uni du temps en brefs moments d'égale durée : les tons *indiquent le temps.* » Ils colorent le temps, puis le rassemblent en petits groupes, comme autant de morceaux d'étoffe que l'on aurait teints séparément. Du moins est-ce ce que fait notre musique occidentale; nous avons l'habitude d'un temps qui se mesure en musique. Quand apparut la polyphonie, elle ne pouvait être compréhensible que si chacune des voix conservait le même temps. Mais si nous jetons un coup d'œil en arrière — il y a quelque mille cinq cents ans —, nous découvrons un temps que la musique ne mesure pas. Le chant grégorien, comme la poésie, se contentait d'improviser le temps. Même aujourd'hui, à moins que tout le monde ne se serve du même métronome, il serait difficile de tomber d'accord pour la mesure du temps, dont les battements s'accordent entre eux et non avec un absolu. *Pavane pour une infante défunte*, de Ravel, peut paraître lugubre et déchirante quand cette œuvre mélancolique est confiée à tel ou tel chef d'orchestre, mais presque fringante, par comparaison, quand nous en entendons un enregistrement de la version que Ravel en a lui-même donnée.

Si vous regardez l'intérieur d'une église romane — disons Saint-Etienne, en Bourgogne, qui fut bâtie entre 1083 et 1097 —, vous vous trouvez en face d'un style architectural massif, de hautes voûtes, de murs parallèles, d'une longue arcade —

1. « Tout espace participe autant de l'instrument que l'instrument lui-même. » Pauline Oliveros.

espace idéal pour les processions, mais aussi pour la répercussion du chant grégorien qui l'emplit comme un sombre vin que l'on verserait dans un hanap. En revanche, dans une cathédrale gothique comme Notre-Dame de Paris, avec ses encoignures, ses déambulatoires, ses statues, ses escaliers, ses niches et ses fugues complexes taillées dans la pierre, un chant grégorien serait morcelé, fragmenté. Mais à Saint-Etienne, de nombreuses voix peuvent s'élever, se mêler et emplir l'espace élaboré d'un chant glorieux[1].

La musique occidentale a des structures qui rappellent certaines formes poétiques. Une sonate est aussi structurée que le poème malais appelé pantoum[2]. Une justification tacite pour le compositeur comme pour le poète : repousser les limites de la forme, essayer de voler dans les étroits couloirs d'une cage. Cette tension entre la brillante prison d'une forme et la liberté de l'imagination est tout ce qui fait le génie artistique. Berlioz, par exemple, dans *Béatrice et Bénédict*, opéra d'une merveilleuse sensualité, crée une musique tout ensemble intime et grandiose. Les duos chatoient d'harmonies profondément touchantes, les grands airs débordent d'un désir obsédant qui finit par éclater en sanglots et soupirs musicaux. C'est une épreuve émotionnelle personnelle et cependant plus vaste qu'aucun moment ou qu'aucun cœur. « Qu'est-ce que l'homme, demande Zuckerkandl, pour que ce presque-rien, ce "rien que des tons" puisse devenir l'une de ses expériences les plus importantes ? »

Dans le film argentin *Man Facing Southeast*, Rantes, un extraterrestre qui joue de l'orgue dans la chapelle d'un asile de fous, dit : « Ce n'est qu'une suite de vibrations, mais ça fait du bien aux hommes. Où est le truc ? Dans les instruments ? Dans le compositeur ? En moi ? Dans ceux qui écoutent ? Je ne comprends pas ce qu'ils éprouvent. Et pourtant, si, je comprends. Simplement, je ne le sens pas. » Plus tard, il explique que les sensations bouleversent les habitants de sa planète : une mélodie captivante au saxophone, ou un parfum

1. Remarque qui, pour moderne qu'elle semble, fut déjà faite par l'abbé Suger, conseiller d'Aliénor d'Aquitaine, au douzième siècle.

2. Poème à rimes croisées où le deuxième et le quatrième vers du premier quatrain deviennent le premier et le troisième du quatrain suivant et où le dernier vers de la pièce reprend le premier. *Harmonie du soir*, de Baudelaire, en est, en français, l'un des exemples les plus célèbres. (*N.d.T.*)

délicieux peuvent les détruire. Il n'est pas le seul émissaire envoyé par sa planète sur la nôtre afin d'enquêter sur une arme contre laquelle ils sont sans défense : la stupidité humaine. Parfois, les agents se perdent, trahissent, se détruisent. Beatriz, une ravissante jeune femme qui lui rend visite à l'asile, est, comme nous finissons par l'apprendre, un de ces agents perdus à qui la beauté de l'expérience sensorielle des humains a tourné la tête. Elle a été envoûtée par un solo de clarinette, « corrompue par les crépuscules, certains parfums... »

L'APPEL DE LA TERRE

Nous voyons en la musique une invention, quelque chose qui comble un désir intérieur, peut-être celui de faire partie intégrante des sons de la Nature. Mais tout le monde ne perçoit pas la musique de cette manière. A quelque cent trente kilomètres au nord de Bangkok, au pied des montagnes de Wat Tham Krabok, se trouve un temple bouddhiste où un groupe de moines qui se sentent concernés aident les drogués à s'en sortir. Ils recourent pour ce faire à une thérapie à base d'herbes, de conseils et de formation professionnelle. L'un des moines, Phra Charoen, soixante et un ans, naturaliste par goût, s'affaire également dans la salle de musique où, à l'aide d'un équipement électronique, il enregistre les phénomènes électriques de la Terre, qu'il traduit ensuite en notation musicale. Charoen et son équipe de moines et de moniales décalquent les motifs sonores et leurs fluctuations sur du papier transparent, puis transfèrent les courbes sur de minces bandes d'étoffe que l'on peut cataloguer et rouler pour les conserver. Les courbes s'harmonisent avec les dix-huit barres des phrases traditionnelles de la musique thaï. On joue ensuite ces « mélodies pures » sur un instrument thaï, soutenu par un orgue électronique, et l'on enregistre le résultat. Les membres du groupe de Charoen ne sont pas eux-mêmes musiciens, mais ils croient que la musique n'est pas quelque chose d'imaginaire, pas même quelque chose qui soit seulement le fait des gens ; la musique vient des rochers et des racines, des arbres et de la pluie[1]. Une Occidentale écrivit que « sous les arbres du temple, dans le chant des oiseaux qui emplit les pauses musicales, le visiteur s'assoit... et il entend chanter l'antique terre d'Ayuthaya, ou les pierres du Grand Palais, ou les trottoirs de Bangkok — ou les lézardes dans la cour de la gare de Hua Lampong ».

Nul doute que cela va dans le sens adopté par le compositeur américain Charles Dodge qui, en juin et septembre 1970, enregistra « le soleil jouant sur le champ magnétique de la Terre » en introduisant des données magnétiques pour 1961 dans un ordinateur-synthétiseur spécialement programmé. L'exécution porte un sous-titre : « réalisation dans le son électronique programmé », et la couverture de l'album fait mention de « trois associés scientifiques ». Le résultat est parfois tonitruant et parfois grinçant. Il consiste surtout en sons mélodiques chatoyants et cascadants de violons et de bois, qui, harmonieux et robustes, créent souvent de petites fioritures et des fanfares partielles; ils ne semblent pas être le fruit du hasard; ils seraient plutôt dynamisés par ce que, faute d'un meilleur mot, j'appellerai *entéléchie*, cette agitation dynamique œuvrant avec l'intention réfléchie d'atteindre un but, ce qui est ce que nous associons à la composition musicale. J'ai également un enregistrement du champ magnétique de Jupiter, cadeau de la TRW aux visiteurs du Laboratoire de propulsion par réaction quand Voyager I et Voyager II rencontrèrent Jupiter en 1980. A bord du vaisseau spatial, un détecteur de champs électriques enregistra un flux d'ions, le pépiement d'électrons surchauffés, la vibration de particules chargées, le sifflement foudroyant à travers l'atmosphère de la planète, tout cela accompagné d'une aurore qui fait l'effet d'un chuintement. Des gaz émanant d'un volcan situé sur Io ajoutent un tintement et un cri d'ondes-radio qui donne l'impression d'un chant de sirènes. Mais ce concert a beau être fascinant, et utile aux scientifiques, il n'évoque en rien la musique, ni ne prétend le faire. Cependant, on pourrait en tirer de la musique, ou l'accompagner de musique. Les artistes ont toujours cherché dans la nature leurs

1. Dans *The Heart of the Hunter* (« Le cœur du chasseur »), Laurens van der Post note que les Bochimans parlent ainsi de la mort de quelqu'un : « Le son qui retentissait pour lui dans le ciel ne retentit plus. »

formes organiques. Rien d'étonnant, dès lors, à ce que nous trouvions une œuvre de style plutôt pop intitulée *Pulsar*. On connaît plus de quatre cents pulsars, à des distances variées de la Terre. Le compositeur utilise l'enregistrement des pulsations rythmiques d'étoiles autrefois massives à environ 1 500 années-lumière et offre des mélodies genre caraïbe où, comme il dit, son « batteur de l'espace » tient les percussions. Sur la pochette du disque, les pulsars sont indiqués par des numéros : 083 – 45 sur la première face et 0329 + 54 sur la seconde, comme s'il s'agissait d'assistants qui auraient participé à la séance d'enregistrement. En une autre occasion, Susumu Ohno, généticien de Californie, attribua des notes différentes à chacune des quatre bases chimiques de l'ADN (*do* pour la cytosine, *ré* et *mi* pour l'adénine, *fa* et *sol* pour la guanine, *la* et *si* pour la thymine), puis interpréta le résultat quelque peu limité. Nos cellules vibrent ; même si nous ne l'entendons pas, il y a de la musique en elles. Différents animaux entendent certaines fréquences mieux que nous. Peut-être une mite, perdue dans le canyon d'un pli de peau, entend-elle nos cellules résonner comme une montagne de carillons éoliens à chaque mouvement que nous faisons.

Lorsque la terre appelle, elle gronde et tonne ; elle craque. Dans des villes comme Moodus, Connecticut, des séries de petits tremblements de terre secouent les résidents pendant des mois d'affilée. Le centre du séisme est une toute petite zone large de quelques centaines de mètres seulement au nord de la ville. Je m'étonne qu'il n'y ait pas eu de films d'horreur sur un trou diabolique ou quelque autre abomination du même genre. Les grondements du terrain portent maintenant le nom de « bruits de Moodus », mais il y a longtemps, lorsque les Indiens Wangunks choisirent la région pour leurs *powpows*[1] parce que c'était là que la Terre leur parlait, ils appelèrent l'endroit Machemoodus, ce qui signifie « endroit bruyant », et leurs mythes racontèrent comment un dieu faisait du bruit en soufflant furieusement dans une caverne. Les tremblements de terre à la chaîne peuvent être aussi discrets que des bouteilles que l'on débouche, ou aussi implacables que la cavalerie don-

1. Mot algonquin signifiant « il rêve » et désignant les sorciers, les cérémonies magiques et, par extension, les réunions politiques ou autres. (*N.d.T.*)

nant la charge. « Le tonnerre sous les pieds », a-t-on dit parfois. « C'est comme si l'on vous touchait le dessous des pieds avec un marteau pneumatique », se lamente un résident. Les secousses de Moodus sont plus bruyantes que beaucoup parce qu'elles se produisent à une moindre profondeur que la normale : environ seize cents mètres, contre neuf mille cinq cents à quatorze mille mètres le long de la faille de San Andreas. Les secousses profondes perdent beaucoup de leur voix dans le sol, qui l'amortit et la calme. Il se peut également qu'autour de Moodus la terre soit simplement bonne conductrice du son. Mais la ville se situe entre deux centrales nucléaires, et ses habitants s'inquiètent, lorsque les secousses font rage pendant des mois, déplaçant et fendant la terre dans un ferraillement chronique.

A l'Exploratorium de San Francisco, de grandes orgues jouent les sons du port de San Francisco quand, à marée montante, l'eau clapote dans les creux avec un épais murmure cuivré. Maintenant que les Russes et les Américains projettent une expédition commune sur Mars, je souhaite beaucoup qu'ils emportent un assortiment de flûtes de Pan, parfaits instruments pour la surface de Mars que balaient les vents. Ce serait un choix particulièrement judicieux, parce que, si toutes les cultures de notre planète font de la musique, chacune semble inventer des tambours et des flûtes avant toute autre chose. Nous sommes captivés depuis des millénaires par l'idée du souffle ou du vent qui entre dans un bout de bois et le remplit d'un cri vital – d'un son. C'est comme si l'esprit de la vie jouait dans un corps humain sur toute sa longueur. Comme si nous pouvions respirer dans les arbres et les faire parler. Nous tenons une branche dans nos mains, nous soufflons dedans, et elle gronde, elle chante.

LA VISION

La plus grande chose qu'une âme humaine fasse jamais en ce monde est de voir quelque chose... voir vraiment est poésie, est prophétie, est religion, tout à la fois.

JOHN RUSKIN,
Modern Painters (« Peintres modernes »)

CELUI QUI VOIT

Regardez dans la glace. Celui qui vous fixe de son double regard révèle un secret qui fait réfléchir : vous regardez dans les yeux d'un prédateur. La plupart des prédateurs, ayant les yeux sur le devant de la tête, disposent d'une vision binoculaire pour apercevoir et traquer leur proie. Nos yeux ont des mécanismes séparés qui recueillent la lumière, distinguent une image importante ou différente, la centrent, la repèrent dans l'espace et la suivent. Ils travaillent comme des jumelles stéréoscopiques de premier ordre. La proie, en revanche, a les yeux des deux côtés de la tête, parce qu'elle a avant tout besoin d'une vision périphérique pour savoir quand quelque chose se glisse derrière elle. Quelque chose comme nous. Si la jungle règne dans les étendues sauvages des villes, c'est peut-être parce que les rues sont bourrées de prédateurs acharnés. Nos instincts ont la vie dure. Et si nécessaire, nous décrétons que celui-ci ou celui-là est notre proie, et voilà tout. Des pays entiers quelquefois. Nous avons autrefois domestiqué le feu comme si ç'avait été un bel animal ombrageux ; en en exploitant la lumière et l'énergie, nous avons pu faire cuire la nourriture, qui est ainsi plus facile à mâcher et à digérer, sans compter que les microbes n'y résistent pas, ainsi que nous avons fini par nous en apercevoir. Mais nous pouvons parfaitement manger froid, et nous l'avons fait pendant des milliers d'années. Que faut-il en conclure si, même dans d'élégantes salles à manger, nous inclinons à préférer que la viande nous soit servie à la température d'une antilope ou d'un phacochère fraîchement tués ?

Bien que, pour la plupart, nous ne soyons pas chasseurs, nos yeux continuent d'être les grands monopolisateurs de nos sens. Pour goûter ou toucher votre ennemi ou vos aliments, il faut que vous soyez tout à côté. Pour sentir ou entendre, vous pouvez prendre le risque de vous éloigner. Mais la vision, elle, peut se précipiter à travers champs ou au sommet des montagnes, voyager à travers le temps, les pays et les parsecs de l'espace et recueillir au passage des monceaux de renseignements. Les animaux qui entendent mieux que nous les hautes fréquences — les chauves-souris, les dauphins, par exemple — semblent voir somptueusement avec les oreilles, puisqu'ils entendent d'une façon géographique ; mais pour nous, le monde ne revêt tout son sens, n'a vraiment de saveur que lorsque nous l'absorbons par les yeux. Il se peut même que la pensée abstraite découle de la lutte complexe que nos yeux ont livrée pour donner un sens à ce qu'ils voyaient. Soixante-dix pour cent des récepteurs sensoriels du corps se groupent dans les yeux, et c'est surtout en voyant le monde que nous l'apprécions et le comprenons. Les amants ferment les yeux lorsqu'ils s'embrassent, parce qu'il y aurait autrement trop de distractions visuelles à enregistrer et analyser — le gros plan soudain des cils et des cheveux de l'être aimé, le papier peint, le cadran de l'horloge, les grains de poussière en suspension dans un rayon de soleil. Les amants recherchent un contact sérieux ; ils ne veulent pas être dérangés. Aussi ferment-ils les yeux, et c'est comme s'ils demandaient à deux proches de quitter la pièce.

Notre langage baigne dans les images visuelles. En fait, quand nous comparons une chose à une autre (pensez à l'expression : « Il pleut comme vache qui pisse »), nous nous appuyons sur notre sens de la vision pour saisir l'action ou l'état d'âme. Voir, c'est avoir la preuve irréfutable. Nous y insistons de toutes nos forces. (« Je l'ai vu de mes yeux... ») Bien entendu, en ces jours de relativité, de prouesses de la magie, de tours et de trucs de la perception, nous ferions mieux de ne pas nous fier à tout ce que nous voyons. (« Une soucoupe volante atterrit sur l'autoroute... ») Du moins à l'œil nu. Comme nous le rappelle Dylan Thomas, il existe beaucoup de

« bobards de la vision[1] ». Si nous donnons à nos yeux le prolongement de lentilles artificielles et d'autres accessoires (lunettes, télescopes, caméras, jumelles, microscopes électroniques, scanners, rayons X, images par résonance magnétique, ultrasons, traceurs à radio-isotopes, lasers, séquenceurs ADN, etc.), nous pouvons penser que le résultat est légèrement supérieur. Mais on appelle toujours le Missouri le *Show Me! State* (« l'Etat du montre-moi[2] ! ») qui, sorte de calembour visuel, orne ses plaques d'immatriculation et que peuvent voir les automobilistes. « C'est écrit sur le mur », dit sagement un politicien, oubliant provisoirement que, n'empêche, ça pourrait être un faux. Nous lisons rapidement dans les êtres transparents. Et Dieu sait si nous voulons qu'on nous éclaire. « Je vois d'où tu viens, dit une femme à une autre dans un café. Mais tu ferais mieux d'ouvrir l'œil, il va sûrement s'apercevoir de tes manigances. » *Voyez vous-mêmes!* s'écrie l'impatient devant les incrédules. Après le premier impératif biblique — « Que la lumière soit ! » —, Dieu regarda le labeur de chaque jour et « Il vit que cela était bon ». Il faut supposer que Lui aussi avait besoin de le voir pour le croire. Les idées se font jour en nous, si nous sommes suffisamment brillants, si nous n'avons pas l'esprit trop nébuleux et surtout si nous sommes visionnaires. Et lorsque nous flirtons, nous jouons de la prunelle, expression courante qui peut paraître extrême et vampirique.

Le processus visuel commença très simplement. Dans les

1. Dont les illusions d'optique. Une flaque d'eau se forme devant vous sur la route. Mais contrairement aux vraies flaques, elle s'éloigne à mesure que vous vous en approchez. C'est un jour d'été. Il fait chaud, et une couche d'air chaud repose sous une couche d'air froid, il s'ensuit qu'un reflet (du ciel) est projeté sur la route. Le mot « mirage » s'articule lentement dans votre tête. Son étymologie veut dire : « s'étonner, s'émerveiller, réfléchir ». Lorsque nous regardons quelque chose de rouge, la lentille de notre œil prend la même forme que pour voir quelque chose de vert qui se trouve plus près. Lorsque nous regardons quelque chose de bleu, la lentille change dans la direction inverse. Résultat, ce qui est bleu semble passer à l'arrière-plan, et ce qui est rouge bondir à l'avant. Ce qui est rouge semble se contracter, et ce qui est bleu se dilater. On pense que ce qui est bleu est « froid », et « chaud » ce qui est rose. Et l'œil, essayant toujours de donner un sens à la vie, s'il tombe sur une scène qui le déconcerte, en corrige l'image en fonction de ce qu'il connaît. S'il trouve un modèle familier, il s'y tient, sans s'occuper de savoir si cela convient à ce paysage ou se détache sur ce fond.

2. Ou encore « du prouve-le-moi », ou « du on ne me la fait pas », les habitants du Missouri se montrant facilement sceptiques. *(N.d.T.)*.

mers d'autrefois, les formes de vie se couvrirent par endroits de petites peaux qui étaient très sensibles à la lumière. Elles purent dès lors distinguer la lumière de l'obscurité et savoir également d'où venait la lumière. Mais c'était tout. Cela se révéla si utile que des yeux apparurent, capables d'évaluer le mouvement, puis la forme et enfin un éventail étourdissant de détails et de couleurs. L'une des choses qui nous rappellent nos origines océaniques est celle-ci : il nous faut constamment baigner nos yeux dans de l'eau salée. Parmi les yeux les plus anciens que l'on ait pu recenser, ceux du trilobite, l'un des grands succès du cambrien, que nous ne connaissons aujourd'hui que par ses nombreux fossiles. A l'heure où je tape ces lignes, je porte en sautoir un petit trilobite fossile serti d'argent. Il y a cinq cents millions d'années, il prospérait dans les marécages avec ses frères ; ses yeux à multiples facettes pouvaient surtout voir sur les côtés, mais malheureusement pas en l'air. D'autre part, les yeux les plus nouveaux sont ceux que nous avons inventés, comme l'œil électrique (basé sur ce que nous savons de l'œil de la grenouille qui est conçu pour détecter le mouvement) ou le télescope à miroir (basé sur l'œil du crabe royal qui peut évaluer les contrastes) ou les lentilles synchrones que l'on utilise en microchirurgie, en scanning optique et pour les graves problèmes de vision (basées sur la double lentille des copilias, crustacés myopes qui vivent dans les profondeurs de la Méditerranée). Bien que les plantes n'aient pas d'yeux, Loren Eiseley soutient brillamment que le champignon pilobolus en possède un : le pilobolus présente une zone sensible à la lumière qui contrôle le canon à spores qu'il dirige vers le point le plus brillant qu'il peut trouver.

Nous nous figurons que nos yeux sont des sages et des voyants, mais tout ce qu'ils font est de recueillir la lumière. Considérons cette récolte de la lumière. Comme nous le savons, l'œil fonctionne beaucoup à la manière d'un appareil photo ; ou plutôt nous avons inventé des appareils photo qui fonctionnent comme notre œil. Pour la mise au point, vous rapprochez la lentille d'un objet, ou vous l'en éloignez. Le cristallin de l'œil – il est caoutchouteux, a la forme d'un haricot – parvient au même résultat en changeant de forme : il s'amincit pour se concentrer sur un objet éloigné, qui semble petit ;

s'épaissit pour se concentrer sur un objet rapproché, qui semble grand. Un appareil photo peut contrôler la lumière qu'il est susceptible d'accepter. L'iris de l'œil, qui en fait est un muscle, modifie la taille d'un petit trou, la pupille[1], que la lumière emprunte pour pénétrer dans l'œil. Les poissons ne connaissent pas cette réaction de la pupille où l'iris se protège contre de soudaines irruptions de lumière et, pour la plupart, n'ont pas de paupières (puisque leurs yeux baignent constamment dans l'eau), ils sont beaucoup plus facilement éblouis que nous. L'iris ne fait pas que monter la garde. Son nom vient du mot qui, en grec, désigne l'arc-en-ciel, et c'est lui qui donne leur couleur à nos yeux. Les yeux des nouveau-nés de race blanche sont bleus. Ceux des Noirs sont bruns. Après la mort, les yeux des Blancs sont d'un brun verdâtre. Les yeux bleus ne sont pas bleus en soi, ni marqués de bleu comme le tissu. Ils semblent bleus parce qu'ils ont moins de pigment que les yeux marron. Lorsque la lumière pénètre dans des yeux « bleus », les rayons très brefs de lumière bleue éparpillent, en sautant, de minuscules particules non pigmentées. Ce que nous voyons, c'est les rayons épars, et les yeux nous semblent bleus. Les yeux sombres ont des molécules de pigment très denses et ils absorbent les longueurs d'ondes bleues tout en réfléchissant d'autres couleurs dont les rayons sont plus longs. C'est pour cette raison qu'ils semblent bruns ou noisette. Un examen superficiel peut laisser croire que les iris se ressemblent tous. Mais la couleur, les dessins étoilés, les taches et d'autres caractéristiques sont tellement personnels que des pontes de la législation ont envisagé d'ajouter la fiche de l'iris à celle des empreintes digitales.

A l'arrière de l'appareil photo, un film enregistre les images. La paroi du fond du globe oculaire est finement doublée par la rétine, qui comprend deux sortes de cellules photosensibles, les bâtonnets et les cônes — deux, parce que nous vivons dans deux mondes, celui des ténèbres et celui de la lumière. Cent vingt-cinq millions de bâtonnets droits et minces décomposent l'obscurité et font un rapport en noir et blanc. Sept millions de

1. Du latin *pupilla*, « petite poupée ». Quand les Romains regardaient dans les yeux d'une autre personne, ils y voyaient un reflet d'eux-mêmes pareil à une poupée. L'ancienne expression hébraïque pour pupille est similaire : *eshon ayin*, « le petit homme de l'œil ».

cônes dodus examinent le jour brillant et bourré de couleurs. Il y a trois sortes de cônes spécialisés dans le bleu, le rouge et le vert. L'action conjuguée des bâtonnets et des cônes permet à l'œil de réagir rapidement à un changement de scène. Sur la rétine, là où le nerf optique entre dans le cerveau, un endroit est dépourvu de bâtonnets comme de cônes et, en conséquence, ne perçoit pas la lumière. C'est ce que nous appelons notre « point aveugle ». Mais juste au milieu de la rétine, se trouve un petit cratère, la fovéa, empli de cônes hautement concentrés et que nous utilisons pour la précision de la mise au point lorsque nous voulons examiner un objet dans une lumière brillante, en avoir une vision contrastée, le saisir avec nos yeux. La fovéa étant toute petite, elle ne peut exécuter son tour que sur une petite région (une photo de dix centimètres de côté, à deux mètres cinquante de distance, par exemple). Presque tous les cônes de la fovéa sont directement reliés aux centres supérieurs du cerveau ; ailleurs sur la rétine, bâtonnets et cônes peuvent servir de multiples cellules, et la vision est plus vague. Le globe oculaire bouge rapidement et sans arrêt afin de conserver un objet en face de la fovéa. Dans une lumière faible, les cônes de la fovéa sont à peu près inutiles ; il suffit à la place que nous regardions légèrement à côté d'un objet pour le voir clairement grâce aux bâtonnets avoisinants, et non pas en face, car la fovéa nous trahissant nous ne pourrions alors le voir. Du fait que les bâtonnets ne voient pas les couleurs, nous ne percevons pas les couleurs la nuit. Quand la rétine observe quelque chose, les neurones font passer le mot jusqu'au cerveau grâce à une série de poignées de mains électro-chimiques. En un dixième de seconde environ, le message atteint le cortex visuel, qui commence de l'interpréter.

Toutefois, la vision ne se produit pas, comme nous le croyons, dans les yeux, mais dans le cerveau. D'une certaine manière, pour voir les choses dans un luxe de couleurs et de détails, nous n'avons aucun besoin des yeux. Nous nous souvenons souvent de scènes vieilles de plusieurs jours, et même de plusieurs années, nous les voyons avec notre œil mental et pouvons au besoin nous représenter des événements complètement imaginaires. La vision que nous avons dans nos rêves est étonnamment détaillée. Parfois, quand je me suis trouvée dans un paysage qui m'a ahurie et plongée dans un intense ravissement, je m'étends le soir et ferme les yeux et le revois défiler sous mes paupières closes. La première fois que cela m'arriva — dans un ranch de quatre-vingts hectares qu'entouraient les plateaux pastel du désert du Nouveau-Mexique —, je me sentis hantée. Arrachée aux rigueurs du corral où l'on marquait le bétail au fer, j'avais besoin de dormir, mais toutes les images, tous les gestes de la journée continuaient de resplendir dans ma mémoire visuelle. Cela ne ressemblait pas à un rêve, c'était plutôt comme essayer de dormir les yeux ouverts pendant qu'une fête bat son plein.

La même chose se produisit plus récemment, cette fois en Antarctique. Par une journée ensoleillée, nous traversâmes le détroit de Gerlache qui, au sud, ne fait pas cinq cents mètres de large. Des montagnes de glace se dressaient des deux côtés du bateau. Deux montagnes noires et déchiquetées, couvertes de cascades de glace et de neige faisaient penser à des pingouins debout dans des postures familières pour un bain de lumière éclatante. De vrais pingouins jouaient comme des marsouins à côté du bateau ; d'énormes icebergs passaient, montrant une assise bleu pâle et des flancs d'un vert de menthe. Derrière les vitres du pont-observatoire, des gens assis dans des fauteuils regardaient ; d'autres sommeillaient. Un homme tendait un index rose comme pour jeter un sort, mais ne faisait en réalité que mesurer un iceberg. Au loin, une île paraissait cependant proche et claire dans l'air stérile. De l'autre côté du détroit, de la glace se détacha d'un glacier dans un bruit d'explosion. Des icebergs couleur de pastel flottaient autour de nous, vieux de plusieurs dizaines de milliers d'années. Une grande pression peut expulser les bulles d'air qui sont dans la glace, ce qui a pour effet de resserrer celle-ci. Libérée des bulles, elle réfléchit différemment la lumière — qui devient bleue. L'eau frémissait, comme parcourue d'une chair de poule dont l'image était suggérée par de petits piquants de glace. Les icebergs luisaient comme une menthe triste au soleil — des impuretés (phyloplancton, algues) prises dans la glace les teintaient de vert. Autour des cimes des icebergs, des pétrels des neiges volaient, éthérés, et le soleil brillait dans leurs ailes translucides. Blancs et silencieux, les oiseaux avaient l'air de fragments de glace volant gracieusement dans un but précis. En passant devant une banquise, ils devinrent invisibles. La lumière transformait si violemment le paysage que l'on aurait dit une couleur pure. Lorsque nous embarquâmes dans les Zodiaques pour faire le tour des vergers d'icebergs, j'attrapai un morceau de glace que je tins contre mon oreille pour écouter éclater les bulles tandis que s'échappait l'air enfermé. Cette nuit-là, épuisée par ce que j'avais vu et fait dans la journée, je demeurai étendue sur mon étroite couchette, éveillée, les yeux clos, tandis que des icebergs étincelants de soleil dérivaient sous mes paupières et que la péninsule antarctique se révélait lentement, kilomètre après kilomètre, dans le petit théâtre de mes yeux fermés.

Parce que l'œil aime la nouveauté et s'habitue à presque toutes les scènes, même à l'horreur, une grande partie de la vie peut échapper à notre attention. Comme il est facile de ne pas remarquer le peigne jaune et pelucheux qui orne le cœur d'un iris, ou les crocs minuscules d'une agrafeuse, ou la langue rouge et fourchue d'un serpent Thamnophis, ou la façon dont un chagrin profond courbe le corps des gens comme s'ils luttaient contre le vent. La science et l'art ont l'habitude de nous réveiller, de faire pleins feux sur les choses, de nous prendre au collet et de nous dire : *Vous ne voudriez pas faire attention, par hasard?* On ne croirait jamais que quelque chose d'aussi varié que la vie se laisse si facilement oublier. Comme les chevaux de course, pleins de vitalité, de résolution et de cœur, nous manquons volontiers ce qui s'offre à nos regards, mais ne se trouve pas directement sur notre chemin. La foule bigarrée des deux côtés, les formes laissées sur la piste profondément labourée et le spectacle permanent du ciel, fête éternelle, éternellement changeante au-dessus de nos têtes.

COMMENT REGARDER LE CIEL

Je suis assise à l'extrémité du continent, à Point Reyes National Seashore, la péninsule au nord de San Francisco, là où la terre cède la place à l'envoûtement du Pacifique et à l'énigme bleue du ciel courbe. Lorsque, forte comme une scie mécanique, la plainte des grillons s'arrête tout d'un coup, il ne reste plus que la voix des oiseaux pour recenser les codes paisibles de la lumière du jour. Un faucon se penche dans le néant, découpant une couche de vol dans l'air fin. Il bat d'abord des ailes pour prendre un peu d'altitude, puis trouve la chaleur d'un courant ascendant et creuse l'air de ses ailes, s'élève dans un mouvement spiralé, formant des cercles serrés tout en observant le sol, au-dessous, pour y distinguer rongeurs ou lapins. Elargissant les cercles, il tourne lentement, comme une ombrelle qu'une main ferait pivoter. Le faucon sait d'instinct qu'il ne tombera pas. Le ciel est la seule constante visuelle de nos vies, toile de fond complexe de toutes nos aventures, de toutes nos pensées, de toutes nos émotions. Nous avons néanmoins tendance à le traiter comme s'il était invisible — à en faire une absence, non une substance. Nous avons beau nous mouvoir dans l'abîme transparent de l'air, nous ne nous le représentons jamais comme l'épaisse, la lourde arène qu'il est. Nous ne nous interrogeons guère sur le fantasme bleu que nous appelons ciel. « *Skeu* », dis-je à haute voix. C'est le mot qu'employaient nos lointains ancêtres ; j'essaie de le prononcer comme ils ont pu le faire, avec crainte, avec émerveillement. *Skeu*. En fait, ils se servaient de ce mot pour désigner tout ce qui recouvrait. Pour eux, le ciel était un tout aux couleurs changeantes. Il ne faut donc pas trop s'étonner s'ils y logèrent leurs dieux, comme autant de voisins querelleurs qui, dans leurs accès de rage, brandissaient la foudre au lieu de casser la vaisselle.

Regardez vos pieds. Vous êtes dans le ciel. Quand nous pensons au ciel, nous regardons plutôt en l'air, mais en réalité le ciel commence avec la terre. Nous marchons dedans, crions dedans, ratissons les feuilles, donnons un bain au chien et conduisons dedans. Nous le faisons entrer en nous en respirant. A chaque respiration, nous inhalons des millions de molécules de ciel, les réchauffons brièvement, puis les exhalons dans le monde. En ce moment, vous êtes en train de respirer quelques-unes des molécules que Léonard de Vinci a jadis respirées — et William Shakespeare, Anne Bradstreet, ou Colette. Respirez profondément. Pensez à *La Tempête*. L'air actionne les soufflets de nos poumons et il active nos cellules. Nous disons « léger comme l'air », mais il n'y a rien de léger dans notre atmosphère, qui pèse cinquante mille milliards de tonnes. Il fallait une poigne aussi obstinée que celle de la gravitation pour l'arrimer à la Terre ; autrement, l'atmosphère partirait à la dérive et s'infiltrerait dans l'étendue sans bornes de l'espace.

Sans savoir ce que nous disons, nous parlons souvent d'un « ciel vide ». Mais le ciel n'est jamais vide. Rien que dans une once (28, 35 grammes) d'air, il y a dix mille milliards de milliards d'atomes tournoyants faits d'oxygène, de nitrogène et d'hydrogène, chacun constituant une ménagerie d'électrons, de quarks, de neutrinos fantômes. Il nous arrive de nous émerveiller parce que le jour est « calme » ou la nuit « tranquille ». Mais il n'y a pas de quiétude dans le ciel, ni où que ce soit où se rencontrent la vie et la matière. L'air est toujours vibrant et embrasé, plein de gaz volatiles, d'un ballet titubant de spores, de poussière, de virus, de moisissure, de champignons et d'animaux qu'anime un vent implacable à la voix aigre. Il y a la gent ailée active – papillons, oiseaux, chauves-souris, insectes – qui vogue sur les routes de l'air ; et il y a les passifs qui – feuilles d'automne, pollen ou cosses de laiteron – se contentent de flotter. Commençant avec la Terre et s'étendant dans toutes les directions, le ciel est l'épais royaume convulsif où nous vivons. Quand nous disons que nos ancêtres rampèrent hors de l'eau pour découvrir la terre ferme, nous oublions d'ajouter que, ce faisant, ils passèrent d'un océan à un autre, des régions supérieures de l'abîme marin aux régions les plus profondes de l'abîme aérien.

Ici, les vents dominants viennent de l'ouest, comme me l'indiquent les formes étranges et merveilleuses que la végétation a prises le long de la plage. Une brise légère et continue soufflant du Pacifique a transformé l'herbe sauvage en coiffure à la Pompadour. Un peu plus loin, dans une clairière plus abritée, j'en trouve une petite touffe autour de laquelle un cercle se dessine dans la poussière. On dirait que quelqu'un a appuyé un moule à biscuit sur le sol, mais le vent est seul responsable, qui, en soufflant sur l'herbe, lui a donné cette forme géométrique de rapporteur. A notre avis, le vent est une force de destruction – un entonnoir qui suce soudain le toit d'une école dans l'Oklahoma –, mais c'est aussi un maçon qui, patiemment, puissamment, cisèle des falaises, érode les flancs des coteaux, recrée les plages, déplace les arbres et les rochers jusqu'en bas des montagnes ou de l'autre côté des fleuves. Le vent suscite les vagues, comme dans les dunes aux sensuelles ondulations de la vallée de la Mort, ou bien sur les rivages fluctuants. Le vent emporte la couche arable des champs comme si elle n'était rien de plus qu'une nappe miteuse sur l'échiquier agraire du Middle West, et laisse un « bol à poussière ». Il peut faire marcher les génératrices, les planeurs, les moulins à vent, les cerfs-volants, les bateaux à voile. Il sème les graines et le pollen. Il sculpte le paysage. Le long des côtes déchiquetées, on voit souvent des arbres que le vent a spectaculairement ouvrés.

Sur les anciennes cartes, le vent du nord a l'aspect d'un homme aux grosses joues et aux cheveux ébouriffés. L'air tendu, il souffle de toutes ses forces. Selon Homère, le dieu Eole vivait dans une caverne palatiale où il gardait les vents enfermés dans un sac de cuir. Il donna le sac à Ulysse pour faire avancer son bateau. Mais lorsque les compagnons d'Ulysse ouvrirent le sac, les vents s'en évadèrent à toute allure et se répandirent dans le monde en se querellant, en tourbillonnant et en semant la dévastation. Hésiode appelait les vents grecs « les enfants du matin ». Pour les anciens Chinois, *fung* désignait le vent et la respiration, et il existait de nombreux mots pour les humeurs du vent. *Tiu* signifiait « bouger dans le vent comme un arbre ». *Yao* était le mot pour quelque chose qui flottait comme la plume au vent. Les noms des vents sont magiques et en disent long sur les multiples états psychologiques du ciel. Il y a le *vento coado* des collines du Portugal ; le *tsumuji* démoniaque du Japon ou le *mat-sukaze* qui aime les pinèdes, également au Japon ; le *brickfielder* embaumé d'Australie (qui, à l'origine, désignait les tempêtes de poussière s'élevant des briquetteries près de Sydney) ; le *chinook* humide et chaud d'Amérique soufflant de la mer et dont le nom vient de la langue des Indiens qui s'étaient établis en Oregon ; ou le *blizzard* avec ses grumeaux de neige, ou la féroce *Santa-Ana*, ou le *waimea* humide de Hawaï ; le *simoun* du désert (de l'araméen *samma*, « poison ») brûlant et charriant le sable, en

Afrique du Nord ; la *zonda* d'Argentine, qui cuit et brûle tout depuis les Andes et balaie les pampas ; le *haboob* sombre et sinistre du Nil ; le *buran* de Russie qui, soufflant en tempête, amène l'orage en été et le blizzard en hiver ; l'*etesian*, vent rafraîchissant de l'été grec ; les chaudes rafales du *foehn* suisse qui court sur les pentes sous le vent des montagnes ; le *mistral* (« maître vent ») froid et sec de France qui hurle dans la vallée du Rhône et descend jusqu'à la côte méditerranéenne ; la célèbre *mousson* de l'Inde, dont le nom même indique toute une saison de vents ; le *bull's eye squall* du cap de Bonne-Espérance ; le *williwaw* pétulant d'Alaska ; le *datvo* de Gibraltar, qui souffle de l'est ; le *solano* mélodieux d'Espagne ; l'*ouragan* des Caraïbes (du mot taïno *huracan*, qui signifie « esprit mauvais »), le *frisk vind*, vent furieux de Suède ; le murmurant *I tien tien fung* de Chine, ou première brise d'automne, le *sz*.

Les tempêtes tourmentent la côte depuis des jours et maintenant de gros nuages gris titubent dans le ciel. Je regarde des tas de cumulus (le mot veut dire « pile ») façon purée de pommes de terre et de larges bandes de stratus (mot qui veut dire « étendu »). Comme le nota un jour l'écrivain James Trefil, un nuage est une espèce de lac flottant. Quand de l'air chaud qui s'élève se heurte à de l'air froid qui descend, l'eau tombe, comme en ce moment. Je prends refuge sous un porche, tandis que, au triple galop, se déchaîne un orage tonitruant qui fend le ciel et le fait panteler. Les éclairs semblent plonger, telles des fourches poignardant le sol. En fait, un éclair commence par envoyer « en éclaireuse » une brève décharge d'électricité. La terre répond en courbant un long éclair vers le ciel, qui chauffe l'air si vite que se produit une explosion dans une onde de choc : le *tonnerre*, comme nous l'appelons. Je compte les secondes qui séparent un éclair d'un coup de tonnerre, puis divise par cinq, et j'ai une idée approximative de la distance qui m'en sépare — onze kilomètres. En une seconde, le son parcourt 335 m. Si l'éclair et le tonnerre sont simultanés, on n'a guère de chances de compter. L'orage s'apaise bientôt ; les roulements du tonnerre s'éloignent sur la côte. Mais quelques nuages hantent encore le ciel. Un rhinocéros devient le profil d'Eleanor Roosevelt ; puis une jatte de citrouilles ; puis un dragon qui agite la langue. Défilant, énormes, dans le ciel, des nuages comme ceux-ci ont flotté au-dessus des têtes à toutes les époques et dans tous les pays. Combien d'après-midi creuses ont ainsi été passées à observer la dérive des nuages. Les anciens Chinois s'amusaient à trouver des formes dans les nuages, tout comme les Esquimaux, les Bantous et les habitants de Pittsburgh le font aujourd'hui. Marins, généraux, fermiers et autres ont toujours consulté la boule de cristal qu'est le ciel pour prédire le temps (nuages lentiformes : vents forts en altitude ; ciel pommelé : pluie ; nuages bas, épais, sombres, recouvrant tout : s'attendre à un front orageux et froid), imaginant des couplets, des maximes, des cartes et des atlas des nuages, des graphiques aussi beaux qu'utiles. Voyageant dans un train qui traversait la Sibérie, Laurens van der Post regardait par la fenêtre l'immensité du plat pays et l'infinité du ciel. « Je n'avais jamais été, pensai-je, en aucun endroit où il y eût autant de ciel et d'espace », écrit-il dans son *Voyage en Russie*. Il s'étonna surtout des « immenses nuages qui sortaient des ténèbres et se dirigeaient vers la ville endormie, semblables, dans le spasme des éclairs, à des cygnes fabuleux fonçant vers nous sur de sifflantes ailes de feu ». Tandis que van der Post regardait les éclairs depuis le train, l'ami russe qui l'accompagnait lui expliqua qu'ils avaient dans son pays un mot spécial pour cette scène : *zarnitsa*.

Toujours et partout, les multiples humeurs du ciel ont obsédé les gens. Non seulement parce que leurs récoltes et leurs voyages dépendaient du temps, mais parce que le ciel est un symbole des plus puissants. Le ciel qu'habitent les dieux, le ciel dont la permanence nous paraît normale parce que notre sort y est attaché, comme s'il s'agissait vraiment d'une voûte solide où les étoiles seraient peintes, ainsi que le pensaient nos ancêtres. Le ciel qui peut se retrouver dans les comptines. Nous faisons du ciel l'endroit du dernier sommeil de ceux que nous aimons, comme si leurs âmes étaient des aérosols parfumés. Nous les enterrons parmi les aiguilles de pin et les vers, mais dans notre imagination nous les faisons voyager, plus légers que l'air, jusqu'en quelque recoin du ciel d'où ils veilleront sur nous. Sur « les hauteurs », résident les sentiments nobles, vit le Très-Haut, le Tout-Puissant, chantent des chœurs d'anges. Je ne sais pas pourquoi le ciel symbolise nos idéaux et nos mobiles les plus beaux ; peut-être que, manquant de confiance en nous-mêmes, nous croyons que notre compassion, notre générosité, notre héroïsme ne sont pas des qualités intrinsèques, des traits de caractère dont, seuls, les êtres humains peuvent battre le rappel, mais des présents que nous feraient les pouvoirs d'un autre monde situé dans les cieux. Acculés par les événements ou effrayés par la nature humaine, il nous arrive de lever les yeux au ciel, vers l'endroit où nous imaginons que l'on distribue notre destin dans les demeures des étoiles.

Après quatre heures de route en direction du sud où j'ai longé des falaises spectaculaires et un océan sauvage (les loutres marines s'agitaient sur des bancs de varech, les otaries aboyaient, les phoques se regroupaient pesamment comme de petites chaînes de montagnes, des cormorans pélagiques, des bécasseaux et d'autres oiseaux de mer s'activaient à faire leurs nids), je m'arrête sur une pente de Big Sur que violente le vent. Un pin de Monterey se penche sur le Pacifique, formant un appui pour le couchant. Les bourrasques ont étranglé ses rameaux et ses branches, et l'on dirait un doigt noir et hirsute qui montrerait la mer. Des gens arrêtent leurs voitures, en descendent, regardent. Pas besoin de rien dire. Nous comprenons tous quel festin visuel nous partageons. Nous hochons la tête les uns vers les autres. Le ciel d'un bleu de coton et la mer bleu sombre se rencontrent en une ligne aussi effilée que le tranchant d'un rasoir. Qu'y a-t-il de si impressionnant dans la vision d'un arbre qui tient des morceaux de ciel dans ses branches et dans le son des vagues qui s'écrasent contre les rochers du rivage en soufflant des embruns dans l'air, tandis que criaillent les goélands ? L'une des façons les plus habituelles de regarder le ciel est de le prendre dans le filigrane des membres d'un arbre, ou bien autour et au-dessous des arbres. Cela compte beaucoup en réalité. Les arbres conduisent l'œil du sol au ciel, relient la temporalité détaillée de la vie à l'abstraction bleue qui se renfle au-dessus de nos têtes. Dans une légende nordique, l'énorme frêne Yggdrasil, aux grandes branches en arceaux et aux racines inextricables, s'élevait haut dans le ciel. Il maintenait l'univers, reliait la Terre à la fois au paradis et à l'enfer. Des animaux mythiques et des démons y vivaient ; à l'une de ses racines, se trouvait le puits de Mimir, source de toute sagesse, à laquelle but le dieu Odin afin de devenir un sage, ce qui lui coûta un œil. Nombre d'histoires et de légendes anciennes nous parlent d'arbres qui offrent la connaissance. Peut-être est-ce parce qu'eux seuls paraissent unir la Terre au ciel – le monde connu et envahissable à quelque chose qui échappe à notre portée et à notre pouvoir.

Aujourd'hui, l'océan est sombre, et les vagues crêtées de blanc déferlent sans fin. Sur la grève, l'écume épaisse semble peinte au couteau. Le vent humide et salé fait un bruit de jupon en taffetas. Une mouette trouve un crustacé et se met en devoir de le déchiqueter, tandis que les autres la poursuivent, essayant de lui arracher sa nourriture, poussant des cris rouillés de machine mal graissée.

Me trouvant à Istanbul il y a bien des années, je m'émerveillai en voyant comment les mosquées découpaient le ciel de leur forme d'oignons. Au lieu de voir la ligne des toits comme à New York ou à San Francisco, on ne voyait que l'espace négatif compris entre les minarets – volutes, descentes en piqué, spirales – et le bulbe des dômes. Mais ici, on voit la silhouette précise des arbres se détacher contre le ciel ; le pin d'Ecosse, son tronc allongé et sa cime arrondie, qui fait penser à un hochet ; des cyprès et des épicéas pareils à de longs grains de riz lisses. Plus au nord, se dressent des séquoïas, les formes de vie les plus lourdes de la planète. Les eucalyptus aux feuilles talquées, arbres qui, d'ailleurs, sont si hardis et poussent si vite qu'ils ont absorbé des forêts entières en Californie, ont l'air de chevelures embroussaillées après un shampooing. En automne et l'hiver, on peut trouver parmi leurs branches de grandes guirlandes de monarques accrochés par les pattes, lesquelles sont munies de dents pareilles à des grappins. Tous les ans, ils sont une centaine de millions à faire jusqu'à six mille cinq cents kilomètres depuis le nord des Etats-Unis et le Canada pour hiverner sur la côte californienne. Ils s'agglutinent pour se tenir chaud. Les papillons semblent préférer les forêts qui sentent l'huile mentholée, dont le parfum éloigne la plupart des insectes et des oiseaux. Il arrive que des geais bleus attaquent les monarques, lorsque ceux-ci se détachent de leur guirlande pour aller pomper du nectar ou pour éployer leurs ailes comme des capteurs solaires. Les larves des monarques mangent les feuilles du laiteron, plante vénéneuse du type de la digitaline, contre lesquelles elles sont immunisées, mais qui leur communique leur poison. Et les oiseaux ont tôt fait d'apprendre qu'ils seront malades s'ils mangent des monarques. Si vous voyez un monarque à l'aile duquel il manque un morceau en forme de coin, il y a beaucoup de chances pour que ce soit le vétéran d'une attaque par surprise de la part d'un oiseau. Lorsque j'aidais à étiqueter des monarques, je vis une femelle qui correspondait à cette description. Elle tremblait sur le sol de la véranda, devant la fenêtre de ma chambre de motel. Un énorme geai bleu de fort mauvaise humeur s'était perché sur la rambarde de la véranda. En poussant des cris stridents et en battant des ailes, il s'apprêtait à fondre de nouveau sur le monarque. Je n'ai pas l'habitude de me mêler des affaires de la Nature, mais pour une fois mes instincts l'emportèrent, et je sortis précipitamment de ma chambre, assenai un coup dans la poitrine du geai bleu au moment où il bondissait en battant des ailes avec un grand braillement. Mon attaque et sa soudaineté le terrifièrent. Le papillon tremblait toujours, mais ne cédait pas le terrain. Je le pris délicatement et appuyai doucement sur son abdomen avec mon pouce et mon index, cherchant une petite boule dure : comme il s'agissait d'une femelle, je voulais savoir si elle n'était pas grosse. Elle ne l'était pas. Et son aile écornée n'avait pas trop mauvaise allure. Je l'emportai donc jusqu'au pied d'un arbre au faîte duquel se balançait un grand collier orange de monarques. Je le tins au-dessus de ma bouche ouverte et lui soufflai sur le corps, pour que la chaleur de mon haleine vînt au secours des muscles nécessaires à son vol, car c'était le matin, et il faisait frisquet. Puis, je le balançai dans l'air. Il voleta jusqu'à sa compagnie, et je le saluai en retournant à ma chambre. Le geai bleu continuait de crier sa soif de meurtre. Puis, il s'envola hors de l'enclos à une cadence puissante et sûre.

A Big Sur, les faucons exploitent les courants d'air chaud comme des politiciens en campagne, piquant et virant sur l'aile en chevauchant les invisibles tours d'air qui s'élèvent du sol brûlé par le soleil. Les oiseaux sont si fragiles, si adroits.

Chaque espèce a sa propre architecture, ses habitudes pour voler, son talent pour profiter du ciel au maximum, que révèle parfois sa silhouette. Sur certaines chouettes, par exemple, le bout des plumes premières est doucement effrangé de façon à amortir le son de leur approche. Les pinsons battent vigoureusement des ailes pendant quelques mesures, puis les replient et se reposent un peu. Les tourterelles battent constamment des ailes pendant leur vol. Les faucons pèlerins plient leurs ailes pour plonger. Les martinets, qui volent à environ 40 km à l'heure, ont des ailes très pointues qui leur donnent une allure plus aérodynamique et réduisent le freinage quand ils foncent et glissent. Dans le Grand Canyon, on peut les voir utiliser les parois du canyon comme de petits acrobates aériens.

Notre ciel est également rempli de « vols passifs ». Les frênes femelles lâchent leurs graines ailées. Les trembles et d'autres arbres ont de longs chatons qui tombent en tempête sur le sol. Les érables lancent des graines pareilles à des têtards qui tombent en tourniquant comme de petits autogires, tout en pales d'hélice. Grâce au vent, la vie sexuelle de nombreuses plantes a changé. Les pissenlits, le laiteron, les chardons, les peupliers d'Amérique et d'autres ont mis au point des espèces de parachutes ou de voiles qui chevauchent le vent. Le pin, l'épicéa, la ciguë, l'érable, le chêne, la jacobée n'ont pas de fleurs flamboyantes, mais ils n'en ont pas besoin pour détourner un oiseau ou une abeille. Le vent est suffisant comme intermédiaire. Les plantes ne peuvent se courtiser, ni s'échapper en cas de danger ; elles ont donc trouvé d'habiles moyens d'exploiter leur environnement et les animaux. Le pollen doit atteindre son but en empruntant des vents incertains, bien que le diamètre de ses grains ne dépasse pas un deux centième de millimètre. Karl Niklas, scientifique de Cornell, s'est récemment servi d'un tunnel aérodynamique pour découvrir que les plantes ne sont pas de vulgaires vagabonds qui espéreraient que leur pollen va prendre une brise qui passe par là et en descendre au bon moment. Niklas a constaté que le pin a édifié une architecture parfaite pour capturer le vent, d'où qu'il souffle : une forme de turbine, des pales qui font tourner l'air tout autour. Comme une planète, la pomme de pin s'enveloppe d'une atmosphère qui se déplace rapidement avec, au-dessous de la couche supérieure tournoyante, une couche immobile et vide. Quand le pollen passe de la couche tournoyante à la couche immobile, il tombe en cascade dans la pomme de pin. Niklas a également testé l'aérodynamique du jujubier qui se sert de deux feuilles semblables à des oreilles de lapin pour diriger l'air ; les résultats témoignent d'une aussi grande qualité.

A l'époque des allergies, le pollen me fait légèrement éternuer, moi et des millions de personnes, et mes yeux sont parfois irrités, ce qui m'empêche de porter mes verres de contact. Mais j'aime savoir que tout cela n'arrive qu'à cause de la forme du pollen. Tels de minuscules spoutniks voyageant dans le ciel inférieur, certains grains de pollen ressemblent à des ballons hérissés de piquants. D'autres à des ballons de football, comme les pupilles des alligators. Le pollen du pin est rond, avec ce qui fait penser à des oreilles de chaque côté. Les grains doivent à leur forme de se déplacer ou de voler à certaines vitesses et selon certaines lignes ; il y a peu de danger que le pollen se trompe de plante. Cela fait peut-être bizarre de penser qu'il y a des niches dans le ciel ; et pourtant, c'est le cas. Même le vent a ses niches.

La nuit tombe sur Big Sur, et toute la suie du monde semble se déverser dans le coucher du soleil. Un gros ducat jaune plonge lentement dans l'océan, disparaît, miroitement après miroitement, comme avalé tout entier. Puis, à l'horizon, un petit lingot vert flotte pendant une seconde et s'évanouit. Le rayon vert, c'est le nom qu'on lui donne avec une solennité mystique. Mais c'est le plus bref de tous les éclairs. Et depuis que je regarde le soleil se coucher, c'est la première fois que j'en vois un. Vert, azur, violet. Quelle chance nous avons de vivre sur une planète dont le ciel change de couleur. Pourquoi le ciel est-il bleu ? La lumière blanche du Soleil est en réalité un bouquet de rayons colorés, que nous classons en un spectre de six couleurs. Lorsque la lumière blanche frappe les atomes des gaz qui constituent l'atmosphère — oxygène et nitrogène surtout —, les particules de poussière et l'humidité de l'air, la lumière bleue, qui est la plus énergique du spectre visible, s'éparpille. Le ciel semble empli de bleu. Cela est surtout vrai quand le soleil est au-dessus de nos têtes, parce que les rayons lumineux ont une plus petite distance à parcourir. Les rayons rouges sont plus longs et pénètrent mieux dans l'atmosphère. Quand le soleil se couche, un côté de la Terre s'en détourne ; la lumière doit faire plus de chemin, selon l'angle, et traverser encore plus de poussière, de vapeur d'eau et de molécules d'air ; les rayons bleus se dispersent encore davantage, et les rayons rouges demeurent et continuent de se propager. Le soleil peut sembler plus grand, transformé en un fantôme bouffi, ou légèrement elliptique ; il peut paraître se tenir encore au-dessus de l'horizon, alors qu'il se trouve au-dessous. Cela est dû à la réfraction, à la courbure des ondes lumineuses. Ce que nous voyons est le glorieux rougeoiement du soleil qui se couche, surtout si des nuages en maraude reflètent le chatoiement des couleurs. La dernière couleur qui se fraie un chemin dans l'atmosphère sans se disperser est le vert, c'est pourquoi il nous arrive de voir un éclair vert juste après que le soleil a disparu. Dans l'espace, l'air semble noir faute de poussière pour éparpiller la lumière bleue.

Perché sur un lointain promontoire, le phare de Big Sur envoie aux bateaux des signaux pour leur faire éviter la côte et les bancs de sable. La lumière est émise à 300 000 km à la seconde. La lumière du projecteur du Soleil met environ huit minutes pour atteindre la Terre. Et la lumière que nous recevons de l'étoile polaire date du temps de Shakespeare. Le chemin de la lumière est si droit. Et pourtant, si l'on fait passer la lumière du Soleil à travers un prisme, elle se courbe. Chaque rayon se courbant plus ou moins, les couleurs se séparent pour former des bandes. Il y a beaucoup de choses qui captent la lumière à la façon des prismes — les écailles des poissons, la nacre à l'intérieur des berniques, l'essence sur une route glissante, les ailes des libellules, les opales, les bulles de savon, les plumes de paon, les sillons des disques, les métaux légèrement ternis, les toiles d'araignée imprégnées de rosée — mais celle que nous connaissons le mieux est peut-être la vapeur d'eau. Lorsqu'il pleut, mais que le soleil brille, ou dans le poudroiement d'une chute d'eau, la lumière du soleil frappe les gouttes d'eau prismatiques et se fend pour constituer ce que nous appelons un « arc-en-ciel ». Ces jours-là, il y a toujours des arcs-en-ciel cachés quelque part derrière le rideau de la pluie; mais la meilleure position pour en contempler un est juste en face, avec le soleil derrière soi et pas trop haut dans le ciel.

Il fait nuit sur la planète Terre. Mais ce n'est là qu'un caprice de la nature, parce que notre planète tourne dans l'espace à quelque mille six cents kilomètres à la minute. Ce que nous appelons « nuit » est le temps que nous passons face aux secrètes étendues de l'espace où résident d'autres systèmes solaires avec, peut-être, d'autres créatures planétaires. Ne pensez pas que la nuit soit l'absence de jour; pensez qu'elle est une sorte de liberté. Détournés de notre Soleil, nous voyons se lever les galaxies lointaines. Le Soleil ne nous aveugle plus, ne nous empêche plus de voir l'univers vêtu d'étoiles où nous vivons. Le noir illimité, qui semble s'étendre à jamais entre les étoiles et remonter le temps jusqu'au Big Bang, nous le nommons en anglais *infinity*, du français « in-fini », qui signifie inachevé, ou incomplet. La nuit est un royaume de l'ombre. Les seules ombres que nous voyions la nuit sont dues à la clarté lunaire ou à la lumière électrique, mais la nuit elle-même est une ombre.

A la campagne, on peut voir davantage d'étoiles, et la nuit ressemble à un puits renversé qui ne cesserait de s'approfondir. Si on a la patience d'attendre que les yeux s'accommodent à l'obscurité, on peut voir la Voie lactée, traînée crémeuse qui barre le ciel. De même que les différentes cultures ont relié les étoiles pour en faire les constellations, de même ont-elles vu leurs propres drames dans la Voie lactée. Les Bochimans du Kalahari l'appellent « l'épine dorsale de la nuit ». Pour les Suédois, c'est « la rue de l'hiver » qui mène aux cieux. Pour les habitants des Hébrides, « le chemin des gens secrets ». Pour les Scandinaves, « le sentier des esprits ». Pour les Patagoniens, qu'obsèdent leurs oiseaux qui ne volent pas, « les pampas blanches où les esprits font la chasse aux rhéas ». Mais en ville, on peut distinguer plus facilement les grandes constellations parce qu'il y a moins d'étoiles visibles pour distraire le regard.

Où que l'on soit, le meilleur moyen de regarder les étoiles est de s'étendre sur le dos. Cette nuit, la demi-lune a un profil maya. Elle paraît lumineuse et miroitante : un vrai fanal dans la nuit, mais je sais que son éclat est une lumière d'emprunt. Si, de jour, je tenais un miroir et faisais rebondir une tache de soleil autour des arbres, je montrerais comment la lune renvoie la lumière et n'en a aucune à donner personnellement. Au-dessus de moi, entre le Sagittaire et le Verseau, la constellation du Capricorne traverse paisiblement le ciel. Les Aztèques la représentaient sous l'aspect d'une baleine (*cipactli*) ; les Indiens de l'Est y voyaient une antilope (*makaram*) ; les Grecs l'appelaient « la porte des dieux » et, pour les Assyriens, c'était une chèvre-poisson (*munaxa*). Peut-être l'étoile polaire est-elle l'étoile la plus connue du monde. Elle a, bien sûr, de nombreux autres noms. Pour les Navajos, c'est « l'étoile qui ne bouge pas ». Pour les Chinois, « le grand souverain impérial du ciel ».

Les gens ont de tout temps regardé le ciel pour savoir où ils se trouvaient. Enfant, je prenais une boîte vide, en recouvrais une extrémité d'un morceau de papier d'aluminium où, à l'aide d'une épingle, je perçais des trous à l'image d'une constellation. Puis, j'allumais de l'autre côté une lampe de poche et j'avais ainsi mon planétarium particulier. Combien de voyageurs perdus en mer ou sur terre ont attendu la nuit pour se repérer grâce à l'étoile polaire ! Nous la localisons comme le faisaient jadis ces nomades, et cela nous rattache à eux à travers le temps. Trouvez d'abord la Grande Ourse et prolongez une ligne qui passe par les deux étoiles extérieures. Vous verrez alors l'étoile polaire comme de la crème tombée de la Louche renversée[1]. Si la Grande Ourse n'est pas visible, vous pouvez trouver l'étoile polaire en cherchant Cassiopée, constellation située immédiatement au-dessous et qui a la forme d'un M ou d'un W selon le moment où vous la voyez. Pour moi, elle me fait plutôt penser à un papillon. La Terre tournant, les étoiles semblent traverser le ciel d'est en ouest. Aussi y a-t-il un autre moyen d'indiquer une direction : vous ne quittez pas des yeux une étoile brillante de votre choix ; si elle semble se lever, vous faites face à l'est ; si elle semble se coucher, vous faites face à l'ouest. Quand j'étais scout, nous trouvions notre chemin de jour en plantant un bâton droit dans le sol. Puis, nous vaquions à nos occupations pendant quelques heures et reve-

1. Aux Etats-Unis, on appelle la Grande Ourse *the Great Dipper*, « la Grande Louche ». (*N.d.T.*)

nions quand le bâton projetait une ombre d'environ quinze centimètres. Le soleil avait poursuivi sa course vers l'ouest, en sorte que l'ombre désignait l'est. Parfois, une montre-bracelet nous servait de boussole. Placez la montre, cadran vers le haut, avec l'aiguille des heures qui montre le soleil. Prenez une aiguille de pin ou quelque autre brindille et tenez-la droite au bord du cadran de façon que son ombre tombe le long de l'aiguille des heures. Le sud se trouvera à mi-chemin entre l'aiguille et midi. Il y a beaucoup d'autres manières d'indiquer la direction, naturellement, puisque le vagabondage est l'une des occupations préférées des êtres humains — mais à condition qu'ils puissent rentrer chez eux en toute sécurité. Si vous voyez un arbre en pleine nature et que, sur un côté, il soit recouvert d'une mousse épaisse, ce côté est probablement au nord, parce que la mousse est plus épaisse sur le côté le plus ombreux d'un arbre. Si vous voyez une souche d'arbre, les cercles en seront sans doute plus épais du côté ensoleillé, ou au sud. Vous pouvez aussi regarder la cime des pins, qui indiquent généralement l'est. Ou s'il se trouve que vous savez d'où vient le vent dominant, vous pouvez lire la direction en regardant comment l'herbe s'incline.

Nous sommes en novembre. Les Léonides vont entrer dans le Lion. Ce sont des débris de comètes qui tombent surtout après le coucher, ou avant le lever du soleil. Ils apparaissent dans les mêmes constellations à la même époque tous les ans. En Antarctique, j'avais espéré voir des aurores australes, ces voiles de lumière engendrés par le vent solaire heurtant de plein fouet le champ magnétique terrestre et laissant derrière lui un miroitement superbe. Mais nos journées étaient de soleil parfait, et nos nuits de gris crépuscules sinistres. Le soir, la mer ressemblait à de la bouillie de bronze à canon, mais nulle aurore ne faisait briller des chemins au-dessus de nos têtes. En voici une, cependant, décrite par le capitaine Robert Scott, telle qu'il la vit en juin 1911 :

> A l'est, la mouvante lumière de l'aurore s'amoncelait dans le ciel... pli après pli, les arcs et les rideaux de vibrante luminosité s'élevèrent et se répandirent à travers le ciel pour s'estomper peu à peu avant de jaillir à nouveau dans l'éclat de la vie.
>
> La lumière plus brillante semblait couler, puis se masser en

> couronnes de plis dans un coin dont partaient des flèches lumineuses décochées vers le haut et peu après traverser de ses vagues le système d'une silhouette plus pâle...
>
> Il est impossible de contempler un phénomène aussi beau sans éprouver un sentiment de crainte, sentiment que n'inspire pas la brillance des choses, mais la délicatesse des lumières et des couleurs, la transparence et, par-dessus tout, la frémissante évanescence des formes.

Ce soir, Mars luit comme une braise rouge. Ce n'est peut-être qu'un point lumineux dans le ciel, mais qui dessine en mon esprit ses plaines balayées par les tempêtes, ses volcans, ses grabens, ses dunes de sable, ses arches sculptées par le vent, ses lits de rivières à sec et ses calottes polaires blanches et brillantes qui croissent et décroissent avec les saisons. Il se peut qu'y ait jadis régné un climat, et que l'eau y ait coulé. Bientôt, Vénus apparaîtra, brillante lumière d'argent, ainsi qu'elle le fait d'habitude trois heures après le coucher ou trois heures avant le lever du soleil. Avec sa face de gaze blanche, elle semble momifiée sur les photos, mais je sais que cette impression provient des bandes de nuages pleins d'acides qui flottent au-dessus d'une surface où la lumière joue des tours sans nombre et où les températures sont assez élevées pour faire fondre le plomb. Il y a des visions de toutes sortes — réelles, imaginaires, hallucinatoires ; des visions de grandeur ou de grandes impossibilités. Bien que, pour le moment, je ne puisse voir briller régulièrement la lumière des autres planètes, je sais qu'elles sont toutes pareilles, ainsi que les astéroïdes, les comètes, les galaxies lointaines, les étoiles à neutrons, les trous noirs et autres fantômes des profondeurs de l'espace. Et je me les représente avec une sûreté que comprenait Walt Whitman, lorsqu'il écrivit : « Les brillants soleils que je vois et les soleils obscurs que je ne peux pas voir sont à leur place. »

Lever du soleil. Les ténèbres commencent d'abandonner le ciel. Un brouillard épais flotte dans la vallée comme une chrysalide. Vénus, Mercure et Saturne font des trous d'argent brillant dans le ciel qui bleuit lentement. Les étoiles ont disparu : quand la lumière stellaire atteint la Terre, elle est trop pâle pour qu'on la voie à la clarté du jour. Deux formes noires, hésitantes dans le brouillard se font plus distinctes, deviennent des vaches. Un veau se révèle. Découvrir le monde est ainsi : on regarde et l'on attend que des formes se révèlent dans le brouillard des choses de la vie. Un ciel blafard se caille, parcouru par les bandes de gaze des nuages. La terre est voilée de brume. Une traînée de nuages derrière elle, la colline la plus haute fait penser à la cheminée d'une locomotive. A présent, le monde des nuages qui était horizontal devient vertical, tandis que les cumulus commencent de s'élever au-dessus de la montagne. Vénus palpite, tel un phare brisé dans le ciel d'occident. Des wigwams de nuages couronnent les cimes. Ailes courbes, le premier faucon du jour glisse dans l'air froid. Sur l'herbe émaillée de trèfle, la rosée brille en rondes gouttelettes bleutées. Un escadron de dix-huit pélicans entre dans mon champ visuel en un long arrêt de volée au-dessus de moi, vire et disparaît, fait demi-tour et réapparaît, toutes ailes inclinées. Un gros oreiller de brouillard roule à travers la vallée. Les vaches s'évanouissent, mais le ciel se fait plus bleu. Vénus pâlit, des nuages blancs commencent de se former, le brouillard se lève comme une fièvre s'en va, une maison et des vaches se dessinent. Un arbre foudroyé se dresse, solitaire, comme un totem à flanc de coteau. La lumière s'avive, et les oiseaux se mettent à chanter avec ardeur, cependant que la première couleur jaune, pareille à du jaune d'œuf, flotte au bord du monde. Puis, le soleil est une lumière canari qui chante.

LA LUMIÈRE

Sans la lumière, pourrions-nous voir? Sans la lumière et sans l'eau, la vie pourrait-elle seulement exister? Difficile de concevoir la vie sans lumière. L'obscurité la plus effrayante dont je me souvienne régnait dans une grotte sous-marine que j'avais atteinte en scaphandre autonome. C'était dans les Bahamas. Nous avions des lampes-torches. Mais à un moment j'éteignis la mienne et m'assis dans les ténèbres. Plus tard, quand je remontai à la lumière aveuglante et à la chaleur d'une journée bahamienne, le Soleil, qui brûlait à cent cinquante millions de kilomètres, me fit l'effet de papier de verre que l'on aurait passé sur mes bras et mes jambes. A quatre heures, exactement, il y eut une averse, comme tous les après-midi à la même heure. Les routes humides brillaient. Mais pas les murs de pierre. Les ondes lumineuses qui frappent une surface plane et lisse rebondissent de façon égale, faisant briller cette surface. Si la surface présente des aspérités, les ondes lumineuses se dispersent dans différentes directions. Elles ne nous reviennent pas toutes et la surface ne brille pas. Une petite lumière suffit à stimuler l'œil — une bougie brûlant à quinze kilomètres —, et une nuit de clair de lune, surtout s'il a neigé, nous emplira les yeux de reflets, de formes et de mouvements. Les astronautes en orbite autour de la Terre peuvent voir au-dessous d'eux le sillage des navires sur les océans. Mais lorsque nous sommes en forêt, que les nuages sont bas, que la nuit tombe comme le marteau noir d'un forgeron, il n'y a pas de rayons de lumière pour rebondir dans nos yeux et nous ne voyons rien. Comme le notait finement sir Francis Bacon dans son essai sur la religion : « Toutes les couleurs s'entendront dans le noir. »

La lumière a un effet considérable même sur les aveugles de naissance, parce que, si nous avons besoin de la lumière pour voir, la lumière nous influence également d'autres manières, plus subtiles. Elle joue un rôle dans nos changements d'humeur, elle rassemble nos hormones, elle lance nos rythmes quotidiens. Pendant la saison obscure sous les latitudes nord, le taux de suicide monte en flèche, la folie se profile en de nombreux foyers, et l'alcoolisme se donne libre cours. Certaines maladies, dont le rachitisme, viennent en partie de ce que les enfants reçoivent trop peu de lumière du soleil. Les enfants sont des créatures actives, ils ont besoin de la vitamine D, que produit la lumière et qui les maintient en bonne santé. D'autres maux, comme le désordre affectif saisonnier, qui laisse de nombreuses personnes épuisées et déprimées en hiver, peuvent être combattus grâce à des doses quotidiennes de lumière très brillante (vingt fois plus brillante que ne l'est d'habitude un éclairage intérieur) pendant environ une demi-heure tous les matins. On peut soigner les dépressions profondes et persistantes en changeant les heures de sommeil des patients de manière qu'elles épousent les périodes de lumière et d'obscurité. Le plus souvent, Ithaca, dans l'Etat de New York, ne connaît que deux saisons, et les deux sont humides — humidité chaude, humidité froide —, le ciel y est donc souvent couvert. La lumière éclatante n'entre pas à flots par les fenêtres panoramiques quand le soleil se lève. De toute façon, les rideaux de ma chambre sont épais, et je dors dans une obscurité assez grande pour qu'une taupe s'y sente à l'aise. Bien que je sorte marcher d'un bon pas pendant une cinquantaine de minutes tous les jours, quels que soient le temps ou la saison, j'ai constaté que je me sens beaucoup plus énergique et généralement plus heureuse si, en hiver, je fais ma marche tôt le matin, ou au milieu de la matinée et sans sauter un seul jour ; en été, l'heure ne semble pas compter, et je peux même sauter un jour.

On recourt à la thérapie par la lumière pour aider les gens atteints de psoriasis, souffrant de schizophrénie ou même affligés de certaines formes de cancer. L'épiphyse, ou « troisième œil » comme les mystiques l'ont nommée, semble intimement liée à notre sens des saisons, au bien-être, aux premiers signes de la puberté, à la quantité de testostérones ou d'hormones femelles que nous produisons, et à certains de nos comportements saisonniers plus subtils. Les testostérones sont les plus abondantes chez les hommes en octobre en début d'après-midi (vers deux heures), je suppose, parce qu'un enfant conçu à cette époque naîtrait en été et aurait plus de chances de survivre. Evidemment, les hommes n'attendent pas tous l'apothéose de ce mois d'automne pour faire l'amour, après un crescendo de leur libido en septembre et en escomptant une légère diminution aux approches de Noël.

L'une des signatures de notre espèce est notre capacité non seulement de nous adapter à notre environnement, mais également de le modifier pour qu'il nous convienne mieux. Nous résistons assez bien au froid, mais ne permettons pas à ses pointes de nous forcer à émigrer ; nous nous contentons de bâtir des abris et de porter des vêtements. Nous réagissons à la lumière du soleil et créons des lumières pour les moments où le soleil ne brille pas, ou guère. Nous nous servons de l'énergie du feu et nous créons de l'énergie. A la différence des autres créatures, nous aimons faire la plupart de ces choses hors du champ de notre corps. Lorsque nous voulons éclairer le monde autour de nous, nous fabriquons des lampes. Nombreux sont les insectes, les poissons, les crustacés, les calmars, les ferments, les bactéries et les protozoaires capables de bioluminescence : ils palpitent de lumière. Certains poissons émettent même une lueur autour de leur bouche, qui trompe et attire leurs proies. Une luciole mâle fait un appel de ses sémaphores de désir — frais, vert-jaune — et si la femelle est elle aussi en chaleur, elle envoie son consentement de la même manière. Ils semblent brûler d'impatience dans la nuit d'été comme deux amants allant d'un réverbère à l'autre. Leur lumière vient du mélange de deux substances chimiques, la luciférine et la luciférase (*lucifer* signifie « porteur de lumière »). Si vous canotez la nuit dans la Baie Phosphorescente au large de la côte sud-ouest de Porto-Rico, vous laisserez dans l'eau un sillage d'aurores incandescentes et verrez s'égoutter de vos rames un feu de fraîcheur produit par des invertébrés minuscules qui vivent dans l'eau et sécrètent un fluide lumineux quand on les bouscule. James Morin, biologiste de la mer, a étudié des crustacés de la taille d'un grain de riz, appartenant au genre *Vargula* et qu'il a surnommés « puces de feu ». Il y en a trente-neuf espèces connues, qui se servent de la lumière non seulement pour s'attirer sexuellement, mais pour repousser leurs ennemis. Eclairés, ils deviennent plus visibles, mais le prédateur aussi, qui, dès lors, peut se faire repérer plus facilement par un prédateur plus gros. Pendant la parade d'amour, chaque espèce a son dialecte de lumière. Beaucoup plus brillants que les lucioles, les *vargulae* luisent intensément. « Si j'écrasais une seule puce de mer sur le bout de mon doigt, sa lumière me suffirait pour lire le journal pendant dix minutes », explique Morin. Les marins parlent de bateaux dont la poupe laisse une traînée de feu. Ils ne font pas allusion au feu Saint-Elme (phénomène atmosphérique qui peut frapper un mât et y allumer une étrange lueur verte, crépitante et fraîche), mais à une brillance lunaire entraînée sur les eaux tandis que le navire passe au milieu de minuscules vies lumineuses.

Aux approches d'Halloween[1], les magasins commencent de

1. Aux Etats-Unis, fête masquée qui se célèbre la veille de la Toussaint. (*N.d.T.*)

vendre des colliers, des baguettes magiques et d'autres articles en plastique qui, dans l'obscurité, émettent une lueur fraîche. Leur fonctionnement est fondé sur le principe de la bioluminescence. Ils contiennent des luciférines et luisent de la même manière que les vers luisants. Mais pour ajouter une petite étincelle, un plaisantin ou un malin pourrait aussi mâcher des feuilles de gaulthérie. Si vous vous tenez dans l'obscurité et que vous en écrasez entre vos dents, vous cracherez des éclairs de lumière bleu-vert. Certaines substances (le quartz, le mica, même le papier collant quand on l'arrache de certaines surfaces) sont *triboluminescentes* ; elles émettent de la lumière quand on les frotte, ou qu'on les casse, ou qu'on les broie. La gaulthérie écrasée est fluorescente, et le sucre cassé émet une lumière ultraviolette; la combinaison — dans les bonbons qui contiennent et du sucre et de l'huile de gaulthérie — donne lieu à de minuscules éclairs bleu-vert. Essayez ce jeu de société : la bouche pleine de gaulthérie, cachez-vous dans une armoire avec un ami et attendez que ça fasse des étincelles.

LA COULEUR

Au crépuscule, des ailes roses tremblent au sommet des collines, et du violet exécute une danse fantôme sur le lac. Quand la lumière touche une voiture rouge au coin de la rue, seuls les rayons rouges se réverbèrent dans nos yeux, et nous disons « rouge ». Les autres rayons sont absorbés par la peinture de la voiture. Lorsque la lumière touche une boîte à lettres bleue, le bleu se réverbère, et nous disons « bleu ». La couleur que nous voyons est toujours celle qui est réfléchie, celle qui ne reste pas et qui n'est pas absorbée. Nous voyons la couleur rejetée et disons : « La pomme est rouge. » Mais en réalité, la pomme est tout *sauf* rouge.

Bien que ce soit le crépuscule et que la quantité, la qualité, l'éclat de la lumière aient diminué, la boîte à lettres bleue continue d'être bleue pour nous, et rouge la voiture rouge. Nous ne sommes pas vraiment des appareils photo. Nos yeux ne font pas que mesurer la longueur d'ondes de la lumière. Comme l'avait compris Edwin Land, l'inventeur du polaroïd et de l'instantané, nous jugeons des couleurs d'après celles qui les entourent. Nous les comparons entre elles et révisons notre jugement en fonction de l'heure, de la source lumineuse, du souvenir[1]. Autrement, nos ancêtres n'auraient jamais pu trouver leur nourriture au crépuscule ou les jours où le ciel était couvert. L'œil travaille avec des proportions de couleurs, non avec des absolus. Land n'était pas biologiste. Mais il observait avec finesse la façon dont nous-mêmes observons les choses. Et sa théorie de la constance de la lumière, proposée en 1963, se tient toujours. Tous les étudiants ont un jour ou l'autre demandé ce que l'on entend par *savoir* quelque chose et s'il existe des vérités perceptuelles que tout le monde partage. Nous regardons la télévision en *couleur* parce que nos ancêtres avaient des yeux que guidait la maturation des fruits ; et ils devaient prendre garde aux plantes vénéneuses et aux animaux venimeux (dont les couleurs sont souvent brillantes). La plupart des gens peuvent identifier entre cent cinquante et deux cents couleurs. Mais nous ne voyons pas tous exactement les mêmes couleurs, surtout si nous sommes atteints de daltonisme, pour ne rien dire de l'achromatopsie[2], comme le sont beaucoup de gens — principalement les hommes. Un bateau bleu peut sembler différent selon la rive du fleuve depuis laquelle on le regarde : tout dépend du paysage, des nuages et d'autres phénomènes. Les émotions et les souvenirs que nous associons à certaines couleurs marquent aussi le monde que nous voyons. Et pourtant, nous nous entendons remarquablement bien pour trouver ceci rouge, et cela bleu canard, ou blanc cassé.

Toutes les langues ne nomment pas toutes les couleurs. Les Japonais n'ont que depuis peu un mot pour le bleu. Par le passé, *aoi* englobait toutes les couleurs qui vont du bleu et du

1. Parce que, chez les albinos, il manque une couche obscure de cellules derrière la rétine, davantage de lumière se propage dans leurs yeux, et les couleurs leur semblent souvent moins agressives et plus diluées.

2. Oliver Sachs raconte l'histoire d'un peintre de soixante-cinq ans qui réchappa d'un accident d'auto, mais ne voyait plus du tout les couleurs du fait d'une lésion au cerveau. La chair humaine était « couleur de rat ». Et sans couleur, la nourriture lui paraissait horrible et immangeable.

vert au violet. Les langues primitives trouvent d'abord des mots pour noir et blanc, puis ajoutent le rouge, puis le jaune et le vert ; agglomèrent souvent le bleu et le vert ; ne se soucient parfois pas de distinguer les autres couleurs du spectre. Comme les anciens Grecs avaient très peu de mots pour désigner les couleurs, bien des discussions enflammées se sont élevées, du côté des érudits, pour déterminer ce que voulait dire Homère quand il employait des métaphores comme « mer vineuse » ou « sombre comme le vin ». Le gallois a le mot *glas* pour décrire la couleur d'un lac de montagne qui peut hésiter entre le bleu, le gris et le vert. En swahili, *nyakundu* peut signifier marron, jaune ou rouge. Dans la tribu des Jalés de Nouvelle-Guinée, nul mot ne désignant le vert, on se contente de dire qu'une feuille est claire ou foncée. Bien que l'anglais dispose d'une belle collection de mots pour distinguer le bleu du vert (comme bleu ciel, aigue-marine, bleu canard, bleu marine, émeraude, indigo, olive), nous discutons souvent pour savoir si l'on doit vraiment *considérer* qu'une couleur est bleue ou verte et recourons volontiers à des comparaisons, comme vert mousse ou moutarde. Le langage des couleurs est mal à l'aise, en anglais, quand il s'agit de décrire les processus de la vie. Nous devrions suivre l'exemple des Maoris de Nouvelle-Zélande, qui ont de multiples mots pour le rouge — tous les rouges qui se manifestent et pâlissent à mesure que croissent les fruits et les fleurs, que le sang coule et sèche. Nous avons besoin de stimuler nos verts pour décrire le vert presque jaune des courges qui est celui de l'herbe à la fin de l'hiver, le vert douloureusement fluorescent des feuilles du plein été, et toutes les lubies de la chlorophylle entre les deux. Nous avons besoin de mots pour les multiples couleurs des nuages depuis le rose de perle d'un crépuscule paisible sur l'océan jusqu'au gris-vert électrique des tornades. Nous avons besoin de rajeunir nos bruns pour dire toutes les teintes des écorces. Et nous avons besoin de mots coopératifs pour raffiner les couleurs que modifient toujours une lumière éblouissante, une lumière artificielle, le pigment pur qui les imprègne ou la clarté lunaire qui les baigne. La pomme demeure rouge dans notre esprit, où que nous la voyions. Mais imaginez combien ce rouge est différent dans une lumière fluorescente, sur la branche ombragée d'un arbre, dans un patio la nuit, ou dans un sac à dos.

La couleur ne se produit pas dans le monde, mais dans l'esprit. Rappelez-vous la vieille question paradoxale : si un arbre tombe dans la forêt et qu'il n'y ait personne pour l'entendre, fait-il du bruit ? Voici une question parallèle pour la vision : si aucun œil humain n'est là pour la voir, la pomme est-elle réellement rouge ? La réponse est non — pas rouge de la façon qui, pour nous, veut dire rouge. Les autres animaux perçoivent les couleurs différemment, suivant leur propre chimie. Mais les nombreuses manières dont nous goûtons les couleurs, les identifions, les utilisons pour donner plus de sens à la vie sont le propre des humains.

Dans la salle des pierres précieuses, au Muséum d'Histoire naturelle de New York, je me tenais un jour devant un gros morceau de soufre si jaune que je me mis à pleurer. Non que je me sentisse malheureuse. Pas le moins du monde. C'était tout le contraire : une vague de plaisir et d'excitation. L'intensité de la couleur touchait mon système nerveux. Sur le moment, j'appelai cette émotion émerveillement et pensai : n'est-ce pas extraordinaire de vivre sur une planète où l'on trouve des jaunes comme celui-là ? L'un des « consultants en couleurs » d'aujourd'hui pourrait me dire à la place quel *tchakra* (ou centre d'énergie) le jaune stimulait. L'emploi thérapeutique de la couleur est à la mode depuis peu et, moyennant finances, toutes sortes de gens vous aideront à « apprendre de quelles couleurs votre corps a besoin », comme dit un gourou. Des livres récents vous prescrivent les seules couleurs parfaites qui vous rendront plus belles (ou plus beaux), ou qui vous remonteront. Mais cela fait longtemps que les hommes de science savent que certaines couleurs déclencheront des réactions émotionnelles chez les gens. Quand ils peignent, les enfants se servent de couleurs sombres pour exprimer leur tristesse, et de couleurs éclatantes pour traduire le bonheur. Une pièce peinte en rose chewing-gum (le « rose passif » des hôpitaux, des écoles et d'autres institutions) les calmera s'ils s'énervent. Au cours d'une étude faite à l'Université du Texas, les sujets regardaient des lumières colorées tandis que l'on mesurait la force de leur poigne. Quand ils regardaient une lumière rouge (qui excite le cerveau), leur poigne était 13,5 % plus forte. Dans une autre étude, quand les patients d'un hôpital atteints de tremblements regardaient une lumière bleue (qui calme le cerveau), leurs tremblements s'atténuaient. Les anciennes cultures (la Grèce, l'Egypte, la Chine, l'Inde et d'autres) connaissaient diverses thérapies par la couleur et prescrivaient telle ou telle couleur pour les maux du corps et de l'âme. Les couleurs peuvent inquiéter, exciter, calmer, élever. Dans les studios de télévision et les théâtres, le foyer, qui s'appelle en anglais *greenroom* (« salle verte »), est peint en vert à cause de l'effet reposant de la couleur. Notre choix du bleu pour habiller les bébés, quand ce sont des garçons, et du rose, quand ce sont des filles, a une longue histoire. Pour les anciens, la naissance d'un garçon donnait lieu à des festivités, puisqu'elle signifiait que l'on disposait d'un nouveau travailleur, et qui perpétuerait la famille. Le bleu, couleur du ciel où demeuraient les dieux et les destins, avait des pouvoirs spéciaux pour dynamiser et pour protéger du mal. C'est pourquoi l'on habillait en bleu les petits garçons. Par la suite, une légende européenne prétendit que les petites filles naissaient dans de délicates roses roses, et le rose leur fut donc attribué.

Il y a quelques années, je dirigeais un programme d'études de stylistique à Saint Louis, Missouri. Je me servais souvent de la couleur comme d'un tonique. Sans égard pour l'élève aux yeux d'oasis qui se tenait dans mon bureau, ou du dernier caprice de la secrétaire, ou des rages du président dont les angoisses frisaient l'hystérie, j'essayais de rentrer chez moi à peu près à la même heure tous les soirs, afin de regarder le soleil se coucher depuis la fenêtre panoramique de ma salle de séjour, qui donnait sur Forest Park. Chaque soir, le soleil s'enflait des plumes violettes de l'herbe des pampas et lançait des fusées rose indien dans le ciel d'un rose plus pâle ; puis, c'étaient des couches pliées de vert bronze jusqu'à tous les bleus de l'Inde et jusqu'au noir que traversaient parfois en tournant des nuages pareils à des poupées d'albâtre. J'avais besoin de l'opium visuel du coucher du soleil. Un jour que je mangeais une salade de crevettes et d'avocat au club (qui se savait imposant) de la Fac tout en cancanant avec une jeune collègue anorexique et dans les vapes, j'eus une envie folle que la journée fût terminée, ainsi que toutes ces rencontres de caveau, pour pouvoir tirer ma chaise et le plateau de mon dîner jusqu'à la fenêtre et me purger les sens en contemplant les pures couleurs et le tumulte visuel du coucher du soleil. Cela se reproduisit le lendemain tandis que je prenais le café en bavardant avec un professeur d'histoire de la littérature, une femme qui portait toujours les couleurs de camouflage les plus ternes et continuait de parler longtemps après qu'une affaire avait été entendue. Je pris l'air de celle qui écoute avec ravissement et la laissai marmonner sur sa spécialité, les poètes de Caroline. Mais dans mon esprit, le soleil commençait tout juste de se coucher, une lueur verte cédait la place à des bandes de jaune soufre, une caravane de nuages violets s'était ébranlée à l'horizon. Mon appartement était trop cher, s'écria-t-elle. Sans doute donnait-il sur le mouvement des saisons dans le parc. Sans doute était-il nanti d'une fenêtre panoramique qui encadrait le coucher du soleil. Sans doute n'était-il qu'à quelques pâtés de maisons d'un charmant quartier aux rues pavées, fourmillant de galeries d'art, de magasins d'antiquités, de restaurants exotiques. Mais quelle dé*pense*, dit-elle en appuyant sur la seconde syllabe. Pas seulement une dépense financière, mais une expérience trop coûteuse de la vie. Ce soir-là, en regardant le feu d'artifice du soleil couchant — abricot et mauve explosant pour donner naissance à des rubans rouges —, je pensai : *Les avares des sens hériteront de la Terre, mais après l'avoir rendue invivable.*

Quand on considère quelque chose comme la mort — après laquelle (nous n'avons pas de nouvelles du contraire), il se peut que nous disparaissions comme la flamme d'une bougie que l'on a éteinte —, peu importe si nous faisons trop d'efforts, parfois maladroits, nous aimons trop fort les uns les autres, avons une curiosité excessive de la nature, nous ouvrons trop aux expériences, nous plaisons à dépenser sans fin nos sens dans une tentative pour connaître la vie intimement et avec amour. Peu importe si, en essayant de regarder modestement et passionnément les nombreux spectacles de la vie, nous avons parfois l'air gauches, ou nous salissons, ou posons des questions stupides, ou montrons notre ignorance, ou disons ce qu'il ne faut pas dire, ou nous émerveillons comme des enfants que nous sommes. Peu importe si un passant nous voit plonger un doigt dans des douzaines d'orchidées moites pour trouver quels insectes y tombent facilement et nous taxe d'excentricité. Ou bien c'est une voisine qui, en prenant son courrier, nous voit debout dans le froid, des lettres dans une main et, dans l'autre, une feuille d'automne d'un rouge sismique, couleur qui nous atteint comme la décharge d'un revolver muni d'un silencieux. Et nous restons là, souriant béatement, trop paralysé par le flamboiement aux veines complexes de la feuille pour seulement bouger.

POURQUOI LES FEUILLES CHANGENT-ELLES DE COULEUR EN AUTOMNE?

Venant à pas de loup, l'automne nous prend par surprise. Qu'était-ce là-bas? Un chardonneret dans les bois de ce début septembre, ou la première feuille jaunissante? Un merle aux ailes rouges ou un érable à sucre fermant boutique pour l'hiver? L'œil aux aguets comme des léopards, nous nous tenons coi et attendons les signes d'un mouvement. La gelée matinale pèse sur l'herbe et transforme les fils de fer barbelés en colliers d'étoiles. Sur une colline éloignée, un petit carré jaune ressemble à une scène éclairée. Enfin, la vérité se fait jour : l'automne arrive, chancelant, exact, avec ses bagages de nuits fraîches, de vacances funèbres et de feuilles belles à en arrêter le cœur. Bientôt, les feuilles commenceront de se recroqueviller sur les branches, de se refermer comme des poings avant de tomber. Les gousses desséchées cliquetteront comme des gourdes minuscules. Mais il y aura d'abord des semaines de couleurs à flots, si éclatantes, si pastellisées, si pareilles à celles des confettis que les gens feront la Côte Est pour seulement les regarder — toute une saison de feuilles.

D'où viennent les couleurs? Le soleil règne sur la plupart des choses vivantes, auxquelles il impose ses édits dorés. Quand les jours commencent de raccourcir peu après le solstice d'été, le 21 juin, les arbres reconsidèrent leurs feuilles. Pendant tout l'été, ils les nourrissent de façon qu'elles puissent traiter la lumière solaire, mais pendant la canicule, les arbres commencent de ramener les éléments nutritifs dans leur tronc et leurs racines, réduisent leurs feuilles et les étouffent peu à peu. Une couche de cellules du type du liège se forme sur les minces pétioles des feuilles, puis se cicatrise. Sous-alimentées, les feuilles cessent de produire la chlorophylle, et la photosynthèse s'arrête. Les animaux peuvent émigrer, hiberner, ou emmagasiner de la nourriture pour faire face à l'hiver. Mais où un arbre pourrait-il aller ? Il survit en rejetant ses feuilles. Et à la fin de l'automne, seuls quelques fils fragiles de xylème porteur du fluide retiennent les feuilles à leurs tiges.

Quand elle change de couleur, une feuille demeure en partie verte, puis montre des éclaboussures jaunes et rouges à mesure que la chlorophylle se retire. Le vert sombre paraît demeurer plus longtemps dans les veines, les redessinant et les définissant. Pendant l'été, la chlorophylle se dissout dans la chaleur et la lumière, mais elle est régulièrement remplacée. A l'automne, au contraire, aucun nouveau pigment n'est produit, en sorte que nous remarquons les autres couleurs, qui étaient toujours là, dans la feuille, mais que le vert agressif de la chlorophylle nous empêchait de voir. Leur camouflage parti, nous les voyons pour la première fois de l'année et nous nous émerveillons, mais elles ont toujours été là, cachées comme un éclatant secret sous les verts brûlants de l'été.

La chute des feuilles est la plus spectaculaire dans le nord-est des Etats-Unis et à l'est de la Chine, où les feuilles sont de couleurs vives grâce, en partie, à la richesse du climat. Les érables d'Europe n'ont pas les mêmes rouges flamboyants que leurs parents américains, que les nuits froides et les journées ensoleillées font rutiler. En Europe, le temps humide et chaud colore les feuilles de brun ou de jaune pâle. L'anthocyanine, le pigment qui donne leur rouge aux pommes et teint les feuilles en rouge ou en rouge violacé, vient des sucres qui demeurent dans la feuille une fois que baissent les éléments nutritifs. A la différence des caroténoïdes, qui colorent les carottes, les gourdes, le maïs et font passer les feuilles à l'orange et au jaune, l'anthocyanine change d'année en année, suivant la température et la quantité de lumière. Les couleurs les plus féroces apparaissent les années où le soleil d'automne est le plus fort et où les nuits sont froides et sèches (un état de grâce que les scientifiques trouvent difficile à prévoir). C'est également la raison pour laquelle les feuilles sont éblouissantes par une journée ensoleillée d'automne. L'anthocyanine étincelle comme une devanture.

Les feuilles ne prennent pas toutes les mêmes couleurs. Celles des ormes, des saules pleureurs et des vieux ginkgos deviennent d'un jaune éclatant, ainsi que celles des hickorys, des trembles, des grands peupliers funèbres. Celles du tilleul prennent l'éclat du bronze, et celles du bouleau l'éclat de l'or. Les érables des bords de l'eau se couvrent d'une symphonie écarlate. Les sumacs donnent aussi dans le rouge, ainsi que les cornouillers, et les gommiers de tous genres. Certains chênes, dans le jaune, mais la plupart dans un brun rosé. Les terres arables changent également de couleur, avec les wigwams de maïs et les balles du blé battu séchant dans les champs. Dans certains endroits, une colline peut être verte sur un versant, tandis que l'autre est déjà dans l'éclat d'autres couleurs, parce que la face tournée vers le sud reçoit plus de lumière et de chaleur que celle qui est tournée vers le nord.

Ce qu'il y a de curieux dans ces couleurs, c'est qu'elles semblent ne répondre à rien de précis. Nous sommes prédisposés à répondre à leur beauté, bien sûr. Elles chatoient dans le crépuscule, dans la fleuraison du printemps, dans la robe fauve d'un poulain, le rose incertain d'un fard que l'on pique. Les animaux et les fleurs ont une raison — l'adaptation à l'environnement — de se parer de couleurs. Mais il n'y en a aucune de ce genre qui oblige les feuilles à prendre des couleurs si belles à l'automne, ou le ciel et l'océan à être bleus. Ce n'est que l'une des merveilles que, tous les ans, la planète nous offre au petit bonheur. Nous nous emballons pour les couleurs qui flambent, et d'une certaine manière, elles sont un leurre. Pareilles aux choses vivantes, elles annoncent la mort et la désintégration. Avec le temps, elles deviendront fragiles et, comme le corps, retourneront à la poussière. Elles ressemblent à ce que nous espérons que sera notre sort lorsque nous mourrons : ne pas disparaître, sublimer un état de beauté en passant dans un autre. Les feuilles perdent leur vie verte, mais elles resplendissent de couleurs insistantes, à mesure que les bois se momifient et que la Nature se fait sensuelle, muette et rayonnante.

En anglais, nous appelons *fall* la saison d'automne, du vieil anglais *feallan*, tomber, qui remonte dans le temps jusqu'à l'indo-européen *phol*, qui signifie également tomber. Ainsi le mot et l'idée sont-ils tous les deux extrêmement anciens et n'ont-ils guère changé depuis que les pères de notre race eurent besoin de nommer l'abondance feuillue de l'automne. Et de dire le mot nous rappelle l'autre *Fall* (« chute ») dans le Jardin d'Eden, où les feuilles de vigne ne se flétrissaient jamais et où les écailles nous tombèrent des yeux. L'automne est l'époque où tombent les feuilles, comme le printemps (*spring*) est celle où les fleurs jaillissent (*spring up*), l'été (*summer*) celle où nous mijotons (*simmer*), et l'hiver (*winter*) celle où le froid nous fait gémir (*whine*).

Les enfants aiment jouer dans les tas de feuilles, jeter des feuilles en l'air comme des confettis et sauter dans leur matelas mou et désordonné. Pour eux, la chute des feuilles est l'un des mystères de la Nature, au même titre que la grêle et les flocons de neige. Suivez une allée bordée d'arbres dans le grand jamais de l'automne, et vous oublierez le temps et la mort en vous perdant dans le flux délicieux des couleurs. Adam et Eve cachèrent leur nudité avec des feuilles. Vous vous souvenez? Les feuilles ont toujours caché nos secrets embarrassants.

Mais comment les feuilles colorées tombent-elles? A mesure qu'une feuille vieillit, l'hormone de la croissance, l'auxine, diminue, et les cellules à la base du pétiole se divisent. Deux ou trois rangées de petites cellules, à angle droit de l'axe du pétiole, réagissent avec l'eau, puis se détachent et laissent les pétioles suspendus par quelques fils de xylème seulement. Une brise légère, et les feuilles s'envolent. Elles glissent et piquent du nez, balancées dans d'invisibles berceaux. Elles sont tout ailes et peuvent voltiger et tournoyer dans de petits tourbillons ou des courants ascendants. Fermement arrimés à la terre, nous adorons voir les choses s'élever et voler — bulles de savon, ballons, oiseaux, feuilles d'automne. Elles nous rappellent que la fin d'une saison est capricieuse, comme l'est la fin de la vie. Nous aimons surtout la façon dont, en tombant, les feuilles se balancent, donnent de la bande et descendent en piqué. Tout le monde connaît le mouvement. Les pilotes exécutent parfois une manœuvre où l'avion perd rapidement et délibérément de l'altitude en glissant d'abord à droite, puis à gauche. L'appareil pèse une tonne, ou davantage. Mais pour le pilote, il n'a pas de poids, il est comme une feuille qui tombe. Elle a vu le mouvement avant, dans les bois du Vermont où elle jouait, enfant. Au-dessous d'elle, les arbres rutilent d'or, de cuivre et de rouge. Les feuilles tombent. Mais elle ne peut pas les voir tomber et elle descend en piqué pour les regarder de plus près.

Finalement, les feuilles disparaissent. Mais elles commencent par changer de couleur et nous enchanter pendant des semaines. Puis, elles craquent et crissent sous le pied. Elles font *chut!* tandis que les enfants traînent leurs petits pieds dans leur entassement le long des trottoirs. Des couches boueuses et sombres de feuilles nous collent aux talons après la pluie. Comme en stuc humide, un mortier de feuilles mortes protège de son toit les pousses tendres jusqu'au printemps et fait un humus riche. Une bosse ou une ride çà et là dans les monticules feuillus indique qu'une musaraigne ou un mulot y creusent un tunnel à l'abri des regards. On trouve parfois dans les pierres fossiles l'empreinte d'une feuille depuis longtemps désintégrée dont le contour nous rappelle combien les choses de cette terre, pour périssables qu'elles soient, sont en fait détaillées, vibrantes et vivantes.

LES ANIMAUX

Les ours polaires ne sont pas blancs, ils sont clairs. Leur fourrure transparente ne contient pas de pigment blanc. Mais à l'intérieur, les poils abritent quantité de minuscules bulles d'air, qui dispersent la lumière blanche du soleil. Il en résulte que la fourrure nous paraît blanche. Il en va de même des plumes blanches des cygnes et des ailes blanches de certains papillons. Nous croyons volontiers que tout, sur cette terre, a sa couleur en profondeur, mais même les couleurs clinquantes de la pub qui nous tapent dans l'œil comme un feu d'artifice bien orchestré ne sont qu'une pellicule sur les choses, la couleur la plus simple du pigment. Et il est beaucoup d'objets sans pigment, mais ils paraissent toutefois richement colorés grâce aux tours que nous jouent nos yeux. De même que les océans et le ciel sont bleus en raison de la dispersion des rayons de la lumière, de même en est-il des ailes du geai bleu, qui ne contiennent pas de pigment bleu. Cela vaut également pour le bleu sur le cou de la dinde, le bleu sur la queue du scinque[1] à queue bleue, le bleu sur le derrière des babouins. En revanche, l'herbe et les feuilles sont réellement vertes du fait de la chlorophylle. Les forêts tropicales et les forêts du Nord chantent un hymne verdoyant. Sur une toile de fond vert chlorophylle, terre de Sienne, bleu ciel et bleu de mer, les animaux ont mis au point des couleurs kaléidoscopiques pour attirer des partenaires, se déguiser, repousser les prédateurs possibles, bouter les rivaux hors de leur territoire, prévenir leurs parents que c'est l'heure de manger. Les couleurs des oiseaux des bois sont souvent neutres et légèrement mouchetées pour se fondre dans celles des branches et de la lumière tamisée. Il y a beaucoup de « LBJ[2] » (*little brown jobs*), comme les oiseleurs les appellent parfois, c'est-à-dire de petits trucs de camouflage.

Artiste et naturaliste du début du siècle, Abbott Thayer releva ce qu'il appela *countershading*, camouflage naturel qui, chez les animaux, donne les couleurs les plus brillantes aux parties les moins exposées à la lumière et les plus sombres aux parties les plus exposées. Un bon exemple en est fourni par le pingouin, qui est blanc sur le devant en sorte que vu par en dessous, depuis l'océan, il ressemble au ciel pâle, et noir dans le dos, si bien qu'il se fondra dans l'obscurité des profondeurs de l'océan quand on le verra d'au-dessus. Les pingouins n'ayant pas grand'chose à craindre des prédateurs terrestres, leur look de linoléum bicolore ne leur pose pas de problèmes quand ils se dandinent sur le rivage. Etalage et camouflage sont les mamelles du jeu dans le royaume animal. Les insectes sont très doués pour le déguisement ; un exemple célèbre en est donné par la phalène anglaise qui ne mit que cinquante ans à passer d'un terne poivre-et-sel à un presque-noir si bien qu'elle

1. Reptile voisin du lézard. (*N.d.T.*)
2. Initiales, comme on sait, d'un ancien président des Etats-Unis : Lyndon B. Johnson. (*N.d.T.*)

put se confondre avec l'écorce des arbres souillés par la pollution industrielle. Les oiseaux repérant plus facilement les phalènes pâles sur le tronc des arbres quand l'obscurité tombait, des phalènes plus sombres survécurent pour produire des phalènes encore plus sombres, qui, à leur tour, survécurent. Les animaux feront à peu près tout pour se déguiser. Beaucoup de poissons ont sur la queue ce qui ressemble à des yeux, de manière que les prédateurs les attaquent sur une partie moins vitale de leur corps ; certaines sauterelles ressemblent tellement à des quartz qu'elles deviennent invisibles sur les collines d'Afrique du Sud ; des papillons astucieux ont de grandes taches sombres en forme d'yeux sur les ailes pour que les rapaces d'entre les oiseaux chanteurs se figurent être en face de hiboux ; les insectes appelés phasmes ont l'allure sombre et noueuse de brindilles ; au Kenya, les grillons de la brousse se confondent avec les lichens sur les troncs d'arbre ; les sauterelles d'Amérique verdissent comme les feuilles – certaines espèces ont même des sections marron qui ressemblent à du moisi – ; une sauterelle du Pérou imite les feuilles mortes et froissées sur le sol des forêts ; une phalène de Malaisie a des ailes qui rappellent les feuilles mortes : marron, déchirées ou perforées. De nombreux insectes se costument en serpents, d'autres en fiente d'oiseaux. Les lézards, les crevettes, les grenouilles, les poissons et quelques araignées changent de couleur pour se confondre avec leur milieu. Pour un poisson, se camoufler veut dire scintiller comme l'eau qui l'entoure, rompre le contour apparent de son corps et disparaître dans les corridors de la lumière du fond. Comme l'explique Sandra Sinclair dans *How Animals See* (« Comment voient les animaux ») : « Chaque écaille réfléchit un tiers du spectre ; quand trois écailles se chevauchent, toutes les couleurs se trouvent annulées, et il ne reste qu'un effet de miroir. » Tout ce qu'un prédateur éventuel peut voir alors est un éclair sinueux. Les calmars luminescents manœuvrent à des profondeurs où il y a peu de lumière ; nageant dans l'obscurité, ils imitent la lumière naturelle qui vient d'en haut, ils peuvent même se déguiser en nuages flottant au-dessus de la surface de l'eau afin que leur proie ne puisse les voir. Ce sont des calmars qui prennent par surprise. Toutes sortes d'animaux peuvent changer rapidement de couleur en rétrécissant ou en augmentant leur réserve de mélanine ; ou bien ils étalent tellement la couleur qu'ils semblent plus foncés, ou bien ils la tirent dans un espace plus petit, si bien qu'un pigment sous-jacent devient visible. Dans *Speak, Memory*[1], Vladimir Nabokov parle joyeusement de sa fascination pour le mimétisme chez les phalènes et les papillons :

> C'était, par exemple, l'imitation d'un suintement de poisson par des macules ressemblant à des bouillonnements sur une aile (...) L'une et l'autre étaient un jeu où s'enchevêtraient enchantement et supercherie.

Les animaux ont un tel faible pour l'étalage de formes affriolantes et fastueuses qu'il faudrait tout un livre pour recenser les grâces de leur carrousel de couleurs. Scintillante et ocellée, la queue du paon en est une illustration si connue qu'elle en est devenue éponyme. « Il fait la roue, il se pavane », disons-nous de quelqu'un qui cherche à se mettre en valeur. En tant que langage, la couleur est si efficace que presque tous les animaux le parlent. Les pieuvres changent de couleur comme d'humeur. Effrayée, une perche d'eau douce pâlit aussitôt. Les petits du pingouin royal donnent des coups de bec dans la comète abricot qui orne le bec de leurs parents quand ils veulent manger. Le babouin montre son derrière bleu pour afficher son désir, ou sa soumission. Mettez un rouge-gorge mâle en face d'une poignée de plumes rouges et il se jettera dessus. D'un mouvement de sa queue blanche, une biche prévient les siens avant de disparaître d'un bond. Nous levons les sourcils pour montrer notre incrédulité. Mais beaucoup d'animaux utilisent leurs couleurs voyantes comme mises en garde. Une grenouille venimeuse de la jungle amazonienne étincelle d'écarlate et de bleu aqueux. *Ne vous approchez pas!* crient ses couleurs aux prédateurs éventuels. Je me trouvais avec des gens qui tombèrent sur une grenouille de ce genre ; elle se tenait sur une bûche, et la tentation de lui toucher le dos, qui faisait penser à du cloisonné, était si forte qu'un homme tendit la main dans sa direction. Son voisin lui attrapa le poignet à temps. Cette

1. *Autres rivages*, Vladimir Nabokov traduit par Yvonne Davet, Gallimard, 1989.

grenouille n'avait pas besoin de fuir. Elle était couverte d'un tel poison que, si l'homme l'avait touchée et avait ensuite porté la main à ses yeux ou à sa bouche, il aurait été empoisonné sur-le-champ.

Quand nous voyons un chat ramper au crépuscule à la poursuite de quelque chose, nous sommes tentés de croire le racontar de bonnes femmes selon lequel les chats y verraient dans le noir. Après tout, leurs yeux luisent. Mais aucun animal ne peut y voir sans lumière. Les chats et d'autres vagabonds de la nuit possèdent une couche mince et iridescente[1] derrière la rétine, appelée *tapetum*. La lumière en frappe la surface semblable à un miroir et rebondit sur la rétine, ce qui permet à ces animaux de voir dans un faible éclairage. Si la nuit vous tenez une lampe-torche contre votre front et que vous en dirigiez la lumière dans la forêt, ou bien au bord d'un étang, ou le long de la mer, vous éclairerez à coup sûr les yeux rouges ou ambrés de créatures nocturnes — une araignée, un caïman, un chat, une phalène, un oiseau. Même les coquilles Saint-Jacques, avec leurs yeux minuscules qui ressemblent à des olives fourrées, ont un *tapetum* pour capter plus de lumière, grâce à quoi, même à une heure avancée de la nuit, elles peuvent voir un buccin se glisser vers elles. Les résultats d'expériences scientifiques semblent indiquer que les animaux à sang froid peuvent y voir mieux que les animaux à sang chaud quand la lumière est faible; aussi les amphibies ont-ils une meilleure vision nocturne que les mammifères. (Lors d'un test dirigé par des chercheurs de l'Université de Copenhague et celle d'Helsinki, les humains avaient besoin de huit fois plus de lumière qu'un crapaud pour distinguer un ver la nuit.) Comme les autres prédateurs, les chats ont les yeux carrément sur le devant de la tête — yeux qui sont souvent assez vastes et peuvent percevoir de grandes profondeurs, d'où leur capacité de repérer et de filer leur proie. Considérez le hibou : une paire de jumelles ailées; des yeux qui font le tiers de la tête. Les crabes arrowhead, éclatantes créatures arachnéennes des récifs que connaissent bien les plongeurs en scaphandre autonome, ont

1. Du latin *iris*, « arc-en-ciel » et de *escence*, « devenant ». La combinaison *-esc-* fait passer les mots d'un état statique à un état de mouvement, de processus : putrescence, adolescence, luminescence.

des yeux si éloignés l'un de l'autre qu'ils peuvent avoir une vision presque circulaire. Les chevaux ne perçoivent guère en profondeur, leurs yeux étant situés de chaque côté de la tête. Comme toute proie possible, il leur faut avoir une vision périphérique pour se garder de l'attaque d'un prédateur. J'ai toujours pensé qu'il fallait beaucoup de courage aux chevaux pour accepter de sauter en perdant de vue, au dernier moment, ce par-dessus quoi ils sautaient. Les prédateurs ont souvent des pupilles verticales parce qu'ils guettent leurs proies, tandis que les moutons, les chèvres et de nombreux animaux à sabots qui doivent être vigilants dans les pâtures ont des pupilles horizontales. Trait intéressant de la pupille de l'alligator : elle peut s'incliner légèrement quand la tête change d'angle, si bien que la proie est toujours dans le collimateur. Les bateleurs des bords de route qui luttent avec les alligators, les retournent, leur grattent le ventre et les « envoient dormir » leur donnent en réalité un sacré vertige. Tête en bas, les pupilles de l'alligator ne peuvent accommoder, et le monde devient un chaos d'images. De nombreux insectes ont des yeux à facettes et iridescents, mais il en est peu qui aient la beauté des yeux de la mouche névroptère à yeux d'or : un fond noir sommé d'une étoile à six branches parfaitement dessinée, bleu miroitant sur les pointes, vert à l'intérieur, puis jaune et enfin rouge au centre.

Les chiens de prairie sont daltoniens, les chouettes ne voient pas du tout les couleurs (elles n'ont que des cellules à bâtonnets) et les fourmis ne voient pas du tout le rouge. Les daims qui se promènent dans mon jardin pour se goberger de pommes et de roses me voient surtout dans des nuances de gris, comme le font les lapins qui mangent mes fraises sauvages derrière la maison et sont assez peu farouches pour ruer. Un nombre surprenant d'animaux ont une vision colorée, mais les couleurs qu'ils voient sont différentes. Contrairement à nous, certains voient aussi les infrarouges, ou bien ils ont des yeux radicalement différents des nôtres : barrés, divisés en facettes, iridescents, tubulaires, pédonculés. Le monde qui les accueille n'a pas le même aspect. Les films d'horreur nous ont persuadés que l'œil à facettes de la mouche impliquait une même image multipliée, mais les scientifiques ont désormais pris des photos par les yeux d'insectes, et nous savons qu'une mouche voit une seule scène complète, comme nous, mais que la courbure en est très grande : cela reviendrait à regarder le monde à travers un presse-papiers en verre. Nous nous imaginons que les insectes et les animaux n'y voient pas très bien, mais les oiseaux peuvent voir les étoiles, certains papillons peuvent voir les ultraviolets et certaines méduses produisent une lumière assez forte pour qu'elle suffise à la lecture du journal. Les abeilles peuvent évaluer l'angle auquel la lumière frappe leurs photorécepteurs et, par là même, situer le soleil dans le ciel même quand il y a des nuages. Certaines orchidées ressemblent tellement à des abeilles que les abeilles tentent de copuler avec elles et, ce faisant, répandent du pollen. Cette adaptation très complexe serait impossible si les abeilles y voyaient mal. Les films semblent se dérouler de manière continue parce qu'ils ont un rythme d'environ vingt-quatre images par seconde. Lorsque nous voyons un film, nous regardons en réalité un écran blanc pendant à peu près la moitié du temps. Pour le reste, des photographies immobiles sont projetées l'une après l'autre, chacune légèrement différente, mais rattachée à la précédente. L'œil traînasse sur chaque photo juste assez longtemps pour passer à la suivante et la lier, si bien que toutes ensemble paraissent constituer un seul film en sa continuité. L'œil persiste à relier les images séparées. En revanche, les abeilles ayant un rythme de trois cents images par seconde, *Lawrence d'Arabie* serait pour elles une série de photos. On a longtemps pensé que la « danse en huit » des abeilles était un sémaphore signalant comment trouver les endroits dont la « danseuse » revenait ; les scientifiques pensent à présent qu'y sont également contenus des renseignements intéressant le toucher, l'odorat et l'ouïe. S'il est vrai que les abeilles peuvent voir les ultraviolets, elles sont faibles, par ailleurs, sur l'extrémité rouge du spectre. Dès lors, une fleur blanche leur paraît bleue, et une fleur rouge ne présente guère d'intérêt. A l'opposé, les phalènes, les oiseaux et les chauves-souris adorent les fleurs rouges. Les fleurs qui nous semblent simples et sans éclat – rien de plus que des pétales blancs – peuvent être éclairées pour une abeille comme un panneau d'affichage flanqué de néons lui indiquant le chemin du nectar. Les taureaux ne voient pas les couleurs ; et la muleta du torero pourrait donc ne pas être d'un rouge brillant, mais noire ou orange. Le rouge est là pour le plaisir du public humain, qui trouve la couleur excitante en soi et y voit la promesse du sang qui va bientôt couler. Ou bien le taureau. Ou bien le torero. Le taureau, lui, concentre son irritation sur le grand objet qui remue devant l'homme — et charge.

Les Borans du Kenya se laissent guider vers les nids d'abeilles par la pantomime d'un oiseau, le guide africain du miel (*Indicator indicator*). Si les Borans ont envie de miel, ils sifflent l'oiseau. Ou si l'oiseau en a lui-même envie, il vole autour des Borans et les avertit de son *tirr-tirr-tirr*. Puis il disparaît un moment pour vérifier où trouver un nid d'abeilles et revient les guider avec de petits vols et des appels répétés. Quand l'oiseau arrive au nid, il descend pour indiquer l'endroit exact et modifie son appel. Les Borans rompent adroitement le nid et prennent le miel ; ils en laissent beaucoup pour l'oiseau, qui aurait autrement du mal à envahir le nid. Après trois années passées à étudier ces étranges relations symbiotiques, des ornithologues allemands de l'Institut Max Planck ont découvert qu'il faut aux Borans à peu près trois fois plus de temps pour trouver du miel sans l'aide des oiseaux. Apparemment, les oiseaux guident de la même manière les blaireaux amateurs de miel. Les yeux des animaux peuvent être vifs et perçants, mais il est peu d'yeux qui puissent aussi bien sonder le monde que ceux de l'artiste, autre genre de chasseur, dont les proies vivent à la fois dans le monde extérieur et dans les toundras intérieures.

L'ŒIL DU PEINTRE

Dans ses dernières années, Cézanne souffrit jusqu'au paroxysme de doutes sur son génie. Et si son art n'était qu'une excentricité de sa vision, au lieu d'être le résultat de l'imagination et du talent maîtrisés par une esthétique vigilante ? Dans son excellente étude sur Cézanne, Maurice Merleau-Ponty écrit dans *Sens et non-sens* : « En vieillissant, il se demande si la nouveauté de sa peinture ne venait pas d'un trouble de ses yeux, si toute sa vie n'a pas été fondée sur un accident de son corps. » Cézanne pesait anxieusement le moindre coup de pinceau, s'évertuant à reproduire le sens le plus complet du monde, comme Merleau-Ponty l'explique si bien :

> Nous *voyons* la profondeur, le velouté, la mollesse, la dureté des objets — Cézanne disait même : leur odeur. Si le peintre veut exprimer le monde, il faut que l'arrangement des couleurs porte en lui ce Tout indivisible ; autrement sa peinture sera une allusion aux choses et ne les donnera pas dans l'unité impérieuse, dans la présence, dans la plénitude insurpassable qui est pour nous tous la définition du réel. C'est pourquoi chaque touche donnée doit satisfaire à une infinité de conditions, c'est pourquoi Cézanne méditait quelquefois pendant une heure avant de la poser, elle doit, comme le dit Bernard, « contenir l'air, la lumière, l'objet, le plan, le caractère, le dessin, le style ». L'expression de ce qui *existe* est une tâche infinie.

En s'ouvrant largement à la plénitude de la vie, Cézanne sentit qu'il était le conduit où se confondaient la nature et l'humanité — « Le paysage se pense en moi... Je suis sa conscience. » Il travaillait sur toutes les parties d'un tableau à la fois comme si, de cette manière, il avait pu capturer les angles multiples, la quantité de demi-vérités et de reflets d'une scène et les fondre en l'agglomérat d'une seule version. « Il s'est cru impuissant parce qu'il n'était pas omnipotent, parce qu'il n'était pas Dieu et qu'il voulait pourtant peindre le monde, le convertir entièrement en spectacle, faire *voir* comment il nous *touche* », écrit Merleau-Ponty. Quand on pense aux masses — couleur et forme — de ses tableaux, il n'est peut-être pas surprenant d'apprendre que Cézanne était myope. Mais il refusait de porter des lunettes, et l'on raconte qu'il criait : « Eloignez de moi ces choses vulgaires ! » Il était également diabétique, ce qui a pu entraîner des troubles rétiniens et, avec l'âge, souffrit de cataractes (opacité du cristallin). D'une plume chicanière, Huysmans le décrivit comme un artiste dont la rétine était en mauvais état et qui, exaspéré par une vision défectueuse, jeta les bases d'un nouvel art. Né à un univers différent, Cézanne peignit le monde que voyaient ses yeux légèrement obliques, mais il y avait une chance pour que cette possibilité le rongeât. Par ailleurs, le sculpteur Giacometti dont les longues silhouettes étirées semblent aussi délibérément distordues qu'on peut le souhaiter confessa un jour aimablement : « Tous les critiques ont parlé du contenu métaphysique ou du message poétique de mon œuvre. Mais pour moi, ça n'est pas ça du tout. C'est un exercice purement optique. J'essaie de représenter une tête comme je la vois. »

On s'est beaucoup penché, ces derniers temps, sur les problèmes de vision de certains artistes, dont les lunettes sont parvenues jusqu'à nous ainsi que les résultats d'examens médicaux. Les quarante-neuf millions de dollars atteints par ses *Iris* vendus chez Christie en 1988 auraient certainement amusé Van Gogh, qui ne vendit qu'une toile dans sa vie. Connu pour s'être coupé un oreille, il se donnait aussi des coups de bâton, assistait à plusieurs messes tous les dimanches, dormait sur une planche, avait d'étranges hallucinations religieuses, buvait du kérosène et mangeait de la peinture. Certains chercheurs pensent aujourd'hui que quelques bizarreries stylistiques de Van Gogh (comme le halo autour des réverbères) peuvent ne pas avoir été des distorsions intentionnelles, mais avoir résulté de la maladie ou, en fait, de l'empoisonnement par les résines qu'il utilisait et qui pouvaient lui avoir gâté la vue au point qu'il voyait des halos autour des sources lumineuses. Selon Patrick Trevor-Roper, dont *The World Through Blunted Sight* (« Le monde vu par des yeux usés ») présente une enquête sur les problèmes de vision chez les peintres et les poètes, certains des diagnostics possibles sur la dépression de Van Gogh « ont compris une tumeur au cerveau, la syphilis, un manque de magnésium, une épilepsie du lobe temporal, l'empoisonnement par la digitaline (administrée pour traiter l'épilepsie et qui a pu entraîner la vision jaune) et le glaucome (certains autoportraits montrent une pupille droite dilatée, et il peignait des nimbes colorés autour des lumières) ». Tout récemment, un scientifique s'adressant à des neurologues réunis à Boston ajouta à la liste le syndrôme de Geschwind, trouble de la personnalité qui accompagne parfois l'épilepsie. Son docteur disait de Van Gogh : « Le génie est voisin de la folie, c'est connu. » Nombre de ces maux ont pu affecter sa vision. Mais il faut compter aussi avec les pigments les plus brillants qui contenaient des métaux lourds et toxiques comme le cuivre, le cadmium et le mercure. Les vapeurs et les poisons pouvaient aisément se mêler aux aliments, du fait que les peintres travaillaient et vivaient souvent dans une seule pièce. Pendant sa lune de miel, George Stubbs, le peintre animalier du dix-huitième siècle, vécut dans un cottage comprenant deux pièces et suspendit dans l'une la carcasse pourrissante d'un cheval qu'il disséquait avec zèle à ses moments perdus. Renoir fumait beaucoup et ne se souciait sans doute pas de se laver les mains avant de rouler une cigarette ; un peu de la peinture qu'il avait sur les doigts devait certainement rester sur le papier. En étudiant le rapport existant entre les métaux lourds et l'arthrite, deux médecins danois des maladies organiques ont comparé les choix de couleurs chez Renoir, Pierre Paul Rubens et Raoul Dufy (tous les trois arthritiques) et ceux de leurs contemporains. Lorsque Renoir choisissait ses rouges, ses oranges et ses bleus éclatants, il choisissait aussi de grosses doses d'aluminium, de mercure et de cobalt. En fait, 60 % des couleurs préférées de Renoir contenaient des métaux dangereux en quantité deux fois plus importante que dans les couleurs utilisées par ses contemporains Claude Monet ou Edgar Degas, qui peignaient souvent avec des pigments plus sombres, tirés de composés moins toxiques du fer.

Selon Trevor-Roper, les peintres, les mathématiciens, les fous de lecture seraient tous des myopes psychologiques. Ils ont « une vie intérieure différente de celle des autres », une personnalité différente, parce qu'ils n'ont d'accès visuel qu'au monde immédiat. Les images dans leur travail tournent plutôt autour de choses que « l'on peut voir de très près », et ils sont plus introvertis. Parlant de la myopie de Degas, par exemple, il écrit :

> Avec le temps, il en fut souvent réduit à faire des pastels plutôt que de peindre à l'huile, les pastels étant plus maniables avec sa vue qui baissait. Plus tard, il s'aperçut qu'en utilisant des photographies de modèles ou de chevaux qu'il voulait peindre, il pouvait sans mal se concentrer sur ces derniers. Finalement, il s'en remit de plus en plus à la sculpture qui lui donnait l'assurance que, du moins, son sens du toucher demeurerait vrai. « Je dois apprendre maintenant un métier d'aveugle », disait-il bien qu'en réalité le modelage l'eût toujours intéressé.

Trevor-Roper signale que le mécanisme qui entraîne la myopie (une élongation de l'œil) affecte également la perception des couleurs (les rouges sont plus durs) ; les cataractes affectent elles aussi les couleurs, les rendent floues et les rougissent. Pensez à Turner dont les dernières peintures, selon Mark Twain, faisaient penser à « un chat roux piquant une crise dans un saladier de tomates ». Ou à la croissante fascination de Renoir pour les rouges. Ou à Monet qui, à cause de sa cataracte, devait étiqueter ses tubes de peinture et disposer soigneusement les couleurs sur sa palette. Après une opération, il s'étonna, racontèrent des amis, de tout le bleu qu'il y avait dans le monde et s'effraya des étranges couleurs de ses œuvres récentes, qu'il retoucha anxieusement.

Selon une théorie sur la création artistique, les peintres extraordinaires viendraient au monde avec une vision différente. Cela, bien entendu, n'explique pas le génie, dans la composition duquel entrent le goût du risque, la colère, le flambement des émotions, un sens du décorum esthétique, une mélancolie sauvage, une curiosité sans frein, et bien d'autres traits de caractère, dont le désir d'être entièrement réceptif à la vie, de s'arrêter sur ses lignes générales et ses détails enchanteurs. Comme Georgia O'Keeffe, peintre à la robuste sensualité, le dit un jour : « Personne ne voit vraiment une fleur ; une fleur est quelque chose de si petit ; nous n'avons pas le temps — et il faut du temps pour voir, comme il faut du temps pour se faire des amis. » Quel genre de vision nouvelle les artistes apportent-ils en venant au monde, avant que ne se développe leur vision intérieure ? Question qui troublait Cézanne, comme elle a troublé maints artistes — comme si la façon dont il finirait par peindre et dont il peindrait avait dû y changer quoi que ce fût. Quand tout a été dit, tout se résout à ce qu'écrit Merleau-Ponty : « *Cette œuvre à faire exigeait cette vie.* »

LE VISAGE DE LA BEAUTÉ

Lors d'une étude où l'on demanda à des hommes de regarder des photos de jolies femmes, on constata que, sur les photos qu'ils préféraient, et de loin, les femmes avaient les pupilles dilatées. Ces portraits-là entraînaient chez les hommes une dilatation de la pupille, dilatation qui allait jusqu'à 30 %. Evidemment, ce n'est pas nouveau : les femmes de la Renaissance italienne et de l'Angleterre victorienne se mettaient des gouttes de belladone (plante vénéneuse dont le nom signifie « belle dame ») dans les yeux pour agrandir leurs pupilles avant de sortir avec des messieurs. Nos pupilles s'élargissent spontanément quand nous sommes stimulés ou excités. Ainsi, en voyant une jolie femme aux pupilles dilatées, les hommes avaient-ils l'impression qu'elle les trouvait séduisants, et en retour leurs propres pupilles se lançaient dans un tango de langage corporel. Voyageant récemment sur un navire qui affrontait les vents et les vagues féroces du détroit de Drake et les eaux quelquefois tumultueuses autour de la péninsule antarctique, les Orcades du Sud, la Géorgie du Sud et les Falklands, je remarquai que de nombreux passagers portaient un bout de scopolamine derrière l'oreille pour combattre le mal de mer. Effet de la scopolamine, des pupilles légèrement dilatées commencèrent d'apparaître au bout de quelques jours; tout le monde avait de grands yeux accueillants qui encourageaient sans nul doute le sentiment de camaraderie et d'amitié immédiates. Certains passagers finirent même par avoir l'air de zombies, car ils s'exposaient à la lumière, mais les autres paraissaient très ouverts et chaleureux[1]. Si elles y avaient regardé de plus près, les femmes auraient découvert que leur col de l'utérus aussi était dilaté. Dans les activités où il faut cacher ses émotions et ses intérêts — le jeu, la traite des blanches —, les gens portent souvent des lunettes noires pour masquer leurs intentions, que trahiraient leurs pupilles.

Nous pouvons prétendre que la beauté est à fleur de peau, mais Aristote n'avait pas tort de noter que « la beauté est une recommandation bien plus grande que n'importe quelle lettre d'introduction ». La triste vérité veut que les gens séduisants réussissent mieux à l'école, où on les aide davantage, où ils ont les meilleures places et moins de punitions; que, plus tard, ils

1. Alcaloïde extrait de la jusquiame et de diverses autres plantes de la famille des solanacées, la scopolamine a également servi de sérum de vérité. Cocktail parfait pour une croisière : des pupilles dilatées signalant un constant intérêt pour tout le monde et un profond besoin d'être sans inhibitions et de s'ouvrir à la persuasion.

obtiennent des emplois mieux payés, plus prestigieux et un avancement accéléré ; qu'ils ont plus de chance dans le choix de leurs partenaires sentimentaux, qu'ils dirigent les relations et prennent la plupart des décisions ; et que, parmi des inconnus, ils passent pour intéressants, honnêtes, vertueux et heureux en affaires. Après tout, dans les contes de fées, les premières histoires que nous entendions en général, les héros sont beaux, les héroïnes sont belles, et les méchants sont laids. Les enfants apprennent implicitement que les bons sont séduisants et les méchants vilains, et la société reprend le message de toutes sortes de façons subtiles à mesure qu'ils grandissent. Il ne faut donc peut-être pas s'étonner si les cadets de West Point, quand ils sont beaux, terminent plus brillamment leurs études, ou si un juge a tendance à condamner un criminel séduisant à une peine moins lourde. En 1968, pour une étude menée dans le système pénitentiaire de New York, on divisa en trois groupes les détenus balafrés, difformes ou affligés d'autres tares. Le premier groupe eut droit à des opérations de chirurgie esthétique ; le second à des conseils et à une thérapie intensive, tandis que l'on ne s'occupait pas du troisième. Une année plus tard, quand les chercheurs pointèrent les résultats, ils virent que ceux qui avaient subi des opérations de chirurgie esthétique s'étaient mieux adaptés et risquaient moins de retourner en prison. Au cours d'expériences réalisées par des entreprises, lorsque des photos différentes accompagnaient le même curriculum vitae, c'était la personne la plus séduisante que l'on sélectionnait. Les bébés plus jolis sont mieux traités que ceux qui manquent de charme, non seulement par les étrangers, mais par leurs parents eux-mêmes. Les mères câlinent et embrassent davantage leurs bébés, leur parlent davantage et jouent davantage, si les bébés sont mignons. Et de même les pères qui ont de jolis bébés s'en occupent-ils davantage. Les enfants séduisants ont de meilleures notes aux examens, probablement parce que leur beauté leur vaut les louanges, les attentions et les encouragements des adultes. Lors d'une étude effectuée en 1975, on demanda à des professeurs de donner leur avis sur un enfant de huit ans dont le coefficient intellectuel était faible, et les notes mauvaises. Tous les professeurs virent les mêmes rapports. Mais certains étaient accompagnés de la photo d'un bel enfant, et les autres de celle d'un enfant quelconque. Les professeurs avaient tendance à recommander que l'on envoyât ce dernier dans une classe pour enfants attardés. La beauté d'un autre peut constituer un accessoire de prix. Pour une étude particulièrement intéressante, on demandait aux gens de regarder la photo d'un homme et d'une femme, mais de ne juger que l'homme. Il s'avéra que, si la femme au bras de l'homme était jolie, on pensait que l'homme était plus intelligent et qu'il réussissait mieux dans la vie que si la femme était sans charme.

Si choquants que soient les résultats de ces expériences et d'autres similaires, ils confirment ce que nous savons depuis toujours. Que cela nous plaise, ou non, un visage de femme a toujours représenté un atout. Une jolie femme peut souvent s'élever socialement et sortir de la pauvreté par le mariage. Nous nous souvenons de beautés légendaires comme Cléopâtre et Hélène de Troie, symboles du pouvoir que la beauté a de causer la chute des grands chefs et de changer le destin des empires. Les Américaines dépensent tous les ans des millions de dollars en produits de beauté. A quoi il faut ajouter les séances chez le coiffeur, le sport, les régimes, les vêtements. Les hommes séduisants ne sont pas en reste, mais pour un homme rien de tel que la taille. Une étude a été consacrée à la vie professionnelle de 17 000 hommes. Ceux qui mesuraient plus d'un mètre quatre-vingts réussissaient beaucoup mieux – gagnaient plus d'argent, obtenaient de l'avancement plus vite, s'élevaient à des postes plus prestigieux. Peut-être les hommes grands stimulent-ils les souvenirs d'enfance où l'on regarde l'autorité d'en bas – seuls nos parents et les autres adultes étaient grands et ils avaient tout pouvoir de punir ou de protéger, de donner un amour absolu, de susciter nos vœux ou de bloquer nos espoirs.

L'idéal humain d'un joli visage varie d'une culture à l'autre, bien entendu, et avec le temps, comme Abraham Cowley le notait au dix-septième siècle :

Beauté, ô toi, guenon fantasque et sauvage
Qui changes de forme de pays en pays!

Mais en général, nous recherchons sans doute un mélange de maturité et d'immaturité — les grands yeux d'un enfant, qui nous donnent envie de protéger, les pommettes hautes et d'autres traits d'un homme ou d'une femme pleinement développés, qui font que nous nous sentons sexy. Dans nos efforts pour paraître sexy, nous nous faisons percer les narines, allonger les oreilles ou le cou, tatouer la peau, lier les pieds ; nous corsetons nos côtes ; nous nous teignons les cheveux ; nous nous faisons enlever la graisse des cuisses ; nous modifions notre corps de mille autres manières. Tout au long de l'histoire de l'Occident, on attendit d'une femme qu'elle fût rebondie, douce et voluptueuse, qu'elle incarnât la terre mère en le rayonnement de sa fertilité sensuelle. Préférence qui avait une solide assise évolutive : ayant plus de graisses corporelles et de substances nutritives nécessaires à la grossesse, une femme en chair avait plus de chances de survivre quand la faim se faisait sentir, pouvait protéger le fœtus et allaiter le nouveau-né. Dans de nombreuses régions de l'Afrique et de l'Inde, la graisse n'est pas seulement un signe de beauté chez les hommes comme chez les femmes, elle leur confère aussi une sorte de dignité. Aux Etats-Unis, pendant les années 20 et aussi pendant les années 70 et 80, quand la mode était à la minceur extrême, les hommes voulaient que la silhouette des femmes fût celle d'adolescentes, et l'on a pu faire tout un foin au sujet du nouveau rôle de la femme dans la société et dans le travail. Aujourd'hui, la plupart des hommes que je connais préfèrent que les femmes aient plus de formes et soient en forme ! Mais la plupart des femmes que je connais continuent de préférer être « trop » minces.

Cependant, c'est le visage qui a toujours attiré les premiers regards d'un admirateur, surtout les yeux, qui peuvent être éloquents et provocants. Et au long des âges, les gens se sont maquillés pour souligner les traits de leur visage. Les archéologues ont trouvé les vestiges de parfumeries et de salons de beauté du quatrième millénaire avant notre ère et des attirails de maquillage vieux de huit mille ans. Les femmes de l'ancienne Egypte préféraient le fard à paupières vert et scintillant, effet obtenu en écrasant la carapace iridescente de certains scarabées ; le kohl comme eye-liner et le mascara ; le rouge à lèvres bleu-noir ; le rouge à joues ; le henné pour les mains et les pieds. Elles se rasaient les sourcils et s'en dessinaient d'autres. Une dame à la mode dans l'Egypte d'alors soulignait de bleu les veines de ses seins et revêtait d'or ses mamelons. Son vernis à ongles indiquait son rang, le rouge correspondant au plus élevé. Les hommes aussi raffolaient de potions et de produits de beauté élaborés ; et pas seulement pour sortir le soir : la tombe de Toutankhamon contenait des jarres de produits de maquillage et de crèmes de beauté destinées à son usage dans l'au-delà. Les Romains adoraient les cosmétiques, et les chefs se faisaient coiffer et parfumer les cheveux et laquer les ongles avant la bataille. Les cosmétiques attiraient encore plus les femmes, et au premier siècle de notre ère, Martial écrivit à l'une d'entre elles : « Quand tu restes chez toi, Galla, tes cheveux sont chez le coiffeur ; tu enlèves tes dents la nuit et tu dors, rangée dans une centaine de boîtes à fards — jusqu'à ton visage qui ne dort pas avec toi. Puis, tu fais de l'œil aux hommes sous un sourcil que tu as pris le matin dans un tiroir. » Un médecin romain du deuxième siècle inventa le cold cream, dont la formule n'a guère changé depuis lors. Nous pouvons nous rappeler que, d'après l'Ancien Testament, avant de s'engager sur les chemins du mal, la reine Jézabel se peignit le visage selon la coutume des Phéniciens chics de 850 avant notre ère. Au dix-huitième siècle, les Européennes acceptaient de manger des tablettes à l'arsenic pour faire paraître leur peau plus blanche : l'empoisonnement de l'hémoglobine leur donnait une fragile pâleur lunaire. Les rouges contenaient souvent des métaux dangereux comme le plomb et le mercure et, quand on s'en servait pour les lèvres, passaient directement dans le sang. Dans l'Europe du dix-septième siècle, hommes et femmes arboraient parfois des mouches en forme de cœurs, de soleils, de lunes et d'étoiles qui, collées sur les seins ou le visage, détournaient l'œil des admirateurs de toute imperfection — à l'époque, le plus souvent des cicatrices de variole.

L'Université de Louisville a récemment mené des études où

l'on demandait aux universitaires hommes quels étaient à leur avis les composants idéaux d'un visage de femme. Les résultats furent confiés à un ordinateur. On découvrit que la femme idéale avait les pommettes larges ; les yeux très écartés et placés dans le haut du visage ; le nez plutôt petit ; les sourcils hauts ; le menton petit et bien dessiné — et un sourire qui pouvait occuper la moitié du visage. Sur les visages trouvés « jolis », l'œil faisait en hauteur le quatorzième du visage et les trois dixièmes en largeur ; le nez n'occupait pas plus de 5 % du visage ; la distance de la lèvre inférieure au menton couvrait un cinquième de la hauteur du visage. Superposez les visages de nombreuses beautés sur ces proportions informatisées, et aucun ne fera l'affaire. Ce à quoi se réduit toute cette géométrie de la beauté, c'est le portrait d'une mère idéale — d'une jeune femme saine. Une mère devait être fertile, saine et énergique pour protéger ses enfants et continuer d'en porter, dont beaucoup pouvaient mourir en bas âge. Les hommes que de telles femmes attiraient avaient plus de chances de survivre génétiquement. Se fondant sur les subtilités persistantes de cette attirance, des chirurgiens esthéticiens font parfois de la publicité d'un fabuleux mauvais goût. Ainsi un chirurgien de Californie, le Dr Vincent Forshan, fit-il un jour passer une pub de huit pages couleur dans le *Los Angeles* ; on y voyait une superbe jeune femme, poitrine haute et large, ventre plat, croupe ferme, longues jambes fuselées, posant près d'une Ferrari rouge. Au-dessus de la photo, un titre : « Voiture par Ferrari... *Carrosserie par Forshan.* » Question : que font ceux d'entre nous qui ne sont pas de grands adolescents impeccablement découplés ? Réponse : consolons-nous en pensant combien la beauté est relative. Bien qu'elle s'attire nos premiers éloges et toute notre attention, elle peut s'écailler sous nos yeux en un instant. Je me rappelle avoir vu Omar Sharif dans *Le Docteur Jivago* et dans *Lawrence d'Arabie* et l'avoir alors trouvé d'une beauté saisissante. Jusqu'au jour où, quelques mois plus tard, je le vis à la télévision donner une interview au cours de laquelle il déclara qu'une seule chose l'intéressait dans la vie — le bridge — et qu'il passait à y jouer le plus clair de son temps libre. A mon grand étonnement, il fut changé pour moi en un homme sans nulle séduction. Ses yeux me parurent brusquement chassieux, il avait le menton proéminent, et rien dans son anatomie n'était proportionné. J'ai remarqué que cette alchimie fonctionnait aussi dans l'autre sens, quand un inconnu sans charme particulier ouvrait la bouche et parlait d'une façon proprement ravissante. Dieu merci pour ce que l'entrain, l'intelligence, la curiosité, la douceur, la passion, le talent, et la grâce ont de stimulant. Dieu merci, même si la beauté physique accapare l'attention, le sens durable de la beauté d'un être se révèle par étape. Dieu merci, comme Shakespeare l'écrit dans *Le Songe d'une nuit d'été* : « L'amour ne regarde pas avec les yeux, mais avec l'esprit. »

Evidemment, nous ne nous contentons pas d'aimer les traits d'une autre personne, nous sommes aussi les amants de la Nature. Nous devons toute notre passion pour les belles fleurs aux insectes, aux chauves-souris, aux oiseaux, puisque ces pollinisateurs et les fleurs se sont développés conjointement ; les fleurs utilisent les couleurs pour attirer les insectes et les oiseaux qui les féconderont. Nous pouvons cultiver les fleurs pour leur faire atteindre le seuil où leurs couleurs et leur parfum étourdiront nos sens. Et ce faisant, nous avons grandement modifié l'apparence de la nature, mais il y a dans la nature une gloire particulière que nous ne trouvons que lorsqu'elle demeure inviolée, à son état le plus sauvage. En notre « douce terre spontanée », comme l'appelle e.e. cummings, nous rencontrons d'étonnantes beautés secrètes qui nous emplissent d'extase. Peut-être que, comme lui, nous

remarquons le pouce orange et convulsé de la lune
perché sur cette minute argentine du soir

et que notre cœur bat soudain la chamade, ou que nos yeux se ferment de plaisir et que, dans une demi-pâmoison, nous soupirons avant de savoir ce qui se passe. La scène est si belle qu'elle nous terrasse. Le clair de lune peut nous rassurer : il y aura assez de lumière pour que nous trouvions notre chemin à travers les plaines obscures, ou pour que nous échappions à une bête nocturne. L'éclat enflammé du crépuscule nous rappelle la chaleur où nous nous épanouissons. Les couleurs jaillissantes des fleurs annoncent le printemps et l'été, quand la nourriture abonde et que la vie rayonne de fertilité. Les oiseaux éclatants de couleurs nous émoustillent de leur éclair et de leur éblouissement sexuels : l'atavisme est dans nos cœurs, et toute pantomime sexuelle nous fait penser à la nôtre. Il n'empêche : l'essence de la beauté naturelle est la surprise et la nouveauté. Dans le poème de cummings, c'est, inattendu, le « pouce orange et convulsé de la lune » qui éveille l'attention. Quand cela se produit, notre sens collectif s'élargit — nous n'appartenons pas que les uns aux autres, mais aussi à d'autres espèces, à d'autres formes matérielles. « Que nous appréciions la beauté d'un cristal, ou d'un coquelicot signifie que nous sommes moins seuls, écrit John Berger dans *The Sense of Sight* ("Le sens de la vue"), que nous nous insérons plus profondément dans l'existence que le cours d'une vie unique ne nous amènerait à le croire. » Les naturalistes disent souvent qu'ils ne se lassent jamais de voir le même empan de jungle, ni de fouler les mêmes sentiers dans la savane. Mais si vous insistez, ils ajoutent immanquablement qu'il y a toujours quelque chose de nouveau à regarder, qui est toujours différent. Comme le dit Berger, « la beauté est toujours une exception, toujours *en dépit de*. C'est pourquoi elle nous émeut ». Néanmoins, nous répondons aussi passionnément à la façon hautement élaborée de regarder la vie que nous appelons art. Dans une certaine mesure, l'art consiste à attraper la Nature à l'intérieur d'un presse-papiers. Soudain, un lieu ou une émotion abstraite se muent en choses que l'on peut regarder à loisir, se détachent du flux des choses, et il est possible de les faire tourner et de les considérer depuis différentes positions avantageuses. Ils deviennent aussi fixes et, dès lors, aussi sacrés que le paysage. Ainsi que le note Berger :

> Le développement de tous les langages artistiques représente une tentative pour transformer l'instantané en permanent. L'art suppose que la beauté n'est pas une exception — n'est pas *en dépit de* —, mais qu'elle est la fondation d'un ordre... L'art est une réponse organisée à ce dont la nature nous consent de loin en loin un aperçu... le visage transcendantal de l'art est toujours une forme de prière.

Bien sûr, l'art est plus complexe que cela. Les émotions intenses nous épuisent, et nous attendons des artistes qu'ils les éprouvent pour nous, qu'ils souffrent et se réjouissent, qu'ils décrivent les sommets de leur réponse passionnée à la vie; ainsi pourrons-nous sentir et ressentir en gardant nos distances et apprendrons-nous jusqu'où peut s'étendre vraiment l'expérience humaine. Nous pouvons ne pas vouloir vivre les extrêmes de la conscience que nous trouvons chez Jean Genet ou Edvard Munch, mais quelle merveille d'y plonger les regards! Nous demandons aux artistes d'arrêter le temps pour nous, de briser le cycle de la naissance et de la mort et de mettre provisoirement fin au processus de la vie. Chose qu'il est d'habitude trop difficile d'affronter sans que l'on se trouve sensoriellement écrasé. En revanche, les artistes recherchent cette intensité. A eux de remplir notre vie d'une cavalcade de nouvelles visions tant extérieures qu'intérieures. Ainsi étions-nous, enfants, quand tout était nouveau[1]. Avec le temps, une grande partie du spectacle de la vie devient poliment floue, car si nous nous arrêtons pour regarder tous les lis des champs, nos lettres ne seront jamais classées, ou nos brugnons achetés.

Des choses sans beauté font parfois nos délices. Les gargouilles, le tape-à-l'œil, les grands aplats violents, les jeux organisés de la lumière. Les feux de Bengale et les feux d'artifice font presque mal aux yeux, mais nous les trouvons beaux. Un diamant de sept carats sans défaut est pure scintillation, et nous le trouvons beau lui aussi. Tout au long de l'Histoire, obsédé par la manière dont le soleil pénètre un cristal, on a taillé les roches naturelles les plus grossières pour en tirer des joyaux exquis. Nous pouvons juger visuellement magnifiques les diamants et d'autres pierres précieuses, mais ce regard que nous posons sur eux ne date pas de très longtemps. Ce n'est qu'au dix-huitième siècle que l'art (récemment amélioré) de la taille des pierres précieuses donna le jour aux pierres scintillantes où vit le feu qui nous éblouit et que nous admirons. Avant cela, même les joyaux de la couronne semblaient ternes et mornes. Mais au dix-huitième siècle, on lança la mode de la taille à facettes et des décolletés plongeants. D'ailleurs, les

1. Comme Laurens van der Post l'a remarqué chez les Bochimans du Kalahari : « J'ai vu pourquoi la poésie, la musique, les arts sont des questions de survie — de vie ou de mort pour nous tous... Les arts conservent et créent tout ensemble cette chaîne; ils sont chargés de maintenir les mouvements originaux dans la dernière édition de l'homme; ils rajeunissent et rendent immédiat ce qui est venu en premier et qui est le plus ancien dans l'esprit de l'homme. »

dames portaient souvent leurs bijoux épinglés à leur décolleté, celui-ci attirant l'attention sur ceux-là, et inversement. Pourquoi faut-il qu'une pierre précieuse nous semble belle? Un diamant est comme un prisme bottelé. Pénétrant un diamant, la lumière ricoche au-dedans, se réfléchit depuis le fond et répand ses couleurs avec plus d'exubérance qu'à travers un prisme ordinaire. Un habile tailleur de diamants s'arrange pour que la lumière glisse à l'intérieur le long des nombreuses facettes de la pierre et jaillisse du bijou dans les angles. Faites tourner le diamant dans votre main, et vous voyez une couleur pure en suivre une autre. La variété est la promesse que la matière fait aux choses vivantes. Nous trouvons l'énergie, le mouvement, les couleurs changeantes de la vie capturés dans le petit espace mort d'un diamant qui brille un moment comme le néon pour cracher le feu un moment après. Notre sens de l'émerveillement s'enflamme, les choses ne sont pas à leur place, un feu magique a été allumé, ce qui est sans vie naît à la vie dans un éclair inattendu et commence de danser une petite danse brève parmi les flammes. Quand nous regardons un visage ou un feu d'artifice, ou que nous assistons au lancement d'une fusée, la danse est plus lente, mais les couleurs et les lumières s'intensifient jusqu'à nous faire mal en nous entourant et nous faisant disparaître dans la fantaisie d'une pure extase visuelle.

ASSISTER AU LANCEMENT NOCTURNE DE LA NAVETTE SPATIALE

Une énorme tour rutile à travers les marais de Floride. Des projecteurs ouvrent le ciel, y déroulent des tapis de lumière. Autour de la rampe de lancement, les hélicoptères et les jets clignotent comme des insectes de feu. On n'a jamais rempli le ciel de tant d'improbabilité cloutée de diamants. Dans la cascade des lumières, un treillage géant presse sur son cœur une mince fusée avec, de chaque côté, un grand thermos rempli d'un carburant solide qui, couleur et contact, fait penser à de la gomme dure, et, dans le dos, une navette spatiale au nez pointu, accrochée comme le petit de quelque mammifère exotique. La pleine lune s'arrondit au bas du ciel, visage tourné vers la rampe de lancement, bouche ouverte.

Sur les écrans de contrôle, les chiffres indiquent le compte à rebours. Lorsqu'ils disparaîtront et que prendra fin le temps inversé, quelque chose s'évanouira. Non pas la navette — elle restera avec nous, visible à l'œil nu, puis grâce aux radars et aux douzaines d'antennes qui, de par le monde, la suivront en balayant le ciel comme pour nous soulager. Nous sommes là, dans les marais de Floride, à attendre fiévreusement depuis des heures le ravissement incendiaire du moment qui approche, nous arrachera à notre traintrain et nous soulèvera comme l'obélisque que nous lançons, plus près de l'infini. Sur les berges enguirlandées de brume de la Banana River et aux postes de guet des bords de la route, nous attendons : cinquante-cinq mille personnes prévues au seul centre spatial.

Lorsque meurt l'éclat des projecteurs, les obturateurs des appareils photo et ceux des esprits s'ouvrent simultanément. L'air est mou et humide. Cent mille yeux se jettent sur un point, où une lueur, sous la fusée de lancement, se transforme en une roue de feu, une de ces allumettes bengales que l'on brandit le 4 juillet[1]. Des nuages blancs se précipitent dans toutes les directions dans une tempête de poussière et de feu, Sahara squameux et tourbillonnant dévoré d'un éclat qui va du blanc-gris à un platine incandescent qui blesse les yeux, à un or rayonnant et hypnotique — et l'on oublie comment les plisser. L'air est plein de piqûres d'abeilles, électrique et urticant. Les pores de la peau commencent de nous démanger. Les cheveux se dressent dans le cou. Jadis, la rampe de lancement fondait lors de la mise à feu, mais aujourd'hui plus d'un million de litres d'eau se déversent bruyamment d'en haut, explosent d'en bas. Des nuées de vapeur parfument l'air de cendre minérale. Craquelés par les reflets, les conduites d'eau prennent la couleur du cuivre battu. Des cumulus se forment et dansent au niveau du sol, où l'on ne s'attend pas à en voir annoncer le tonnerre.

A quelques secondes du lancement, un *whoosh!* abricot se déverse spasmodiquement, comme les quartiers ondoyants

1. Jour de la fête nationale aux Etats-Unis. (*N.d.T.*)

d'un cheval, plus blanc maintenant que le soleil, tandis que les nuages s'élèvent et s'entassent comme pour une scène de la Création. Les oiseaux bondissent dans l'air, ainsi que des phalènes, des libellules, des moucherons et d'autres créatures ailées, tous affolés par la clameur : mugissement, craquement, hurlement du vent descendant. Qu'est donc le vol, pour qu'il puisse avoir lieu dans les ailes fragiles d'une phalène, dont la centrale est un cœur de la taille d'une microplaquette ? Qu'est donc le vol, pour qu'il puisse élever en grondant quatre millions et demi de livres de poids mort sur une tour de lancement colossale ? Fermez les yeux, et vous entendez l'assourdissante mitraillade d'un feu d'artifice qui décrit un arc contre votre poitrine ; rouvrez-les, et vous voyez un énorme muscle d'acier dégouttant de feu, et une poussée de sept millions de livres s'arrête un moment sur une hanche d'argent, puis le chahut des nuages explose. Les supports de fer s'abattent sur la rampe comme des journaux, et les ondes de choc se déroulent, cognant de leurs poings gigantesques, cognant les marais où les oiseaux volent en criant, cognant la poitrine où un cœur déjà rapide commence à détaler carrément. L'air est tendu comme la peau d'un tambour, que cogneraient les molécules. Soudain, la navette spatiale bondit au-dessus des marais, loin du rire maintenant frénétique des crétins, loin du délire nasillard des insectes et de la bouche ouverte de terreur des spectateurs, dont beaucoup versent des larmes : elle s'élève sur une cataracte de flammes de deux cents mètres de long, en décochant des étincelles colossales, cependant que la happe un nimbe d'or qui brûle profondément dans la mémoire.

Dix minutes seulement après la mise à feu, elle quittera la couche de sécurité de notre atmosphère et atteindra une orbite à deux cent quatre-vingt-quinze kilomètres. Ce n'est pas un miracle. Après tout, nous autres humains avons commencé dans une vieille colère de l'univers, quand notre composition chimique prenait sa première forme. Nous avons évolué au gré d'accidents, d'avatars, de presque-ratages et de bonne fortune. Nous avons mis au point un langage, édifié des villes, rassemblé les nations. Aujourd'hui, nous changeons le cours des fleuves et déplaçons les montagnes. Nous retenons des milliards de tonnes d'eau derrière des barrages en ciment. Nous pénétrons par effraction dans la poitrine et la tête des humains ; faisons des opérations à cœur ouvert, et d'autres sur le cerveau pensant. Par comparaison, qu'est un défi à la gravitation ? Sur orbite, il n'y aura ni nuit ni jour, ni haut ni bas. Personne n'aura « les pieds sur terre ». Aucune plaisanterie ne sera « au ras des pâquerettes ». Aucun argument ne viendra « à temps ». On ne dira d'aucun frisson qu'il n'est pas de ce monde. Sur orbite, le soleil se lèvera toutes les heures et demie, il y aura 112 jours dans une semaine. Il est vrai que le temps a toujours été l'une de nos inventions les plus hardies et les plus ingénieuses et, quand on y pense, l'une de nos fictions les moins plausibles.

Virant brusquement vers l'est au-dessus de l'eau, la navette roule lentement sur elle-même, s'élevant à trois *g*, torche ascendante dont s'échappe en se tordant un cordon ombilical de nuages blancs. Lorsque les deux grosses fusées se détachent, elles planent d'un côté comme de rouges guillemets brillants, placés au début d'une phrase qui se terminera dans quatre jours. Pendant plus de six minutes d'émerveillement sismique, on la voit encore, cette étoile que nous projetons dans le ciel criblé d'étoiles. Qu'est-ce qui est proche ? se demande-t-on. Est-ce la touffe de marguerites sauvages au bord de la Banana River, où les phalènes voltigent et plongent sans l'aide de fusées ? Pour les esprits larges, la Terre est petite. Pas assez petite pour qu'on l'épuise en une vie, mais c'est une demeure où nulle place n'est perdue : confortable, légère, un endroit que l'on peut chérir, le centre spectral de notre vie. Mais comment rester pour jamais à la maison ?

LA FORCE D'UNE IMAGE : LE CYCLE DE L'ANNEAU

Notre œil intérieur, siège abstrait de l'imagination, se représente le visage d'un être aimé, savoure un baiser. Lorsque nous pensons à cet être en passant, nos pensées sont diverses. Mais quand nous nous le représentons vraiment, comme s'il s'agissait d'un hologramme, l'émotion nous envahit. Voir est beaucoup plus que voir. L'image visuelle est une sorte de détonateur des émotions. Une photo peut nous rappeler tout un régime politique, une guerre, un moment héroïque, une tragédie. Un geste symboliser la vastitude de l'amour parental, l'incertitude et le désordre de l'amour romantique, les miroirs déformants et hilarants de l'adolescence, la rapide transfusion de l'espérance, le sentiment d'un vent qui rase et dépouille le cœur et que nous appelons une perte. Regardez l'herbe au flanc d'une colline, et vous pouvez aussitôt vous rappeler l'odeur de l'herbe fraîchement coupée, ce que vous éprouvez quand elle est humide, les traces qu'elle laisse sur vos jeans, le son que vous pouvez tirer d'un brin d'herbe tenu entre vos pouces, et toutes sortes d'autres souvenirs qui se rattachent à l'herbe : pique-niques en famille, les parties de *dodge ball* dans un verger du Middle West, le bétail qu'il fallait mener depuis le désert poussiéreux du Nouveau-Mexique jusqu'à des prairies sur les hauteurs où paître une luxuriance verte, les randonnées dans les Adirondacks — et que l'on a fait l'amour dans un pré au sommet d'une colline par un jour d'été chaud et venteux (le soleil, à travers les nuages, éclairait une partie du versant après l'autre), comme si ç'avait été une chambre où l'on eût laissé la lampe allumée. Lorsque nous voyons un objet, toute la péninsule de nos sens s'éveille pour l'apprécier. Tous les boutiquiers du cerveau le considèrent de leur point de vue, et de même tous les fonctionnaires, tous les comptables, tous les étudiants, tous les fermiers, tous les mécaniciens. Tous ensemble voient la même chose — de l'herbe sur le flanc d'une colline —, et chacun en prend quelque chose de légèrement différent, tous les fragments réunis constituant ce que nous voyons. Nos autres sens aussi peuvent déclencher des souvenirs et des émotions, mais les yeux sont particulièrement doués pour percevoir sous plusieurs angles, d'une manière symbolique, sous forme d'aphorismes. Ce que sachant, les gouvernements passent leur temps à ériger des monuments. En général, ils ne sont pas très ressemblants, mais les gens se tiennent quand même devant et y vont de leur émotion. Pour l'œil, la majeure partie de la vie a quelque chose d'un monument. Et il est des formes qui nous touchent plus que d'autres.

Par exemple, je suis de près le programme spatial depuis les vingt dernières années, et je me renseigne avec une joie qui ne se dément pas sur le système solaire, grâce surtout aux Voyagers qui ont envoyé des films sur les proches parents de la Terre. Quel choc délicieux j'ai ressenti en découvrant que la moitié des planètes ont des anneaux : pas seulement Saturne, mais Jupiter, Uranus, Neptune et peut-être même Pluton. Et ces anneaux sont tous différents. Ceux de Jupiter, étroits et sombres, contrastent avec les rubans de Saturne, brillants et larges. Les anneaux d'obsidienne d'Uranus remorquent des lunes semi-circulaires. Le système solaire a tranquillement fait rouler des anneaux autour de nous. Poignante magie! Indépendamment des religions, des politiques, de l'âge et du sexe, peu de symboles ont autant signifié, à nos yeux, que les anneaux. Nous donnons des anneaux pour représenter l'amour infini et l'intime harmonie de deux âmes. Les anneaux nous rappellent les cellules simples qui furent les premières versions de la vie, et la symphonie de cellules que nous sommes aujourd'hui. Nous essayons d'attraper des anneaux quand nous sommes sur les chevaux de bois. Les anneaux auréolent ce qui est sacré. Nous entourons d'anneaux les choses dont nous voulons signaler l'importance. Les sports se déroulent souvent dans l'anneau magique d'un terrain. Les anneaux symbolisent l'infini : nous ne faisons jamais que commencer de finir. Les anneaux représentent une promesse, un engagement. Les anneaux suggèrent l'idée de l'éternité, l'intemporalité, la perfection. Nous dressons la carte du temps sur le cadran d'une horloge où il s'écoule selon la courbe fermée d'un anneau. Sur les terrains de jeux, les enfants envoient leurs billes dans un anneau dessiné à la craie; ce sont des forces motrices mimant la mécanique planétaire. Nous réglons l'image du monde avec nos globes oculaires, mondes dans les mondes. Nous tenons pour un trésor l'âme harmonieuse et ronde que nous pensons voir en un être aimé. Nous croyons que, de même que l'on peut faire un cercle vigoureux avec deux arcs plus faibles, nous pouvons nous compléter en associant notre vie à celle d'un autre. Nous qui soupirons après la symétrie immortelle et sans bouts qui pendouillent d'un anneau chantons du mieux que nous pouvons les merveilles de l'univers en voyageant au fil de l'anneau de la naissance et de la mort. Les astronautes d'Apollo revinrent sur Terre, changés d'avoir vu leur planète originelle flotter dans l'espace. Ce qu'ils virent était une sorte d'aphorisme visuel, et c'en est un que nous avons tous besoin d'apprendre par cœur.

LES MURS ARRONDIS DE LA MAISON

Imaginez ceci : tous les êtres que vous avez connus dans toute votre vie, tous ceux que vous avez aimés, toute votre expérience de la vie, tout cela flottant en un seul endroit, sur une seule planète au-dessous de vous. Sur cette oasis éblouissante, où tourbillonnent les bleus et les blancs, le temps se forme et voyage. Vous regardez les nuages chatouiller l'Amazone, se gonfler au-dessus de la jungle, et vous savez que le temps qui s'y élabore affectera les récoltes à une demi-planète de distance, en Russie et en Chine. Des éruptions volcaniques dessinent de minuscules paillettes en dessous. Les jungles disparaissent en Australie, à Hawaï et en Amérique du sud. Vous voyez des « bols à poussière » se développer en Afrique et au Proche-Orient. Des machines ont évalué l'humidité dans le désert et l'on vous a déjà prévenu : il y aura des nuées de sauterelles cette année. A votre grande surprise, vous identifiez les lumières de Denver et du Caire. Et bien que, selon ce que l'on vous a appris, les choses soient distinctes comme les pièces séparées d'un puzzle, vous pouvez voir maintenant que les océans, l'atmosphère et la terre ne sont pas du tout séparés, mais participent de la toile complexe de la nature. Comme Dorothy dans *Le Magicien d'Oz*, vous avez envie de claquer vos souliers magiques et de dire trois fois : « Rien ne vaut la maison. »

Vous savez ce qu'est la maison. Pendant des années, vous vous êtes efforcé d'observer modestement et avidement les cieux et la Terre, dont vous aimez le cantique verdoyant. La maison est ce pigeon qui se rengorge comme un quémandeur dans la cour devant chez vous. La maison est le bosquet de noyers derrière. La maison est la pancarte du poste à essence à la sortie de Pittsburgh, et vous lisez : « Si on peut pas vous l'arranger, c'est qu'en fait y a pas de danger. » La maison est le printemps sur les campus de toute l'Amérique, et les étudiants s'étalant dans l'herbe comme les blessés de guerre à Gettysburg. La maison est la jungle du Guatemala, parfois aussi meurtrière que tout un arsenal. La maison est le faisan qui criaille des menaces enrouées au chien du voisin. La maison est le tourment exquis de l'amour et toutes les mutilations moins importantes du cœur. Mais ce dont vous rêvez, c'est de prendre du recul pour voir l'ensemble. Vous voulez réaliser le désir immémorial, illustré dans les mythes et les légendes de toutes les civilisations, de marcher au-dessus de la Terre et de voir le monde entier s'agiter et fleurir au-dessous de vous.

Je me souviens de ma première leçon de pilotage, pendant le calme de l'été, au nord de l'Etat de New York. Lâchant les gaz, je lançai l'avion tout vrombissant sur la piste ; le train d'atterrissage commença de danser ; puis le sol se déroba et je me retrouvai dans l'air, escaladant une invisible *volée* de marches. L'horizon vint avec moi (comment aurait-il pu en être autrement sur une planète ronde ?). Pour la première fois de ma vie, je compris ce qu'était une vallée quand j'en survolai une à plus de deux mille mètres. Je pouvais voir la dévastation causée par les phalènes qu'en Amérique nous appelons gitanes et dont la faim avait sucé la vie des forêts au point que celles-ci étaient maintenant d'un gris moucheté. Plus tard, en survolant l'Ohio, je m'attristai en découvrant qu'y stagnait un air ocre et que les eaux du grand fleuve Ohio, sombres et épaisses, n'étaient pas bonnes, qu'elles étaient même inflammables çà et là, à cause des exhalaisons des usines de plastique que je pouvais voir aussi, telles des pustules le long du fleuve. Je commençai de comprendre comment les gens s'y prennent pour dessiner un paysage, par vagues et aux carrefours, pour embrasser une terre du regard et pour l'irriguer. Par-dessus tout, je me rendis compte que ce sont là des choses que l'on ne peut apprendre sur le monde qu'en prenant certaines perspectives. Comment comprendre les océans sans se fondre en la complexité de leurs abîmes ? Comment comprendre la planète sans marcher dessus, sans goûter ses merveilles une à une et sans ensuite flotter au-dessus pour l'avaler toute en un seul regard ?

On se souviendra surtout du vingtième siècle comme de

l'époque où nous avons commencé de comprendre où nous habitons. La « grosse boule belle et bleue et mouillée » des dernières années est une façon de le dire. Mais une autre façon, et plus profonde, évoquera les ordres de grandeur de cette grosse boule, la délicatesse arbitraire de sa beauté, les nuances de son bleu, les manières dont l'eau a rendu la vie possible et la fragile euphorie de l'écosystème complexe qu'est la Terre, une Terre sur laquelle, vue de l'espace, il n'y a pas de clôtures visibles, pas de zones militaires, pas de frontières entre les nations. Nous avons grand besoin d'envoyer dans l'espace une équipe d'artistes et de naturalistes, de photographes et de peintres qui dirigeront vers nous leur miroir et nous montreront une seule Terre, un seul organisme qui flotte, fragile, florissant, bourdonnant, plein de spectacles, plein d'êtres humains fascinants, quelque chose qu'il nous faut chérir. D'apprendre où nous habitons peut ne pas mettre fin à toutes les guerres mais cela enrichira notre pouvoir de nous émerveiller et notre fierté. Cela nous rappellera que le contexte humain ne se resserre pas comme une corde autour de notre cou, mais qu'il est vaste comme l'univers où nous avons le privilège d'habiter. Cela changera notre sens du voisinage. Cela nous persuadera que nous sommes citoyens de quelque chose de plus grand et de plus profond que de simples pays, que nous sommes citoyens de la Terre, que nous nous promenons dessus, que nous prenons soin d'elle et que nous aurions intérêt à travailler ensemble à résoudre ses problèmes. La vision depuis l'espace nous offre la première chance qui nous ait été donnée, à nous bambins évolutifs, de traverser la rue cosmique et de nous retrouver en face de la maison, tout étonnés de la voir clairement pour la première fois.

LA SYNESTHÉSIE

La plume est la langue de l'esprit.

MIGUEL DE CERVANTES,
Don Quichotte

FANTAISIE

Un flou crémeux de succulent son bleu sent les fraises vieilles d'une semaine que l'on a laissées dans une passoire en fer-blanc quand maman s'est approchée dans un nimbe coloré et bavard et dans un parfum d'épais caramel doré. Les nouveau-nés chevauchent des ondes où s'entremêlent la vision, le son, le toucher, le goût et surtout l'odorat. Comme Daphné et Charles Maurer nous le rappellent dans *The World of the Newborn* (« Le monde du nouveau-né ») :

> Son monde a plus d'odeurs que le nôtre. Mais pour la perception qu'il en a, ces odeurs ne lui parviennent pas uniquement par le nez. Il entend les odeurs, il voit les odeurs et il les éprouve aussi. Son monde est une mêlée d'arômes âcres — et de sons âcres, de sons qui ont une odeur amère et de visions qui ont une odeur douce et de pressions qui sentent l'aigre contre la peau. Si nous pouvions visiter le monde d'un nouveau-né, nous aurions l'impression d'être dans une parfumerie hallucinogène.

Avec le temps, le nouveau-né apprend à différencier et à apprivoiser toutes ses impressions sensorielles. Certaines porteront des noms. Beaucoup n'en ont pas et demeureront innommées jusqu'à la fin de ses jours. Ce qui échappe au collet de nos mots ne se fixe pas facilement en nous, et il nous est presque impossible de nous en souvenir. Un flou douillet dans la chambre d'enfants se muc en les rigoureuses catégories du sens commun. Mais il est des gens que ce mélange sensoriel n'abandonne jamais. Et ils ont dans la bouche un goût de haricots à chaque fois qu'ils entendent le mot « Francis », ainsi que le relatait une femme, ou bien ils voient du jaune en touchant une surface mate, ou ils ont un sentiment olfactif du passage du temps. La stimulation d'un sens en stimule un autre : *synesthésie* est le mot technique, du grec *syn* (« ensemble ») + *aisthanesthai* (« percevoir »). Une épaisse robe de perception est tissée avec des fils qui se chevauchent. Un mot voisin est *synthèse*, où la robe de la pensée est tissée idée après idée et qui, à l'origine, renvoyait au léger vêtement de mousseline que portaient les anciens Romains.

La vie quotidienne lance constamment des assauts sur les perceptions, et chacun fait l'expérience d'une confusion des sens, ou d'une autre. Selon les psychologues gestaltistes, quand on demande à des gens de relier une liste de mots absurdes à des formes et à des couleurs, ils identifient certains sons avec certaines formes selon des schémas précis. Le plus étonnant est que cela est vrai dans tous les cas : qu'ils soient originaires des Etats-Unis, d'Angleterre, de la péninsule Mahali ou du lac Tanganyika. Ceux chez qui la synesthésie est intense réagissent de manière prévisible. Une étude de deux mille d'entre eux provenant de cultures diverses a montré de nombreuses similarités dans les couleurs attribuées aux sons. Ainsi les gens associent-ils souvent les sons bas avec les couleurs sombres, et les sons hauts avec les couleurs brillantes. Une certaine quantité de synesthésie est imbriquée dans nos sens. Si l'on désirait créer une synesthésie instantanée, une dose de mescaline ou de haschich suffirait en exagérant les connexions nerveuses entre les sens. Rares sont les personnes chez qui la synesthésie soit naturellement et régulièrement intense — une sur cinq cent mille seulement —, et le neurologue Richard Cytowič fait remonter le phénomène au système du limbe du cerveau, la partie la plus primitive du cerveau et les appelle des « fossiles cognitifs vivants » parce que ce sont peut-être des gens chez qui ce système n'est pas entièrement sous le contrôle du cortex, beaucoup plus sophistiqué (et plus récent). Comme il le dit, « il se peut que la synesthésie... soit un souvenir de la manière dont les premiers mammifères voyaient, entendaient, sentaient, goûtaient et touchaient ».

Si la synesthésie rend certaines personnes inattentives, elle force l'attention d'autres personnes. Si c'est un petit fléau pour celles qui ne veulent pas de cette surcharge sensorielle, c'est un tonique pour celles qui sont faites pour créer. Parmi les personnes connues pour avoir été atteintes de synesthésie, se trouvent des artistes : les compositeurs Alexandre Scriabine et Nikolaï Rimski-Korsakov associaient librement couleur et musique dans leurs compositions. Pour Rimski-Korsakov, le *do* majeur était blanc ; rouge pour Scriabine. Pour Rimski-Korsakov, le *la* majeur était rose ; vert pour Scriabine. Le plus surprenant est de voir combien leurs synesthésies musique-couleur se correspondaient. Tous les deux associaient le *mi* majeur avec le bleu (bleu saphir pour Rimski-Korsakov ; bleu-blanc pour Scriabine), le *la* bémol majeur avec le violet (gris-violet pour Rimski-Korsakov ; violet-pourpre pour Scriabine), le *ré* majeur avec le jaune, etc.

Des écrivains ont reçu le don de la synesthésie. Ou bien ils ont tout fait pour en parler. Le Dr Johnson dit un jour que le rouge écarlate « ne représentait rien tant que le son d'une trompette ». Baudelaire s'enorgueillissait de son espéranto des sens, et son sonnet sur les correspondances entre les parfums, les couleurs et les sons influença énormément le symbolisme épris de synesthésie. Le mot « symbole » vient du grec *symballein*, « jeter ensemble », et, comme l'explique le dictionnaire Columbia de littérature européenne moderne, les symbolistes croyaient que « tous les arts sont des traductions parallèles d'un mystère fondamental. Les sens se correspondent mutuellement. Un son peut être traduit par un parfum, et un parfum par une vision... Hantés par les correspondances horizontales » et utilisant la suggestion plutôt que la communication directe, ils cherchaient « l'Un caché dans la Nature par le Multiple ». Rimbaud, qui attribua une couleur à chaque voyelle et compara le A au « noir corset velu des mouches éclatantes », prétendait que, pour un artiste, le seul moyen de parvenir aux vérités de la vie était de connaître toutes les formes d'amour, de souffrance, de folie et de s'y préparer « par un long, immense et raisonné dérèglement de tous les sens ». Les symbolistes, qui recouraient avidement aux drogues, se plaisaient à voir comment les hallucinogènes intensifiaient simultanément tous leurs sens. Ils auraient adoré (un bref moment) prendre du LSD pour voir *Fantasia* de Walt Disney, où la couleur dramatise la musique classique, s'y fond et en jaillit. Peu d'artistes ont parlé de la synesthésie avec le maximum de précision et de charme démontrés par Vladimir Nabokov qui, dans *Speak, Memory*, analyse ce qu'il appelle son « audition colorée » :

> « Audition » n'est peut-être pas tout à fait le terme exact, puisque la sensation de couleur paraît être déterminée (...) Chez moi ils ne suscitaient pas le moindre chromatisme[1].

La synesthésie pouvant être héréditaire, il n'est pas étonnant que la mère de Nabokov en ait été atteinte, ni que, chez lui, elle se soit exprimée d'une façon légèrement différente. Quoi qu'il en soit, cela fait drôle de penser que Nabokov, Faulkner, Virginia Woolf, Huysmans, Baudelaire, Joyce, Dylan Thomas et d'autres artistes connus pour leur synesthésie aient été plus primitifs que la plupart des gens, mais il n'est pas impossible que ce soit vrai. Les grands artistes se sentent chez eux dans le lumineux débordement des sensations, auquel ils ajoutent la complexité de leur Niagara sensoriel personnel. Nabokov aurait certainement souri en s'imaginant plus près que d'autres de ses ancêtres mammifères, dont il aurait, sans nul doute, brossé le portrait dans une galerie des glaces de la fiction avec une finesse suave, espiègle, en un mot nabokovienne.

TAQUINER LA MUSE

Quels drôles de gens que les écrivains ! Nous recherchons le mot parfait, la phrase glorieuse qui, d'une manière ou d'une autre, rendra dicible l'exquise avalanche de la conscience. Nous vivons dans des *barrios*[2] mentaux où n'importe quelle idée peut, comme un débardeur, se mettre honnêtement au travail, pour peu qu'on lui donne un encouragement — un peu à boire, un léger coup de fouet, une séduction délicate. J'allais dire que notre tête est notre bureau ou notre charnier, comme

1. *Autres Rivages*, Vladimir Nabokov, *op. cit.*
2. Dans les villes américaines, quartiers où l'on parle espagnol. (*N.d.T.*)

si la créativité vivait dans une petite maison sans ascenseur à Soho. Nous savons que le mental ne réside pas seulement dans le cerveau. L'endroit où le localiser est autant un mystère que la façon dont il travaille. Katherine Mansfield dit un jour qu'il fallait beaucoup « jardiner » pour faire venir l'inspiration, mais je pense qu'elle voulait parler de quelque chose de plus concentré que les promenades que faisait Picasso en forêt de Fontainebleau où il attrapait de terrassantes « indigestions de verdure », qu'il se sentait tenu de lâcher sur une toile. Ou peut-être est-ce exactement ce qu'elle entendait : jardiner la connaissance du lieu, du moment, de la durée, de l'itinéraire précis de la promenade, sans parler de la volonté de sortir et de recommencer aussi souvent que possible, même quand on est fatigué, ou que l'on n'en a pas envie, ou que ça n'a rien donné. Les artistes ont la réputation de forcer leurs sens à travailler et ils ont parfois recours à de remarquables trucs de synesthésie.

Dame Edith Sitwell s'étendait pendant un moment dans un cercueil ouvert avant de se mettre à écrire. Lorsque je rapportai ce ragot macabre à un ami poète, il me répondit non sans acidité : « Dommage que personne n'ait pensé à le refermer ! » Représentez-vous Dame Edith prenant la pose de la tombe pour préluder aux sketches qu'elle aimait à mettre en scène sur le papier. Droit au but n'était pas sa formule. Elle n'avait de rigide que son nez, dont on s'est beaucoup moqué, bien qu'elle parvînt à le garder bizarrement de travers pendant presque toute sa vie. Qu'y avait-il dans cette étroite et pâle solitude pour la lancer sur les chemins de la création ? Etait-ce l'idée du cercueil qui rendait la créativité possible, ou bien son contact, son odeur, son air fétide ?

Le truc de l'armoire horizontale d'Edith a l'air d'une blague jusqu'au moment où vous considérez la façon dont les autres artistes ont taquiné la muse. Le poète Schiller avait des pommes pourries dans son secrétaire et il en respirait l'âcre bouquet à chaque fois qu'il cherchait le mot juste. Après quoi, il refermait le tiroir. Mais le parfum demeurait dans sa tête Des chercheurs de l'Université de Yale ont découvert que l'odeur des pommes épicées a un effet puissant sur les êtres, élève leurs pensées et peut même conjurer les crises de panique. Peut-être est-ce ce que Schiller éprouva toujours. Il y avait quelque chose dans la douce et rance odeur de décomposition de ces pommes qui mettait son cerveau en activité tout en lui calmant les nerfs. Comme George Sand, Amy Lowell aimait à fumer le cigare en écrivant ; en 1915, elle alla jusqu'à acheter dix mille de ses manilles préférés pour être sûre d'avoir de quoi entretenir le feu de son imagination. C'est elle qui disait « jeter » les idées dans son subconscient, « comme on jette une lettre dans la boîte. Six mois après, les mots du poème commençaient à me venir... Les mots semblent prononcés dans ma tête, mais sans personne qui les dise ». Puis, ils prenaient forme dans un nuage de fumée. Le Dr Samuel Johnson et le poète W.H. Auden faisaient tous les deux d'énormes consommations de thé – on dit que Johnson en buvait facilement vingt-cinq tasses en une seule séance d'écriture. Johnson mourut d'une attaque, mais sans que l'on puisse affirmer qu'elle était due à son marathon des buveurs du thé. Victor Hugo, Benjamin Franklin et beaucoup d'autres trouvaient qu'ils écrivaient mieux s'ils étaient nus. D.H. Lawrence confessa même un jour qu'il aimait grimper nu aux arbres – obsession fétichiste de longs membres et d'écorce rugueuse qui dynamisait ses pensées.

Colette commençait sa journée d'écriture en épuçant son chat, et l'on imagine sans peine comment cette façon de caresser et d'examiner le poil de l'animal pouvait aider à la concentration de cet esprit voluptueux. Après tout, c'était une femme qui, même pour de brèves sorties, tenait à s'encombrer de paquets « essentiels » : chocolat, fromage, viandes, fleurs et une baguette. Hart Crane était fou de fêtes bruyantes, au milieu desquelles il disparaissait pour se ruer sur une machine à écrire, mettre un disque de rumba cubaine, puis *le Boléro* de Ravel, puis une chanson d'amour (d'amour malheureux), après quoi il revenait, « la figure rouge brique, les yeux brûlants, ses cheveux déjà gris fer dressés sur la tête. Il mâchonnait un cigare à cinq cents qu'il avait oublié d'allumer. Il tenait à la main deux ou trois feuillets dactylographiés... Lisez ça, disait-il, est-ce que ce n'est pas le plus *grrrand* poème que l'on ait jamais écrit ? » raconte Malcolm Cowley, qui poursuit en proposant davantage d'exemples pour illustrer de quelle manière Crane lui rappelait « un autre ami, célèbre tueur de marmottes », quand l'écrivain « essayait de faire descendre l'inspiration en buvant, en riant et en faisant marcher le phono ».

Stendhal lisait tous les matins deux ou trois pages du Code civil avant de se mettre à *La Chartreuse de Parme* — afin, disait-il, d'attraper le ton juste. Willa Cather lisait la Bible. Alexandre Dumas père écrivait ses romans sur du papier bleu, ses poèmes sur du papier jaune, et sur du papier rose ce qui ne ressortissait pas à la fiction. Il était l'ordre même et, pour se guérir de son insomnie et avoir des habitudes réglées, mangeait une pomme tous les matins à sept heures sous l'Arc de Triomphe. Kipling exigeait l'encre la plus noire que l'on pût trouver et rêvait d'avoir « un domestique chargé de me préparer de l'encre de Chine », comme si la couleur en avait rendu ses mots aussi indélébiles que ses souvenirs.

Alfred de Musset, l'amant de George Sand, confia qu'il se sentait piqué quand, après l'amour, elle allait directement s'installer à son secrétaire, comme elle faisait souvent. Mais Voltaire était encore plus direct, qui utilisait le dos nu de sa maîtresse comme écritoire. Robert Louis Stevenson, Mark Twain et Truman Capote écrivaient couchés, et Capote se décrivait même comme « un écrivain complètement horizontal ». Les élèves des classes de stylistique entendent souvent dire que Hemingway écrivait debout, mais pas qu'il commençait par tailler maladivement des crayons. De toute façon, il ne restait pas debout parce qu'il se prenait pour la sentinelle de la prose dure et raide, mais parce qu'il souffrait du dos depuis un accident d'avion. On dit que Poe écrivait avec son chat sur l'épaule. Thomas Wolfe, Virginia Woolf et Lewis Carroll écrivaient debout. Et Robert Hendrickson rapporte dans *The Literary Life and Other Curiosities* (« La vie littéraire et autres curiosités ») qu'Aldous Huxley « écrivait souvent avec le nez ». Dans *L'Art de voir*, Huxley dit lui-même que, si l'on écrit un peu avec le nez, une vision défectueuse s'en trouve momentanément et notablement améliorée.

Sans être terre à terre, beaucoup d'écrivains ont trouvé l'inspiration en marchant. Surtout les poètes — il y a un trousseur de sonnets dans notre poitrine ; nous marchons au rythme des ïambes. Wordsworth, bien sûr, et John Clare, qui partait à la recherche de l'horizon et, un jour de folie, pensa l'avoir trouvé, et A.E. Housman qui, lorsqu'on lui demanda de définir la poésie, eut le bon sens de répondre : « Je ne saurais pas plus définir la poésie qu'un fox-terrier ne saurait définir un rat. Mais je dirais que nous reconnaissons l'objet aux symptômes qu'il suscite en nous... Si je devais... nommer la catégorie à laquelle elle appartient, je dirais que c'est une sécrétion. » Après avoir arrosé son déjeuner d'une chope de bière, il sortait se promener, couvrait une distance de trois à cinq kilomètres, puis « sécrétait » doucement.

Je suppose que le but visé par toutes ces mesures est la concentration, ce mirage pétrifié, dont peu de gens ont aussi bien parlé que Stephen Spender dans *The Making of a Poem* (« Ecrire un poème ») :

> Il y a toujours une légère tendance du corps à saboter l'attention du mental en amenant une distraction quelconque. Si l'on peut diriger ce besoin de distraction dans un seul canal — comme l'odeur des pommes pourries, ou le goût du tabac ou du thé —, alors les autres distractions sont éliminées. Autre explication possible : l'effort concentré pour écrire de la poésie est une activité spirituelle qui, pour un temps, fait complètement oublier que l'on a un corps. L'équilibre du corps et du mental est rompu, et l'on a dès lors besoin d'une sorte de mouillage sensoriel dans le monde physique.

Ce qui explique, en partie, pourquoi Benjamin Franklin, Edmond Rostand et d'autres écrivaient dans leur baignoire. C'est d'ailleurs Franklin qui introduisit la première baignoire aux Etats-Unis dans les années 1780, et une bonne et longue submersion méditative n'était pas pour lui déplaire. Dans l'eau et les idées, je veux dire. Selon les anciens Romains, les bains de lait d'ânesse avaient des vertus thérapeutiques, ainsi que les bains de jus de fraises. J'ai une planche en pin que je mets en travers de la baignoire, et je peux rester à écrire pendant des heures dans un bain de mousse. Dans un bain, l'eau déplace une grande partie du poids, et l'on se sent léger, la tension baisse. Lorsque la température de l'eau et celle de mon corps se rejoignent, mes pensées s'affranchissent et s'éploient. Un été, en me prélassant dans ma baignoire, j'ai écrit toute une pièce en vers, constituée surtout de monologues dramatiques répartis entre la poétesse mexicaine du dix-septième siècle, sœur Juana Inès de la Croix, son amant, courtisan italien, et différents partenaires de sa vie tumultueuse. Je voulais glisser au fil des siècles comme depuis une colline schisteuse. Les bains étaient parfaits.

Evidemment, les romantiques adoraient l'opium, et Coleridge admit en toute franchise qu'il en absorbait deux grains avant de travailler. La liste des écrivains que l'alcool a aidés à escalader les sommets de l'inspiration occuperait à elle seule un petit livre. Pour T.S. Eliot, cependant, le tonique était viral : il préférait écrire quand il souffrait d'un rhume de cerveau. Le bruissement dans sa tête, comme si elle avait été pleine de jupons, pulvérisait les liens logiques habituels entre les choses et permettait à son esprit de vagabonder.

Nombre d'écrivains de ma connaissance se fixent sur une seule œuvre musicale lorsqu'ils écrivent un livre et ils l'écoutent peut-être mille fois dans l'année. A l'époque où il écrivait son roman *The Place in Flowers Where Pollen Rests*, Paul West écouta sans discontinuer les sonatines de Ferruccio Busoni. Il ne savait pas pourquoi. John Ashberry commence par aller se promener, puis il se prépare une tasse de thé, mélange français, et écoute quelque chose de post-romantique (« la musique de chambre de Franz Schmidt m'a beaucoup aidé », m'a-t-il dit). Certains écrivains s'entichent jusqu'à l'obsession de chansons country-and-western sans valeur, d'autres de tel prélude ou de tel poème symphonique. Je crois que la musique qu'ils choisissent crée un cadre mental autour de l'essence du livre. Chaque fois qu'ils l'écoutent, la musique recrée le terrain émotionnel dont ils savent que le livre a besoin. Elle tient lieu de mnémotechnique et guide un auditeur fétichiste jusqu'au même état de calme attentif, comme le montrerait sans doute un examen des ondes cérébrales.

Quand je demandai à quelques amis de me renseigner sur leurs manies d'écrivains, je m'imaginais qu'ils allaient en remettre dans l'extravagance — celui-ci sifflerait la *Jérusalem* de Blake debout dans un fossé, l'autre jouerait la sonnerie aux couleurs à Santa Anita en caressant la cloche tachetée de roux d'une digitale. Mais ils me jurèrent pour la plupart qu'ils n'en avaient pas — pas d'habitudes, pas de superstitions, pas de particularités. Je téléphonai à William Gass et insistai un peu.

« Tu n'as pas des trucs inhabituels pour te mettre en train? » demandai-je d'une voix aussi égale que possible. Nous avions été collègues pendant trois ans à l'Université de Washington, et je savais que, sous sa calme patine professorale, se cachait une veine mentale véritablement exotique.

« Non, soupira-t-il. Désolé d'être aussi peu intéressant. »

Je pus l'entendre s'installer confortablement sur les marches de son cellier. Et puisqu'il a l'esprit comme un cellier, rien de plus juste, apparemment.

« Comment commences-tu ta journée?

— Oh, je vais me promener et je prends des photos pendant peut-être deux heures, dit-il.

— Qu'est-ce que tu photographies?

— Les endroits à l'abandon dans la ville, les endroits dont on ne s'occupe pas, délaissés, en ruine. Les maisons délabrées, la crasse, dit-il, l'air de ne pas y toucher, comme on renvoie quelqu'un d'un geste tranquille de la main.

— Tu fais ça tous les jours, tes photos de crasse et de maisons délabrées?

— A peu près.

— Et après ça, tu écris?

— Oui.

— Et tu ne trouves pas ça bizarre?

— Pas pour moi. »

Un éminent homme de science de mes amis, homme tranquille qui a publié deux livres enchanteurs sur le monde et son fonctionnement, me dit que le secret de son inspiration était « la violence sexuelle ». Je ne m'enquis pas des détails, mais notai qu'il était plutôt maigre. Les poètes May Swenson et Howard Nemerov me dirent tous les deux qu'ils aiment à s'asseoir un moment tous les jours et copier ce que « le Dictateur », comme Nemerov l'appelle, leur verse dans la tête. Puis, ils en font patiemment l'inventaire pour voir s'il n'y a pas des pierres précieuses parmi les cailloux. Une autre poétesse, Amy Clampitt, me dit qu'elle cherche une fenêtre derrière laquelle s'installer, que ce soit en ville, dans le train ou au bord de la mer. Le verre agit comme la boîte de Pétri pour les bouillons de culture et clarifie ses pensées. La romancière Mary Lee Settle se rue hors de son lit et va droit à sa machine à écrire avant que l'état de rêve ne s'évanouisse. Alphonso Lingis – dont les livres assez particuliers, *Excesses* (« Excès ») et *Libido*, étudient les royaumes de la sensualité et de la salacité humaines – parcourt le monde en en répertoriant les coutumes érotiques exotiques. Il entretient parfois la machine en écrivant à ses amis. J'ai en ma possession quelques lettres extraordinaires, mi-poésie, mi-anthropologie, qu'il m'a envoyées : d'une prison de Thaïlande (où il prit sur son temps d'épuçage pour m'écrire), d'un couvent en Equateur, d'Afrique (où il fit de la plongée en scaphandre autonome le long de la côte avec la cinéaste Leni Riefenstahl) et de Bali (où il participa à des rites de fécondité).

Il est difficile d'expliquer ce genre d'exploits d'auto-allumage à ses parents – qui aimeraient penser que leur enfant fait quelque chose de raisonnablement normal et se lie avec des gens raisonnablement normaux, pas avec des excentriques qui reniflent des pommes pourries ou qui écrivent tout nus. Mieux vaut ne pas leur raconter comment le peintre J.M.W. Turner aimait se faire fouetter, attaché au mât d'un navire, et que l'on mît à la voile quand la tempête faisait rage afin de pouvoir se trouver au cœur des éléments déchaînés. Tous les chemins mènent à Rome, dit la vieille maxime. Et il en est de sinueux, où la moisissure abonde, et les pierres, tandis que d'autres sont bien pavés et mornes. Je crois que je dirai à mes parents que je contemple des bouquets de roses avant de me mettre au travail. Ou mieux : que je les regarde fixement jusqu'au moment où apparaissent des papillons. Je dois à la vérité de dire que, non contente d'ouvrir et de fermer des tiroirs mentaux (que je me représente dans ma tête), d'écrire dans ma baignoire, de commencer chaque journée d'été en choisissant et en disposant des fleurs pendant une heure vécue dans le style zen, d'écouter maladivement de la musique (le concerto pour hautbois en *ré* mineur d'Alessandro Marcello, son adagio, voilà ce dont mes sens se nourrissent en ce moment), je fais de la marche rapide pendant une heure tous les jours. La moitié de l'oxygène de l'Etat de New York m'est passée par les poumons à un moment ou à un autre. Je ne sais pas si ça m'aide, ou non. Ma muse est du sexe masculin, a le teint d'argent radieux de la lune et ne me parle jamais directement.

Post-scriptum

Il est un point au-delà duquel les sens ne peuvent nous mener. L'extase est ce qui vous projette hors de votre moi habituel, mais non sans que vous éprouviez un choc intérieur. Le mysticisme transcende l'ici et maintenant pour vous ouvrir à des vérités plus hautes que, dans sa camisole, le langage ne saurait expliquer. Mais cette transcendance s'enregistre aussi sur les sens, où elle se traduit par une irruption de feu dans les veines, un frémissement dans la poitrine, une soumission tranquille, fossilisante dans les os. Les expériences hors du corps visent à rejeter les sens, mais n'y parviennent pas. On peut voir selon une nouvelle perspective, mais c'est encore une expérience de la vision. Les ordinateurs nous aident aujourd'hui à interpréter certains processus de la vie, qu'autrefois nous demandions à nos seuls sens de rechercher, de suivre et de comprendre. Les astronomes inclinent davantage à regarder les moniteurs de leurs télescopes qu'à considérer les étoiles à l'œil nu. Mais nous continuons de nous servir de nos sens pour interpréter le travail des ordinateurs, pour regarder les écrans de contrôle, pour juger et analyser et pour projeter les rêves toujours plus neufs de l'intelligence artificielle. Nous n'abandonnerons jamais le palais de nos perceptions.

Si nous sommes dans une ornière, c'est une ornière exquise et somptueuse. Et pourtant, tels des prisonniers dans leur cellule, nous agrippons les barreaux de nos côtes et les secouons, demandant qu'on nous libère. Dans la Bible, Dieu enjoint Moïse de brûler de l'encens qu'Il aime. Dieu a-t-Il des narines? Comment un dieu peut-il préférer une odeur de cette

Terre à une autre? Les ferments de la décomposition complètent un cycle nécessaire à la croissance et à la libération. La charogne dégage une odeur qui nous offense, mais dont se délectent les animaux dont elle est la nourriture. Ce qu'ils excrètent enrichira le sol, et les récoltes seront abondantes. Aucune sélection divine n'est nécessaire. La perception est en soi une forme de grâce. En 1829, Goethe, écrivant sur la théorie des couleurs, disait : « On cherche en vain l'au-delà du phénomène ; mais le phénomène est en soi une révélation. »

Il y a, physiquement, tant de différences entre les gens — certains ont un cœur robuste, d'autres une vessie faible, d'autres encore des mains plus sûres, d'autres enfin y voient mal —, qu'il est logique que les sens varient eux aussi. Cependant, nos sens sont parfaitement en accord — à tel point que les scientifiques peuvent définir une « onde rouge » en disant qu'elle résulte d'une vibration de 660 millimicrons qui, stimulant la rétine, lui permet de voir le rouge. Les sonorités se définissent avec la même précision, comme les températures auxquelles nous sentons le chaud ou le froid. Nos sens nous unissent dans un domaine commun de gloire temporelle, mais ils peuvent aussi nous diviser. Parfois pour un laps de temps très court, ou, comme dans le cas des artistes, pour la vie.

Un matin de cet hiver, en me réveillant après une lourde et soudaine chute de neige, je découvris que les arbustes à feuilles persistantes, devant la maison, ployaient à demi sous le poids de la neige et de la glace. Si je ne les en délivrais pas, ils se briseraient sous le fardeau. Armée d'une pelle, je me mis à cogner sur les branches pour en faire tomber la neige. Brusquement, l'une des branches les plus lourdes se redressa, et la neige me brûla le visage comme le soleil, le gela, s'y accrocha, continua de se déverser, tandis que je restais là, le menton tendu vers cette rupture de barrage, calme comme un pilier, tous mes sens en alerte. Il avait de quoi déconcerter le fils des voisins, arraché à ses jeux par cette sourde explosion, le spectacle de cette folle prise dans sa propre tempête. Du coin de l'œil, je le vis plisser son visage, s'empêtrer dans la corde de sa luge et s'éloigner lourdement. Pour moi, le temps s'étira paresseusement. De longues minutes semblèrent s'écouler, et je pensai aux mammouths, à du duvet d'oie, aux ruses des âges glaciaires, à la longue et lente et blanche dérive d'un glacier, à la neige en avalanche dans un gouffre polaire. Pour lui, le même instant s'enfuit comme un moucheron.

Parce que c'est plus commode et peut-être parce que nous faisons mentalement la moue devant les exigences que représente le simple fait de vivre, nous disons qu'il existe cinq sens. Nous savons néanmoins qu'il y en a davantage, même si nous ne pouvons que souhaiter de les explorer et de les canoniser. Les sourciers répondent à un sens électromagnétique que nous possédons tous à un degré plus ou moins haut. D'autres animaux, comme les papillons et les baleines, naviguent en partie en lisant les champs magnétiques de la Terre. Je ne serais pas surprise d'apprendre que nous aussi avons un peu de cette conscience magnétique. Nous avons nomadisé pendant une si grande partie de notre histoire. Frappés par la lumière du soleil, nous sommes marqués par le phototropisme au même titre que les plantes, et cela devrait être considéré comme un sens différent de la vision, avec laquelle il a peu à faire. Notre expérience de la douleur est très différente des autres mondes du toucher. De nombreux animaux perçoivent les choses par infrarouges, par la sensibilité à la chaleur, par électromagnétisme et par d'autres moyens très élaborés. La mante religieuse se sert d'ultrasons pour communiquer. L'alligator et l'éléphant emploient les infrasons. L'ornithorynque a un bec de canard qu'il balance sous l'eau d'avant en arrière, l'utilisant comme antenne pour capter les signaux électriques émis par les crustacés, les grenouilles et les petits poissons auxquels il fait la chasse. Le sens vibratoire, si développé chez les araignées, les poissons, les abeilles et d'autres animaux, mérite d'être davantage étudié chez les êtres humains. Il y a en nous un sens musculaire qui nous guide quand nous prenons un objet — nous savons tout de suite s'il est lourd, ou léger, ou solide, ou dur, ou mou, et nous pouvons deviner quelle pression ou quelle résistance seront nécessaires. Nous sommes constamment conscients de la pesanteur, et ce sens nous renseigne sur ce qui est le haut et sur ce qui est le bas, et nous conseille pour rendre son aplomb à notre corps si nous tombons, ou si nous grimpons, nageons ou nous penchons à un angle inhabituel. Il y a le sens proprioccepteur, qui nous dit quelle position chaque élément de notre corps occupe à n'importe quel moment de la journée. Si le cerveau ne savait pas toujours où se trouvent les genoux ou les poumons, il nous serait impossible de marcher ou de respirer. Il semble qu'il y ait un sens spatial complexe qu'il nous faut comprendre en détail maintenant que nous abordons l'ère des stations et des villes spatiales et des longs voyages dans l'espace. Un manque prolongé de contact avec la Terre modifie notre physiologie et aussi les preuves données par nos sens en partie à cause des rigueurs de l'apesanteur[1] et en partie à cause de l'étendue illimitée de l'espace lui-même, où les balustrades, les guides, les repères sensoriels sont peu nombreux et où, de quelque côté que l'on se tourne, il n'y a pas de scène à regarder, mais seulement une perspective pure.

Les espèces mettent au point des sens délicatement réglés pour des programmes différents de survie, et il nous est impossible de nous projeter dans le royaume sensoriel d'aucune autre espèce. Nous avons mis au point des moyens purement humains de percevoir le monde pour faire face aux exigences de notre environnement. La physique trace les limites, mais la biologie et la sélection naturelle déterminent où un animal se situera parmi toutes les possibilités sensorielles. Lorsque les hommes de science, les philosophes et d'autres commentateurs parlent du monde réel, ils parlent d'un mythe, d'une fiction commode. Le monde est ce que construit le cerveau en se fondant sur les informations sensorielles qui lui sont fournies, et ces informations ne sont qu'une petite partie de tout ce qui est disponible. Nous pouvons modifier nos sens grâce à des détecteurs de chauves-souris, des jumelles, des télescopes et des microscopes et en élargir ainsi l'horizon. Et il est des instruments qui nous permettent de devenir, en quelque sorte, des prédateurs sensoriels, ce qui n'a jamais été dans les intentions de la sélection naturelle. Les physiciens expliquent que les molécules sont toujours en mouvement. Ce livre se contorsionne sous vos doigts. Mouvement au niveau moléculaire, que nous ne voyons pas, parce qu'il n'est pas important, évolutivement parlant, que nous le voyions. Nous ne recevons que les informations sensorielles indispensables à notre survie.

1. Par exemple, le visage gonfle du fait que les fluides corporels sont attirés vers le haut, et le cerveau signale au corps qu'il doit se débarrasser de cet excédent fluidique en urinant davantage et en buvant moins.

L'évolution ne nous a pas surchargés de pouvoirs dont nous n'avions que faire. Par exemple, nous pouvons utiliser des nombres dans les millions et les milliards, mais au fond ils ne signifient rien pour nous. Il est beaucoup de choses dont nous ne pouvons disposer parce qu'elles ne font pas partie de notre fond évolutif lointain. Bizarrement, il n'est pas impossible que les animaux unicellulaires aient un sens plus réaliste du monde que les animaux supérieurs parce qu'ils réagissent à tous les stimuli. En revanche, nous en sélectionnons quelques-uns seulement. Le corps adapte l'expérience et l'élague avant de l'envoyer au cerveau en vue d'un examen ou d'une action. Tous les caprices du vent ne font pas frissonner les poils sur la poitrine. Toutes les fantaisies de la lumière ne s'enregistrent pas sur la rétine. Ce que nous éprouvons n'est pas toujours assez puissamment éprouvé pour qu'un message soit envoyé au cerveau ; bien des sensations nous balaient sans rien nous dire. Et bien des nuances sont perdues dans la traduction, à moins qu'elles ne soient censurées. De toute façon, nos nerfs ne font pas feu ensemble. Ce qui rend notre version du monde quelque peu simpliste, étant donné la complexité du monde. La queste du corps n'a pas pour objet la vérité, mais la survie.

Nos sens ont également besoin de nouveauté. Tout changement les met en état d'alerte, et ils envoient des signaux au cerveau. Si nul changement ne se produit, qu'aucune nouveauté ne se présente, ils somnolent et n'enregistrent rien, ou guère. Le plaisir le plus délicieux, s'il continue trop longtemps, perd de son attrait. Un état constant — fût-ce d'excitation — devient fastidieux, passe à l'arrière-plan, parce que nos sens se sont développés pour rendre compte de changements, de ce qui est nouveau, de quelque chose qui surprenne et qu'il faille apprécier : une bouchée de nourriture, ou un danger subit. Le corps fait le point sur le monde comme un général perspicace et avisé qui se mouvrait sur un champ de bataille difficile en y cherchant une marche à suivre et une stratégie. Il est donc non seulement possible, mais inévitable que l'on s'habitue au bruit et au choc visuel des villes et que l'on cesse d'en enregistrer le stimulus. D'autre part, la nouveauté fixera toujours notre attention. Il y a ce moment unique où l'on se trouve en face de quelque chose de nouveau et où commence l'étonnement. De quoi qu'il s'agisse, cela se profile brillamment dans une lumière claire et pure, les contours en sont précis, les détails fascinants; le seul fait de le regarder tient de la révélation, entraîne une nouvelle litanie sensorielle. Mais la seconde fois qu'on le voit, le mental dit : « Oh, encore un cascadeur! Encore un alunissage! » Et bientôt, lorsqu'il est devenu banal, le cerveau commence de bâcler les détails, le reconnaissant trop vite à quelques linéaments, il n'a plus à se soucier d'en faire une étude approfondie. Sans plus rien de surprenant, sans plus nous paraître extraordinaire, il fait alors partie du paysage. Nous nous évertuons à acquérir la maîtrise des choses, mais à peine y atteignons-nous que nous perdons la fragile supraconscience de l'amateur. « C'est du déjà vu », disons-nous comme si une chose déjà vue ne pouvait nous renseigner sur l'époque où elle fut créée et sur ceux qui y vécurent. « Ça n'est pas nouveau », disons-nous, jugeant que la nouveauté devrait sonner l'alarme dans nos cerveaux. Une nouveauté qui n'en est plus une est-elle encore vraie? « C'est du passé », disons-nous, entendant par là qu'une chose n'est plus nouvelle pour nous, qu'elle n'a plus rien de frais et de tonique, qu'elle est bannie, qu'elle appartient au monde des ruines et des fossiles. Une grande partie de notre vie se déroule dans un flou confortable. Pour vivre sur les sens, il faut avoir le don de l'émerveillement qu'un rien suscite, un léger supplément d'énergie, mais la plupart des gens ne font pas beaucoup d'efforts. La vie est quelque chose qui leur arrive alors qu'ils attendent la mort. Dans de nombreux millénaires, deviendrons-nous des êtres qui percevront différemment le monde, emploieront différemment leurs sens et connaîtront plus intimement le monde? Ou bien les futures âmes, peut-être plus éloignées de toute appréhension physique du monde, nous envieront-elles, nous les passionnés, les chercheurs d'émotions fortes, qui nous gorgions de vie, sens après sens, rêve après rêve?

Posez plus longtemps que d'habitude votre regard sur quelque chose, laissez vos yeux se faire provocants, un sourire gagner vos lèvres, et un petit toboggan se former dans votre poitrine tandis que votre cœur s'apprête à courir. La nouveauté joue un grand rôle dans l'érotisme, comme e.e. cummings, maître ès sensualité et coquetterie, le suggère dans son poème *96* :

J'aime mon corps quand il est avec ton
corps. C'est tellement nouveau.
De meilleurs muscles et plus de nerfs.
J'aime ton corps. J'aime ce qu'il fait,
et la manière dont il le fait. J'aime sentir l'épine
de ton corps et ses os et la fermeté tremblante,
le lisse tremblant qu'encore
et encore et encore j'embrasse,
j'aime embrasser cette partie
de toi et cette autre, j'aime caresser
lentement la choquante crépelure
de ta fourrure électrique, et qu'est-ce-que-c'est vient
sur la chair entrouverte... Et les yeux, grosses miettes d'amour,

et peut-être que j'aime l'émoi
de toi si neuve sous moi.

Quand cummings écrivit ce merveilleux poème d'amour, il ne savait certainement pas, ni n'avait besoin de savoir ce que révéleraient des études ultérieures : le niveau de testostérone, chez les hommes, s'élève brusquement quand une femme nouvelle entre dans une pièce. Le seul fait qu'elle est nouvelle est physiquement excitant. Mais la même observation vaut pour les femmes et leurs hormones quand un homme nouveau entre dans une pièce. Pour des raisons sociales, morales, esthétiques, parentales, religieuses, voire mystiques, nous pouvons choisir de vivre toute notre vie avec un seul partenaire. Mais nos instincts nous asticotent. Et même si tout ce qui se rapporte à l'amour — le grand huit du flirt, l'escrime de la cour que l'on fait ou se fait faire, la bringue sexuelle — a sans doute évolué de manière que deux personnes qui ont des chances d'engendrer et d'élever des enfants robustes se rencontrent et s'associent en vertu d'un sens de l'opportunité biologique puissant, nous ne nous sentons pas toujours tenus de suivre les règles du jeu de la nature. Le défi hautement funambulesque de l'amour est de trouver les moyens de faire de chaque jour une aventure nouvelle avec le partenaire que l'on a.

La vie nous enseigne à nous tenir sur nos gardes. Nous employons des mots comme *vulnérable* quand nous voulons dire que nous abaissons un pont-levis sur les douves de notre autoprotection et que nous introduisons une personne en qui nous avons confiance dans la forteresse de notre vie. Les amants combinent leurs sens, mélangent leurs impulsions électriques, éprouvent les choses l'un pour l'autre. Quand ils touchent mutuellement leur corps, celui-ci devient deux fois plus grand. Ils se glissent dans la peau l'un de l'autre, littéralement et émotionnellement. Pendant l'acte sexuel, l'homme dissimule une partie de son être dans la femme, un fragment de son corps disparaît tandis que la femme révèle les rouages internes du sien et y ajoute un autre organe, comme s'il devait y rester à jamais. Dans un monde guindé, raide, dangereux, ce sont là des risques ultimes.

Supposez maintenant qu'il vous soit possible de percevoir n'importe quel monde de votre choix. A l'Ames Research Center de la NASA, à Mountain View, Californie, des chercheurs ont mis au point un costume de « réalité virtuelle » — un masque et des gants qui prolongent les sens : en apparence et en puissance, ils ne sont pas sans rappeler les insignes magiques auxquels se fiaient parfois les héros des sagas. Vous enfilez ces gants équipés de senseurs et vous pouvez vous introduire dans un paysage informatisé et y déplacer les choses. Vous mettez le masque, et vous pouvez voir un monde invisible, ou un monde imaginaire comme s'il était possible de le visualiser parfaitement dans toute sa profondeur et ses couleurs — que ce soient les mouvantes dunes de sable de Mars, ou les abords de l'aéroport O'Hare de Chicago dans le brouillard, ou le générateur défectueux d'une station spatiale. Pourquoi regarder un meurtre depuis l'autre bout d'une salle, quand il suffit que vous mettiez le masque et les gants pour vous retrouver au beau milieu de l'action et avoir en main tous les indices qui vous mettront sur la piste? Comment un pareil tour de passe-passe de la main, du mental, du masque et des sens est-il possible?

L'un des profonds paradoxes de l'être humain est que le cerveau ne perçoit pas directement l'énorme festin des sensations dont nous nous régalons. Le cerveau est silencieux, le cerveau est obscur, le cerveau ne goûte rien, le cerveau n'entend rien. Il reçoit des impulsions électriques, c'est tout — pas le somptueux chocolat qui fond doucement, pas le solo de hautbois qui rappelle l'envol d'un oiseau, pas le picotement d'une caresse, pas les couleurs pastellisées, pêche et lavande, d'un coucher de soleil sur un récif corallien. Seulement des impulsions. Le cerveau est aveugle, sourd, muet, insensible. Le corps est un transducteur (du latin *transducere*, « faire traverser, transférer »), un dispositif qui convertit un type d'énergie en un autre type d'énergie, et c'est là son génie. Notre corps absorbe l'énergie mécanique et la convertit en énergie électrique. Je touche le pétale délicat d'une rose rouge appelée « M. Lincoln », et mes récepteurs traduisent ce toucher mécanique en impulsions électriques que déchiffre le cerveau et où il lit : doux, souple, mince, recourbé, velouté — pétale de rose. Lorsque Walt Whitman disait : « Je chante le corps électrique », il ne savait pas à quel point il parlait en prophète. Le corps chante bel et bien avec l'électricité, que le mental analyse et considère prestement. Ainsi la réalité est-elle dans une certaine mesure une fiction sur laquelle nous sommes d'accord. Quelle stupidité, dès lors, que ces querelles des philosophes sur l'apparence et la réalité ! L'univers sera différemment connaissable pour d'autres créatures.

Le dauphin a un cerveau aussi complexe que le nôtre ; il possède un langage, une culture et des émotions. Il a sa propre société, avec ses codes de conduite, ses groupes familiaux et une civilisation ; mais il vit sur « notre » planète, comme nous aimons le dire avec un chauvinisme fanfaron, dans un monde inimaginablement différent du nôtre et dont il se peut que nous ayons beaucoup à apprendre. Au fond de nous, nous savons que notre dévotion à la réalité n'est rien de plus qu'un mariage de convenance, et nous laissons aux voyants, aux chamans, aux ascètes, aux instructeurs religieux, aux artistes le soin d'accéder à un état supérieur de la conscience, où ils transcendent l'analyse rigoureuse, mais routinière de nos sens et se rapprochent de l'expérience pure de la nature qui se déverse dans l'inconscient, dans le monde des rêves, la source des mythes. « Comment savez-vous seulement que chaque oiseau qui fend la voie des airs n'est pas un immense monde de délices fermé à nos cinq sens ? » écrivait William Blake. Nous avons beaucoup à apprendre des sens des animaux, et à leur sujet. Autrement, comment espérer savoir prendre soin de la planète, s'il s'avère que c'est notre fonction ? Comment apprécier notre petit rôle dans l'étoffe de la vie sur la Terre ? Comment comprendre le mental des extraterrestres, si nous entrons en contact avec eux ? Comment finir par nous connaître les uns les autres en profondeur, avec compassion et dans la plénitude, à moins d'en apprendre davantage sur le fonctionnement du mental et des sens ? Nos sens, qui nous paraissent si personnels et imprévisibles, et qui semblent parfois nous séparer des autres, vont bien au-delà de nous. Ils représentent un prolongement de la chaîne génétique qui nous relie à tous ceux qui ont vécu ; ils nous rattachent au reste de l'humanité et aux animaux à travers le temps, les pays et les événements. Ils raccordent le personnel et l'impersonnel, l'âme d'un être et celle de ses nombreux parents, l'individu et l'univers, toute la vie sur la Terre. En sommeil profond, nos ondes cérébrales vont de huit à treize hertz, fréquence à laquelle une lumière vacillante peut provoquer des crises d'épilepsie. La Terre frissonne doucement à environ dix hertz. Ainsi, dans notre sommeil le plus profond, entrons-nous en synchronisme avec le frémissement tellurique. En rêvant, nous devenons le rêve de la Terre.

Cela a commencé dans le mystère, cela se terminera dans le mystère. Peu importe le nombre des grands principes captivants de la vie et de ses petits détails tout aussi captivants que nous pouvons explorer, décoder, apprendre par cœur, il y aura toujours de vastes domaines inconnus pour nous attirer. Si l'incertitude est l'essence du romanesque, il y aura toujours suffisamment d'incertitude pour que la vie crépite et renouvelle notre sens de l'émerveillement. Certains s'effarent en constatant que, si passionnément qu'ils le fouillent, l'univers leur demeure impénétrable. « Pour ma part, écrivit un jour Robert Louis Stevenson, je ne voyage pas pour aller quelque part, mais simplement pour aller. Je voyage pour l'amour des voyages. L'important est de bouger. » L'important, l'histoire d'amour avec la vie, est de vivre d'autant de façons différentes que possible, d'étriller sa curiosité comme un pur-sang nerveux, de l'enfourcher et de galoper sur les grasses collines ensoleillées de chaque jour. Là où il n'y a pas de risque, le terrain est plat et très dur. Et malgré toutes ses dimensions, ses vallées, ses sommets et ses détours, la vie semble alors n'avoir rien de cette géographie superbe, mais simplement s'étirer en longueur. Cela a commencé dans le mystère, cela se terminera dans le mystère. Mais entre les deux, quelle sauvage beauté !

Bibliographie

GÉNÉRALE

Bachelard, Gaston. *La Poétique de l'espace*, PUF, Paris, 1985.
Bates, H. E. *The Purple Plain*. Londres : Penguin Books, 1974.
Bodanis, David. *The Secret House*. New York : Simon & Schuster, Inc., 1986.
Bonner, John Tyler. *The Scale of Nature*. New York : Harper & Row, 1969.
Brash, R. *How Did It Begin ? Supersitions and Their Romantic Origins*. Australie : Longmans, Green & Co., Ltd., 1965.
Braudel, Fernand. *The Structures of Everyday Life*. New York : Harper & Row, 1982.
Buddenbrock, Wolfgang von. *The Senses*. Ann Arbor, Michigan : University of Michigan Press.
Campbell, Joseph. *The Power of Myth*. Betty Sue Flowers, éd., introduction de Bill Moyers. Garden City, New York : Doubleday, 1988.
Carcopino, Jérôme. *La Vie quotidienne à l'apogée de l'Empire*, Garnier-Flammarion, Paris, 1983.
Carr, Donald E. *Forgotten Senses*. Garden City, New York : Doubleday, 1972.
Dubkin, Leonard. *The White Lady*. Londres : Macmillan & Co., Ltd., 1952.
Eiseley, Loren. *The Immense Journey*. New York : Random House, Inc./ Vintage Books, 1957.
The Lost Notebooks of Loren Eiseley. Kenneth Hever, éd. Boston : Little, Brown & Co., 1987.
Frisch, Karl von. *Animal Architecture*. New York : Harcourt Brace Jovanovich, 1974.
Froman, Robert. *The Many Human Senses*. Londres : G. Bell and Sons, Ltd., 1966.
Gass, William. *On Being Blue*. Boston : Godine, 1976.
Glassner, Barry. *Bodies : Why We Look the Way We Do*. New York : G.P. Putnam's Sons, 1988.
Guiness, Alma E., éd. *ABC's of the Human Body*. Pleasantville, New York : Reader's Digest Books, 1987.
Huizinga, Johan. *Homo Ludens : A Study of the Play Element in Culture*. Boston : Beacon Press, 1955.
Huysmans, J.-K. *Against Nature*. New York : Penguin Books, 1986.
Lingis, Alphonso. *Excesses : Eros and Culture*. Albany, New York : State University of New York, 1978.

Maeterlinck, Maurice. *La Vie des abeilles*, Grasset, Paris.
Martin, Russell. *Matters Gray & White*. New York : Fawcett/Crest, 1986.
Milne, Lorus et Margery. *The Senses of Animals and Men*. New York : Atheneum, 1964.
Morris, Desmond *Bodywatching*. New York : Crown, 1985.
Catwatching. New York : Crown, 1986.
Dogwatching. New York : Crown, 1987.
Intimate Behavior. New York : Bantam, 1973.
Manwatching. New York : Abrams, 1977.
Murchie, Guy. *The Seven Mysteries of Life : An Exploration in Science and Philosophy*. Boston : Houghton Mifflin Company, 1978.
Panati, Charles. *The Browser's Book of Beginnings*. Boston : Houghton Mifflin Company, 1984.
Extraordinary Origins of Everyday Things. New York : Harper & Row, 1987.
Parker, Arthur C. *Indian How Book*. New York : Dover, 1954.
Polhemus, Ted, éd. *The Body Reader : Social Aspects of the Human Body*. New York : Pantheon Books, 1978.
Poole, Robert M., éd. *The Incredible Machine*. Washington, D.C. : National Geographic Society, 1986.
Rilke, Rainer Maria, traduction de G. Craig Houston. *Where Silence Reigns : Selected Prose*. New York : New Directions, 1978.
Rivlin, Robert, et Karen Gravelle. *Deciphering the Senses : The Expanding World of Human Perception*. New York : Simon & Schuster, 1984.
Robinson, Howard F., et al. *Colors in the Wild*. Washington, D.C. : National Wildlife Federation, 1985.
Sagan, Carl. *The Dragons of Eden*. New York : Random House, Inc., 1977.
Selzer, Richard. *Mortal Lessons*. New York : Simon & Schuster, 1976.
Smith, Anthony. *The Body*. New York : Penguin Books, 1986.
Thompson, D'Arcy W. *On Growth and Form*. Cambridge, Massachusetts : Cambridge University Press, 1961.
Van der Post, Laurens. *The Heart of the Hunter*. New York : Harcourt Brace Jovanovich, 1980.
Walker, Stephen. *Animal Thoughts*. Londres : Routledge & Kegan Paul, Ltd., 1983.
Walsh, William S. *Curiosities of Popular Customs*. Londres : J.P. Lippincott Co., 1897.
Wilentz, Joan Steen. *The Senses of Man*. New York : Crowell, 1968.
Wilson, Edward O. *Biophilia*. Cambridge, Massachusetts : Harvard University Press, 1984.

L'ODORAT

Bedichek, Roy. *The Sense of Smell*. Garden City, New York : Doubleday, 1960.
Bloch, Iwan. *Odoratus Sexualis*. New York : New York Anthropological Society, 1937.
Burton, Robert. *The Language of Smell*. Londres : Routledge & Kegan Paul, 1976.
Corbin, Alain. *Le Miasme et la Jonquille, l'odorat et l'imaginaire social, XVIIIe-XXe siècles*, Aubier-Montaigne, Paris, 1982.
Erb, Russell C. *The Common Scents of Smell*. New York : World Publishing Co., 1968.
Ferenczi, Sandor. *Thalassa : A Theory of Genitality*. New York : W. W. Norton, 1968.

Gombrowicz, Witold. *Journal*, vol. 1, Bourgois, Paris, 1981.
Harkness, Jack. *The Makers of Heavenly Roses*. Londres : Souvenir Press, 1985.
Moncrieff, R. W. *Odours*. Londres : William Heinemann Medical Books Ltd., 1970.
Morris, Edwin T. *Fragrance*. New York : Scribner's, 1986.
Muller, Julia, et al. *Fragrance Guide (Feminine Notes)*. Londres : Johnson Publications, n.d.
avec Dr Hans Brauer et Joachim Mensing. *The H & R Book of Perfume*. Londres : Johnson Publications, n.d.
Ray, Richard, et Michael MacCarkey. *Roses*. Tucson, Arizona : H. P. Books, 1981.
Süskind, Patrick. *Le Parfum, histoire d'un meurtrier*, Fayard, Paris, 1987.
West, Paul. *The Place in Flowers Where Pollen Rests*. Garden City, New York : Doubleday, 1988.

LE TOUCHER

Allen, J. W. T., éd. et trad. *The Customs of the Swahili People*. Berkeley et Los Angeles : University of California Press, 1981
BBC/WGBH. « A Touch of Sensitivity ». 9 décembre 1980.
Beardsley, Timothy. « Benevolent Bradykinins ». *Scientific American*, juillet 1988.
Fellman, Sandi, éd. *The Japanese Tattoo*. New York : Abbeville Press, 1987.
Gallico, G. Gregory, et al. « Permanent Coverage of Large Burn Wounds with Autologous Cultured Human Epithelium ». *The New England Journal of Medicine*, vol. 311, n° 7, 16 août 1984.
Goleman, Daniel. « The Experience of Touch : Research Points to a Critical Role ». *The New York Times*, 2 février 1988, p. C1.
Lamb, Michael. « Second Thoughts on First Touch ». *Psychology Today*, vol. 16, n° 4, avril 1982.
Lebeck, Robert. *The Kiss*. New York : St. Martin's Press, 1981.
Macrae, Janet. *Therapeutic Touch : A Practical Guide*. New York : Alfred A. Knopf, Inc., 1988.
Montagu, Ashley. *Touching : The Human Significance of the Skin*. New York : Columbia University Press, 1971.
Nyrop, Christopher, trad. W.F. Harvey. *The Kiss and Its History*. Londres : Sand and Co., 1901.
Perella, Nicolas James. *The Kiss Sacred and Profane*. Berkeley et Los Angeles : University of California Press, 1969.
Sachs, Frederick. « The Intimate Sense of Touch ». *The Sciences*, janvier/ février 1988.

LE GOÛT

Angier, Bradford. *How to Stay Alive in the Woods*. New York : Macmillan, 1962.
Brillat-Savarin, Anthelme. *Physiologie du goût*, Hermann, Paris, 1975.
Farb, Peter, et George Armelagos. *Consuming Passions*. New York : Washington Square Press, 1970.
Ferrary, Jeannette. « Plain Old Vanilla Isn't All that Plain Anymore ». *The New York Times*, 13 janvier 1988.
Harris, Marvin. *The Sacred Cow and the Abominable Pig : Riddles of Food and Culture*. New York : Simon & Schuster/Touchstone Books, 1987.

Liebowitz, Michael. *The Chemistry of Love*. New York : Berkeley Books, 1984.
Pullar, Philippa. *Consuming Passions*. Boston : Little, Brown & Company, 1970.
Tisdale, Sallie. *Lot's Wife : Salt and the Human Condition*. New York : Henry Holt & Co., 1988.

L'OUÏE

Attali, Jacques. *Bruits : Essai sur l'économie politique de la musique*, PUF, Paris, 1981.
Bach, Johann Sebastian. *Complete Organ Works*. Avec une préface du Dr Albert Schweitzer et Charles-Marie Widor. New York : G. Schirmer, Inc., 1912.
Broad, William J. « Complex Whistles Found to Play Key Roles in Inca and Maya Life ». *The New York Times*, 29 mars 1988.
Chatwin, Bruce. *Le Chant des pistes*, Grasset, Paris, 1988.
Conniff, Richard. « When the Music in Our Parlors Brought Death to Darkest Africa ». *Audubon*, juillet 1987.
Cooke, Dervck. *The Language of Music*. Londres : Oxford University Press, 1987.
Crosette, Barbara. « A Thai Monk Unlocks Song in the Earth ». *The New York Times*, 30 décembre 1987.
Grant, Brian. *The Silent Ear : Deafness in Literature*. New York : Faber and Faber, 1988.
Mach, Elyse, éd. *Great Pianists Speak for Themselves*. 2 vol. New York : Dodd, Mead & Co., 1988.
Rothman, Tony, et Amy Mereson. « Fiddling with the Future ». *Discover*, septembre 1987.
Schaeffer, R. Murray. *The Composer in the Classroom*. Toronto : Clark and Cruickshank, 1965.
Schonberg, Harold. *Facing the Music*. New York : Summit Books, 1985.
« School in the Exploratorium Idea Sheets ». San Francisco : The Exploratorium Bookstore, n. d.

LA VISION

Bataille, Georges. *Histoire de l'œil*, Pauvert, Paris, 1985.
trad. Allen Stockl. *Visions of Excess : Selected Writings 1927-1939*. Minneapolis : University of Minneapolis Press, 1985.
Berger, John. *About Looking*. New York : Pantheon Books, 1980.
The Sense of Sight. New York : Pantheon Books, 1980.
Bova, Ben. *The Beauty of Light*. New York : John Wiley & Sons, Inc., 1988.
Koretz, Jane F., et George H. Handelman. « How the Human Eye Focuses. » *Scientific American*, juillet 1988.
Merleau-Ponty, Maurice. *Sens et Non-sens*, Nagel.
Rossotti, Hazel. *Colour : Why the Word Isn't Grey*. Princeton, New Jersey : Princeton University Press, 1983.
Shearer, Lloyd. « A Doctor Who Advertises ». *Parade*, 24 juillet 1988.
Taylor, Joshua C. *Learning to Look : A Handbook for the Visual Arts*. Chicago, Illinois : University of Chicago Press, 1957.
Trevor-Roper, Patrick. *The World Through Blunted Sight*. Londres : Penguin Books, 1988.
Vaughan, Christopher. « A New View of Vision ». *Science News*, 23 juillet 1988.

INDEX

abeilles, 120, 320.
About Faces (« Du visage »), 128.
accord, 268.
achromatopsie, 305.
Addison (maladie d'), 185-86, 189.
air, 285-86.
A la recherche du temps perdu, 176.
albinos, 24, 305[n].
Alexandre le Grand, 82.
Alien, 210-11.
aliments, *voir* nourriture.
Allen, J.W.T., 142.
alligators, 118, 126, 241-42, 319, 361.
Alper, Svetlana, 122.
Alzheimer (maladie d'), 62, 202.
Amadeus, 259-60.
amants, 154, 278, 366.
Amazing Grace (« Grâce étonnante »), 253.
ambre gris, 25, 84.
Amoore, J.E., 28.
amour, 10, 12, 192, 332, 365.
analgésiques, 134.
And God Created Great Whales (« Et Dieu créa de grandes baleines »), 244.
anesthésiants, 133.
Angier, Bradford, 205.
animaux :
- l'audition chez eux, 237-42, 273, 278.
- étalage et camouflage, 314-18.
- leur perception des changements de temps, 64.
- leur façon d'éternuer, 48-49.
- maîtres du toucher, 125-26.
- leur odorat, 24, 47-48.
- leurs phéromones, 42-45, 201.
- sang chaud contre sang froid, 117-19, 318.
- leurs sécrétions glandulaires parfumées, 25-26.
- leurs sons, 236-43, 244-47.
- torturés à des fins culinaires, 183-84.
- leur vision, 307, 318-21.

anneaux, 340.
anosmie, 59-63.
anthocyanine, 311-12.
apesanteur, 27.
aphrodisiaques :
- les aliments, 163-64, 190, 198, 200.
- les odeurs, 26, 28.

Apollo (missions), 340-41.
Appalachian Spring, 252.
arbres (unissant la Terre au ciel), 290-91.
arc-en-ciel, 295-96.
architecture :
- ancienne et emploi de bois parfumé, 81-82.
- et musique, 269-70.

A rebours, 30.
Aristote, 326.
Armelagos, George, 185.
aromathérapie, 79-80.
Art de voir, L', 353.
arts :
- et automutilation, ou douleur, 138.
- et beauté, 333-34.
- et synesthésie, 349-50.
- et problèmes de vision, 321-25.
- *voir également* littérature

Ashbery, John, 355.
Atharva Véda, 169.
Auden, W.H., 352.
aurores, 298-99.
automne (et la couleur des feuilles), 310-14.
automutilation, 138.
Autres rivages, 317[n], 350[n].
Aztèques, 166, 171, 190, 195, 198, 297.

Bach, Johann Sebastian, 258, 265.

Bacon, Sir Francis, 301.
Badura-Skoda, Paul, 253-54.
baignoire, 354.
bain, 79, 81, 354.
bains de soleil, 118-19.
baiser, 38, 138-45.
Le Baiser, 144-45.
baleines, 231, 361.
leurs chants, 244-46.
Whale Songs, 246-47.
Balzac, Honoré de, 189, 200.
Bantous, 159.
Barrie, J.M., 46.
Barry, Jeanne du, 20.
Baudelaire Charles, 29, 270ⁿ, 349, 350.
Béatrice et Bénédict, 270.
beauté, 325-35.
ses avantages, 326-28.
et l'art, 333-34.
embonpoint ou maigreur, 329.
facteurs non physiques, 331-32.
et les idéaux culturels, 328-29.
dans la nature, 332-33.
nouveauté ou surprise, 333.
des pierres précieuses, 334-35.
au prix de la souffrance, 132.
et les pupilles dilatées, 325-26.
et le visage, 329-31.
Bedicheck, Roy, 39, 49.
Beethoven, Ludwig van, 255-56, 262-63.
Belème, 206.
Belle et la Bête, La, 52, 212.
Berger, John, 333.
Berlioz, Hector, 270.
Bible, La, 141, 279, 353, 359.
Big Sur, 290, 292, 294, 295.
bioluminescence, 303-04.
Birnberg, Judith R., 60-62.
Blake, William, 252, 367.
Bochimans, 244, 272ⁿ, 296, 334ⁿ.
Bodanis, David, 177-78.
bois (aromatique), 81-82.
Bonner, John Tyler, 241.
Borans, 321.
Borodine, Alexandre, 258.
bouche, 142-43, 161, 177, 178.
bouddhisme, 170.
bout des doigts (sensibilité), 90-91, 149.
Bracken (caverne de), 240.
Bradstreet, Anne, 285.
braille, 149.
Brillat-Savarin, Anthelme, 157, 159, 174, 191, 200, 203.
Broca (zone de), 226.
Bronzaft, Arlene, 229.
bruits, 228-31.
brûlures, 91-93, 133.
bulbes terminaux de Krause, 165.
Burke, Carol, 216ⁿ.
Burton, Sir Richard, 131.
Busoni, Ferruccio, 355.
Bus Stop, 68.
Byron, Lord, 257ⁿ.

cadence militaire, 216.
café, 168-69, 174, 176, 187, 189, 208.
caféine, 189, 193, 208.
Cage, John, 234.
Caligula, 180.
calvitie, 113.
camouflage, 50-51, 314-17.
Campbell, Joseph, 172.
cannibalisme, 171-72.
Cantique des Cantiques, Le, 30-31.
Capote, Truman, 19, 353.
Carlyle, Thomas, 264.
Carr, Donald, 109.
Carroll, Lewis, 353.
Caruso, Enrico, 260.
castoreum, 25.
Cather, Willa, 353.
catholicisme, 89, 160, 172.
Catulle, 182.
cécité, 60, 148, 222, 235, 301.
cèdre, 81-82.
cellules gustatives, 173-74.
Cervantes, Miguel de, 345.
cerveau, 11, 23, 49, 188, 192, 351, 352, 362, 366-67.
Cézanne, Paul, 321-22, 325.
chaîne alimentaire, 179, 211.
chair de poule, 119.
Chanel (Nº 5), 25, 71.
chant, 251.
Chant des pistes, Le, 263-64.
charbons ardents (marcher dessus), 129-30.
Charles Quint, 190.
Charoen, Phra, 271.
Chartreuse de Parme, La, 353.
chasse et cueillette, 162, 167.
chats, 24, 42, 48, 114, 126, 217, 232, 238-39, 318.
Chatwin, Bruce, 263-64.
Chaucer, Geoffrey, 30.
chauves-souris, 37, 44, 232, 240-41, 320, 332.
Chemistry of Love, The (« La chimie de l'amour »), 192-93.
cheveux, 23, 110-12.

croissance et chute, 112.
gestes symboliques, 110-11.
les toucher, 153-54.
Chien des Baskerville, Le,, 18.
Chine, 201, 257, 297.
ancienne, 148, 166, 209, 248, 287, 289, 308.
et l'architecture aromatique, 81.
chips, 177-78.
chiromancie, 146-47.
chirurgie hypothermique, 116.
chlorophylle, 311, 315.
chocolat, 164, 188, 190-95, 198.
sa chimie, 192-93.
le désir qu'il suscite, 188, 191-95.
son histoire, 190-91.
christianisme, 83, 143, 144, 259.
et la négation des sens, 181.
Churchill, Lady Randolph, 78, 128.
ciel, 284-300, 315.
comme symbole, 289-90.
sa couleur bleue, 294-95, 315.
encadré par l'architecture, 291.
la nuit, 294-99.
vu à travers les branches des arbres, 290-91.
circoncision (rites), 131.
civette, 25, 28.
civilisation, 162-63, 211.
Clampitt, Amy, 356-57.
Clare, John, 354.
Clarke, Arthur C., 227.
Cléopâtre, 12, 54, 81, 328.
Coca-Cola, 208.
cocaïne, 132, 133, 208.
Cocteau, Jean, 52, 212.
cœur, 220.
battements, 219-20, 232-33.
coiffure, 82, 110-12, 151, 328, 330.
Coleridge, Samuel Taylor, 29, 355.
Colette, Gabrielle Sidonie, 29, 200, 285, 352.
Colomb, Christophe, 77, 167.
comètes, 298.
communion, 160, 172.
Congreve, William, 264-65.
Consuming Passions (« Passions dévorantes »), par Farb et Armelagos, 185.
Consuming Passions (« Passions dévorantes »), par Pullar, 180.
Cook, James, 127.
Cooke, Deryck, 254, 255.
Cook's Oracle, The (« L'oracle du cuisinier »), 183-84.
Copland, Aaron, 252.
Coran, Le, 85.
Corbin, Alain, 41.
corps :
au-delà de ses limites, 130.
sa constance au fil du temps, 10.
écoute la musique, 259.
fonctionnements internes, 219-21, 234.
transducteur, 367.
corpuscules :
de Meissner, 108.
de Pacini, 106-7, 108, 126.
Cortès, Herman, 190, 198.
couchers de soleil, 294-95, 308-09, 332.
couleurs, 268, 304, 314, 325.
dans le camouflage et l'étalage, 314-18.
du coucher du soleil, 308-09.
émotions qu'elles suscitent, 307-09.
des feuilles d'automne, 310-14.
et les sons qui leur sont associés, 347-50.
countershading, 315.
couvade, 132.
Cowley, Abraham, 49, 328-29.
Cowley, Malcolm, 352.
Crane, Hart, 352-53.
Crète, 82.
crise cardiaque, 132, 153.
croisés, 55, 83, 182.
croissants, 168.
Crum, George, 178.
cryogénie, 116-17.
cummings, e.e., 332, 333, 364-65.
Cytowič, Richard, 348.

daims et biches, 50, 51, 52, 238, 317, 319.
daltonisme, 305, 319.
danse, 94, 257-58.
Darwin, Charles, 141.
Degas, Edgar, 324.
De la nature des choses, 28.
dents, 175, 177.
désordre affectif saisonnier, 188.
De sang-froid, 19.
2001, odyssée de l'espace, 227.
diabète, 75, 189.
dialectes, 226, 227-28, 237.
diamants, 334-35.
Dickens, Charles, 32, 34.
dieux, 77, 160-61, 170, 171, 285, 287, 289.
Dionne (quintuplées), 103n.
direction (comment la déterminer), 297-98.
Disney, Walt, 116, 349.
divination, 172.
docteurs (leur toucher), 151-52.
Dodge, Charles, 272.
Dostoïevski, Fédor, 29.

douleur, 105, 106, 107, 129-38, 361.
des autres, comme forme de jouissance, 180.
sa finalité, 135-38.
illusoire, 132.
rites qui l'entourent, 131-32.
la soulager, 133-35.
subie pour séduire, 132.
subjective, 129.
la surmonter, 129-32.
druides, 172.
Dryden, John, 261-62.
Dry Salvages, The, 254.
Du côté de chez Swann, 31-32.
Dufy, Raoul, 324.
Dumas, Alexandre, père, 353.
Durrell, Gerald, 40.

écholocation, 232, 240-42.
éclair, 219, 288.
écrivains, 29-32, 350-58.
Eden (jardin d'), 136, 164, 313.
Edouard le Confesseur, 84.
Edwards, Peter, 250.
Egypte ancienne, 127, 134n, 143, 151, 160, 209, 308, 330.
son sens des parfums, 78-79, 81, 82.
Eiseley, Loren, 280.
électromagnétique (sens), 361.
éléphants, 48, 85, 238, 241, 361.
Eliot, T.S., 254, 355.
Elisabeth Ire d'Angleterre, 84.
Elkin, Stanley, 107.
Ellington, Duke, 260.
émotions, 19, 93, 96, 137, 223, 305.
et le chocolat, 191-94.
et les couleurs, 307-10.
et les images visuelles, 339-41.
et la musique, 251-56, 261-63, 265-66.
empreintes digitales, 89, 147, 148.
Emré, Younous, 54.
encens, 77-78, 81, 82, 85.
endorphines, 133-34, 187, 265, 267.
Les Enfants du silence, 235.
engelures, 118.
Enlèvement au sérail, L', 262.
envies, 135, 184-89.
de chocolat, 188, 191, 193-94.
et les états d'âme, 187-88.
des femmes enceintes, 135, 186-87.
et l'hérédité, 188-89.
Eole, 287.
Ephèse (temple de Diane à), 82.
épices, 76, 77, 181, 182, 195-99.
Epictète, 234-35.
Epicure, 179.
épilepsie musicale, 221-22.
épiphyse, 302.
Esaü, 141.
esclaves, (chez les Romains), 180.
étalage, 315-18.
éternuer, 48-50, 60, 294.
étoile polaire, 295, 297.
étoiles, 206, 290, 296-97, 299.
eucalyptus, 32-34, 167, 291.
évolution, 46, 119, 231, 286, 363, 364.
chez les animaux à sang chaud, 117.
de la chasse et de la cueillette à la civilisation, 162-63.
et l'océan originel, 35-36.
odorat et, 35, 47-48, 57, 63, 75-76, 85.
et le toucher, 103.
et la vision, 279-80.
Exploratorium, 124-25.

Farb, Pete, 185.
Faulkner, William, 350.
féculents, 184, 187, 188, 189, 194.
Fellman, Sandi, 128-29.
Ferenczi, Sandor, 36.
Fermi (laboratoire national d'accélérateurs), 258.
fertilité (rites et symboles), 165.
feu, 277.
feuilles, 310-14, 315.
foetus, 102, 103, 232.
et les battements du cœur maternel, 219.
Field, Tiffany, 97-98.
Fielding, Henry, 163.
films :
d'horreur, 117, 210-11, 319.
et l'illusion du mouvement, 320.
Fisher, M.F.K., 195.
Flaubert, Gustave, 29.
foie, 189.
football, 131.
Forgotten Senses, The (« Les sens oubliés »), 109.
Forshan, Vincent, 331.
fougou, 10, 208-09, 211.
Fragrance, 24.
Franklin, Benjamin, 352, 354.
Freud, Sigmund, 36.
frissons, 116, 119.
fumigation, 41.

Gass, William, 356.

Genet, Jean, 334.
George V d'Angleterre, 128.
Gestalt, 348.
Giacometti, Alberto, 323.
Gibbon, Edward, 181.
Gibson, Edward, 138.
Gilbert, Avery, 45.
Gilgamesh, 110.
gingembre, 201-02.
Giorgio, 66.
gladiateurs, 82-83, 180.
glandes apocrines, 38.
glutamate de monosodium, 175.
Goethe, Johann Wolfgang von, 360.
Gombrowicz, Witold, 21.
Goodall, Jane, 42.
gothiques (cathédrales), 268.
goût, 18, 59.
  l'acquérir, 176.
  différences individuelles, 176.
  distorsions possibles, 175-76.
  double signification, 161.
  fonctionnement impropre, 60-61.
  et l'odorat, 27, 176-77, 196.
  et les parfums, 74.
  et sa précision, 175.
  comme sens social, 159-63.
  et son pouvoir protecteur, 184-89.
  et les voyages dans l'espace, 206.
Grande-Bretagne (cuisine anglaise), 182-84.
Grant, Brian, 235.
Great Pianists Speak for Themselves (« Les grands pianistes parlent pour eux »), 253-54.
Grèce ancienne, 23, 82, 143-44, 151, 175, 200, 287, 297, 306, 308.
et la musique, 258-59.
Green, Howard, 91.
grégorien (chant), 259, 269, 270.
grillons, 239.
Grojsman, Sophia, 67-75.
grossesse, 63, 135, 186, 219, 232.
Guanches, 263.
guérisseurs, 150-51.
Guerre mondiale (Seconde), 110, 266.
guide africain du miel, 321.
Guillaume le Conquérant, 224.
gynécologues, 151-52.

Hair, 111.
hallucinations auditives, 221-22.
hallucinogènes, 349.
harmonie, 268-69.
Harris, Marvin, 170, 171, 172.
Hatshepsout, reine d'Egypte, 78.
Hébreux, 251.
Hélène de Troie, 328.
Hellerstein, David, 89-90.
Hemingway, Ernest, 353.
Hendrickson, Robert, 353.
Henkin, Robert, 62.
Henri Ier d'Angleterre, 189.
Henry IV, deuxième partie, 204.
hérédité, 24, 176, 188-89, 257, 350.
Hérodote, 235.
héroïne, 134.
Herrick, Robert, 30.
Hésiode, 287.
hindous, 169-70.
Hippocrate, 134n.
Histoire de Genji, 32.
Hitler, Adolf, 230.
Homère, 82, 235, 306.
homophonie, 268.
Hopis, 160-61.
hormones femelles, 63, 301.
Hostia, 10.
houris, 85.
Housman, A.E., 354.
Hovhaness, Allan, 244.
How Animals See (« Comment voient les animaux »), 316.
How To Stay Alive in the Woods («Comment rester en vie dans les bois »), 204-05.
Huang Ti, 248.
Hugo, Victor, 352.
humeur, 176.
  et l'influence de la lumière, 301.
  et la nourriture, 187.
  et les odeurs corporelles, 39.
Huxley, Aldous, 353.
Huysmans, Joris-Karl, 30, 350.
hymnes, 252-53.
hyperactivité, 189.

ïambes, 220.
Ice Man, 116.
Inde, 85, 308.
  et les vaches sacrées, 169-71.
illusions d'optique, 279.
infrarouges, 319.
infrasons, 241-42.
inhibition latérale, 134.
initiation (rites), 131.
Innocent Killers, The (« Les tueurs innocents »), 42-43.

insectes, 332.
et le camouflage, 315-16.
détection de la chaleur, 117.
odorat, 43, 47-48.
oreilles, 238.
yeux à facettes, 319.
International Flavors and Fragrances Inc. (IFF), 26, 65-75.
Intersonics, Inc., 233.
ionone, 22.
Isaac, 141.
Islam, 54-55.
Itzas, 190.

Jacob, 141.
jaïnisme, 171.
Japon, 85, 128-29.
et le poisson-globe (fougou), 10, 208-09.
Japanese Tattoo, The (« Le tatouage japonais »), 128.
Jefferson, Thomas, 198.
Jérôme, saint, 181.
Jérusalem, 252.
Jésus-Christ, 84, 89, 93, 144, 147, 172.
Jézabel, reine d'Israël, 330.
Johnson, Samuel, 349, 352.
Joséphine, impératrice, 22, 23, 84.
Journey into Russia (« Voyage en Russie »), 289.
Joy (parfum), 52.
Joyce, James, 29, 350.
Juifs, 110, 160, 169.
Jupiter (planète), 272, 340.

Kafka, Franz, 123, 138.
Kant, Emmanuel, 147.
katchina, 160, 161.
Katz, Bernhard, 109.
Keats, John, 215.
Keller, Helen, 13, 15, 39, 55, 64, 235, 260.
Kennedy, John F., 53.
Kıpling, Rudyard, 24, 29, 353.
Kitchiner, William, 183.
Klein, Donald, 192.
Klein, Manfried, 265.
Kungs, 102.

Lamb, Charles, 183.
Land, Edwin, 305.
Landau, Terry, 128.
Language of music, the, (« Le langage de la musique »), 254.
langage, 28, 77, 93, 162, 224-28, 244.
et le chant des oiseaux, 237.
et les dialectes, 226, 227-28.
le français contre le saxon, 224-25.
et les images visuelles, 278-79.
et la musique, 253-54, 254-55, 256-64.
pour nommer les couleurs, 305-06.
pour nommer les odeurs, 18, 19-21, 23.
et les onomatopées, 225.
dans les ordinateurs, 227.
et la physiologie humaine, 226.
langue, 90, 115, 226.
et les papilles gustatives, 172-78.
larynx, 226.
lavande, 22, 52, 79, 80.
Lawrence, D.H., 94, 352.
Lawrence, T.E., 129, 138.
Lawrence d'Arabie, 129, 320, 331.
Leakey, Louis S.B., 37.
Le jour où la terre s'arrêta, 227.
Léonard de Vinci, 242, 285.
Léonides, 298.
lever du soleil, 299-300.
Lévi-Strauss, Claude, 169.
lévitation acoustique, 233.
lèvres, 141, 142, 145, 165.
Liebowitz, Michael, 192-93.
limbe, 24, 348.
Lincoln, Abraham, 53.
Lingis, Alphonso, 357.
littérature :
manies d'écrivains, 350-58.
et l'odorat, 29-32.
et la surdité, 235-36.
Livingstone, David, 172.
Louis XIV, 83.
Louis XV, 83.
Lowell, Amy, 352.
Lucrèce, 28.
Lucy, 10.
lumière, 50, 279, 281, 282, 300-04, 305.
et bioluminescence ou triboluminescence, 303-04.
et les couleurs, 304-05.
ses effets, 301-02.
son parcours, 294-95.
et le phototropisme, 361.
du soleil, 26-27, 310.
et la vision nocturne, 318-19.
lune, 297, 301, 332-33.

Mac Clintock (effet), 45.
McLuhan, Marshall, 196.
Mages (présents des), 85.
Magicien d'Oz, Le, 61, 341.

Mahler, Gustav, 262.
Mahomet, 54.
mains, 145-50.
et la chiromancie, 146-47.
imposition, 151.
quand le sens du toucher a disparu, 149.
et les salutations, 149.
maïs, 160-61.
Making of a Poem, The (« Écrire un poème »), 354.
Man Facing Southeast, 270-71.
Mansfield, Katherine, 351.
Maoris, 128, 141, 306.
maquillage, 78, 82, 84, 145, 182, 328, 329-30.
Marc-Antoine, 54, 81.
Marie-Madeleine, 93, 144.
Mars (planète), 274, 299.
Martial, 330.
Martin, Russell, 135.
Massaïs, 10, 40, 166.
Maslow, Abram, 28.
massage, 152.
des prématurés, 95-98.
mastication, 177.
mathématiques, 28, 269.
et la musique, 258-59.
Matters Gray and White (« Matière grise et matière blanche »), 135.
matrice, 102, 219-20.
Maupassant, Guy de, 235.
Maurer, Daphné et Charles, 347.
Mauriac, François, 30.
Mayas, 190n, 248.
méditation, 130, 251.
Medoff, Mark, 235.
Meissner, Georg, 174.
corpuscules de, 108.
Mendelssohn, Félix, 261.
menstruation, 26, 45, 75n, 132, 194.
Merck Manual, The (« Le manuel de Merck »), 40-41.
Mercure (planète), 299.
mère, 142, 161, 170, 215.
et la beauté des bébés, 327.
et le don de reconnaître ses petits, 44, 46.
et le toucher, 97-103, 103-04.
Merkel (disques de), 109.
Merleau-Ponty, Maurice, 321-22, 325.
Mésopotamie, 77, 248.
métaphores, 19, 28, 93.
1984, 194.
Miller, Lorraine, 148.
Milosz, Czeslaw, 30.
Milton, John, 29-30, 213.
minceur, 329.
moléculaire (forme et l'odorat), 28.
monarques (papillons), 32, 34.
Monell Chemical Senses Center, 56.
Monet, Claude, 324.
Monroe, Marilyn, 12, 25, 68.
Montezuma, 190, 195, 198.
Monty Python's Flying Circus, 207.
monuments, 339.
Moodus (bruits de), 273.
Morin, James, 303.
Morris, Desmond, 142-43, 152.
Morris, Edwin T., 24.
mort, 19, 209-10, 220, 253, 309, 312.
mosquées, 81, 291.
Mozart, Wolfgang Amadeus, 253, 259, 262.
Much Depends on Dinner (« Tout ce qui dépend des repas »), 160.
Munch, Edvard, 334.
Murasaki Shikibu, Dame, 32.
musc, 25, 28, 81, 83, 164.
musique, 93-94, 215-17, 231, 247-74.
et l'aptitude, 256.
et l'architecture religieuse, 269-70.
art temporel, 269.
et biologie, 264-67.
chant des baleines, 244-47.
comprise sans études particulières, 251, 257.
et la danse, 257-58.
dissonnante, 230, 248.
l'écouter avec le corps, 259-60.
et les émotions, 251-56.
épilepsie musicale, 221-22.
espéranto de l'univers, 258.
et l'imagination du compositeur, 262-63.
instruments, 247-50.
comme langage, 253.
et les manies des écrivains, 355.
et les mathématiques, 258-59.
occidentale, 260, 268-70.
orientale, 248.
ses origines, 248, 256-57.
préférences selon les générations et les cultures, 257.
le rock, 228-29.
ses structures, 270.
et la synesthésie, 348-49.
et la traduction des phénomènes électriques de la Terre, 271-72.
thérapie musicale, 266.
Musset, Alfred de, 353.
myopie, 324-25.

Nabokov, Vladimir, 317, 350.
Nagano, Chris, 120.

naissance, 19.
nanisme psychosocial, 99.
Napoléon Ier, 22, 84, 200.
National Institute of Mental Health (Institut national de la santé mentale), 188, 193.
Nature (sa beauté), 332-33.
Nemerov, Howard, 356.
Neptune (planète), 340.
Néron, 54.
neurones, 23, 28, 106, 173, 282.
New Literary History (« Nouvelle histoire littéraire »), 259.
nez, 23, 47-49.
 sa forme chez les humains, 49.
 et les salutations, 39, 141.
niches auditives, 239-40.
Nicolas II, tsar de Russie, 128.
nourrissons, 220, 257.
 et le besoin d'être touchés, 95-104.
 et le goût, 174, 176.
 et les impressions sensorielles, 346.
 voir également mères
Niklas, Karl, 293.
nourriture :
 aphrodisiaque, 164, 190, 198, 200.
 et le cannibalisme, 171-72.
 et la chaîne alimentaire, 179, 211.
 et les dieux, 160-61.
 et ses éléments sociaux, 159-63.
 dans l'empire romain, 175, 179-80, 182.
 envies, 135, 184-90, 191, 192-94.
 et l'humeur, 181-88.
 macabre, 182-83.
 pour omnivores, 166-69.
 premières expériences, 161.
 sa qualité médicale, 201-04.
 sa recherche, 162.
 sacrée, 169-71.
 sentiments du chasseur vis-à-vis de sa proie, 212.
 et le sexe, 163-66.
 et les sons, 177.
 stimulant émotionnel, 9-10, 206-11.
 et les tabous, 169-72.
nouveauté (besoin de), 284, 333, 363-64.
nuages, 288, 289.
Nuit transfigurée, La, 230.
Nyrop, Christopher, 149.

océans (et les origines de l'homme), 35-36, 280.
odeurs :
 comme camouflage, 50-51, 52.
 catégories fondamentales, 25.
 corporelles, 37-40, 57.
 et le diagnostic des maladies, 56, 75.
 et les écrivains, 29-32.
 leurs effets biologiques, 26, 45-46, 79.
 étendue des réactions, 27-28.
 leur force, 28-29.
 et l'impossibilité de les décrire, 18, 19-21.
 leur présence continuelle, 19.
 repoussantes, 40-42.
 et les salutations, 38-39.
 et les souvenirs, 17, 20, 24, 33, 80.
 substances qui n'en ont pas, 27.
 théorie stéréochimique, 28.
 voir également parfums
odorat :
 associé au goût, 27, 176-77, 197, 206.
 importance et déclin, 55, 56, 75-76.
 mauvais fonctionnement, 59-63.
 et le nez, 23, 47-49.
 et les phéromones, 26, 42-47, 56, 201.
 premier sens, 35.
 ses prodiges, 63, 75.
 régions olfactives, 23, 27, 35, 48.
 sens le plus direct, 23, 24.
 théorie stéréochimique, 28.
œil, 23, 278, 301, 318-19.
 couleur, 281.
 fonctionnement, 280-81, 281-82, 304-05.
 puissance accrue par des accessoires, 279.
 renseignements qu'il recueille, 277-78.
Ohno, Susumu, 273.
O Holy Night (« O sainte nuit »), 252.
oiseaux, 43-44, 47, 315, 320, 321, 333.
 leur chant, 237.
 leur vol, 292-93.
O'Keeffe, Georgia, 325.
Olds, James, 267.
olfactives (régions), 23, 27, 35-36, 48.
Oller, Kimbough, 121n.
omnivores, 166-69.
ondes sonores, 217-18.
onomatopée, 225.
opiats, 133.
opium, 355.
Opium (parfum), 67, 71.
optique (illusions d'), 279n.
ordinateurs, 203, 227, 359.
oreille, 23, 217-18, 222.
 des animaux, 236-37.
 et le sens de l'équilibre, 234.
 endommagée par le bruit, 229, 230-31.
 étendue des sons qu'elle perçoit, 219, 231-32.
 externe, 218, 222.
 interne, 218, 231, 234.
Orwell, George, 194.
ouïe, 47, 60, 101, 213-74, 278.
 chez les animaux, 237-38, 240-42, 273, 278.
 et le fonctionnement interne du corps, 219, 234.

hallucinations auditives, 221-22.
ses limites, 231-32.
sa mécanique, 218-19, 222, 231-33.
niches auditives, 239-40.
prolongée par la technologie, 232.
remplacée par le toucher, 121n.
sélective, 221, 222.
voir également musique, oreille, sons, surdité
Ovide, 182.

Pacini (corpuscules de), 107, 109, 126.
papilles gustatives, 173-76.
affectées par certaines substances, 175-76.
leur fatigue, 174.
leur sensibilité, 173-74.
leur taille, nombre et distribution, 173.
papillons, 43, 48, 117, 174, 315, 317, 320, 361.
monarques, 32-34, 120-21, 291-92.
Parfum, Le, 31.
parfums, 17, 18, 20, 21, 22, 23, 28, 30, 52, 54-55, 77.
atmosphère parfumée, 58.
effets biologiques, 26.
étymologie, 77.
fabrication, 25-26.
histoire, 77-79, 81-85.
et la nationalité, 58.
noms, 71.
pour les objets, 57.
et les phéromones humaines, 44-45.
pour les produits fonctionnels, 57-58, 69, 72.
promesses mirobolantes, 41-42.
et le temps, 64.
et les voyages pour en trouver, 77.
Pavane pour une infante défunte, 269.
Pavlov, Ivan, 137.
Payne, Roger, 244.
peau, 89-93, 101, 132, 133.
couches, 90.
culture, 92-93.
fonctions, 90.
chez les humains et chez les animaux, 127.
tatouages, 78, 127-29.
peintres et leurs problèmes de vision, 321-25.
peintures rupestres, 211-12.
pensée abstraite, 278.
perception de la profondeur, 319.
pet, 40-41.
Peter Pan, 46.
Phéniciens, 330.
phényléthylamine (PEA), 192-93.
Phéromone (parfum), 44.
phéromones, 26, 42-47, 56, 201.
photographies, 339.
phototropisme, 361.
Picasso, Pablo, 72, 351.
pierres précieuses, 334-35.
pierre de touche, 94.
pingouins, 21, 126, 315, 317.
Place in Flowers Where Pollen Rests, The, 21. 355.
plaisir, 102, 161, 181, 266-67.
planètes, 299-300, 340-41.
voir également Terre,
plantes, 76, 280, 293-94.
Pluton (planète), 340.
Poe, Edgar Allan, 42, 353.
poésie, 32, 220-21, 353-54.
poils, 113-14, 118.
et l'odeur corporelle, 37-38.
dans les oreilles, 218.
rôle, 113.
sensibilité, 113-14.
poison, 174, 176, 181.
poisson, 48, 175, 238, 281, 316.
pollen, 293-94.
polyphonie, 268.
pommes d'amour, 39.
pommes de pin, 293.
Pope, Alexander, 183, 189.
Pound, Ezra, 94.
Power of Myth, The («La puissance du mythe »), 171-72.
prédateurs, 37, 39, 43, 240, 277, 316, 319.
Predator, 117.
prématurés, 99, 103.
leur massage, 95-98, 101, 103-04.
pression barométrique, 64.
Preti, George, 45.
primitifs :
cannibalisme, 171-72.
et le contact physique des bébés, 102.
et la création, 164-65.
et la musique, 263-64.
et la nourriture, 169-70.
prismes, 295.
Procès, le, 123.
proie, 39, 43, 277, 319.
prononciation, 225-26, 227, 228.
Properce, 10.
propriocepteurs, 122, 123.
prostituées (leurs noms en argots), 36.
protéines, 187, 188, 189.
Proust, Marcel, 12, 29, 176.
psychisme, 145-48.
puberté, 46.
puces de feu, 303.
Pullar, Philippa, 172, 180-81, 182.
pulsars, 273.
pupilles, 265, 281, 319, 325-26.

Purdue University (bibliothèque de), 155.
puritanisme, 83, 139, 181.
Pygmées, 102.
Pythagore de Samos, 258.

Quakers, 181.
Qi, 364-65.
Quechuas, 186.
Quetzalcoatl, 190.
Quiet Ear, The («L'oreille tranquille »), 235.
Quinn, Anthony, 221.

race (et odeur corporelle), 37-38.
rainette, 239.
Raleigh, Sir Walter, 84.
rastas, 110.
rat, 98-99, 166.
Ravel, Maurice, 260, 269.
réalité virtuelle, 366.
récepteurs tactiles, 90-91, 104-10, 149.
  pour le chaud et le froid, 115-16.
  et la douleur, 132-35, 136-37.
  pilosité, 110-14.
réflexes, 136.
Rembrandt, 122.
Rencontres du troisième type, 258.
Rennie, Michael, 227.
Renoir, Auguste, 324.
reptiles, 113, 118.
respiration, 19, 49, 162, 285-86.
rêves, 283, 368.
Rilke, Rainer Maria, 88, 145, 150.
Rimbaud, Arthur, 349.
Rimski-Korsakov, Nikolaï, 349.
rites de l'adolescence, 131.
Robe prétexte, La, 30.
Rochberg, George, 259.
Rodin, Auguste, 144-45, 150.
Romains, 54, 81, 82-83, 143, 151, 330, 354.
  et la nourriture, 175, 178-80, 182-83.
roman (style architectural), 269-70.
romantiques, 355.
Romantic Story of Scent, The («Le roman du parfum»), 83.
rosaires, 55.
Rosalia, 54.
roses, 51-55, 81, 82, 180.
Rostand, Edmond, 354.
Rubens, Pierre Paul, 324.
Ruffini (terminaisons de), 107, 109.
Ruskin, John, 275.

sables mouvants, 243.
Sachs, Frederick, 94.
Sacred Cow and the Abominable Pig, The (« La vache sacrée et le cochon abominable »), 170.
Sade, marquis de, 164.
sadomasochisme, 137.
salive, 160, 175, 176.
salutations, 39, 141, 149.
Samson, 110.
Sand, George, 352, 353.
Sargon II, roi d'Assyrie, 82.
Saturne (planète), 299, 340.
Saxons, 225.
Scale of Nature, The, 241.
Schadenfreude, 180.
Schaffer, Peter, 259-60.
Schanberg, Saul, 98-99, 101-02.
Schiller, Johann von, 351-52.
Schmidt, Franz, 355.
Schönberg, Arnold, 230.
Schwarzkogler, Rudolf, 138.
science-fiction, 46, 116-17, 227, 258, 270-71.
sclérose en plaques, 107-08.
Scott, Robert, 298-99.
Scriabine, Alexandre, 349.
Secret House, The (« La maison secrète »), 177.
Secrets de Maistre Alexys le Piedmontois, Les, 41-42.
Seder, 160.
sel, 176, 185, 186.
Selby, Jamie et Glen, 92.
Selenicereus (cactus), 76.
sens :
  au-delà des cinq connus, 361.
  et le besoin de nouveauté, 363-64.
  différences culturelles, 10.
  exploration de leurs frontières, 9-10.
  niés parle christianisme, 180-81.
  et la réalité, 11.
  leur sélectivité, 362-63.
  et le temps, 10-11.
  leur transcendance, 12, 359.
  leur universalité, 360.
  voir également chaque sens en particulier
Sens et non-sens, 321-22, 325.
Sense of Music, The (« Le sens de la musique »), 261.
Sense of Sight, The (« Le sens de la vue »), 333.
Sense of Smell, The (« L'odorat »), 39.

sérotonine,135, 187, 188, 189, 193.
Settle, Mary Lee, 357.
sexe, 102, 124, 134, 138-39, 145, 364-66.
  constance, 10.
  et la nourriture, 163-66, 182.
  et le parfum, 26, 62-63.
  et le choix du partenaire chez les animaux, 56-57.
Shakers, 181, 252.
Shakespeare, William, 22, 30, 81, 84, 204, 227, 285, 332.
Sharif, Omar, 331-32.
Shriners Burn Institute, 92.
silence, 234.
Simple Gifts («Simples dons»), 252.
Sinclair, Sandra, 316.
Singer, Armand E., 238[n].
singes, 47, 100-01, 141[n], 151.
Sioux, 131.
Sitwell Edith, 351.
Soljenitsyne, Alexandre, 169.
Sonesta Beach Spa, 79.
Songe d'une nuit d'été, Le, 332.
sons :
  des animaux, 237-43.
  associés aux aliments, 177-78, 217.
  associés aux couleurs, 348-49.
  bruits, 228-31.
  illusoires, 221-22.
  intensité, 219.
  dans la méditation, 251.
  objets qu'ils peuvent soulever, 233.
  onomatopées, 225.
  ragoût sensoriel, 215-17.
  rideau émotionnel, 223.
  sous l'eau, 242.
  transmis en trois étapes, 218.
  vibrations telluriques, 244.
  voir également langage, musique, 244.
Souffle au cœur, Le, 220.
souvenirs, 62, 305.
  et les images visuelles, 282-83, 339.
  et l'odorat, 17, 19-20, 24, 32-34, 80.
Spender, Stephen, 354.
Stanley, doyen, 143.
Stendhal, 353.
stéréochimique (théorie de l'odorat), 28.
Stevenson, Robert Louis, 353, 368.
stimulants, 208.
Stradivarius, 250.
Stubbs, George, 324.
sucre, 169, 175.
surdité, 60, 121[n], 215, 234-36.
  et cécité, 235.
  et littérature, 235-36.
  et la musique, 13, 260.
survie (manuels de), 204.
Süskind, Patrick, 31.
Swahilis, 142, 306.
Swenson, May, 356.
swing, 257.
symbolisme (mouvement littéraire), 349.
synesthésie, 346-58.
système immunitaire, 56, 89.

tabous :
  alimentaires, 169-70, 186.
  dans les contacts physiques, 153-54.
Tahiti, 127, 195.
taille (haute, pour les hommes), 328.
tango, 257-58.
tapetum, 318.
tatouages, 78, 127-29.
température, 114-21.
  cryogénie, 116-17.
  sa perception, 115-16, 118.
Tennyson, Alfred, Lord, 223, 225.
Terre :
  son frémissement, 368.
  ses phénomènes électriques, traduits en musique, 271-72.
  vue du ciel, 341-43.
Thalassa : A Theory of Genitality (« Thalassa, une théorie. de la génitalité »), 36.
Thayer, Abbot, 315.
thé, 184-85.
théobromine, 193.
Théophraste, 53.
Thomas, Dylan, 278-79, 350.
Thoreau, Henry David, 29.
temps (climat), 64, 288-89.
temps (durée), 10-11.
toccata, 93.
Toltèques, 190.
Tom Jones, 163.
torture, 132, 183.
Touch Dome, 124-25.
toucher, 18, 278, 361.
  chez les animaux, 125-27.
  base biologique, 101-03.
  difficile à étudier, 101-02.
  et la douleur, 129-38.
  essentiel aux nouveaux-nés, 95-104.

et l'évolution, 101-03.
important pour la santé, 152-53.
et les mains, 145-50.
métaphores, 93-94.
et la nourriture, 207-08.
sa perte, 107-08, 149.
précisant la profondeur et le contour de la vie, 121-23.
le sens le plus essentiel, 101-02.
subliminal, 155.
tabous, 153-54.
et la température, 114-21.
thérapeutique, 150-53.
et la vision, 121-22.
voir également peau.
tour de Badel, 77.
Toutankhamon, 330.
transcendance, 12, 359.
transpiration, 119.
Trans Time Inc, 116.
Trefil, James, 288.
tremblements de terre, 64, 127, 273-74.
Trevor-Roper, Patrick, 323-25.
triboluminescence, 304.
Tributsch, Helmut, 127.
trilobites, 280.
Tristan et Isolde, 255.
Trueman, John, 83.
truffes, 48, 164, 199-201.
Turner, J.M.W., 325, 357.
Turquie (rites de la circoncision), 131.
Tuttle, Merlin D., 240.
Twain, Mark, 13, 325, 353.
tympans, 217-18.

ultrasons, 233.
Une journée dans la vie d'Ivan Denissovitch, 169.
Uranus (planète), 340.

vaches, 167, 170, 173.
vagin (odeur), 36.
valse, 257.
van der Post, Laurens, 289, 334[n].
Van Gogh, Vincent, 323.
vanille, 195-99.
Vargulae, 303.
végétarianisme, 170.
vent, 287-88, 293, 298.
Vénus (planète), 299, 300.
Vénus (représentation de la déesse), 165.
victorien (âge), 23, 128, 326.
Viking (missions), 127.
Villa-Lobos, Heitor, 11.
violettes, 22-23, 54, 81.
violons, 248-50.
visage (sa beauté), 329-31.
vision, 18, 47, 49, 60, 235, 269, 361.
chez les animaux, 307, 318-21.
associée au toucher, 121-22.
et la beauté, 325-35.
binoculaire, 277, 318.
et le camouflage ou l'étalage, 315-17.
et la cécité, 60, 148, 222, 235, 301.
couleurs, 319-21.
détails qui lui échappent, 284.
émotions et souvenirs, 338-39.
son évolution, 279-80.
illusions d'optique, 279[n].
images et souvenirs, 282-84.
et le langage, 20, 278-79.
et la lumière, 280-81, 282, 300-04.
sa mécanique, 280-82.
nocturne, 318.
perception de la profondeur, 319.
périphérique, 277, 319-20.
troubles chez les artistes, 321-25.
voir également couleur, œil
Visser, Margaret, 160.
vocodeurs tactiles, 121[n].
Voie lactée, 296.
voix, 237.
Voltaire, 353.
voyage dans l'espace, 27, 205, 233-34, 259, 272, 301, 335-38, 339-41, 342-43, 362.
Voyager (missions), 259, 272, 340.

Wagner, Richard, 255, 257.
Wagner, Rudolf, 174.
Walsh, William S., 143.
Watlington, Franck, 244.
West, Paul, 21, 235, 236, 355.
Westminster (abbaye de), 84-85.
Whitman, Walt, 30, 299, 367.
Williams, Ralph Vaughan, 22.
Wilson, Teddy, 260.
Wolfe, Thomas, 353.
Wolfen, 117, 210.
Woolf, Virginia, 29, 133, 350, 353.
Words for a Deaf Daughter (« Paroles pour ma fille sourde »), 235-36.
Wordsworth, William, 354.
World of the Newborn (« Le monde du nouveau-né »), 346.
World Through Blunted Sight, The (« Le monde vu par des yeux usés »), 323-25.
Wright, David, 235-36.
Wurtman, Judith, 187-88, 193.

Zuckerkandl, Victor, 261, 268-69.

TABLE

INTRODUCTION 9

L'odorat 15

Le toucher 87

Le goût 157

L'ouïe 213

La vision 275

La synesthésie 345

POST-SCRIPTUM 359

Bibliographie 369
Index 373

Cet ouvrage a été réalisé par la
SOCIÉTÉ NOUVELLE FIRMIN-DIDOT
Mesnil-sur-l'Estrée
pour le compte des Éditions Grasset
en août 1991

Imprimé en France
Première édition, dépôt légal : mai 1991
Nouveau tirage, dépôt légal : août 1991
N° d'édition : 8583 - N° d'impression : 18821
ISBN : 2-246-44251-6